2014年青海大学教材建设基金项目

工程训练

主　编　张发廷　李　戬
副主编　王晓珺　李积元

北京航空航天大学出版社

内 容 简 介

本书是根据“教育部高等学校机械基础课程教学指导分委员会金工课指组”关于《机械制造实习课程教学基本要求》的精神，并结合培养应用创新型工程技术人才的实践教学特点编写的。本书包括工程训练基础知识，铸造、锻压、焊接、钢的热处理、车削加工、铣削加工、刨削加工、磨削加工、数控加工、电火花加工、钳工、电子工艺等基本知识和操作方法。书中材料牌号、机械设备型号、名词术语全部采用新标准。

本书内容具有综合性、实践性和科学性的特点；以传统工艺为基础，介绍先进的制造工艺和方法，并处理好传统工艺与先进工艺的比例关系；注重培养学生理论联系实际的意识，通过让学生实际制作工件来强化学生的工程训练效果，发挥学生的潜力，提高学生的创新意识。

本书可作为高等工科院校机械、材料类专业的工程训练教材，也可供近机类、非机类等相关专业选用。

图书在版编目(CIP)数据

工程训练 / 张发廷，李戳主编. -- 北京 ：北京航空航天大学出版社，2018.8

ISBN 978-7-5124-2817-1

Ⅰ. ①工… Ⅱ. ①张… ②李… Ⅲ. ①机械制造工艺-高等学校-教材 Ⅳ. ①TH16

中国版本图书馆 CIP 数据核字(2018)第 201523 号

工程训练

主　编　张发廷　李　戳

副主编　王晓珺　李积元

责任编辑　尤　力

*

北京航空航天大学出版社出版发行

北京市海淀区学院路 37 号(邮编 100191)　http://www.buaapress.com.cn

发行部电话：(010)82317024　传真：(010)82328026

读者信箱：bhpress@263.net　邮购电话：(010)82316936

北京时代华都印刷有限公司印装　各地书店经销

*

开本：787×1092　1/16　印张：16.25　字数：371 千字

2018 年 8 月第 1 版　2023 年 2 月第 5 次印刷　印数：10 001～11 500 册

ISBN 978-7-5124-2817-1　定价：49.00 元

前 言

“工程训练”是一门实践性的技术基础课，是高等学校机械类各专业学习机械制造基本工艺和基本方法、完成工程基本训练、培养工程素质和创新精神的重要必修课；也是非机械类各有关专业重要的实践教学环节，是实现理工与人文社会学科融通的有效途径。

本书是根据2009年12月“教育部高等学校机械基础课程教学指导分委员会金工课指组”关于《机械制造实习课程教学基本要求》的精神，在总结多年教学改革成功经验的基础上，结合教学实践和学科发展编写而成的。

为提高教材质量，本书在内容取材上注意了与课堂教学教材的分工与配合，合理调整了理论教学与实践教学内容；对加工设备的介绍，以外部结构、作用和使用方法为主；对加工方法的介绍，以操作过程和操作技术为主，体现实践为主的原则。对近年来应用日益广泛的数控加工技术、特种加工技术以及各种新材料、新工艺、新技术，均做了精选介绍，以适应机械制造技术发展的需要；在内容编排和叙述方法上，贯彻由浅入深、循序渐进的原则，不仅注重学生观察现象、独立思考、分析问题和解决问题能力的培养，而且注重学生工程实践能力和创新思维能力的提高。

本书由青海大学张发廷、李戬担任主编，王晓珺、李积元担任副主编。参加本书编写的有：李戬（第1、5章），李灼华（第2、4章），张发廷（第3、10章），刘建强（第6、11章），李积元（第7章），牛金霞（第8章），王晓珺（第9章），王惠平（第12章），习题部分共同完成。文中数控机床外观图由青海一机数控机床有限责任公司提供，在此表示诚挚感谢。

由于编者水平有限，书中难免有疏漏和错误，恳请广大读者批评指正。

编 者

2018年7月

目　录

绪 论

1. 工程训练的性质与作用

机械制造业是整个工业的基础和重要组成部分。现代化的生产手段,无论在工业、农业或交通运输业,都是以机械化和自动化为标志的。而自动化也要以机械化为前提。机械是进行一切现代生产的基本手段。因此,传授机械制造基本知识和培养基本操作技能的工程训练,就成为工科专业大学生的必修课。对于机械类各专业的大学生,工程训练还是学习其他有关技术基础课程的重要先修课。

社会发展需要理工科大学培养的大学生应具有工程技术人才的综合素质,即不仅具有优秀的思想品质、扎实的理论基础和专业知识,还要有解决实际工程技术问题的现场工程师的能力。工程训练是对大学生进行工程训练的重要环节之一,是在教学实习工厂内,在有理论水平的专业教师和有实践经验技工的指导下进行的,学生通过亲身实践,学习、体会、验证机械制造有关知识,掌握一定的操作技能,具备初步解决实际问题的动手能力。显然,这样的工程训练,对于工科专业的大学生具有重要的作用。

2. 工程训练的内容

工程训练的基本内容包括机械制造中的常见加工方法及其常用设备、工具、量具的操作和使用方法等。机械制造过程及其各过程间相互关系如下:

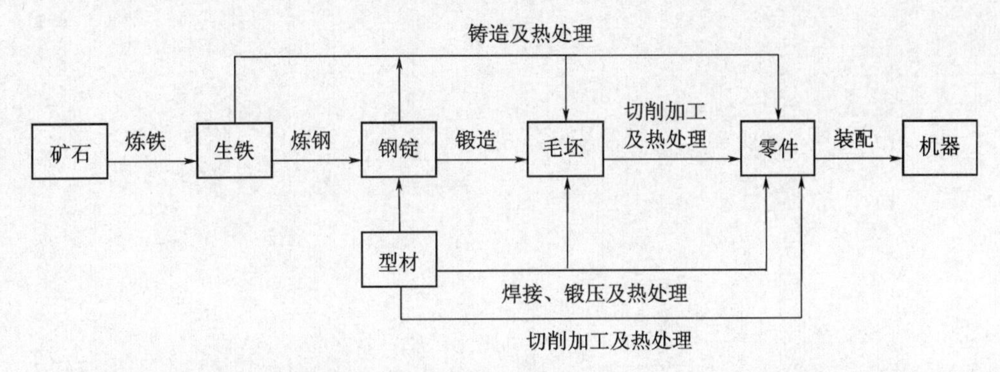

工程训练分别进行机械制造基础、金属材料及热处理、铸造、锻造、冲压、焊接、金属切削等内容的现场实践教学。

3. 工程训练的性质与目的

工程训练是一门实践性很强的技术基础课,是学生学习《工程材料及机械制造基础》与机械制造系列课程必不可少的先修课程,也是建立机械制造生产过程的基本概念,获得机械制造基本知识的奠基课程。课程强调以实践教学为主,学生进行独立的实践操作,在实践过程中有机地将基本工艺理论、基本工艺知识和基本工艺实践结合起来,同时重视学生工艺实践技能的提高。

工程训练的目的是了解现代机械制造的一般过程和基本工艺知识；熟悉机械零件的常用加工方法及其所用主要设备和工具；了解新工艺、新技术、新材料在现代机械制造中的应用。学生通过生产实践，设备操作，工、夹、量具等的使用，独立完成简单零件的加工制造。初步具有选择加工方法和进行工艺分析的能力，奠定工程师应具备的知识和技能基础。培养学生生产质量和经济观念，理论联系实际的科学作风以及遵守安全操作规程、热爱劳动、爱护公物等基本素质。

4. 工程训练实习守则

(1) 按规定穿戴好劳动保护用品，不带与实习无关的用品进入实习车间。

(2) 遵守劳动纪律，不迟到，不早退，不串岗，有事请假。

(3) 尊重老师和师傅，虚心请教，努力学习，搞好师生关系。

(4) 爱护国家财产，注意节约用水、电、油和原材料。

(5) 实习中应做到专心听讲，仔细观察，做好笔记，认真操作，不怕苦，不怕脏，不怕累。

(6) 严格遵守各实习工种的安全技术操作规程，做到文明实习，保持良好的实习环境。

第1章　工程训练基础知识

1.1　机械产品的质量

影响机械产品质量的因素很多,其中设计质量是保证产品质量的前提,而制造质量是保证产品质量的关键。制造质量主要包括零件的加工质量和装配质量。

1.1.1　零件的加工质量

零件的质量主要是指零件的材质、力学性能和加工质量等。零件的加工质量是指零件的加工精度和表面质量。加工精度是指加工后零件的尺寸、形状和表面间相互位置等几何参数与理想几何参数相符合的程度。相符合的程度越高,零件的加工精度越高。实际几何参数对理想几何参数的偏离称为加工误差。很显然,加工误差越小,加工精度越高。零件的几何参数加工得绝对准确是不可能的,也是没有必要的。在保证零件使用要求的前提下,对加工误差规定一个范围,称为公差。零件的公差越小,对加工精度的要求就越高,零件的加工就越困难。零件的精度包括尺寸精度、形状精度和位置精度,相应地存在尺寸误差、形状误差、位置误差以及尺寸公差、形状公差和位置公差;零件的表面质量是指零件的表面粗糙度、波度、表面层冷变形强化程度、表面残余应力的性质和大小以及表面层金相组织等。零件的加工质量对零件的使用有很大影响,其中我们考虑最多的是加工精度和表面粗糙度。

1. 尺寸精度

尺寸精度是指加工表面本身尺寸(如圆柱面的直径)或几何要素之间的尺寸(如两平行平面间的距离)的精确程度,即实际尺寸与理想尺寸的符合程度。尺寸精度要求的高低是用尺寸公差来体现的。“公差与配合”国家标准将确定尺寸精度的标准公差分为20个等级,分别用IT01、IT0、IT1、IT2、…、IT18表示。从前向后,精度逐渐降低。IT01公差值最小,精度最高。IT18公差值最大,精度最低。相同的尺寸,精度越高,对应的公差值越小。相同的公差等级,尺寸越小,对应的公差值越小。零件设计时常选用的尺寸公差等级为IT6~IT11。

IT12~IT18为未注公差尺寸的公差等级(常称为自由公差)。

考虑到零件加工的难易程度,设计者不宜将零件的尺寸精度标准定得过高,只要满足零件的使用要求即可。各种加工方法能达到的精度等级如表1-1所列。

表 1－1　各种加工方法能达到的精度等级

加工方法	公差等级																	
	IT01	IT0	IT1	IT2	IT3	IT4	IT5	IT6	IT7	IT8	IT9	IT10	IT11	IT12	IT13	IT14	IT15	IT16
研磨	○	○	○	○	○	○	○											
珩						○	○	○	○									
外圆磨							○	○	○	○								
平磨							○	○	○	○								
金刚石车							○	○	○									
金刚石镗							○	○	○									
拉削							○	○	○	○								
铰孔									○	○	○	○						
车									○	○	○	○	○					
镗									○	○	○	○	○					
铣										○	○	○	○					
刨插												○	○					
钻孔												○	○	○	○			
滚压挤压												○	○					
冲压												○	○	○	○	○		
压铸													○	○	○	○		
粉末冶金成型								○	○	○								
粉末冶金烧结									○	○	○	○						
砂型铸造、气割																		○
锻造																	○	

2. 形状精度和位置精度

形状精度是指零件上的几何要素线、面的实际形状相对于理想形状的准确程度。位置精度是指零件上的点、线、面要素的实际位置相对于理想位置的准确程度。形状和位置精度用形状公差和位置公差(简称形位公差)来表示。“形位公差”国家标准中规定的控制零件形位误差的项目及符号如表 1－2 所列。

表 1－2　形位公差的分类、项目及符号

分类	项目	符号	分类		项目	符号
形状公差	直线度	—	位置公差	定向	平行度	//
	平面度	▱			垂直度	⊥
	圆度	○			倾斜度	∠
	圆柱度	⌭		定位	同轴度	◎
	线轮廓度	⌒			对称度	⌯
	面轮廓度	⌓			位置度	⌖
				跳动	圆跳动	↗
					全跳动	⌰

对于一般机床加工能够保证的形位公差要求,图样上不必标出,也不作检查。对形位公差要求高的零件,应在图样上标注。形位公差等级分 1 ~ 12 级(圆度和圆柱度分为 0 ~ 12 级)。同尺寸公差一样,等级数值越大,公差值越大。

3. 表面粗糙度

零件的表面总是存在一定程度的凹凸不平,即使是看起来光滑的表面,经放大后观察,也会发现凹凸不平的波峰波谷。零件表面的这种微观不平度称为表面粗糙度。表面粗糙度是在毛坯制造或去除金属加工过程中形成的。表面粗糙度对零件表面的结合性能、密封、摩擦、磨损等有很大影响。

国家标准规定了表面粗糙度的评定参数和评定参数的允许数值。最常用的就是轮廓算术平均偏差 Ra 和不平度平均高度 Rz,单位为 μm。

如图 1－1 所示,轮廓算术平均偏差 Ra 为取样长度 z 范围内,被测轮廓上各点至中线距离绝对值的算术平均值,如图所示,中线的两侧轮廓线与中线之间所包含的面积相等,即

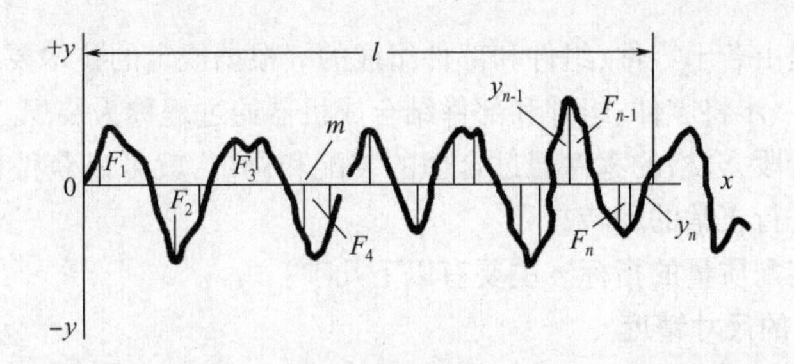

图 1－1　轮廓算术平均偏差

$$F_1 + F_1 + \cdots + F_{n-1} = F_2 + F_4 + \cdots + F_n$$

$$Ra = \frac{1}{l}\int_0^l |y| \, dx$$

或近似写成

$$Ra \approx \frac{1}{n}\sum_{i=1}^{n} |y_i|$$

如图 1－2 所示,不平度平均高度就是在基本测量长度范围内,从平行于中线的任意线起,自被测量轮廓上五个最高点与五个最低点的平均距离,即

$$Rz = \frac{1}{5}[(h_1 + h_3 + h_5 + h_7 + h_9) - (h_2 + h_4 + h_6 + h_8 + h_{10})]$$

一般零件的工作表面粗糙度 Ra 值在 0.4 ~ 3.2μm 范围内选择。非工作表面的粗糙 Ra 值可以选得比 3.2μm 大一些,而一些精度要求高的重要工作表面粗糙度 Ra 值则比 0.4μm 小得多。一般说来,零件的精度要求越高,表面粗糙度值要求越小,配合表面的粗糙度值比非配合表面小,有相对运动的表面比无相对运动的表面粗糙度值小,接触压力大的运动表面比接触压力小的运动表面粗糙度值小。而对于一些装饰性的表面则表面粗糙

度值要求很小,但精度要求却不高。

与尺寸公差一样,表面粗糙度值越小,零件表面的加工就越困难,加工成本越高。

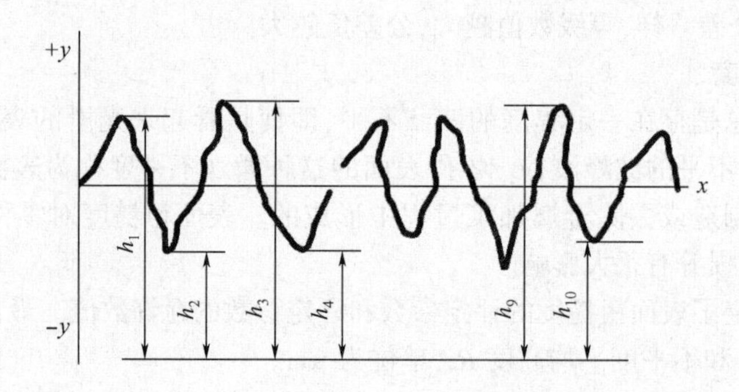

图1－2　不平度平均高度

1.1.2　装配质量

任何机器都是由若干零件、组件和部件组成的。根据规定的技术要求,将零件结合成组件和部件,并进一步将零件、组件和部件结合成机器的过程称为装配。装配是机械制造过程的最后一个阶段,合格的零件通过合理的装配和调试,就可以获得良好的装配质量,从而能保证机器进行正常的运转。

装配精度是装配质量的指标。主要有以下几项:

1. 零、部件间的尺寸精度

其中包括配合精度和距离精度。配合精度是指配合面间达到规定的间隙或过盈的要求。距离精度是指零、部件间的轴向距离、轴线间的距离等。

2. 零、部件间的位置精度

其中包括零、部件的平行度、垂直度、同轴度和各种跳动等。

3. 零、部件间的相对运动精度

指有相对运动的零、部件间在运动方向和运动位置上的精度。如车床车螺纹时刀架与主轴的相对移动精度。

4. 接触精度

接触精度是指两配合表面、接触表面和连接表面间达到规定的接触面积大小与接触点分布情况,如相互啮合的齿轮、相互接触的导轨面之间均有接触精度要求。

一个机械产品推向市场,需要经过设计、加工、装配、调试等环节。产品的质量与这些环节紧密相关,最终体现在产品的使用性能上。企业应从各方面来保证产品的质量。

1.1.3　质量检测方法

机械加工不仅要利用各种加工方法使零件达到一定的质量要求,而且要通过相应的手段来检测。检测应自始至终伴随着每一道加工工序。同一种要求可以通过一种或几种方法来检测。

1. 金属材料的检测方法

金属材料应对其外观、尺寸、理化三个方面进行检测。外观采用目测的方法。尺寸使用样板、直尺、卡尺、钢卷尺、千分尺等量具进行检测。

1）化学成分分析

依据来料保证单中指定的标准规定化学成分，由专职理化人员对材料的化学成分进行定性或定量的分析。入厂材料常用的化学成分分析方法有化学分析法、光谱分析法、火花鉴别法。

化学分析法能测定金属材料各元素含量，是一种定量分析方法，也是工厂必备的常规检验手段。

光谱分析法是根据物质的光谱测定物质组成的分析方法，其测量工具为台式和便携式光谱分析仪器。

火花鉴别法是把钢铁材料放在砂轮上磨削，由发出的火花特征来判断它的成分的方法。

2）金相分析

这是鉴别金属和合金的组织结构的方法，常用宏观检验和微观检验两种。

（1）宏观检验即低倍检验，是用目视或在低倍放大镜（不大于10倍的放大镜）下检查金属材料表面或断面以确定其宏观组织的方法。常用的宏观检验法有硫印试验、断口检验、酸蚀试验和裂纹试验。

（2）显微检验即高倍检验，是在光学显微镜下观察、辨认和分析金属的微观组织的金相检验方法。显微分析法可测定晶粒的形状和尺寸，鉴别金属的组织结构，显现金属内部的各种缺陷，如夹杂物、微小裂纹和组织不均匀及气孔、脱碳等。

3）力学性能试验

力学性能试验有硬度试验、拉力试验、冲击试验、疲劳试验、高温蠕变及其他试验等。力学性能试验及以下介绍的各种试验均在专用试验设备上进行。

4）工艺性能试验

工艺性能试验有弯曲、反复弯曲、扭转、缠绕、顶锻、扩口、卷边以及淬透性试验和焊接性试验等。

5）物理性能试验

物理性能试验有电阻系数测定、磁学性能测定等。

6）化学性能试验

化学性能试验有晶间腐蚀倾向试验等。

7）无损探伤

无损探伤是不损坏原有材料，检查其表面和内部缺陷的方法。主要有：

（1）磁粉探伤是用铁磁性材料在磁场中会被磁化，而夹杂等缺陷是非磁性物质及裂缝磁力线均不易通过原理，在工件表面上施散导磁性良好的磁粉（氧化铁粉），磁粉就会被缺陷形成的局部磁极吸引，堆积其上，显出缺陷的位置和形状。磁粉探伤用于检查铁磁性金属和合金表面层的微小缺陷，如裂纹、折叠、夹杂等。

（2）超声探伤利用超声波传播时有明显的指向性来探测工件内部的缺陷。当超声波遇到缺陷时，缺陷的声阻抗（即物质的密度和声速的乘积）同工件的声阻抗相差很大，因此大部分超声能量将被反射回来。如发射脉冲式超声波，并对超声波进行接收，就可探出缺陷，且可从反射波返回时间和强度来推知缺陷所处深度和相对大小。超声探伤用于检验大型锻件、焊件或棒材的内部缺陷，如裂纹、气孔、夹渣等。

(3) 渗透探伤在清洗过的工件表面上施加渗透剂，使它渗入到开口的缺陷中，然后将表面上的多余渗透剂除去，再施加一薄层显像剂，后者由于毛细管作用而将缺陷中的残存渗透剂吸出，从而显出缺陷。渗透探伤用于检验金属表面的微小缺陷，如裂纹等。

(4) 涡流探伤将一通入交流电的线圈放入一根金属管中，管内将感应出周向的电流，即涡流。涡流的变化会使线圈的阻抗、通过电流的大小和相位发生变化。管(工件)的直径、厚度、电导率和磁导率的变化以及缺陷会影响涡流进而影响线圈(检测探头)的阻抗。检测阻抗的变化就可以达到探伤的目的。涡流探伤用于测定材料的电导率、磁导率、薄壁管壁厚和材料缺陷。

2. 尺寸检测方法

尺寸1000mm以下，公差值大于0.009～3.2mm，有配合要求的工件(原则上也适用于无配合要求的工件)使用普通计量器具(千分尺、卡尺和百分表等)检测。常用量具的介绍见1.3节。特殊情况可使用测距仪、激光干涉仪、经纬仪、钢卷尺等测量。

3. 表面粗糙度的检测方法

表面粗糙度的检测方法有样板比较法、显微镜比较法、电动轮廓仪测量法、光切显微镜测量法、干涉显微镜测量法、激光测微仪测量法等。在生产现场常用的是样板比较法。它是以表面粗糙度比较样块工作面上的粗糙度为标准，用视觉法和触觉法与被检表面进行比较，来判定被检表面是否符合规定。

4. 形位误差的检测方法

根据形面及公差要求的不同，形位误差的检测方法各不相同。

下面以一种检测圆跳动的方法为例来说明形位误差的检测。

检测原则：使被测实际要素绕基准轴线作无轴向移动回转一周时，由位置固定的指示器在给定方向上测得的最大与最小读数之差。

检测设备：一对同轴顶尖、带指示器的测量架。

检测方法：如图1－3所示，将被测零件安装在两顶尖之间。在被测零件回转一周过程中，指示器读数最大差值即为单个测量平面上的径向跳动。

按上述方法，测量若干个截面，取各个截面上测得跳动量中的最大值，作为该零件的径向跳动。

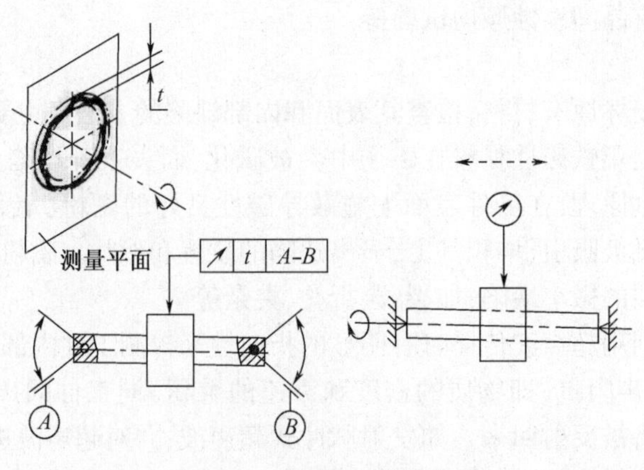

图1－3 圆跳动的检测方法

1.2 产品加工工艺

在制造过程中，人们根据机械产品的结构、质量要求和具体生产条件，选择适当的加工方法，组织产品的生产。

1.2.1 产品的生产过程

机械产品的生产过程，是产品从原材料转变为成品的全过程，主要过程如图 1-4 所示。

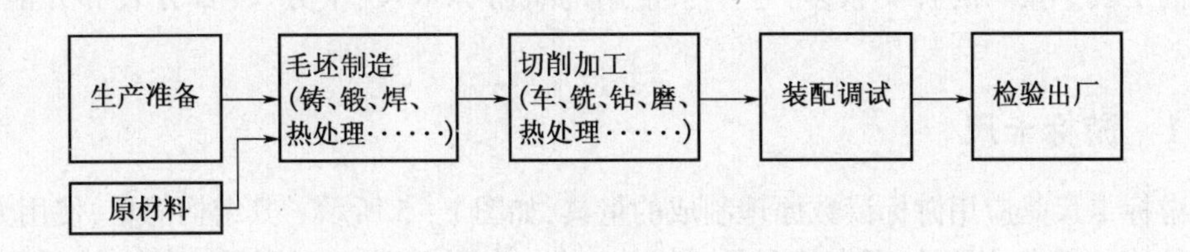

图 1-4 产品的生产过程

产品的各个零部件的生产不一定完全在一个企业内完成，可以分散在多个企业，进行生产协作。如螺钉、轴承的加工常常由专业生产厂家完成。

1.2.2 产品的加工方法

机械产品的加工根据各阶段所达到的质量要求不同可分为毛坯加工和切削加工两个主要阶段，热处理工艺穿插在其间进行。

1. 毛坯加工

毛坯成形加工的主要方法有铸造、锻造和焊接。

(1) 铸造　熔炼金属，制造铸型，并将熔融金属浇入铸型，凝固后获得一定形状和性能铸件的成形方法，如柴油机机体、车床床身等。

(2) 锻造　对坯料施加外力使其产生塑性变形，改变尺寸、形状及改善性能，用以制造机械零件、工件或毛坯的成形方法，如航空发动机的曲轴、连杆等都是锻造成形的。

(3) 焊接　通过加热或加压，或两者并用，并且用或不用填充材料，使焊件达到原子结合的一种加工方法。一般用于大型框架结构或一些复杂结构，如轧钢机机架、坦克的车身等。

铸造、锻造、焊接加工往往要对原材料进行加热，所以也称这些加工方法为热加工(严格说来应是在再结晶温度以上的加工)。

2. 切削加工

切削加工用来提高零件的精度和降低表面粗糙度，以达到零件的设计要求。主要的加工方法有车削、铣削、刨削、钻削、镗削、磨削等。

车削加工是应用最为广泛的切削加工之一，主要用于加工回转体零件的外圆、端面、内孔，如轴类零件、盘套类零件的加工。铣削加工也是一种应用广泛的加工形式，主要用来加工零件上的平面、沟槽等。钻削和镗削主要用于加工工件上的孔。钻削用于小孔的加工;镗削用于大孔的加工,尤其适用于箱体上轴承孔孔系的加工。刨削主要用来加工平面,由于加工效率低,一般用于单件小批量生产。

磨削通常作为精密加工,经过磨削的零件表面粗糙度数值小,精度高。因此,磨削常作为重要零件上主要表面的终加工。

1.3 常用量具

量具是用来测量工件的尺寸精度、形状精度、位置精度和表面粗糙度等是否符合图纸要求的工具。量具的种类很多,生产中常用的有游标卡尺、千分尺、百分表和万能角度尺等。

1.3.1 游标卡尺

游标卡尺是应用游标读数原理制成的量具,如图1-5所示。其结构简单,使用方便,是一种比较精密的量具,可直接测量工件的内径、外径、宽度和深度尺寸等。按照游标读数值,游标卡尺有0.02mm、0.05mm和0.1mm三种;按测量范围有0~125mm、0~200mm和0~300mm等几种规格,最大测量范围可达4000mm。

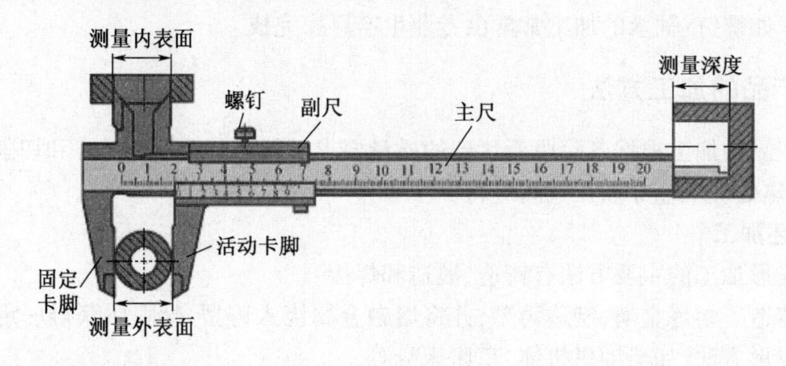

图1-5 游标卡尺

1. 游标卡尺的读数原理

游标卡尺由尺身(主尺)和游标(副尺)组成。当尺身、游标的测量爪闭合时,尺身和游标的零线对准,如图1-6(a)所示。尺身的刻线间距为1mm,游标的刻线间距为0.98mm,尺身与游标刻线间距之差为0.02mm,该游标卡尺的读数精度为0.02mm。

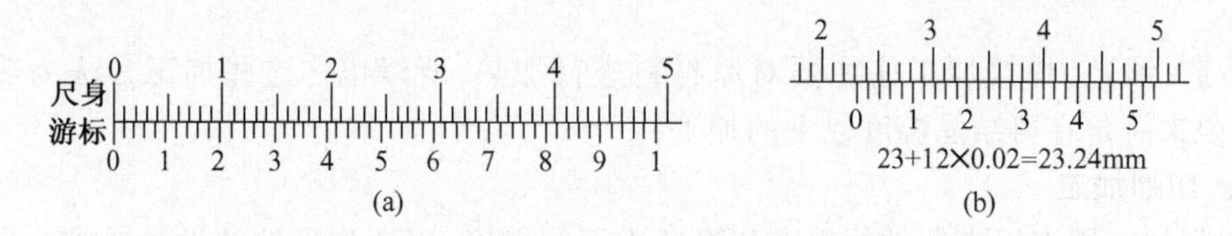

图1-6 0.02mm游标卡尺读数原理

(a) 读数原理;(b) 计数示例。

游标卡尺的读数方法分三个步骤(图1-6(b)):

(1) 读整数　根据游标零线以左的尺身上的最近刻线读出整毫米数;

(2) 读小数　根据游标零钱以右与尺身刻线对齐的游标上的刻线条数乘以游标卡尺的读数值(0.02mm),即为毫米的小数;

(3) 整数加小数　将上面整数和小数两部分读数相加,即为被测工件的总尺寸。

图1-6(b)所示的读数值为:23mm+12×0.02mm=23.24mm。

2. 游标卡尺的使用方法

(1) 用前准备。首先应把测量爪和被测工件表面擦拭干净,以免擦伤游标卡尺测量面和影响测量精度;其次检查卡尺各部件是否正常,如尺框和微动装置移动是否灵活,紧固螺钉是否能起到紧固作用等;使游标卡尺与被测工件温度尽量保持一致,以免产生温度差引起的测量误差。

(2) 检查零位。使游标卡尺两测量爪紧密贴合,检查游标零线与尺身零线是否对齐,游标的尾刻线是否与尺身的相应刻线对齐。若未对齐,可在测量后根据原始误差修正读数或将游标卡尺校正到零位后再使用。

(3) 正确测量。测量时,先张开卡脚,然后使卡脚逐渐与被测工件表面靠近,最后轻微接触,如图1-7所示。有微动装置的游标卡尺应尽量使用微动装置,不要用力压紧,以免测量爪变形和磨损,影响测量精度。在测量过程中,要注意将游标卡尺放正,切忌歪斜,以免测量不准确。

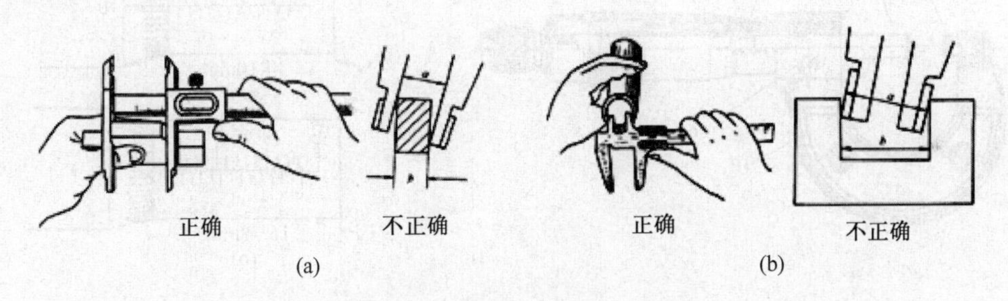

图1-7　游标卡尺的使用方法
(a) 测量外表面尺寸;(b) 测量内表面尺寸。

(4) 测量范围。游标卡尺仅用于测量已加工的光滑表面,不得测量表面粗糙的工件和正在运动的工件,以免卡尺过快磨损或发生事故。

图1-8是用于测量高度和深度的高度游标卡尺和深度游标卡尺。高度游标卡尺除用来测量工件的高度外,也常用于精密划线。

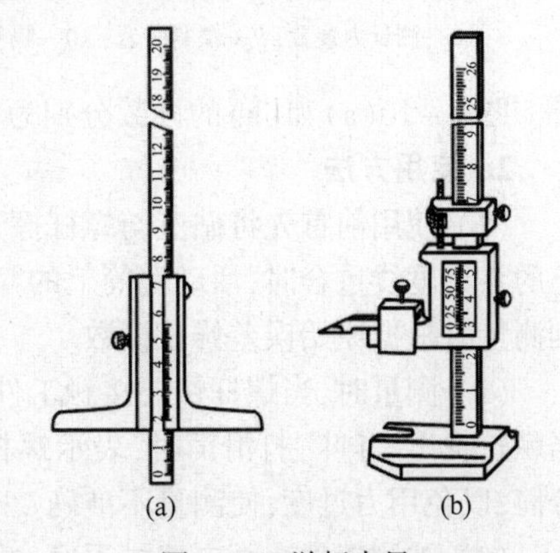

图1-8　游标卡尺
(a) 深度游标卡尺;(b) 高度游标卡尺。

1.3.2　千分尺

千分尺是比游标卡尺更为精确的量具,其测量准确度为0.01mm,属于测微量具。千分尺按用途分为外径千分尺、内径千分尺和深度千分尺等,其中外径千分尺应用最广。外径千分尺的结构如

图 1－9 所示,其常用的测量范围有 0～25mm,25～50mm,50～75mm,75～100mm,100～125mm 等几种规格。

1. 读数原理

千分尺是利用螺旋副传动原理,借助螺杆与螺纹轴套的精密配合,将回转运动变为直线运动,以固定套筒和微分筒所组成的读数机构读得被测工件的尺寸。

在固定套筒上刻有一条中线,作为千分尺读数的基准线,其上、下方各有一排间距为 1mm 的刻线,上下两排刻线相错 0.5mm,这样可读得 0.5mm。在活动套筒的左端圆锥斜面上有 50 个等分刻度线,活动套筒每转一周螺杆轴向移动 0.5mm,即活动套筒每一刻度的读数值为 0.5/50＝0.01mm。固定套筒上的中线作为不足半毫米的小数部分的读数指示线。当千分尺的螺杆左端与测砧表面接触时,活动套筒左端的边线与轴向刻度线的零钱应重合,同时圆周上的零钱应与固定套筒的中线对准。

千分尺的刻线原理和读数示例如图 1－10 所示。测量时,读数方法分三个步骤:

(1) 读整数位。根据微分筒左端边线的位置读出固定套筒上的轴向刻度(应为 0.5mm 的整数倍)。

(2) 读小数位。直接从活动套筒上读取。

(3) 将以上两部分读数相加即为被测工件的总尺寸。

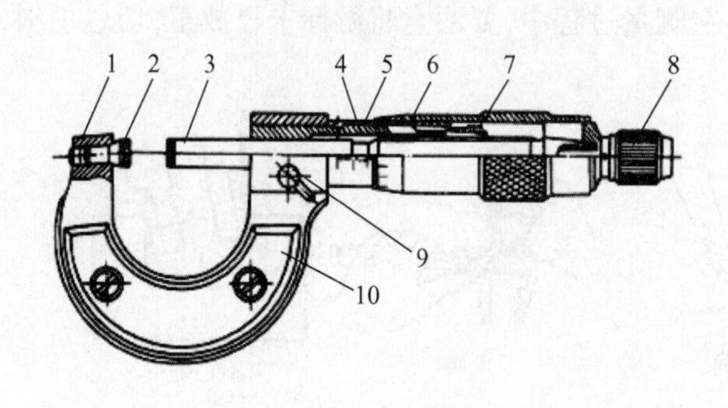

图 1－9 外径千分尺

1—尺架; 2—测砧; 3—测微螺杆; 4—螺纹轴套;
5—固定套管; 6—微分筒; 7—调节螺母;
8—测量力装置; 9—锁紧装置; 10—隔热装置。

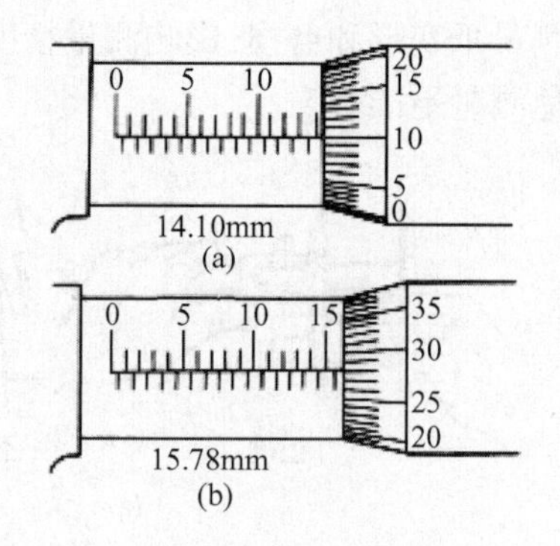

图 1－10 千分尺读数原理和读数

图 1－10(a)和(b)的读数分别为 14.10mm 和 15.78mm。

2. 使用方法

(1) 使用前首先将砧座与螺杆擦干净后接触,观察当活动套筒上的边线与固定套筒上的零刻度线重合时,活动套筒上的零刻度线是否与固定套筒上的中线对齐。如有误差则测量时根据原始误差修正读数。

(2) 测量时,当螺杆快要接触工件时,必须拧动端部棘轮测力装置,如图 1－11 所示。当棘轮发出"咔咔"打滑声时,表示螺杆与工件接触压力适当,应停止拧动。严禁拧动微分筒,以免用力过度,使测量不准确。

(3) 被测工件表面应擦拭干净,并准确放在千分尺测量面上,不得偏斜,如图 1－12 所示。

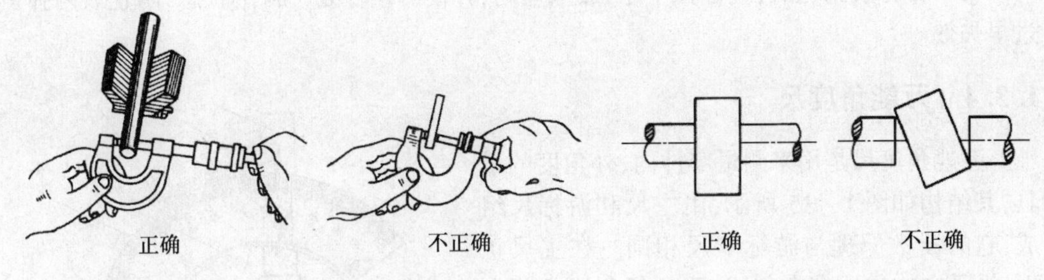

图1－11　使用测力装置测量千分　　图1－12　千分尺正确测量示例

1.3.3　百分表

百分表的刻度值为0.01mm,是一种精度较高的比较测量工具。它只能读出相对的数值,不能测出绝对数值。主要用来检验零件的形状误差和位置误差,也常用于工件装夹时精密找正。

百分表的结构如图1－13所示,当测量头向上或向下移动1mm时,通过测量杆上的齿条和几个齿轮带动大指针转一周,小指针转一格。刻度盘在圆周上有100等分的刻度线,其每格的读数值为0.01mm;小指针每格读数值为1mm。测量时,大、小指针所示读数变化值之和即为尺寸变化量。小指针处的刻度范围就是百分表的测量范围。刻度盘可以转动,供测量时调整大指针对零位刻线之用。

百分表使用时应装在专用的百分表架上,如图1－14所示。

百分表使用注意事项:

(1) 使用前,应检查量杆的灵活性。具体做法是:轻轻推动测量杆,看其能否在套筒内灵活移动。每次松开手后,指针应回到原来的刻度位置。

(2) 测量时,百分表的测量杆要与被测表面垂直,否则将使测量杆移动不灵活,测量结果不准确。

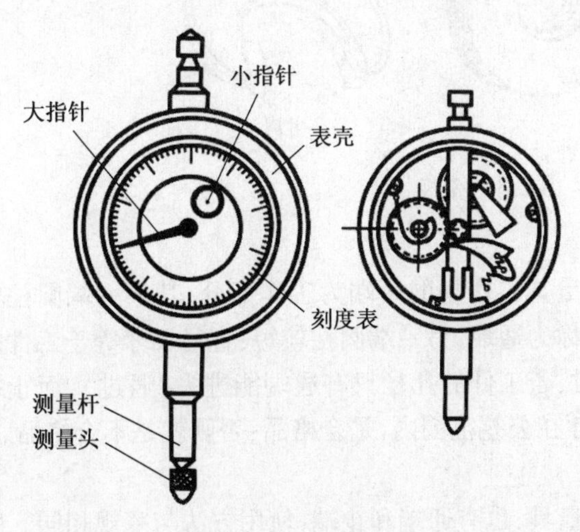

图1－13　百分表

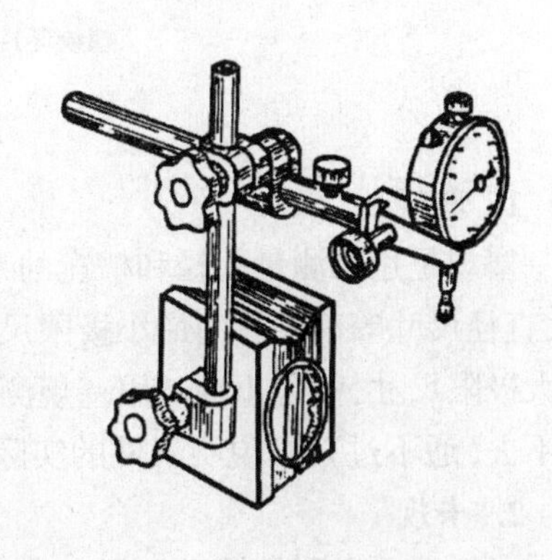

图1－14　百分表架(磁性表架)

(3) 百分表用完后,应擦拭干净,放入盒内,并使测量杆处于自由状态,防止表内弹簧过早失效。

1.3.4 万能角度尺

万能角度尺是用来测量零件内、外角度的量具,其结构如图 1－15 所示,由主尺和游标尺组成,它的读数原理与游标卡尺相同。在主尺正面,沿径向均匀地布有刻线,两相邻刻线之间夹角为1°,在扇形游标尺上也均匀地刻有 30 根径向刻线,其角度等于主尺上 29 根刻度线的角度,即游标上两相邻刻线间的夹角为(29/30)°。主尺与游标尺每一刻线间隔的角度差为 1－(29/30)°＝2′,即万能角度尺的读数精度为 2′。

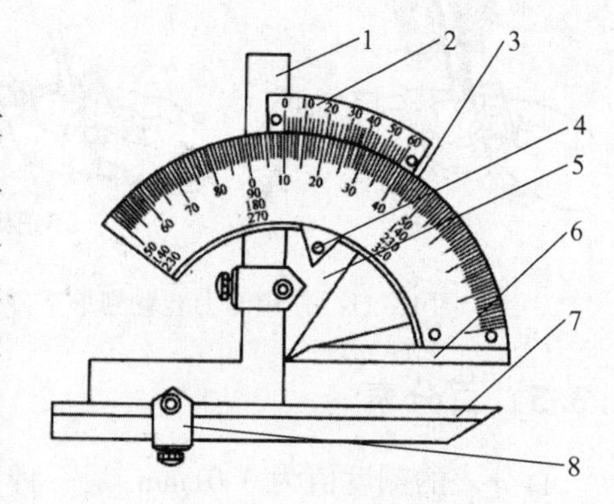

图 1－15 万能角度尺

1—90°角尺;2—游尺;3—主尺;4—制动头;5—扇形板;6—基尺;7—直尺;8—卡快。

万能角度尺其读数方法与游标卡尺完全相同。

1.3.5 量规

量规是用于大批生产零件中的一种不带刻线的专用量具,包括塞规和卡规,如图1－16所示。使用量规的目的是为了提高检验效率和减少精密量具的损耗。

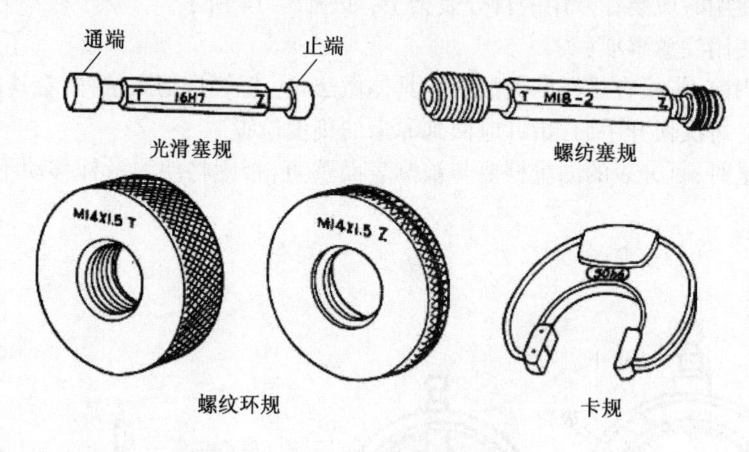

图 1－16 各种量规

1. 塞规

塞规是用来测量孔径和槽宽的专用量具。塞规的两端为工作部分,其中一端圆柱较长,直径尺寸等于工件的最小极限尺寸,称为通端;另一端圆柱较短,直径尺寸等于工件的最大极限尺寸,称为止端。用塞规测量时,若工件的孔径只有通端能进去(通过),而止端进不去(通不过),则说明工件的实际尺寸在公差范围内,是合格品;否则就是不合格品。

2. 卡规

卡规是用来测量轴径和厚度的专用量具,也有通端和止端,使用方法与塞规相同。所有的量规都不能测出工件的具体尺寸。

3. 塞尺

塞尺(又称厚薄尺)是用其厚度来测量间隙大小的薄片量尺,如图1－17所示。它是一组厚度不等的薄钢片。钢片的厚度为0.03～0.3mm,印在每片钢片上。使用时根据被测间隙的大小选择厚度接近的钢片(可以用几片组合)插入被测间隙。能塞入钢片的最大厚度即为被测间隙值。

使用塞尺时必须先擦净尺面和工件,组合成某一厚度时选用的片数越少越好。另外,塞尺插入间隙不能用力太大,以免折弯尺片。

4. 刀口形直尺

刀口形直尺(简称刀口尺)是用光隙法检验直线度或平面度的量尺,图1－18所示为刀口形直尺及其应用。如果工件的表面不平,则刀口形直尺与工件表面间有间隙存在。根据光隙可以判断误差状况,也可用塞尺检验缝隙的大小。

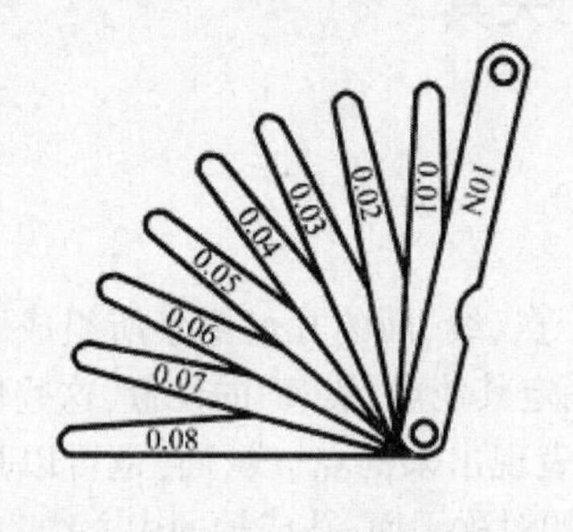

图1－17 塞尺

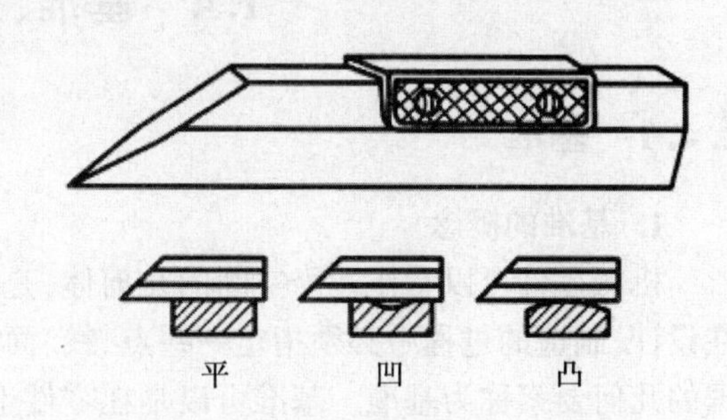

图1－18 刀口形直尺及其应用

5. 直角尺

直角尺的两边成准确90°,是用来检查工件垂直度的非刻线量尺。使用时将其一边与工件的基准面贴合,然后使其另一边与工件的另一表面接触。根据光隙可以判断误差状况,也可用塞尺测量其缝隙大小,如图1－19所示。直角尺也可以用来保证划线垂直度。

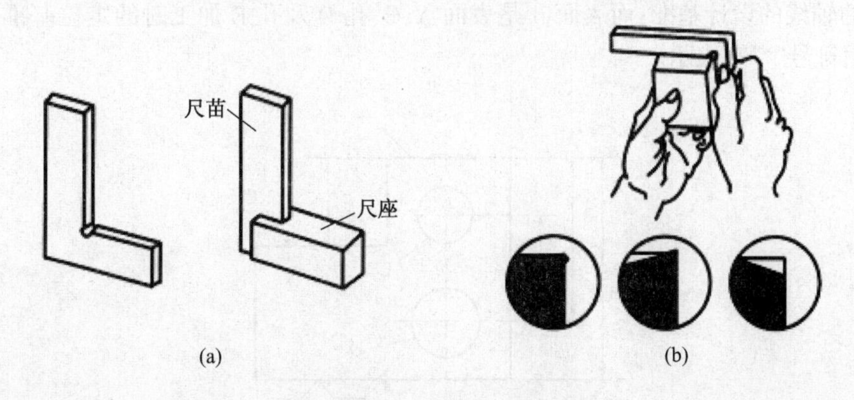

图1－19 直角尺及其应用

(a) 90°角尺; (b) 90°角尺的使用。

1.3.6 量具的保养

量具的精度直接影响到检测的可靠性,因此,必须加强量具的保养。量具使用保养重点在于避免量具的破损、变形、锈蚀和磨损,因此,必须做到以下几点:

(1) 量具在使用前、后必须用棉纱擦干净;

(2) 不能用精密量具测量毛坯或运动着的工件;

(3) 测量时不能用力过猛、过大,不能测量温度过高的物体;

(4) 不能将量具与工具混放、乱放,不能将量具当工具使用;

(5) 不能用脏油清洗量具,不能给量具注脏油;

(6) 量具用完后必须擦洗干净,涂油并放入专用的量具盒内。

1.4 基准、定位、夹具

1.4.1 基准

1. 基准的概念

机械零件可以看作一个空间的几何体,是由若干点、线、面的几何要素所组成。零件在设计、制造的过程中必须指定一些点、线、面用来确定其他点、线、面的位置,这些作为依据的几何要素称为基准。基准可以是在零件上具体表现出来的点、线、面,也可以是实际存在,但又无法具体表现出来的几何要素,如零件上的对称平面、孔或轴的中心线等。

2. 基准的分类

按照作用的不同,基准分为设计基准和工艺基准两类。设计基准是零件设计图纸上所用的基准。工艺基准是在零件加工、机器装配等工艺过程中所用的基准。工艺基准又分为工序基准、定位基准、测量基准和装配基准。其中定位基准用具体的定位表面体现,并与夹具保持正确接触,保证工件在机床上的正确位置,最终加工出位置正确的工件表面。

图 1-20 所示的机体零件,顶面 A 是表面 B、C 和孔 D 轴线的设计基准;孔 D 的轴线是孔 E 的轴线的设计基准;而表面 B 是表面 A、C、孔 D 及孔 E 加工时的定位基准。定位基准常用符号“^”来表示。

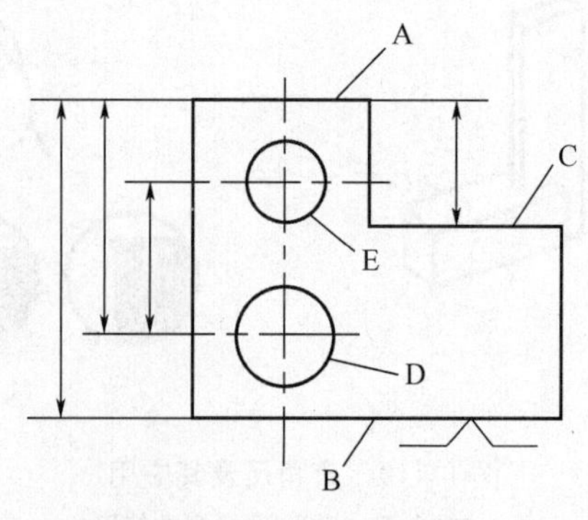

图 1-20　机体的基准

1.4.2 工件的定位

1. 工件的装夹

工件要进行切削加工,首先要将工件装夹在机床上,保持与刀具之间的正确的相对运动关系。工件在机床上的装夹分定位和夹紧两个过程。定位就是使工件在机床上具有正确的位置。工件定位后必须夹紧,以保证工件在重力、切削力、离心惯性力等力的作用下保持原有的正确位置。工件的装夹必须先定位后夹紧。

通常,工件的装夹有以下三种方法:

1)直接找正装夹

直接找正是指利用百分表、划针等在机床上直接找正工件,使其获得正确位置的定位方法,如图1-21(a)所示。这种方法的定位精度和操作效率取决于所使用工具及操作者的技术水平。一般说来,此法比较费时,多用于单件、小批生产或要求位置精度特别高的工件。

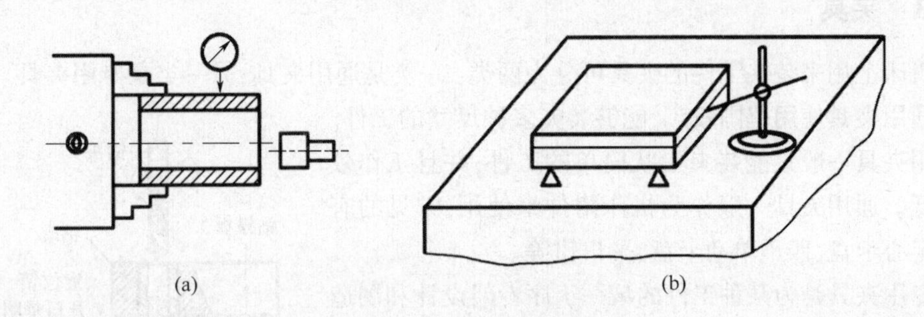

图1-21 工件的找正装夹

(a)直接找正法;(b)划线找正法。

2)划线找正装夹

划线找正是在机床上用划针按毛坯或半成品上待加工处的划线找正工件,获得正确位置的方法,如图1-21(b)所示。这种找正装夹方式受划线精度和找正精度的限制,定位精度不高。主要用于批量较小、毛坯精度较低及大型零件等不便使用夹具的粗加工。

3)在夹具中装夹

夹具装夹是利用夹具使工件获得正确的位置并夹紧。夹具是按工件专门设计制造的,装夹时定位准确可靠,无需找正,装夹效率高,精度较高,广泛用于成批生产和大量生产。

2. 工件的定位

一个刚体在空间具有六个自由度,如图1-22所示。这些自由度分别是沿三个坐标轴的平移和绕三个坐标轴的旋转。工件的定位就是对工件的某几个自由度或全部加以限制(消除)。工件在夹具中的定位实际上就是使工件上体现定位基准的定位表面与夹具上的定位元件保持紧密接触。这样就限制了工件应该被限制的自由度,在夹具及机床上具有正确的位置,也就能够加工出位置正确的工件表面。

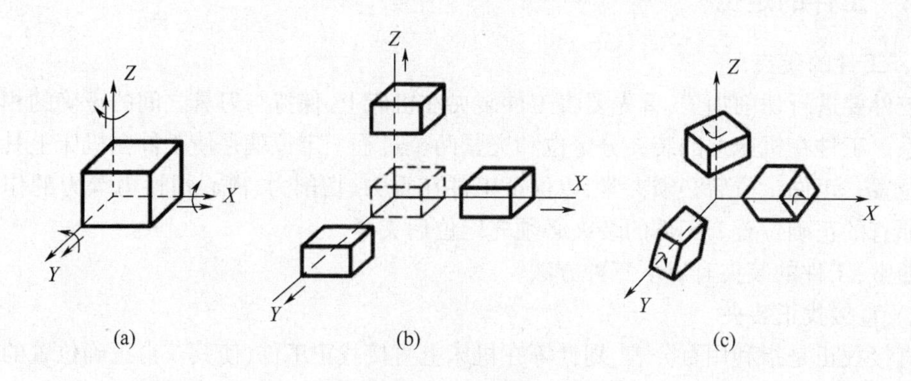

图 1-22　刚体的自由度

(a) 立方体；(b) 沿三个轴的移动；(c) 绕三个轴的转动。

1.4.3　夹具

机床上用来装夹工件的夹具可分为两类：一类是通用夹具，另一类是专用夹具。

通用夹具使用范围较广，能够装夹多种尺寸的工件。但通用夹具一般只能装夹形状简单的工件，并且工作效率较低。通用夹具一般作为机床附件来使用，常见的有三爪定心卡盘、四爪单动卡盘、平口钳等。

专用夹具是为某种工件的某一工序专门设计和制造的，使用起来方便、准确、效率高。

专用夹具通常由定位元件、导向元件、夹紧元件、夹具体等部分组成。定位元件起定位作用，常用的有支承钉、支承板、定位销等；导向元件起引导刀具的作用，有钻套、镗模套等；夹紧元件起夹紧作用，保证定位不被破坏，常见的有螺纹压板机构、气动夹紧机构、液压夹紧机构等。定位元件、导向元件、夹紧元件都装在夹具体上，一起构成了夹具。夹具最终还要正确地安装在机床的工作台上，这样就保证了工件在机床上的正确位置，使刀具与工件之间保持正确的运动关系，如图 1-23 所示。

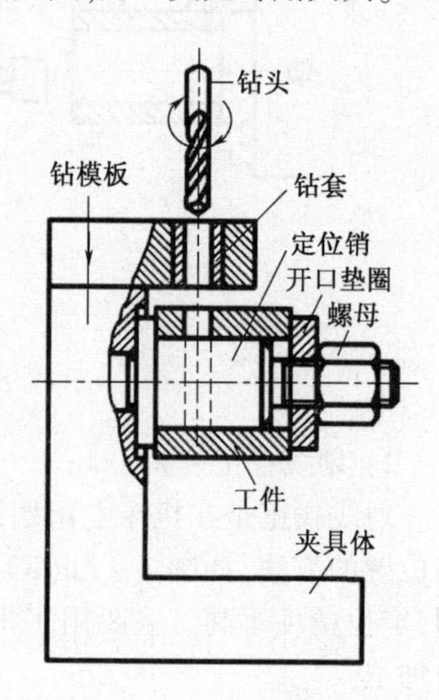

图 1-23　夹具的组成

1.5　公差与配合

在机器制造业中，“公差”用于协调机器零部件的使用要求与制造经济性之间的矛盾，“配合”反映机器零部件之间有关功能要求的相互关系。“公差与配合”的标准化，有利于机器的设计、制造、使用和维修，直接影响产品的精度、性能和使用寿命，是评定产品质量的重要技术指标。

1.5.1 有关“尺寸”的术语和定义

(1) 尺寸　用特定单位表示长度值的数字。

(2) 基本尺寸　是设计时给定的尺寸。基本尺寸是设计人员在设计零件时，根据使用要求，通过刚度、强度计算及结构等方面的考虑，并按标准直径或标准长度圆整后所给定的尺寸。它是计算极限尺寸和偏差的起始尺寸。同一孔、轴配合的基本尺寸相同。

(3) 实际尺寸　是通过测量获得的尺寸。由于存在测量误差，所以实际尺寸并非尺寸的真值。同时，由于形状误差等影响，零件同一表面的不同部位实际尺寸往往是不同的。

(4) 极限尺寸　是指允许尺寸变化的两个极限值。两个极限尺寸中较大的一个称为最大极限尺寸，较小的一个称为最小极限尺寸(图 1－24)。

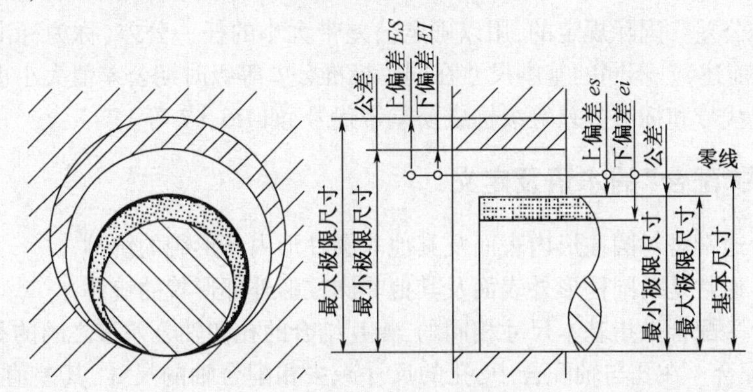

图 1－24　公差与配合示意图

1.5.2 有关“公差与配合”的术语和定义

(1) 尺寸偏差(简称偏差)　尺寸偏差是指某一个尺寸减其基本尺寸所得的代数差。最大极限尺寸减其基本尺寸的代数差称为上偏差；最小极限尺寸减其基本尺寸的代数差称为下偏差；上偏差和下偏差统称为极限偏差。实际尺寸减其基本尺寸的代数差称为实际偏差。偏差值可以为正、负或零。合格零件的实际偏差应在规定的极限偏差范围内。

(2) 尺寸公差(简称公差)　尺寸公差是指允许尺寸的变动量。公差等于最大极限尺寸与最小极限尺寸之间代数差的绝对值；也等于上偏差与下偏差的代数差的绝对值。

(3) 零线与公差带　图 1－24 是公差与配合的一个示意图，它表示了两个相互结合的孔、轴的基本尺寸、极限尺寸、极限偏差与公差的相互关系。在实用过程中，为简便起见，一般以公差与配合图解来表示，如图 1－25 所示。

零线：在公差与配合图解(简称公差带图)中，确定偏差的一条基准直线，即零偏差线。通常零线表示基本尺寸。正偏差位于零线的上方，负偏差位于零线的下方。

公差带：在公差带图中，由代表上、下偏差的两条直线所限定的一个区域，叫公差带。

(4) 基本偏差　基本偏差是用来确定公差带相对于零线位置的上偏差或下偏差,一般指靠近零线的偏差。当公差带位于零线上方时,其基本偏差为下偏差;位于零线下方时,其基本偏差为上偏差,见图 1-26。国家标准规定,孔、轴各有 28 个基本偏差,分别用大、小写字母标示。

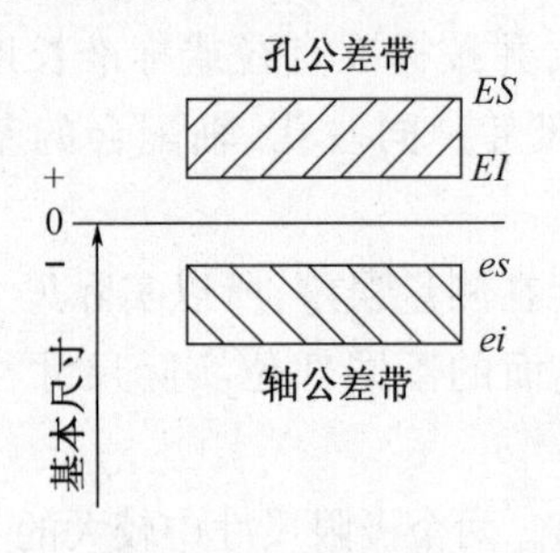

图 1-25　公差带图

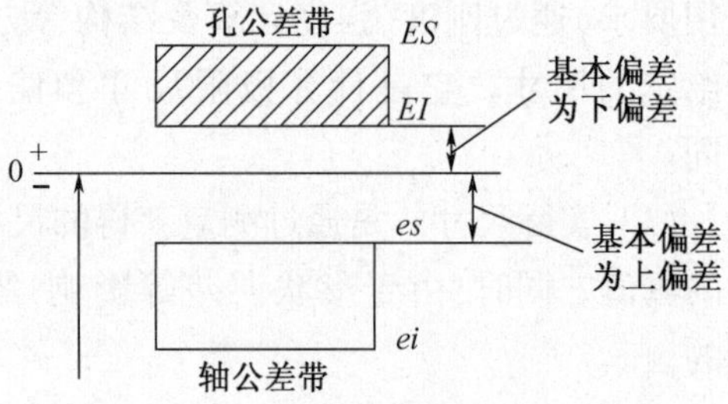

孔公差带
ES
EI
基本偏差
为下偏差
0
+
−
es
基本偏差
为上偏差
ei
轴公差带

图 1-26　基本偏差示意图

(5) 标准公差　国际规定的,用以确定公差带大小的任一公差,称为标准公差,共有 20 个等级(如前述)。不同的基本尺寸在同一标准公差等级时期公差值大小也不同。

基本偏差代号和标准公差等级构成公差带代号,如 H6、f 7 等。

1.5.3　有关"配合"的术语及定义

(1) 孔　通常是对圆柱形内表面及其他非圆柱形内部形貌的统称。

(2) 轴　通常是对圆柱形外表面及其他非圆柱形外部形貌的统称。

(3) 配合　配合是指基本尺寸相同的,相互结合的孔和轴公差带之间的关系。

① 间隙配合　在孔与轴配合中,孔的尺寸减去相配合轴的尺寸,其差值为正时是间隙配合。

由于孔、轴各有公差,所以实际间隙的大小将随着孔和轴的实际尺寸而变化。孔的最大极限尺寸减轴的最小极限尺寸所得的代数差,称为最大间隙(X_{max})。孔的最小极限尺寸减轴的最大极限尺寸所得的代数差,称为最小间隙(X_{min})。

配合公差(或间隙公差):是允许间隙的变动量,它等于最大间隙与最小间隙之代数差的绝对值,也等于相互配合的孔公差与轴公差之和。

间隙配合:孔的公差带完全在轴的公差带之上,即具有间隙配合(包括最小间隙等于零的配合)。

如 $\phi50_{0}^{+0.039}$ 的孔与 $\phi50_{-0.050}^{-0.025}$ 的轴相配合是基孔制间隙配合。公差带图如图 1-27 所示。

② 过盈配合　在孔与轴配合中,孔的尺寸减去相配合轴的尺寸,其差值为负时是过盈配合。

同理,实际过盈也随着孔和轴的实际尺寸而变化。孔的最小极限尺寸减轴的最大极限尺寸所得的代数差,称为最大过盈(Y_{max});孔的最大极限尺寸减轴的最小极限尺寸所得的代数差,称为最小过盈(Y_{min})。

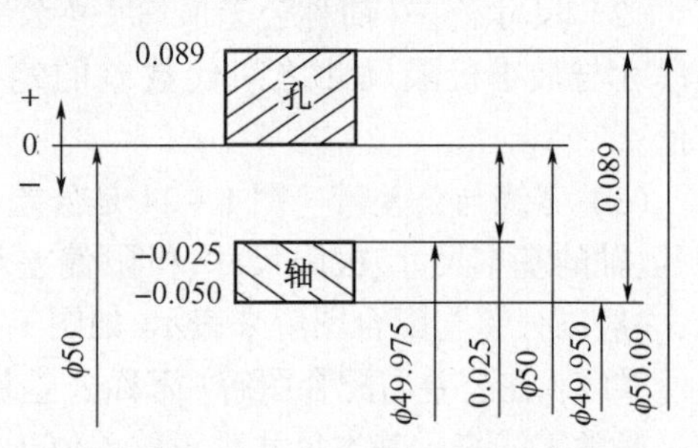

图 1-27　间隙配合公差带

配合公差(或过盈公差)：是允许过盈的变动量。它等于最小过盈与最大过盈之代数差的绝对值,也等于相配合的孔的公差与轴的公差之和。

过盈配合：孔的公差带完全在轴的公差带之下,即具有过盈的配合(包括最小过盈等于零的配合)。

如 $\phi50_{0}^{+0.025}$ 的孔与 $\phi50_{+0.043}^{+0.059}$ 的轴相配合是基孔制过盈配合。公差带图如图 1-28 所示。

③ 过度配合　在孔与轴的配合中,孔与轴的公差带相互交叠,任取其中一对孔和轴相配,可能具有间隙,也可能具有过盈的配合。

在过度配合中,其配合的极限情况是最大间隙与最大过盈之代数差的绝对值,也等于相互配合的孔与轴公差之和。

如 $\phi50_{0}^{+0.025}$ 的孔与 $\phi50_{+0.002}^{+0.018}$ 的轴相配合是基孔制过度配合。公差带图如图 1-29 所示。

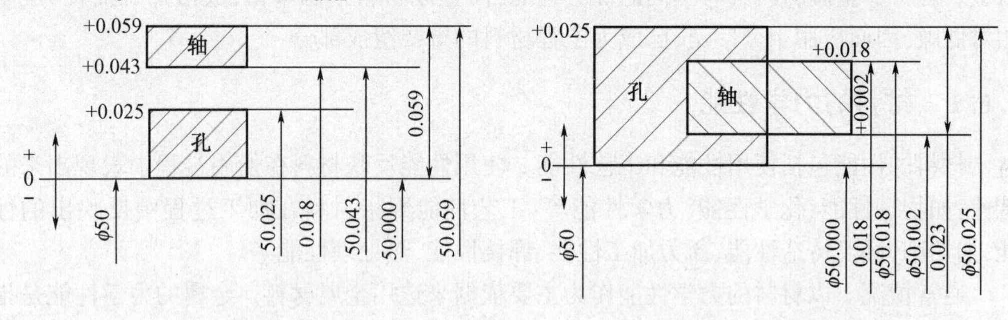

图 1-28　过盈配合公差带　　图 1-29　过渡配合公差带

(4) 配合的基准制。国家标准规定了两种常用的基准制。

基孔制：是基本偏差为一定的孔的公差带,与不同基本偏差的轴的公差带形成各种配合的一种制度。

基孔制的孔为基准孔。标准规定基准孔的下偏差为零,基准孔的代号为"H"。

基轴制：是基本偏差为一定的轴的公差带,与不同基本偏差的孔的公差带形成各种配合的一种制度。

基轴制的轴为基准轴。标准规定基准轴的上偏差为零,基准轴的代号为"h"。

按照孔、轴公差带相对位置的不同,两种基准制都可形成间隙配合、过渡配合和过盈配合三种,如图 1-30 所示。

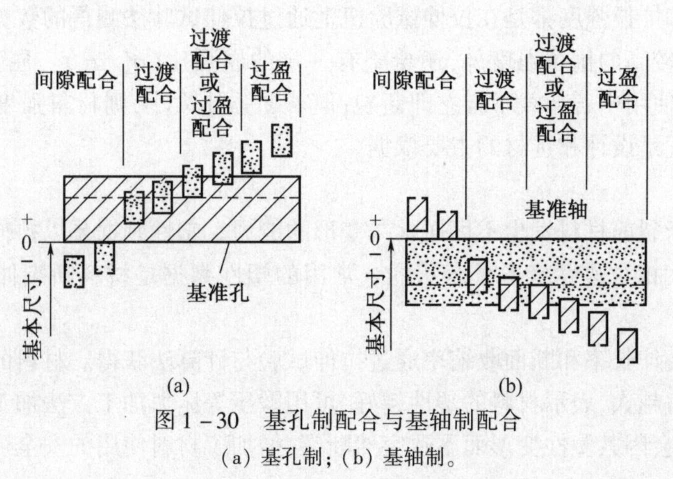

图 1-30　基孔制配合与基轴制配合

(a) 基孔制；(b) 基轴制。

1.6 金属材料基础知识

金属材料是最重要的工程材料,包括纯金属及其合金。工业上把金属材料分为两大部分。

(1) 黑色金属,铁和以铁为基的合金(钢、铸铁和铁合金)。

(2) 有色金属,黑色金属以外的所有金属及其合金。

应用最广的是黑色金属,它占整个结构材料和工具材料的90%以上。非金属材料是一个泛称,它是指除金属材料之外的其他材料,它的种类很多,约占材料品种总数的98%以上。各种非金属材料具有不同的优异性能,而且原材料来源丰富,成形加工简便,成本相对低廉,因而应用十分广泛,已成为工程材料的重要组成部分。

1.6.1 材料的力学性能

材料的性能包括使用性能和工艺性能。使用性能反映材料在使用过程中表现出来的特性,如物理性能、化学性能、力学性能等;工艺性能则指材料在加工过程中反映出的性能,如切削性能、铸造性能、压力加工性能、焊接性能、热处理性能等。

通常情况下以材料的力学性能作为主要依据来选用金属材料。金属的力学性能是指金属在力的作用下所显示的与弹性和非弹性反应相关或涉及应力—应变关系的性能。金属力学性能所用的指标和依据称为金属的力学性能判据。主要力学性能有强度、塑性、硬度、韧性等。

1. 强度

强度是指金属抵抗永久变形(塑性变形)和断裂的能力。工程上常用的强度判据是在拉伸试验中测得的屈服强度和抗拉强度。

(1) 屈服强度,是拉伸试样在试验过程中力不增加(保持恒定)仍能继续伸长(变形)时的应力,常用 σ_s 表示,单位为 MPa。

(2) 抗拉强度,是指拉伸试样拉断前所承受的最大拉应力,通常用 σ_b 表示,单位为 MPa。

屈服强度和抗拉强度都是在拉伸试验机上通过拉伸试验法测得的数据。工程选用材料时,除要求有较高的抗拉强度外,还希望有一定的屈强比(σ_s/σ_b)。屈强比越小,零件的可靠性越高,使用中若超载不会立即断裂;但若屈强比太小,则材料强度的有效利用率降低。抗拉强度是设计和选材的主要依据。

2. 塑性

塑性是指断裂前材料发生不可逆永久变形的能力。塑性判据是以拉伸试验时拉伸试样断裂时的最大相对塑性变形量表示的。常用的塑性判据是材料断裂伸长率和断面收缩率。

塑性的断裂伸长率和断面收缩率通过拉伸试验与计算法获得。材料的断裂伸长率和断面收缩率数值越大,表示材料的塑性越好,可用锻压等压力加工方法加工。若零件使用中稍有超载,也会因其塑性变形而不致突然断裂,增加了材料使用的安全可靠性。

3. 硬度

硬度是指材料抵抗局部变形,特别是塑性变形、压痕或划痕的能力。硬度是衡量金属软硬的性能指标,常用的硬度指标有布氏硬度和洛氏硬度,可用布氏硬度机、洛氏硬度机或维氏硬度机来测量。

(1) 布氏硬度。布氏硬度机的压头是淬火钢球,直径规格为 2.5mm、5.0mm 和 10.0mm 3 种。载荷的大小可以从 15.6 ~ 3000N 范围按等级选取,载荷保持时间一般为 10s、30s、60s。

布氏硬度不能测试太硬的材料,一般在 HB450 以上就不能使用。因压痕面积较大,故 HB 值的代表性较全面,且数据的重复性很好,但成品检验有困难。

(2) 洛氏硬度。洛氏硬度机所用的压头、载荷、应用范围、适用的材料如表 1 – 3 所列。

表 1 – 3　洛氏硬度试验相关参数

标度	压头	预载荷/N	总载荷/N	应力范围	适用的材料
HRA	120°金刚石圆锥	98.07	588.4	70 ~ 85	硬质合金、表面淬火钢等
HRB	ϕ1.588mm 淬火钢球	98.07	980.7	25 ~ 100	软钢、退火钢、铜合金等
HRC	120°金刚石圆锥	98.07	1471.1	20 ~ 67	淬火钢、调质钢等

洛氏硬度 HRC 可以用于检测硬度很高的材料,而且压痕很小,几乎不损伤工件表面,故在钢的热处理质量检查中应用最多。但洛氏硬度的压痕小,硬度值的代表性相对差些,重复性也不好。

(3) 维氏硬度　维氏硬度机的压头是金刚石四棱锥体。试验时在载荷作用下,样品表面的压痕为四方锥形,测量其对角线长度,就可计算出硬度值(HV)。

4. 韧性

韧性是指金属在断裂前吸收变形能量的能力。韧性指标有冲击韧性和断裂韧性等。金属材料抵抗冲击载荷作用下断裂的能力称为冲击韧性,常用 a_k 表示,单位 J/m^2。断裂韧性就是用来反映材料抵抗裂纹失稳扩展能力的指标,常用 K_{1C} 表示。

1.6.2　常用金属材料

1. 钢

1) 钢的分类

钢与铸铁都是以铁、碳为主的二元合金,其中钢是碳的质量分数 ω_C(即含碳量)小于 2.11% 的铁碳合金,是应用最广泛的金属材料。钢的品种很多,分类方法也不尽相同,常用的分类方法有:

(1) 按化学成分分:

碳素钢:低碳钢($\omega_C < 0.25\%$)、中碳钢($\omega_C = 0.25\% \sim 0.60\%$)、高碳钢($\omega_C > 0.60\%$)。

合金钢:低合金钢($\omega_{Me} < 5\%$)、中合金钢($\omega_{Me} = 5\% \sim 10\%$)、高合金钢($\omega_{Me} > 10\%$)。其中 ω_{Me} 是合金元素总含量。

（2）按用途分：

结构钢：可分为工程结构用钢和机器零件用钢。

工具钢：用于制作各类工具，包括刃具钢、量具钢、模具钢。

特殊性能钢：可分为不锈钢、耐热钢、耐磨钢等。

（3）按质量分：

普通质量钢（$\omega_{S.P} \leq 0.05\%$）、优质钢（$\omega_{S.P} \leq 0.04\%$）、高级优质钢（$\omega_{S.P} \leq 0.03\%$）。其中$\omega_{S.P}$是硫、磷含量。

2）钢的牌号、性能及用途

（1）碳钢　碳素结构钢：以屈服点"屈"字的第一个拼音字母（Q）、屈服点数值、质量等级符号（A、B、C、D）及脱氧方法符号（"F"沸腾钢、"b"半镇静钢、"Z"镇静钢、"TZ"特殊镇静钢）等四部分按顺序组成，如 Q235－A·F。碳素结构钢一般以热轧空冷状态供应，主要用于制造各种型钢、薄板、冲压件或焊接结构件以及一些力学性能要求不高的机器零件。

优质碳素结构钢：牌号用含碳量的万倍的两位数字表示。如 45 钢，表示平均 $\omega_C = 0.45\%$ 的优质碳素结构钢。常用的优质碳素结构钢有：08 钢含碳低，塑性、可焊性好，强度低，常用于垫片、冲压件及强度要求不高的焊接件；15、20 钢，其强度、硬度较低，塑性好，常用作冲压件、焊接件、普通螺纹连接件或形状简单、受力较小的渗碳件；40、50 钢，经适当的热处理（如调质）后，具有较好的综合力学性能，主要用于制造形状简单、中等强度及韧性要求的零件，如轴、齿轮、曲轴、连杆、套筒等；60、65 钢，经淬火加中温回火后，具有较高的弹性，常用以制造轧辊、钢丝及直径小于 120mm 的弹簧。

碳素工具钢：碳素工具钢可分为优质碳素工具钢和高级优质碳素工具钢两类。它的牌号用"T"开头，后面接的数字表示含碳量的千倍。若为高级优质，则在数字后加"A"。例如 T10A 钢表示 $\omega_C = 1.0\%$ 的高级优质碳素工具钢。碳素工具钢常用牌号为 T7、T8、…、T13，它们淬火后硬度相近，但随含碳量增加，耐磨性增加，韧性降低。因此，T7、T8 适于制造受一定冲击的工具，如凿子等；T9、T10、T11 适于制作冲击较小而硬度、耐磨性要求较高的丝锥、钻头等；T12、T13 则适于制作耐磨但不承受冲击的锉刀、刮刀等。

（2）合金钢　为提高钢的力学性能，改善钢的工艺性能和得到某些特殊的物理化学性能，在冶炼中有目的地加入一些合金元素，这种钢称为合金钢。生产中常用的合金元素有锰、硅、铬、镍、钼、钨、钒、钛等。常用合金钢的名称、牌号、用途见表 1－4。

表 1－4　常用合金钢的名称、牌号、用途

名称	常用牌号	用途
低合金高强度结构钢	Q345	船舶、桥梁、车辆、大型钢结构、起重机械
合金结构钢	40Cr	齿轮、轴、连杆螺栓、曲轴
合金弹簧钢	60Si2Mn	汽车、拖拉机 25～30mm 减振板簧、螺旋弹簧
滚动轴承钢	GCr15	中、小型轴承内外套圈及滚动体
量具刃具用钢	9SiCr	丝锥、板牙、冷冲模、铰刀
高速工具钢	W18Cr4V	齿轮铣刀、插齿刀
冷作模具钢	Cr12	冷作模及冲头、拉丝模、压印模、搓丝板
热作模具钢	5CrMnMo	中、小型热锻模

2. 铸铁

铸铁是含碳量大于2.11%,同时含有较多的硫、磷、硅、锰等杂质的铁碳合金。由于铸铁具有良好的铸造性能、切削加工性能、减振性、减磨性、较低的缺口敏感性,并且成本较低,因此,使用也非常广泛。

1）铸铁的分类

常用的分类方法是根据铸铁中石墨形态的不同划分的,可分为灰铸铁(片状石墨)、球墨铸铁(球状石墨)、蠕墨铸铁(蠕虫状石墨)、可锻铸铁(团絮状石墨)等。

2）铸铁的牌号、性能及用途

(1) 灰铸铁　其牌号表示方法为“HT+数字”,其中“HT”是灰铁汉语拼音的缩写,三位数字表示最低抗拉强度(MPa)。常用的牌号为HT100,HT150,…,HT350。灰铸铁的抗拉强度、塑性、韧性较低,但抗压强度、硬度、耐磨性较好,因此,广泛用于机床床身、手轮、箱体、底座等。

(2) 球墨铸铁　其牌号表示方法为“QT+数字-数字”,其中“QT”是球铁汉语拼音的缩写,第一组数字表示最低抗拉强度,第二组数字表示最小伸长率,如QT600-3。球墨铸铁通过热处理强化后力学性能有较大提高,应用范围较广,可代替中碳钢制造汽车、拖拉机中的曲轴、连杆、齿轮等。

(3) 蠕墨铸铁　其牌号表示方法为“RuT+数字”,其中“RuT”是蠕铁汉语拼音的缩写,三位数字表示最低抗拉强度。蠕墨铸铁的强度、韧性、疲劳强度等均比灰铸铁高,但比球墨铸铁低,由于其耐热性较好,主要用于制造柴油机汽缸套、汽缸盖、阀体等。

(4) 可锻铸铁　其牌号表示方法为“KT+H(或B,或Z)+数字-数字”,其中“KT”是可铁汉语拼音的缩写,后面的“H”表示黑心可锻铸铁,“B”表示白心可锻铸铁,“Z”表示珠光体可锻铸铁,其后两组数字分别表示最低抗拉强度和最小伸长率,常用的有KTH300-06等。可锻铸铁力学性能优于灰铸铁,因此,常用于制造管接头、农具及连杆类零件等。

3. 刀具材料

在切削加工过程中,刀具是直接对工件进行切削的工具,其性能和质量的优劣直接影响工件的加工质量和加工效率。刀具是由切削和夹持两部分组成的。切削部分直接参加切削工作,夹持部分则用于把刀具装夹在机床上。刀具材料是指刀具切削部分的材料。

1）刀具材料的性能要求

在切削过程中,刀具受到强烈的挤压、摩擦和冲击,要承受很大的切削力和很高的温度,因此刀具材料必须具备以下性能:

(1) 高硬度　刀具材料的硬度必须高于工件材料的硬度,常温下一般要求刀具材料的硬度要大于62HRC。

(2) 高耐磨性　以抵抗切削过程中的剧烈磨损,保持刀刃锋利。一般来说,材料的硬度愈高,耐磨性愈好。

(3) 高热硬性　指刀具材料在高温下仍能保持较高硬度的能力。热硬性是衡量刀具材料性能的主要指标,它基本上决定了刀具允许的切削速度。

(4) 足够的强度和韧度　以承受很大的切削力、冲击与振动,避免刀具产生崩刃和脆断。

(5) 良好的工艺性　为便于刀具制造,刀具材料应具良好的锻造、轧制、焊接、切削加工、磨削加工和热处理等性能。

(6) 良好的化学稳定性　指在切削加工时,刀具材料应不宜与被加工件、周围介质发生氧化、黏结,造成磨损。

2) 常用的刀具材料

(1) 碳素工具钢,这类钢含碳量高、硬度高、价格低廉,但耐热性差,热处理时变形大。当温度达到200℃ ~250℃时,硬度显著下降。因此,主要适用于制造小型、手动和低速切削工具,如手用锯条和锉刀等。常用的碳素工具钢有 T8A、T10A、T11A 等。

(2) 合金工具钢,与碳素工具钢相比,合金工具钢具有较好的淬透性和热硬性(200℃ ~250℃),热处理变形也小,切削速度能提高20%。常用于制造要求热处理变形小的低速切削刀具,如手用铰刀、板牙、丝锥、刮刀等。常用的合金工具钢有 9SiCr、CrWMn 等。

(3) 高速钢,又称白钢或锋钢,含碳量为0.75% ~1.5%,含有较多 Cr、W、V 等合金元素。其性能特点是硬度高(≥63HRC),耐磨性和热硬性好(工作温度可达600℃ ~650℃,允许的切削速度为30 ~50m/min),强度高,韧性好(比硬质合金高几十倍),抗冲击能力强(是硬质合金的2 ~3 倍);工艺性能好,热处理变形小,易刃磨。广泛应用于制造形状复杂的各种刀具,如麻花钻、铣刀、拉刀、车刀、刨刀、成形刀具和齿轮刀具等。

(4) 硬质合金,是由硬度和熔点都很高的金属碳化物粉末(如 WC、TiC、TaC、NbC 等)作基体,用钴作黏结剂,采用粉末冶金法制成的合金。其性能特点是硬度很高(可达74HRC ~82HRC),耐磨性良好,热硬性好(工作温度可高达800℃ ~1000℃,允许的切削速度为100 ~300m/min,比高速钢高出4 ~10 倍),刀具寿命高。但其抗弯强度低,冲击韧度低,抗振性差,切削加工困难,不适合制作形状复杂的刀具,但适合制作耐磨性要求高的刀具,如车刀、铣刀等。一般是将硬质合金制成各种形状的刀片,用机械夹持或焊接方法固定在刀体上使用。

常用的硬质合金主要有以下三类:

① 钨钴类(K 类或 YG 类):是以碳化钨为基体,钴为黏结剂制成的一类硬质合金,主要用于加工脆性材料,如铸铁、青铜等。常用的牌号有 K01(YG3X)、K15(YG6X)、K20(YG6)等 K30(YG8)等,数字越大,钴含量越高,韧度越高,耐磨性越低。

② 钨钛钴类(P 类或 YT 类):是由碳化钨和碳化钛加入钴为黏结剂制成的硬质合金。由于加入了 TiC,合金的硬度和耐磨性比 K 类高,但抗弯强度、冲击韧度和导热性有所下降,适于加工钢材等塑性材料。常用的牌号有 P10(YT15)、P20(YT14)、P30(YT5)等,数字越大,韧度越高,耐磨性越低。

③ 钨钛钽(铌)钴类(M 类或 YW 类):是在钨钛钴类硬质合金的基础上再加入适量的碳化钽和碳化铌制成的。与前两类硬质合金相比,其强度、热硬性、耐磨性、抗氧化性以及韧度均有所提高,具有良好的综合切削性能,适于加工耐热钢、高锰钢、不锈钢等难加工钢材,也适宜加工一般钢材和铸铁、有色金属等材料,有“通用硬质合金”之称。常用的牌号有 M10(YW1)、M20(YW2)等,数字越大,耐磨性越低,韧度越高。

1.6.3 钢铁材料的现场鉴别

1. 火花鉴别法

火花鉴别法是将钢铁材料的非加工部分或边角余料轻轻压在旋转的砂轮机上打磨，观察迸射出的火花爆裂形状、流线、色泽、发火点等特点区别钢铁材料化学成分差异的方法。

1）火花产生的基本原理

钢铁在砂轮上磨削时，产生高热，使磨出的颗粒达到熔融状态，在离心力作用下这些灼烧的细颗粒被抛射在空气中发出亮光，同时细粒表面层先发生氧化反应，氧化物又与材料中碳化物析出的碳原子发生还原反应，形成一氧化碳，同时，还原出铁原子再与空气发生氧化。在瞬时氧化还原的循环作用下，反应热使颗粒的温度升高，一氧化碳积聚量增大，产生爆裂并形成火花。钢铁材料中的碳元素是产生火花的基本元素，而当钢中含有猛、硅、钨、钼、铬等元素时，它们的氧化物将影响火花的线条、颜色和形态，由此可以判别钢的化学成分。

2）火花的构成

被测材料在砂轮上磨削时产生的全部火花称火花束，由根部、中部、尾部三部分组成，如图 1－31 所示。

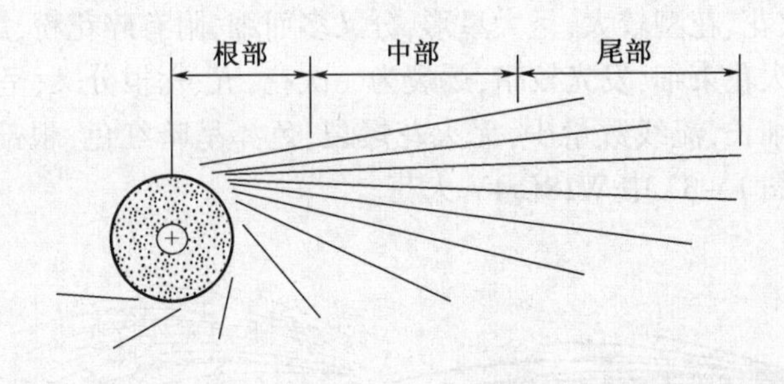

图 1－31 火花束

火花束中从砂轮上直接射出的由灼热发光的细粒形成的线条称为流线。节花是流线上火花爆炸的节点，呈明亮点。节花中再射出的亮线叫芒线。节花按爆发的先后可分为一次花、二次花、三次花等，如图 1－32 所示。通常合金钢材料在流线的尾端还会出现不同形状的尾花，尾花的形状与钢的化学成有关。通常，尾花可分为狐尾尾花、枪尖尾花、菊花状尾花、羽状尾花等。

3）常用钢铁材料的火花特征

碳是钢铁材料火花的基本元素，也是火花鉴别法测定的主要成分。对于碳素钢，由于含碳量的不同，其火花形状不同，通常含碳量增大，流线增多、缩短、变细，形状也由直转为抛物线，芒线变为细短状，节花形成多次花，花数增多，色泽由黄带暗红转为亮黄过渡到暗红，火花变亮。如图 1－33 所示，15 钢火花束较长，流线少，芒线稍粗，多为一次花，发光一般，带暗红色。45 钢火花稍短，流线较细长而多，爆花分叉较多，开始出现二次、三次花，花粉较多，发光较强，颜色橙。T13 钢火花束较短而粗，流线多而细，碎花、花粉多，分叉多，且多为三次花，发光较亮。对于铸铁，其火花束一般较粗，流线较多，以二次花为多，

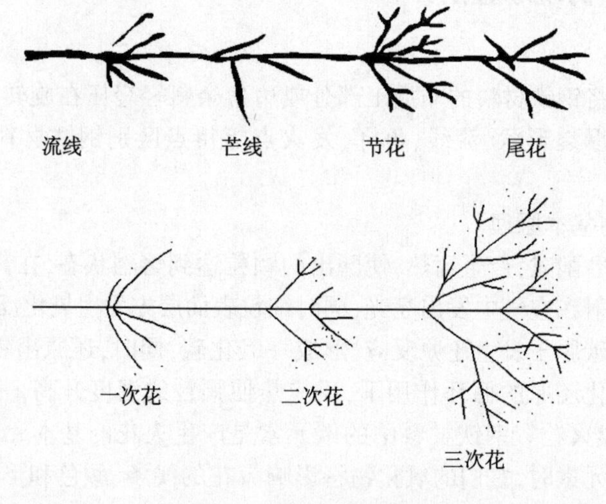

图 1-32　火花束的组成

花粉多，爆花多，尾部渐粗下垂成弧形，颜色多为橙红，如图 1-33 中灰铸铁。合金钢的火花特征与其含有的合金元素有关。一般镍、硅、钼、钨等元素抑制火花爆裂，而锰、钒铬等元素却可助长火花爆裂，所以对合金钢的鉴别难掌握。一般铬钢的火花束白亮，流线稍粗而长，爆裂多为一次花、花型较大，呈大星形，分叉多而细，附有碎花粉，爆裂的火花心较明亮。镍铬不锈钢的火花束细，发光较暗，爆裂为一次花，五、六根分叉，呈星形，尖端微有爆裂。高速钢火花束细长，流线数量少，无火花爆裂，色泽呈暗红色，根部和中部为断续流线，尾花呈弧状，如图 1-33 中 W18Cr4V 火花。

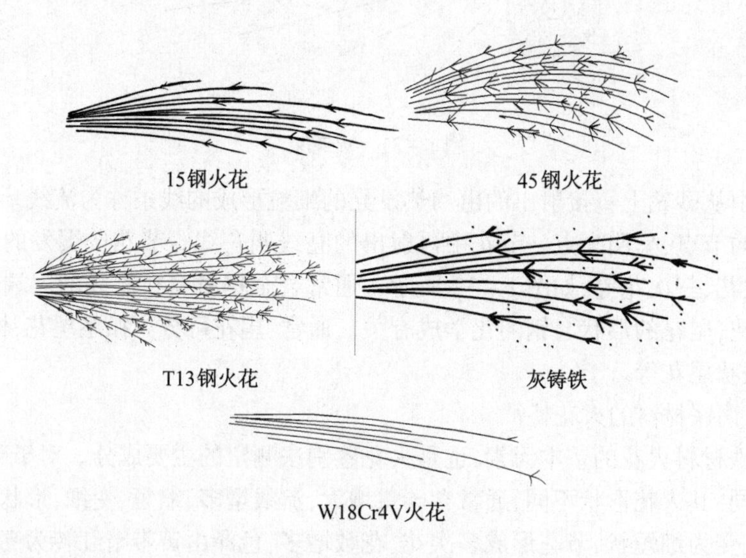

图 1-33　不同金属材料的火花

2. 断口鉴别法

工厂常用观察被折断的钢铁材料的断口特征初步判断钢铁材料的种类。通过肉眼、放大镜、低倍率光学显微镜来研究断口的特征。

常用钢铁材料断口特征大体是：

低碳钢一般不易折断,断口周围有明显的塑性变形现象,断口晶粒均匀、清晰。

中碳钢断口周围的塑性变形现象没有低碳钢明显,断口晶粒较细密。

高碳钢断口周围无明显塑性变形现象,断口晶粒很细密。

铸铁较易折断,断口周围没有塑性变形现象,断口晶粒粗大。

3. 涂色标记法

在管理钢材和使用钢材时,为了避免出差错,常在钢材的两端面涂上不同颜色的油漆作为标记,以便在使用时辨认。所涂油漆的颜色和要求应严格按照标准执行。例如：

碳素结构钢 Q235 钢——红色

优质碳素结构钢 45 钢——白色 + 棕色

优质碳素结构钢 60Mn 钢——绿色三条

合金结构钢 20CrTi 钢——黄色 + 黑色

铬轴承钢 CTCr15 钢——蓝色一条

高速钢 W18Cr4V 钢——棕色一条 + 蓝色一条。

4. 音色鉴别法

音色鉴别法是根据钢铁敲击时发出的声音不同,以区别钢和铸铁的方法。生产现场有时也可采用这种方法来区分混合在一起的材料。例如,当钢材中混入了铸铁时,由于铸铁的减振性较好,敲击时声音较低沉,而钢铁敲击时则可发出较清脆的声音。因此,可根据钢铁敲击时声音的不同,对其进行初步鉴别。不过这种方法与经验及材料的特性相关,准确性不高,而且当钢材之间发生混淆时,因其敲击声音比较接近,常需采用其他鉴别方法进行判别。

第2章 铸 造

2.1 铸造概述

将液体金属浇注到具有与零件形状相适应的铸型空腔中,待其冷却凝固后,获得一定形状和性能的铸件的成形方法称为铸造。铸造主要用于生产零件的毛坯,经切削加工后成为零件。但也有许多铸件无需切削加工就能满足零件的设计精度和表面粗糙度要求,可直接作为零件使用。

铸造是历史最为悠久的成形工艺,是制造毛坯或零件的重要方法之一,在机械制造中占有非常重要的地位。据估计,在机械各行业中铸件质量占整机的比例分别为:汽车约占20% ~30%;一般机床约占70% ~80%;拖拉机、农业机械约占40% ~70%;重型机器、矿山机械中约占85%以上。

与其他成形方法相比,铸造具有以下优点:

(1) 适用范围广。铸造能制造具有各种复杂形状的铸件,特别是具有复杂内腔的零件,如设备的箱体、机座、叶片、叶轮等;铸件的质量可以从几克到数百吨,铸件壁厚可以从0.5mm到1m左右,铸件长度可以从几毫米到十几米。

(2) 原材料来源广泛。各种金属合金,如铸铁、铸钢、铝合金、铜合金、镁合金、钛合金、锌合金和各种特殊合金材料等,都可用铸造方法制成铸件,特别是有些塑性差的材料,只能用铸造方法制造毛坯。

(3) 成本低,经济性能好。铸件的形状和尺寸与零件很接近,因而节省了大量的材料和切削加工费用;精密铸件还可省去切削加工工序,直接用于装配;铸造能利用废旧材料和切屑等生产铸件,从而节约了成本和资源。

(4) 工艺灵活,生产率高。

铸造的缺点是生产过程复杂、影响因素多;铸件质量不稳定、易产生各种缺陷、力学性能较低;劳动条件差,对环境有污染。

常见的铸造方法有砂型铸造、特种铸造两类:

(1) 砂型铸造,是以型砂和芯砂等材料制备铸型的铸造方法。砂型铸造是目前生产中用得最多、最基本的铸造生产方法,用砂型浇注的铸件大约占铸件总量的80%以上。

(2) 特种铸造,是与砂型铸造不同的其他铸造方法,如金属型铸造、熔模铸造、压力铸造和离心铸造等。特种铸造具有铸件尺寸精度高、表面和内部质量好,以及生产率高等优点。

2.2 砂型铸造

2.2.1 砂型铸造的工艺过程

砂型铸造的工艺过程如图2-1所示。主要工序有制造模样和芯盒、制备型砂和芯砂、造型、造芯、合型、浇注、落砂和清理等。

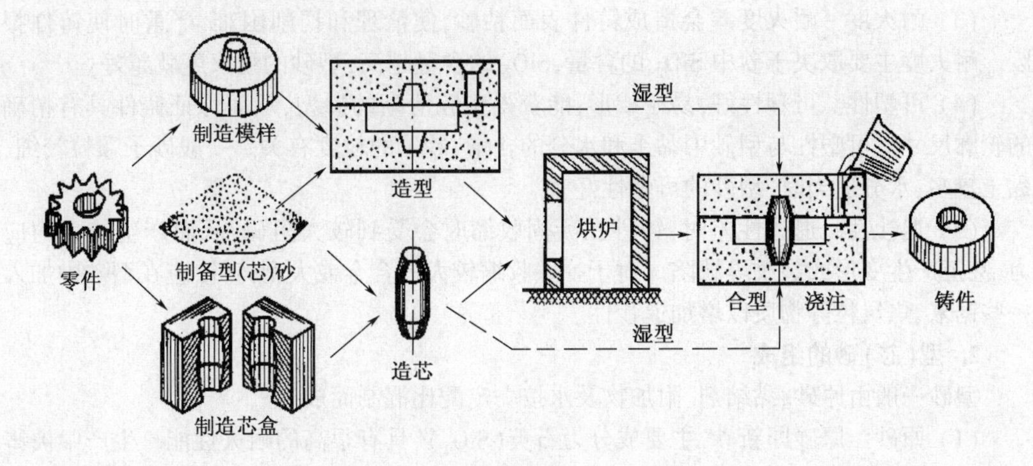

图2-1 砂型铸造的工艺过程

2.2.2 铸型的组成

铸型是依据零件形状用型砂、金属或其他耐火材料制成的,包括形成铸件的空腔、芯和浇冒口系统的组合整体。用型砂制成的铸型称为砂型。

图2-2是砂型的组成示意图。铸型中取出模样后留下的空腔部分称为型腔,上、下砂型的分界面称为分型面。型芯用来形成铸件的内孔和内腔。液态金属通过浇注系统流入并充满型腔,产生的气体从出气孔等处排除砂型。

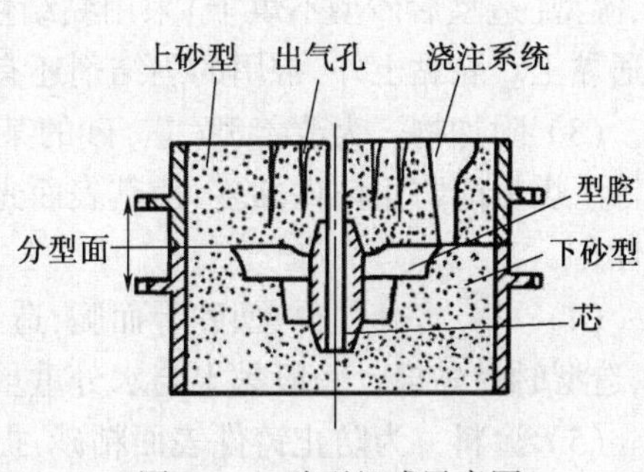

图2-2 砂型组成示意图

2.2.3 型(芯)砂

砂型是由型砂制成的,型(芯)砂的质量直接关系到铸件的质量。型(芯)砂的质量不好会使铸件产生气孔、砂眼、粘砂、夹砂等缺陷,因此,必须对型(芯)砂的质量进行控制。

1. 型(芯)砂的性能

砂型在浇注和凝固过程中要承受熔融金属的冲刷、静压力和高温的作用,并要排出大量气体,型芯则要承受凝固时的收缩压力,因此型(芯)砂应有以下性能要求:

(1) 强度　型(芯)砂应具有足够的强度,以承受浇注时熔融金属的冲击和压力,防止铸型表面破坏(如冲砂、塌箱等),避免铸件产生夹砂、结疤、砂眼等缺陷。但强度过高,会使铸型太硬,阻碍铸件的收缩,使铸件产生内应力,甚至开裂,还使透气性变差。

(2) 透气性　熔融金属浇入砂型后,在高温的作用下,砂型中会产生大量气体,熔融金属内部也会分离出气体。如果透气性差,部分气体就会留在熔融金属内不能排出,导致铸件产生气孔。反之,透气性过高则型砂太疏松,容易使铸件产生粘砂。透气性与型砂的颗粒度、黏土及水的含量有关。一般砂粒粗大均匀、粘土和水的含量适中,则透气性好。

（3）耐火度　耐火度差会造成铸件表面粘砂，使清理和切削困难，严重时使铸件报废。耐火度主要取决于砂中 SiO_2 的含量，SiO_2 的含量越高，型砂的耐火度就越好。

（4）可塑性　可塑性好，易于成形，能获得型腔清晰的砂型，从而保证铸件具有精确的轮廓尺寸。可塑性与型砂中黏土和水分的含量、砂子的粒度有关。一般砂子颗粒较细，黏土较多，水分适当时，型砂的可塑性好。

（5）退让性　退让性差时，铸件在凝固收缩时会受到较大阻碍，从而产生较大内应力，甚至产生变形或裂纹等缺陷。对于一些收缩较大的合金或大型铸件，应在型砂中加入一些锯末、焦炭粒等物质以增加退让性。

2. 型(芯)砂的组成

型砂一般由原砂、黏结剂、附加物及水按一定配比混制而成。

（1）原砂　原砂即新砂，主要成分为石英（SiO_2），具有很高的耐火性能。生产中被铸材料熔点高低不同，所用型砂中 SiO_2 的含量也不同，一般为 85% ~97%，砂的颗粒以圆形、大小均匀为好。

（2）黏结剂　在砂型铸造中，常用的黏结剂为黏土，分为普通黏土和膨润土两种。一般，湿型（造型后砂型不烘干）采用黏结性好的膨润土，而干型（造型后砂型需烘干）多用普通黏土。除黏土外，常用的黏结剂还有水玻璃、桐油、树脂、合脂等。

（3）附加物　为改善型（芯）砂的某些性能而加入的材料称为附加物，如煤粉、锯木屑等。煤粉能防止铸件黏砂，使其表面光洁。加入木屑则能改善型（芯）砂的退让性和透气性。

（4）水　水分太少，型砂干而脆，造型、起模有困难。水分太多，型砂湿度过大，强度低，造型时易黏模。一般黏土与水分重量比为3∶1时，型砂强度可达最大值。

（5）涂料　为防止铸件表面粘砂，提高铸件的表面质量，常在铸型型腔表面覆盖一层耐火材料。如铸铁件的湿型表面用石墨粉扑撒一层到砂型上；干型和型芯用石墨粉加少量黏土的水涂料刷涂在型腔、型芯表面上。

3. 型(芯)砂的制备

根据工艺要求对型（芯）砂进行配料和混合的过程称为型（芯）砂的制备。

新砂使用前要经过烘干、筛选等处理，以去除杂物和水分；旧砂是造型使用过的砂子，由于浇注时型砂表面受高温金属液的作用，砂粒粉碎变细，煤粉燃烧分解，使型砂中水分增多，透气性降低，部分黏土会丧失黏结力，使型砂性能变坏。因此，落砂后的旧砂必须经过磁选、破碎等处理，以去除铁块及砂团等。

常用的面砂和背砂配方如下：

面砂（质量分数）：旧砂 70% ~80%；新砂 20% ~30%；膨润土 4% ~5%；煤粉 3% ~5%；水分 5% ~7%。

背砂（质量分数）：100%旧砂加适量水。

2.2.4　模样和芯盒

模样和芯盒分别是造型和造芯的模具。模样的外形及尺寸与铸件相似，用来形成铸型的型腔；芯盒的内腔与型芯的形状和尺寸相同，用来形成铸件内腔或孔洞。零件、模样、芯盒和铸件的关系如表 2－1 所列。

表 2－1　模样、型腔、铸件和零件之间的关系

名称 特征	模样	型腔	铸件	零件
大小	大	大	小	最小
尺寸	大于铸件一个收缩率	与模样基本相同	比零件多一个加工余量	小于铸件
形状	包括型芯头、活块、外型芯等形状	与铸件凸凹相反	包括零件中小孔洞等不铸出的加工部分	符合零件尺寸和公差要求
凸凹(与零件相比)	凸	凹	凸	凸
空实(与零件相比)	实心	空心	实心	实心

制造模样和芯盒所选用的材料，与铸件大小、生产规模和造型方法有关。一般单件小批量生产、手工造型时常用木材制造；大批量生产、机器造型时常使用铸造铝合金等金属材料或硬塑料制造。

在设计、制造模样和芯盒时要注意以下几点：

(1) 分型面的选择　分型面是铸型组元间的接合面，其选择原则是：在满足铸件质量的前提下，应尽量简化造型工艺，以使造型、起模方便。具体做法是：① 尽可能选在铸件的最大截面处；② 尽可能选在平面上；③ 尽量减少分型面的数量；④ 尽量使铸件的全部或大部分放在同一个砂箱中；⑤ 应便于下芯、合箱和检查。

(2) 起模斜度　又称铸造斜度，是指为了便于取模，在平行于起模方向的模样或芯盒壁上留出的斜度，如图 2－3 中 α 角。其大小主要取决于垂直壁的高度、造型方法及模型材料，一般为 0.5°～3°。

(3) 铸造圆角　设计与制造模样时，凡相邻两表面的交角，都应做成圆角(图 2－4)。这样既能方便起模，又能防止浇注时将砂型转角处冲坏而引起铸件黏砂，还可以避免铸件在冷却时产生裂缝或缩孔。一般中小型铸件的圆角半径为 3～5mm。

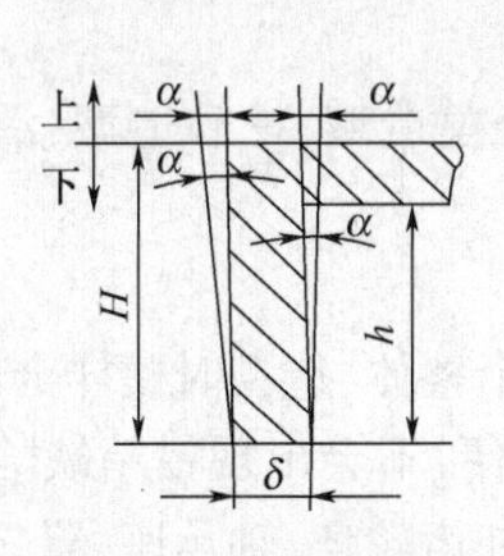

图 2－3　起模斜度

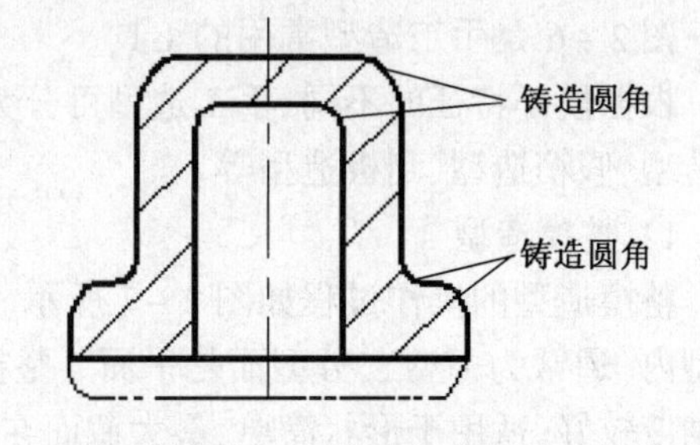

图 2－4　铸造圆角

(4) 收缩余量　为了补偿液态金属在砂型中凝固所造成的铸件收缩，模样的尺寸要比铸件图样尺寸放大一定的数值，称为收缩余量。收缩余量与铸件的线收缩率和模样尺寸有关。不同的铸造金属(或合金)的线收缩率不同，如灰铸铁为 0.8%～1.0%；铸钢为 1.5%～2.0%；铝合金为 1.0%～1.2%。

(5) 加工余量　铸件上有些部位需要进行切削加工。切削加工时从铸件表面切去的金属层厚度称为加工余量，其大小根据铸造合金种类、铸件尺寸和形状、铸件尺寸公差等

级等来确定。一般小型灰铸铁件的加工余量为 2 ~ 4mm。

(6) 芯头和芯座　芯头是型芯本体外被加长或加大的部分,芯座是造型时留出的用于安放型芯芯头的空腔。对于型芯来说,芯头是型芯的外伸部分,不形成铸件轮廓,只是落入芯座内,用以定位和支承型芯。芯座应比芯头稍大一些,以便于安放型芯。图 2 - 5 是芯头在砂型中的安放形式,可分为垂直式、水平式和特殊式(如悬臂芯、吊芯等),其中前两种定位方便可靠,应用最多。

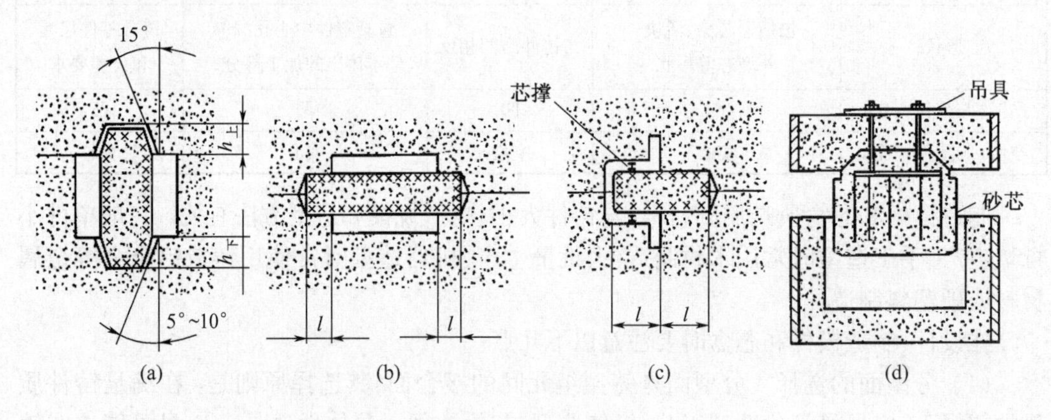

图 2 - 5　芯头形式

1—垂直式; 2—水平式; 3—悬臂式; 4—吊芯。

2. 2. 5　造型

造型是用型砂和模型制造铸型的过程,是铸造生产中最复杂、最重要的工序,一般分为手工造型和机器造型两类。

1. 手工造型

全部用手工或手动工具完成的造型工序称为手工造型。手工造型方法操作灵活,工艺装备简单,适应性强,但技术水平要求高,劳动强度大,生产率低,主要用于单件小批生产。图 2 - 6 是手工造型常用的工具。

根据模样特征的不同,手工造型可分为整模造型、分模造型、挖砂造型、活块造型、三箱造型、假箱造型、刮板造型等。

1) 整模造型

整模造型的操作过程如图 2 - 7 所示。其模样是一个整体,造型时模样全部放在一个砂型内(通常为下型),分型面是平面。整模造型操作简便,不会出现错箱缺陷,形状和尺寸精度较好,适用于形状简单、最大截面在端部的铸件,如齿轮坯、轴承座、罩、壳等。

2) 分模造型

当铸件的最大截面不在铸件的端部时,为便于造型和起模,模样要分成两半或几部分,这种造型称为分模造型。

当铸件的最大截面在中间时,应采用两箱分模造型。将模样沿外形的最大截面处分为两半(不一定对称)并用销钉定位,这种模样称为分模,两半模型的分界面为分模面。造型时模样分别置于上、下砂箱中,分模面与分型面位置相重合。两箱分模造型操作简单,广泛用于制造形状比较复杂,最大截面不在端部,但分型面为平面的零件,如水管、轴

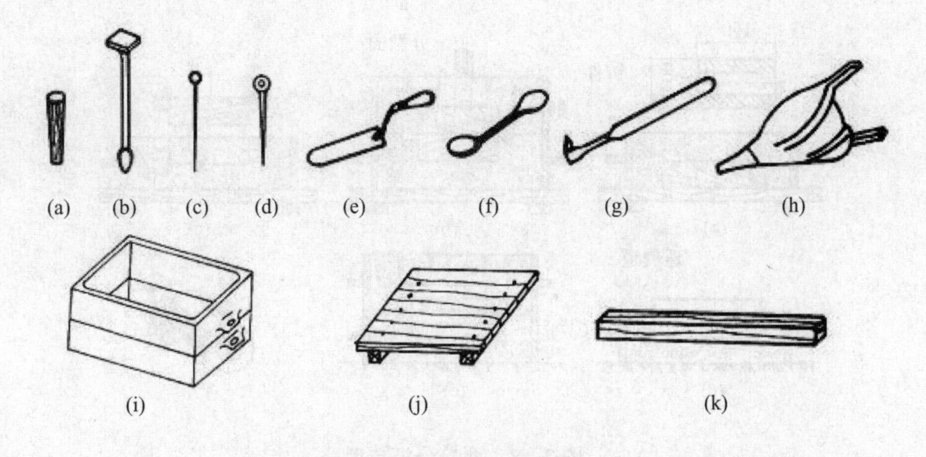

图 2-6　手工造型工具

(a) 浇口棒；(b) 砂冲子；(c) 通气针；(d) 起模针；(e) 墁刀；(f) 秋叶；
(g) 砂勾；(h) 皮老虎；(i) 砂箱；(j) 底板；(k) 刮砂板。

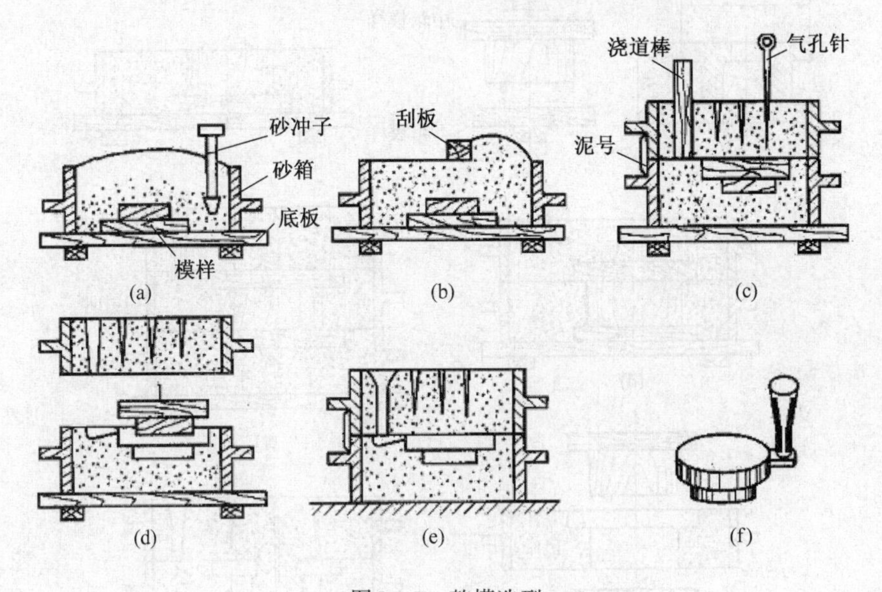

图 2-7　整模造型

(a) 造下型；(b) 刮平；(c) 翻转下型，造上型，扎气孔；(d) 敞箱，起模，开浇道；(e) 合箱；(f) 带浇道的铸件。

套、管子等。

分模造型的操作基本与整模造型相同，如图 2-8 所示。

当铸件形状为两端截面大、中间截面小时，如带轮、槽轮、车床四方刀架等，为保证顺利起模，应采用三箱分模造型(三箱造型)。此时分模面应选在模样的最小截面处，而分型面仍选在铸件两端的最大截面处，模样分别从两个分型面取出(图 2-9)。

三箱造型的特点是中箱的上、下两面都是分型面，都要求光滑平整；而中箱的高度应与中箱的模样高度相近。由于三箱造型有两个分型面，容易产生错箱，降低了铸件高度方向的尺寸精度，增加了分型面处飞边毛刺的清整工作量，操作较复杂，生产率较低，不适于机器造型。

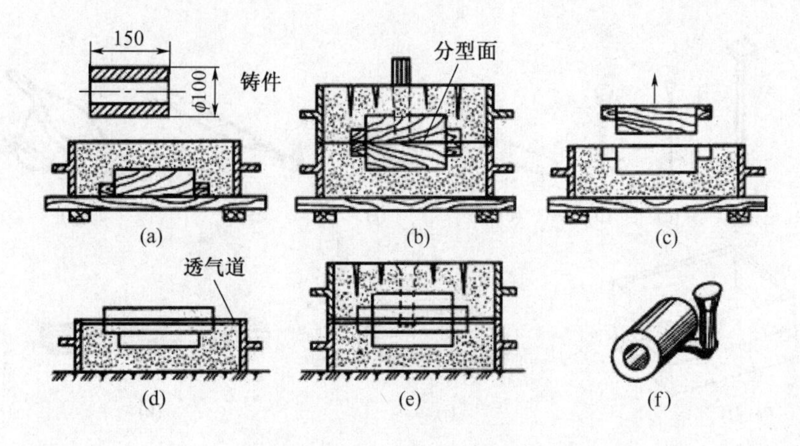

图 2-8　两箱分模造型

(a) 造下型；(b) 造上型；(c) 敞上型，起模；(d) 开浇口；(e) 合箱；(f) 带浇口的铸件。

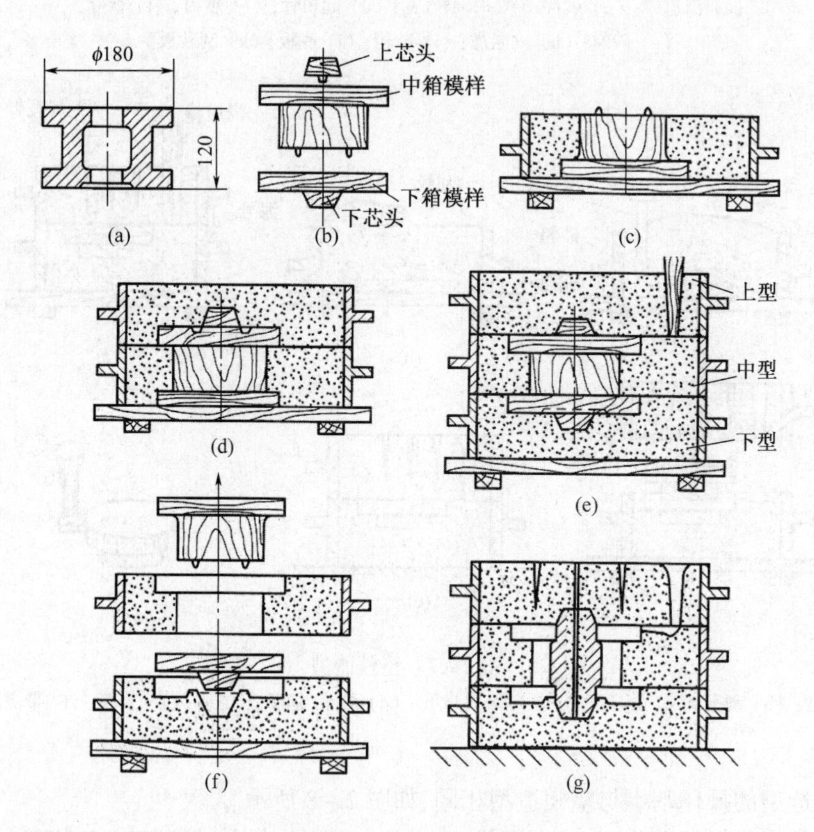

图 2-9　三箱分模造型

(a) 铸件图；(b) 模样；(c) 造中型；(d) 造下型；(e) 造上型；(f) 依次敞箱、起模；(g) 下芯、合箱。

因此，三箱造型仅用于单件小批量、形状复杂、不能用两箱造型的铸件生产。

3) 挖砂造型与假箱造型

当铸件的外形轮廓为曲面或阶梯面，其最大截面不在端部，且模样又不便分为两半时，应将模样做成整体，造型时挖掉妨碍取出模样的那部分型砂，这种造型方法称为挖砂造型。挖砂造型的分型面为曲面，造型时为了保证顺利起模，必须把砂挖到模样最大截面处(图 2－10),并抹平、修光分型面。由于挖砂造型需每造一次型挖砂一次,故操作麻烦,技术要求高,生产效率低,只适用于单件、小批量生产。

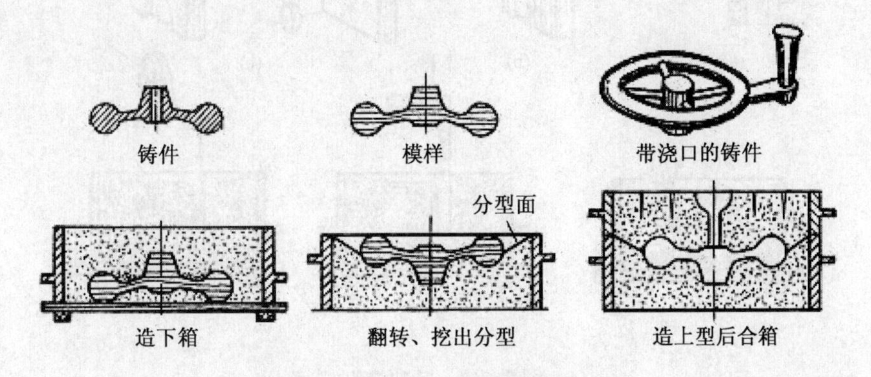

图 2－10　手轮的挖砂造型

当生产数量较大时,一般采用假箱造型。即先利用模样造一假箱,再在假箱上造下型(图 2－11)。用假箱造型时不必挖砂就可以使模样露出最大的截面。假箱只用于造型,不参与浇注,它是用高强度型砂舂制而成,分型面光滑平整、位置正确,能多次使用。当生产数量更大时,可在造型前先预做一个特制的成型底板(图 2－12)来代替假箱,将模样放在成型底板上造型。成型底板可用木材或铝合金制造。

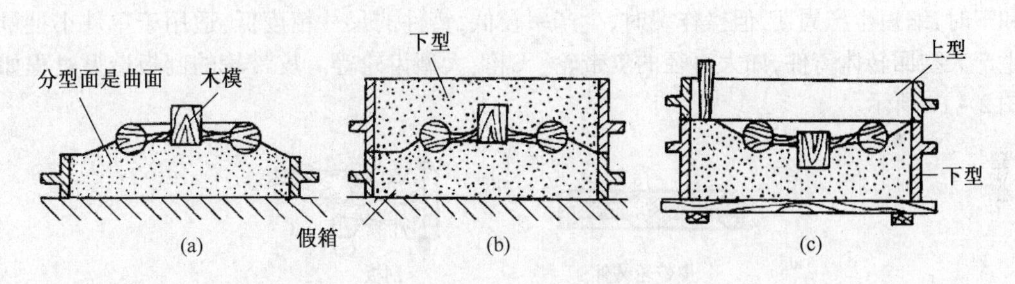

图 2－11　假箱造型

(a) 模样放在假箱上;(b) 造下型;(c) 翻转下型,待造上型。

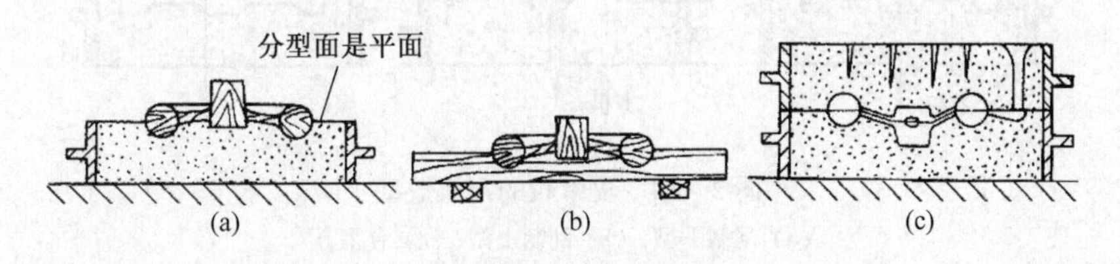

图 2－12　假箱成型底板

(a) 假箱;(b) 底形底板;(c) 合型图。

4) 活块造型

活块造型是将模样的外表面上局部有妨碍起模的凸起部分(如凸台、筋条等)做成活块,用销子或燕尾结构使活块与模样主体形成可拆连接。起模时,先取出模样主体,然后从型腔侧壁取出活块。活块造型过程如图 2－13 所示。

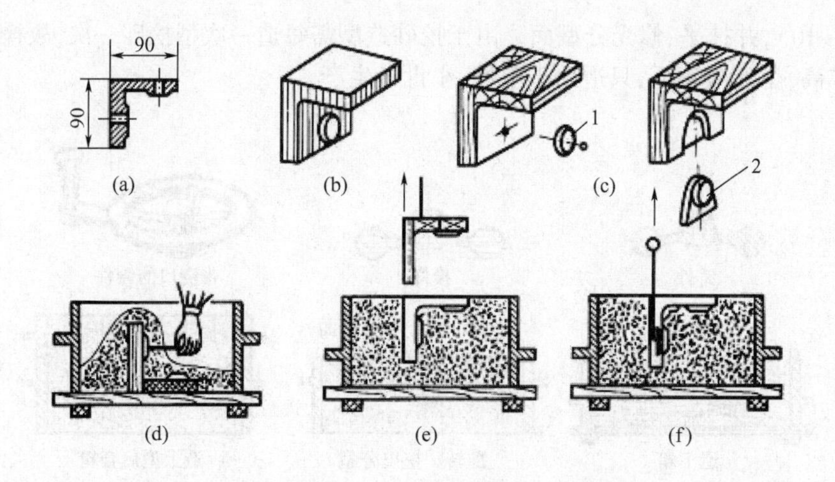

图 2－13　活块造型

(a) 零件；(b) 铸件；(c) 模样；(d) 造下型，拨出钉子；(e) 取模；(f) 取活块。
1—用钉子连接活块；2—用燕尾连接活块。

活块造型操作难度大，技术要求较高，生产率低，只适用于单件、小批量生产。

5) 刮板造型

刮板造型是利用和零件截面形状相适应的特制刮板代替模样进行造型的方法。造型时将刮板绕固定的中心轴旋转，在铸型中刮出所需的型腔。刮板造型能节省模样的材料和工时，缩短生产周期，但操作费时，生产率较低，铸件的尺寸精度低，适用于单件小批量生产大型回转体铸件，如大直径的皮带轮、飞轮、大型齿轮等。皮带轮的刮板造型过程如图 2－14 所示。

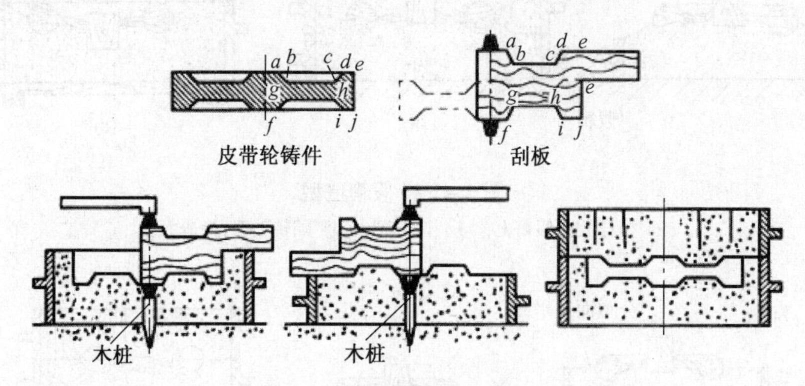

图 2－14　皮带轮的刮板造型

(a) 刮制下型；(b) 刮制上型；(c) 合型。

2. 机器造型

机器造型的实质是把造型过程中的紧砂与起模等工序全部或部分地用机械来完成，是大批量生产砂型的主要方法。与手工造型相比，机器造型生产率高，劳动强度低，对操作者的技术水平要求不高；铸件尺寸精确及表面质量好、加工余量小；但设备及工艺装备费用高，生产周期长，只适用于大批量生产。

机器造型通常采用模板（固定模样和浇冒口的底板）和砂箱在专门的造型机上进行，

通过模板与砂箱机械的分离而实现起模。模板上有定位销与专用砂箱的定位孔配合，定位准确，可同时使用两台造型机分别造出上下型。由于造型机无法造出中箱，所以机器造型只能是两箱造型。为了提高生产率，采用机器造型的铸件应尽可能避免使用活块和砂芯。

根据紧砂方式的不同，机器造型可分为震压造型、射压造型、高压造型、抛砂造型等。图 2－15 是震压造型的工作原理及过程。它是先震击，再压实的紧实成型方法，是目前生产中使用较多的一种紧实方法。这种方法生产率高，可节约动力消耗，并能减少机器的磨损，适用于大量或成批生产的大中型铸件。

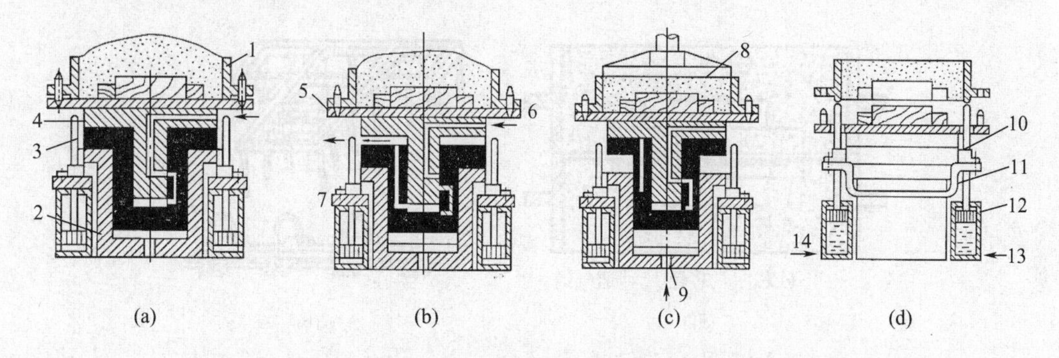

图 2－15　震压造型机工作原理示意图

（a）填砂；（b）紧砂；（c）压实顶部型砂；（d）起模。

1—砂箱；2—压实汽缸；3—压实活塞；4—震击活塞；5—模底板；6—进气口；7—排气口；8—压板；9—进气口；10—起模顶杆；11—同步连杆；12—起模液压缸；13、14—压力油。

2.2.6　造芯

1. 型芯的作用和结构

型芯是铸型的重要组成部分，主要用来形成铸件的内腔。有时为了简化某些复杂铸件的起模或造型，也可部分或全部用型芯形成铸件的外形，如图 2－16 所示。

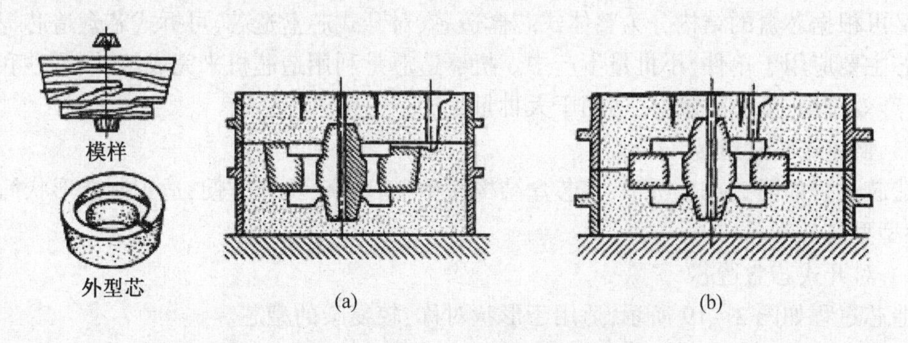

图 2－16　采用外型芯的两箱整模造型和分模造型

（a）整模造型；（b）分模造型。

因砂芯的工作条件差，在制芯过程中除使用性能良好的芯砂和特殊的黏结剂外，还需采取下列工艺措施：

（1）开通气孔道。型芯是通过型芯头把浇注时型芯内产生的气体排出，因此必须在型芯内部开出通气道,通气道要与铸型的出气孔连通。形状简单的型芯,用气孔针扎出通气孔;形状复杂、局部截面比较薄的型芯,可在型芯中埋入蜡线;对于大型型芯,通常在其内部填以焦炭或炉渣等空心材料,以便排气。

(2) 安放芯骨。为提高型芯的强度和刚度,在型芯中要安置与型芯形状相适应的芯骨,以保证型芯在翻转、吊运、下芯及浇注时不产生弯曲和损坏。小件的芯骨一般用铁丝或铁钉制成,芯骨应深入到芯头中,且与芯头端部保持一定距离,如图 2-17(a)所示;大件及形状复杂的芯骨用铸铁铸成,在芯骨上有的要做出吊环,以便吊运、安放,如图 2-17(b)所示。

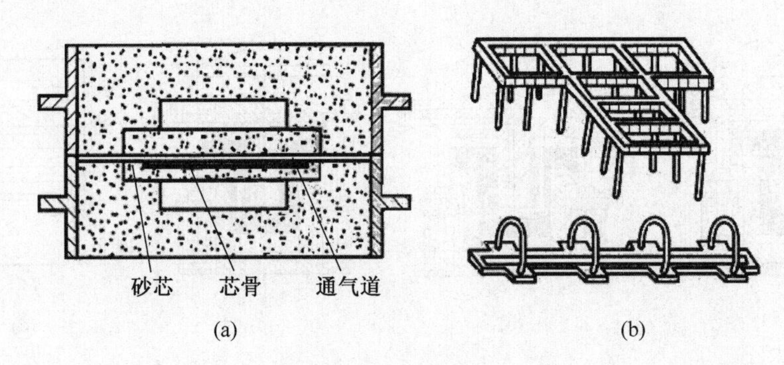

图 2-17 芯骨

(a) 铁丝芯骨;(b) 铸铁芯骨。

(3) 刷涂料。在型芯与金属液接触部位要刷涂料,其作用是防止铸件黏砂,改善铸件内腔表面的粗糙度。通常铸铁件型芯采用石墨涂料,而铸钢件型芯采用石英粉涂料。

(4) 烘干。型芯烘干后,其强度和透气性都能提高,发气量减少,铸件质量容易保证。型芯的烘干温度和时间取决于黏结剂的性质、含水量及型芯大小、厚薄等,一般黏土型芯为 250℃ ~350℃,3 ~6h。

2. 造芯方法

造芯可分成手工造芯和机器造芯。其中手工造芯可分成芯盒造芯和刮板造芯。芯盒造芯又可根据芯盒的结构分为整体式芯盒造芯、对开式芯盒造芯、可拆式芯盒造芯等。手工造芯主要应用于单件、小批量生产中。机器造芯是利用造芯机来完成填砂、紧砂和取芯的,生产效率高,型芯质量好,适用于大批量生产。

1) 整体式芯盒造芯

造芯过程如图 2-18 所示,其芯盒结构简单,精度高,操作方便,适于制造形状简单的中、小型型芯。

2) 对开式芯盒造芯

造芯过程如图 2-19 所示,适用于形状对称、较复杂的型芯。

3) 可拆式芯盒造芯

对于形状复杂的大、中型型芯,当用整体式芯盒无法取芯时,可将芯盒分成几块,分别拆去芯盒取出型芯,如图 2-20 所示。

4) 刮板造芯

对于大直径回转体型芯,可采用刮板制造,如图 2-21 所示。

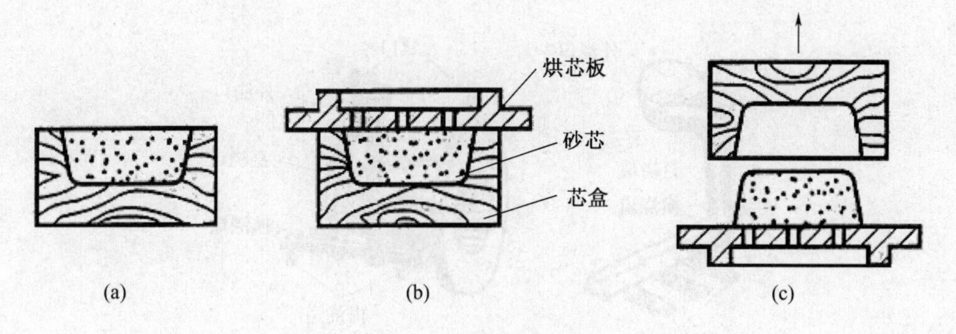

图 2－18　体式芯盒制芯

（a）舂砂，刮平；（b）放烘芯板；（c）翻转，取芯。

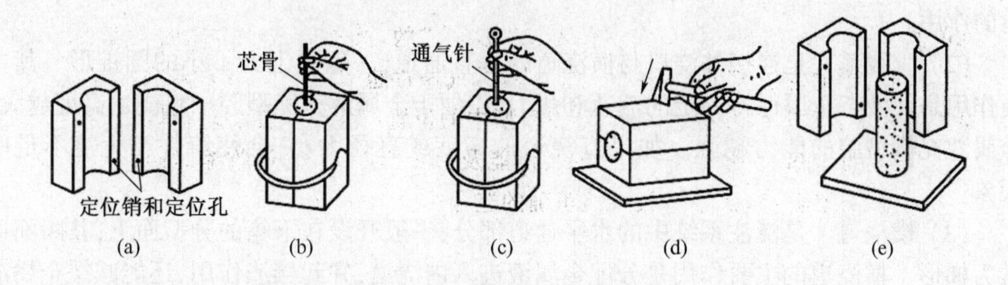

图 2－19　对开式芯盒制芯

（a）准备芯盒；（b）夹紧芯盒，依次加入芯砂、芯骨，舂砂；

（c）刮平、扎通气孔；（d）松开夹子，轻敲芯盒；（e）打开芯盒，取出砂芯，上涂料。

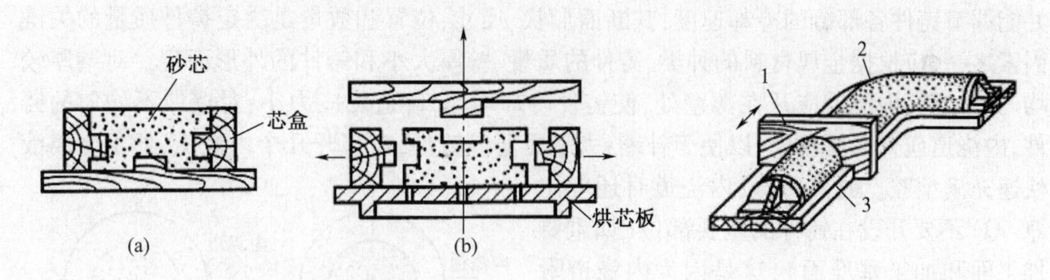

图 2－20　可拆式芯盒造芯

（a）制芯；（b）取芯。

图 2－21　刮板造芯

1—刮板；2—型芯；3—导向基准面。

2.2.7　浇冒口系统

1. 浇注系统

浇注系统是为金属液流入型腔而开设于铸型中的一系列通道。其作用是：保证金属液平稳、迅速地注入型腔；阻止熔渣、砂粒等杂质进入型腔；调节铸件各部分温度和控制凝固次序；补充金属液在冷却和凝固时的体积收缩（补缩）。浇注系统通常由外浇口、直浇道、横浇道和内浇道组成，如图 2－22 所示。

（1）外浇口　也叫浇口杯，多为漏斗形或盆形。其作用是接纳从浇包倒出来的金属液，减轻金属液对砂型的冲击，使之平稳地流入直浇道，并具有挡渣和防止气体卷入直浇

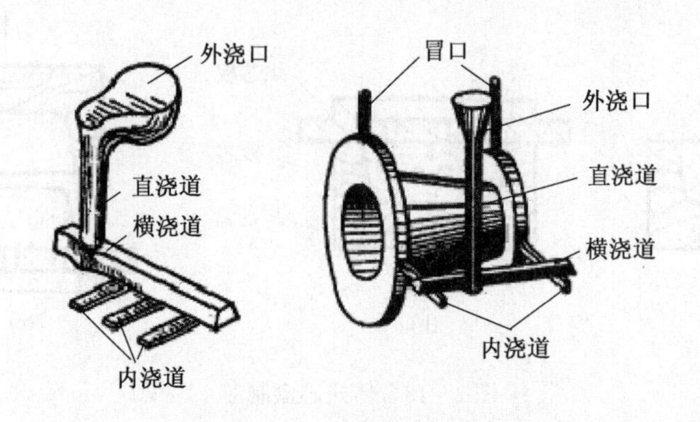

图 2－22　典型的浇注系统

道的作用。

（2）直浇道　是连接外浇口与横浇道的垂直通道，一般呈上大下小的圆锥形。其主要作用是使液态金属保持一定的流速和压力，以便于金属液充满型腔。直浇道高度越大，金属液充满型腔的能力越强。如果直浇道的高度或直径太小，会使铸件产生浇不足的现象。

（3）横浇道　是浇注系统中的水平通道部分，一般开设在下箱的分型面上，其断面通常为梯形。横浇道的主要作用是分配金属液进入内浇道，并起挡渣作用，还能减缓金属液流的速度，使金属液平稳流入内浇道。

（4）内浇道　是浇注系统中引导液态金属进入型腔的通道，一般位于下型分型面处，其断面多为扁梯形或月牙形，也可为三角形。内浇道可控制熔融金属的流动速度和方向，并能调节铸件各部分的冷却速度，其断面形状、尺寸、位置和数量是决定铸件质量的关键因素之一，应根据金属材料的种类、铸件的质量、壁厚大小和铸件的外形而定。对壁厚较均匀的铸件，内浇道应开在薄壁处，使铸件冷却均匀，铸造热应力小；对壁厚不均匀的铸件，内浇道应开在厚壁处，以便于补缩；大平面薄壁铸件，应多开几个内浇道，便于金属液快速充满型腔。此外，开设内浇道时还应注意：① 不要开设在铸件的重要部位（如重要加工面和加工基准面），这是因为内浇道附近的金属冷却慢，组织粗大，力学性能差；② 应使金属液顺着砂型的型壁流动，而不能正对着型芯和砂型的薄弱部位开设，以免冲坏型芯和砂型，如图 2－23 所示；③ 与铸型结合处应带有缩颈，以防清除浇口时撕裂铸件。

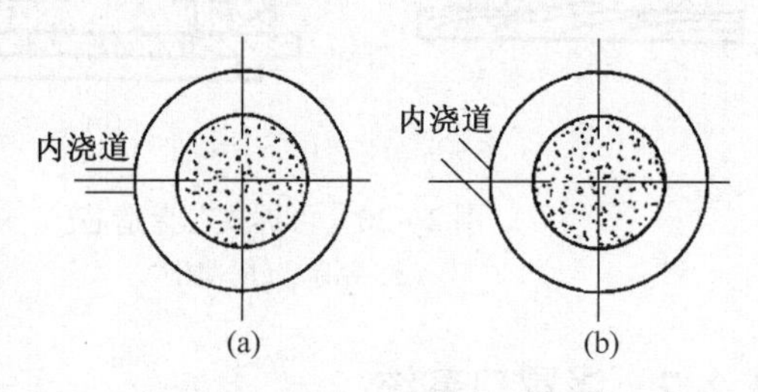

图 2－23　内浇道的设置
（a）不合理；（b）合理。

一般情形下，直浇道截面应大于横浇道截面，横浇道截面应大于内浇道截面，以保证熔融金属充满浇道，并使熔渣浮集在横浇道上部，起挡渣作用。

2. 冒口

为防止缩孔和缩松，往往在铸件的最高部位、最厚部位以及最后凝固的部位设置冒口。冒口是在铸型内储存供补缩铸件用金属液的空腔，当液态金属凝固收缩时起到补充液态金属的作用，也有排气和集渣的作用。冒口的形状多为圆柱形、方形或腰圆形，其大小、数量和位置视具体情况而定。冒口是多余部分，清理时要切除掉。

2.2.8 造型的基本操作

1. 造型前准备工作

(1) 准备造型工具，选择平整的底板和大小适应的砂箱。木模与砂箱内壁及顶部之间须留有30～100mm的距离，此距离称为吃砂量。吃砂量不宜太大，否则不仅消耗过多的型砂，而且浪费舂砂工时；反之，吃砂量过小，则木模周围的型砂舂不紧，浇注时金属液容易从分型面的交界面间流出。

(2) 擦净木模，以免造型时型砂粘在木模上，造成起模时损坏型腔。

(3) 安放木模，应注意木模上的斜度方向，不要放错。

2. 舂砂

(1) 必须将型砂分次适量加入，加砂过多舂不紧，而加砂过少又浪费工时。

(2) 舂砂应均匀地按一定路线进行，以免各部分松紧不一。

(3) 用力大小应适当。用力过大，砂型太紧，浇注时型腔内的气体跑不出来；用力过小，砂型太松易塌箱。同一砂型各部分的松紧是不同的，靠近砂箱内壁应舂紧，以免塌箱；靠近型腔部分，砂型应稍紧些，以承受液体金属的压力；远离型腔的砂层应适当松些，以利透气。

3. 撒分型砂

在分型面上均匀地撒一层无黏土的细粒干砂（即分型砂），以防止上、下砂箱粘在一起开不了箱。

4. 扎通气孔

在已舂紧和刮平的型砂上，用通气针扎出通气孔，以便浇注时气体易于逸出。通气孔要垂直而且均匀分布。

5. 开外浇口

外浇口应挖成60°的锥形，与直浇道连接处应修成圆弧过渡，以引导液体金属平稳流入砂型。若外浇口挖得太浅而成碟形，则浇注时液体金属会溅出伤人。

6. 做合箱线

若上、下砂箱没有定位销，则应在上、下砂型打开之前，在砂箱壁上作出合箱线。最简单的方法是在箱壁上涂上粉笔灰，然后用划针画出细线。需进炉烘烤的砂箱，则用砂泥粘敷在砂箱壁上，用墁刀抹平后，再刻出线条，称为打泥号。

7. 起模

(1) 起模前用水笔蘸些水刷在木模周围型砂上，以防止起模时损坏砂型型腔。

(2) 起模针位置要尽量与木模的重心铅锤线重合。起模前，要用小锤轻轻敲打起模针的下部，使木模松动，便于起模。

(3) 起模时，慢慢将木模垂直提起，待木模即将全部起出时，再快速取出，注意不要偏斜和摆动。

8. 修型

起模后，型腔如有损坏，可使用各种墁刀和砂钩进行修补。如果型腔损坏较大，可将木模重新放入型腔进行修补,然后再起出。

9. 开内浇道

一般开设在下砂型的分型面上。

10. 合箱

将上型、下型、型芯、浇口杯等组合成一个完整铸型的操作过程称为合箱,又称合型。合箱前应对砂型和型芯的质量进行检查,若有损坏,需要进行修理。合箱时要保证铸型型腔几何形状和尺寸的准确及型芯的稳固,注意使上砂箱保持水平下降,并应对准合箱线,防止错箱。合箱后,上、下型应夹紧或在铸型上放置压铁,以防浇注时造成抬箱(上型被熔融金属顶起)、射箱(熔融金属流出箱外)或跑火(着火的气体溢出箱外)等事故。

合箱是制造铸型的最后一道工序,直接关系到铸件的质量,即使铸型和型芯的质量很好,若合箱操作不当,也会引起气孔、砂眼、错箱、偏芯、飞边和跑火等缺陷。

2.3 合金的熔化与浇注

2.3.1 合金的铸造性能

合金的铸造性能是指在一定的铸造工艺条件下合金获得优质铸件的能力,即合金在铸造生产中所表现出来的工艺性能,包括充型能力、收缩性、氧化性、吸氧性和偏析倾向等,其中最主要的是充型能力和收缩性。

各种常用合金的铸造性能如表 2-2 所列。

表 2-2 常用合金的铸造性能

合金种类		铸造性能
铸铁	灰铸铁	熔点低、流动性好、收缩小、不易产生缩孔和缩松等缺陷,可用于制造形状复杂、薄壁铸件
	球墨铸铁	流动性比灰铸铁稍差,收缩率较大,易形成缩孔和缩松
	可锻铸铁	熔点比灰铁高,流动性比灰铸铁差,收缩大,易产生浇不足、冷隔、缩孔等缺陷
	蠕墨铸铁	流动性好、收缩小,铸造性能比球墨铸铁好
铸钢		熔点高、流动性差、收缩大、偏析大,易形成冷隔、缩孔等缺陷,组织性能不均匀
有色金属(铝合金、铜合金)		流动性好,收缩率大、容易产生吸气和氧化、易形成缩孔和缩松

2.3.2 合金的熔炼

合金的熔炼是铸造生产过程中相当重要的生产环节,熔炼的目的是要获得一定温度和所需成分的金属液。若熔炼工艺控制不当,会使铸件因成分和力学性能不合格而报废。在熔炼过程中要尽量减少金属液中的气体和夹杂物,提高熔化率,降低燃料消耗等,以达到最佳的技术经济指标。

1. 铸铁的熔炼

铸铁的熔炼过程应满足以下几个要求:① 铁水温度足够高;② 铁水成分稳定;③ 生

产率高,成本低。铸铁的熔炼设备有冲天炉、电弧炉和工频炉,其中冲天炉应用最广。

在冲天炉熔化过程中,炉料自上而下运动,被上升的热炉气预热,并在熔化带(底焦顶部,温度约1200℃)开始熔化,铁水在下落过程中又被高温炉气和炽热焦炭进一步加热,温度可达1600℃左右,过热的铁水经炉缸、过桥进入前炉,此时温度有所下降,最后出炉铁水温度约为1250~1350℃。从风口进入的风和底焦燃烧后形成的高温炉气自下而上流动,最后变成废气从烟囱中排出。冲天炉内铸铁的熔化过程不仅是一个金属料的重熔过程,而且是炉内铁水、焦炭和炉气之间产生的一系列物理、化学变化的过程,即熔炼过程。

2. 铸钢的熔炼

与铸铁相比,铸钢的铸造性能较差,其熔点高,流动性差,收缩量大,氧化和吸气性也较为严重,易于产生夹渣和气孔,需要采取较为复杂的工艺措施以保证铸件的质量。如:选择强度和耐火度高、透气性好的型砂,铸造时设置较大的冒口以利于补缩,适当提高浇注温度以提高液体的流动性,铸后进行退火或正火处理以提高铸件的力学性能等。

铸钢常用电弧炉或感应电炉来熔炼,整个熔炼过程包括熔化、氧化、还原等几个阶段。电弧炉是利用电极与金属炉料间发生电弧放电所产生的热量而使炉料熔化的,熔炼的钢质量较高,适于浇注各种类型的铸钢件,容量为1~15t。感应电炉是根据电磁感应和电流热效应原理,利用炉料内感应电流的热能熔化金属的。常用的感应电炉是工频炉(50Hz)和中频炉(500~2500Hz),其中工频炉可直接使用工业电流,不需变频设备,故投资较少。

3. 铝合金的熔炼

铸铝是应用最广泛的铸造非铁合金。由于铝合金的熔点低,化学性质活泼,熔炼时容易产生氧化、吸气,合金中的低沸点元素也极易挥发,所以铝合金的熔炼应在与燃料隔离的环境下进行。目前,熔炼铝合金最常用的设备是电加热坩埚炉。

熔炼铝合金的金属料是铝锭、废铝、回炉铝以及其他合金等,辅料有熔剂、覆盖剂等。

铸造铝合金熔点低,浇注温度不高,因此对型砂的耐火度要求低,可采用较细的型砂造型,以提高铸件的表面质量。由于铸造铝合金流动性好,充型能力强,故可浇注较复杂的薄壁铸件。

2.3.3 浇注

将熔融金属从浇包注入铸型的操作过程称为浇注。浇注是铸造生产中的一个重要环节,浇注操作不当,常使铸件产生气孔、浇不足、冷隔、夹渣和缩孔等缺陷。

1. 浇注工具

浇注的主要工具是浇包,它是容纳、输送和浇注熔融金属用的容器。浇包用钢板制成外壳,内衬耐火材料。图2-24是几种不同类型的浇包。

2. 浇注工艺

1)浇注温度

金属液浇入铸型时所测量到的温度称为浇注温度,是影响铸件质量的重要因素。浇

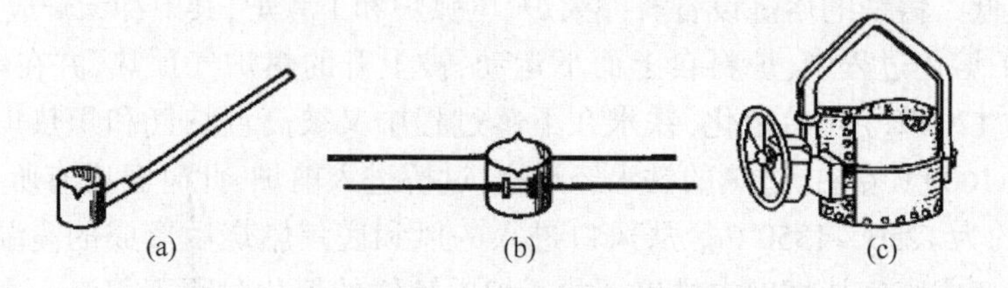

图 2-24　浇包

(a) 手提浇包；(b) 抬包；(c) 吊包。

注温度过低，则金属液的流动性差，容易出现浇不足、冷隔和气孔等缺陷；浇注温度过高，金属液在铸型中的收缩量增大，吸气、氧化现象严重，容易产生缩孔、裂纹、粘砂等缺陷，铸件的结晶组织也会变得粗大。

浇注时应遵循高温出炉，低温浇注的原则。浇注温度应根据合金的种类、铸件的大小形状及壁厚来确定。一般铸铁的浇注温度范围是 1230～1450℃；碳钢铸件的浇注温度为 1520～1620℃；黄铜的浇注温度为 1060℃左右；青铜的浇注温度为 1200℃左右；铝合金的浇注温度为 680～780℃左右。薄壁复杂铸件取上限，厚大铸件取下限。

2）浇注速度

单位时间内浇入铸型中的金属液质量称为浇注速度，用 kg/s 表示。浇注速度过快，会使铸型中的气体来不及排除而产生气孔，同时因金属液的动压力增大而易造成冲砂、抬箱、跑火等缺陷；浇注速度太慢，金属液降温过多，易产生浇不足、冷隔、夹渣等缺陷。浇注速度应根据铸件的形状、大小而定，可通过操纵浇包和布置浇注系统进行控制。

3. 浇注中的注意事项

（1）浇注前应根据铸件的重量、大小、形状和金属液牌号选择合适的浇包及其他用具，并对浇包和挡渣钩等工具进行烘干，以免降低金属液温度和引起金属液飞溅；检查铸型合型是否妥当，浇、冒口是否安放；清理浇注时行走的通道，不应有杂物挡道，更不能有积水。

（2）浇注时，须使浇口杯保持充满，不允许浇注中断，以防熔渣和气体进入铸型，并注意防止飞溅和满溢。

（3）及时引燃型腔中逸出的气体，以防 CO 等有害气体污染空气及形成气孔。

2.4　落砂与清理

2.4.1　落砂

将铸件从砂箱内取出的工序称为落砂。铸件在砂型中冷却到一定温度后，才能落砂。落砂过早，铸件温度高、冷却快，会使铸件表面硬而脆，难以切削加工，还会产生铸造应力，使铸件变形甚至开裂；落砂过晚，会增加场地的占用时间，影响生产效率。落砂时间可根据铸件的形状、大小和壁厚来确定，一般中小型铸件在浇注后 1h 左右开始落砂。

落砂方法分为手工落砂和机械落砂。单件、小批量生产采用手工落砂，大批量生产多采用震动落砂机落砂。

2.4.2 清理

落砂后的铸件必须经过清理工序才能使其表面达到要求。清理工作主要包括以下内容:

(1) 去除浇冒口。铸铁件的浇冒口,一般用手锤或大锤敲掉;大型铸铁件要先在根部锯槽,再用重锤敲掉;铸钢件要用气割割掉;有色金属的浇冒口要用锯锯掉。

(2) 清除型芯和芯骨。单件小批生产时一般采用手工清除;批量生产时,可采用震动出芯机或水力清砂装置清除。

(3) 清理表面粘砂。铸件表面往往粘附一层被烧结的砂子,需要清理干净。轻者可用钢刷刷掉,重者需用錾子、风铲等工具清除;大批量生产时,中小型铸件常采用清理滚筒进行清理,大型铸件可用喷丸方式进行清理。

(4) 铸件的修整。用錾子、风铲、砂轮等工具去掉铸件上的飞边、毛刺和残留的浇冒口痕迹,并进行打磨,尽量使铸件轮廓清晰、表面光洁。

2.5 特种铸造

砂型铸造具有许多优点,应用广泛,但也存在铸件精度低、表面粗糙、力学性能差、砂型不能重复使用、生产效率低、工人劳动条件差等缺点。因此,一些特种铸造方法得到了日益广泛的应用。目前特种铸造方法已经发展到几十种,其中常用的有金属型铸造、熔模铸造、压力铸造和离心铸造等。

2.5.1 压力铸造

压力铸造(简称压铸)是指在一定压力作用下,以很快的速度将液态或半液态金属压入金属铸型中,并在压力下凝固形成铸件的方法。

压力铸造用的压铸机分热压室压铸机和冷压室压铸机两种,其中应用较多的是冷压室压铸机。冷压室压铸机适于压铸铝合金、铜合金或镁合金铸件。热压室压铸机适用于压铸熔点低的铅合金和锌合金铸件,也可用来压铸镁合金铸件。

图 2-25 为卧式冷压室压铸件工作原理,压铸所用铸型由定型和动型两部分组成。定型固定在压铸机的定模板上,动型固定在压铸机的动模板上并可作水平移动。推杆和芯棒由压铸机上的相应机构控制,可自动抽出芯棒和顶出铸件。其压铸过程是:动型向

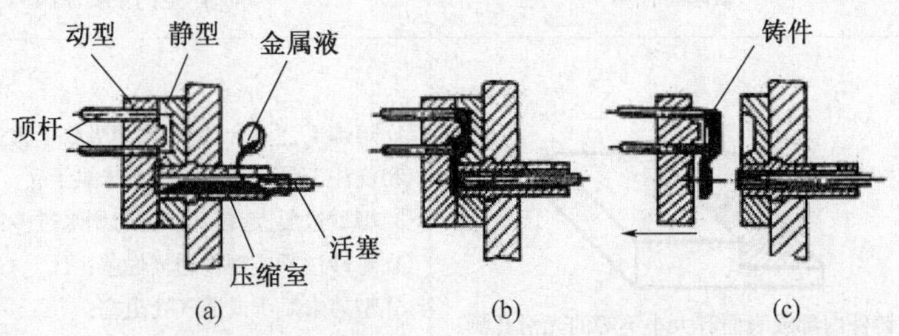

图 2-25 卧式冷压室压铸的工艺过程

(a) 合型,浇入金属液;(b) 加高压;(c) 开型,顶出铸件。

左移,合型,用定量勺向压室注入金属液(图 2 - 25(a));柱塞快速推进,将液态金属压入铸型(图 2 - 25(b));向外抽出金属芯棒,打开压型,柱塞退回,推杆将铸件顶出(图 2 - 25(c))。

由于普通压铸件内气孔较多,不易热处理和焊接,影响使用性能。因此生产中大多采用几种特殊压力铸造法,常用的有真空压铸、充气压铸和精、速、密压铸。

2.5.2 压力铸造的优点

压力铸造的优点是:

(1) 铸件质量好,强度高。压铸件在高压下结晶凝固,表层晶粒细小,组织致密,强度比砂型铸造高 20% ~40% 左右,耐磨性和抗蚀性也有显著提高。

(2) 金属液在高压高速下保持高的流动性,故可压铸出薄而复杂的精密铸件,可直接铸出各种孔眼、螺纹、齿形、文字和图案等。最小壁厚 <0.5mm,铸孔最小直径 0.7mm。

(3) 生产率高,成本低,容易实现自动化生产。

压力铸造的缺点是:

(1) 压铸机造价高,铸型结构复杂、生产周期长、成本高。

(2) 压铸时液态金属充型速度大、凝固快、补缩困难,容易产生气孔、缩松等铸造缺陷。

(3) 压铸合金的品种受限,主要用于大批量生产的中小型有色金属铸件,如铝合金、镁合金和锌合金等。

2.6 铸件缺陷

实际生产中,常需对铸件缺陷进行分析,目的是找出缺陷产生的原因,以便采取措施加以预防。对于设计人员来说,了解铸件缺陷及其产生原因,有助于正确设计铸件结构,恰当合理地拟定技术要求。

铸造工艺过程繁多,引起缺陷的原因是很复杂的,同一铸件上可能会出现多种不同原因引起的缺陷,而同一原因在生产条件不同时也可能会产生多种缺陷。常见的铸件缺陷名称、特征、产生的原因见表 2 - 3。

表 2 - 3 常见的铸件缺陷及产生原因

缺陷名称	缺陷特征	产生的主要原因
气孔	在铸件内部或表面有大小不等的光滑孔洞	① 熔炼工艺不合理,金属液吸收了较多的气体; ② 浇注工具或炉前添加剂未烘干; ③ 型砂过湿,起模和修型时刷水过多; ④ 舂砂过紧或型砂透气性差; ⑤ 型芯未烘干或通气孔阻塞; ⑥ 浇注温度过低或浇注速度太快

（续）

缺陷名称	缺陷特征	产生的主要原因
缩孔与缩松	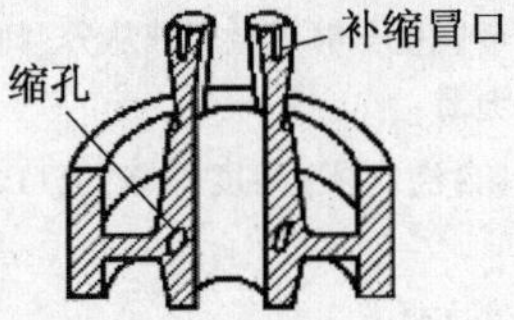 补缩冒口 缩孔 缩孔：多分布在铸件厚断面处，空洞大、形状不规则，孔内粗糙； 缩松：分散而细小的缩孔，分布面积要比缩孔大得多	① 铸件结构设计不合理，造成补缩不利，如壁厚不均匀等； ② 浇注系统和冒口的位置不对或冒口太小； ③ 浇注温度太高； ④ 合金化学成分不合格，收缩率过大
砂眼	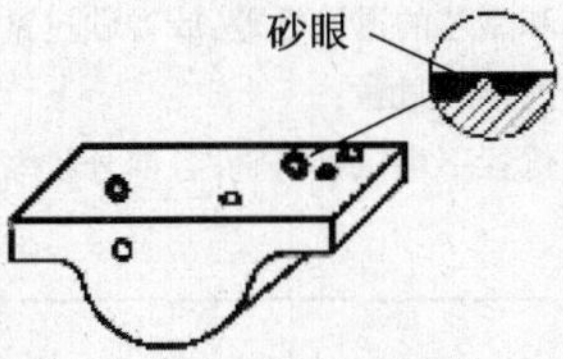 砂眼 在铸件内部或表面有型砂充塞的孔眼	① 型砂强度太低或紧实度不够，使型砂被金属液冲入型腔； ② 合箱时砂型局部损坏； ③ 浇注系统不合理，内浇口方向不对，金属液冲坏了砂型；浇注时挡渣不良或浇注速度太快； ④ 合箱时型腔或浇口内散砂未清理干净
粘砂	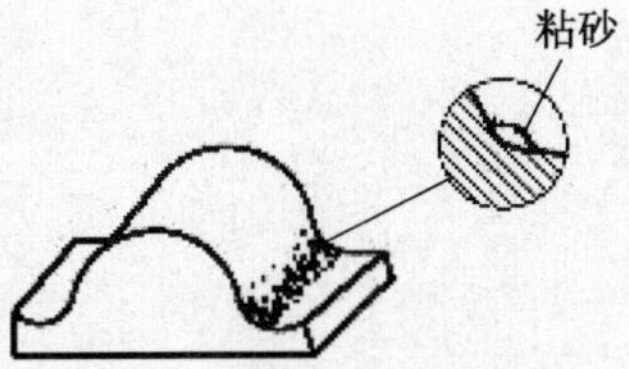 粘砂 铸件表面粗糙，粘有一层砂粒	① 型砂或芯砂耐火度低； ② 舂砂过松； ③ 浇注温度太高； ④ 未刷涂斜或涂料太薄
错型	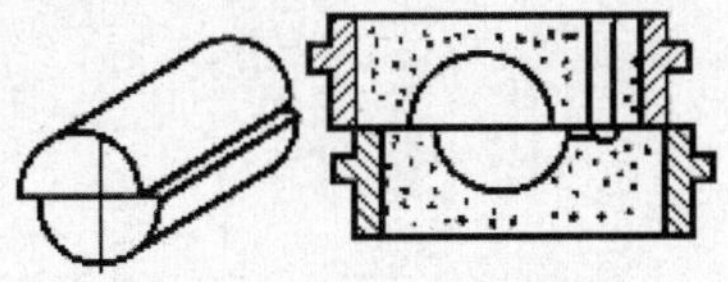 铸件沿分型面有相对位置错移	① 造型时模样的上半模和下半模未对准； ② 合箱时，上下砂箱错位； ③ 上、下砂箱未夹紧
冷隔	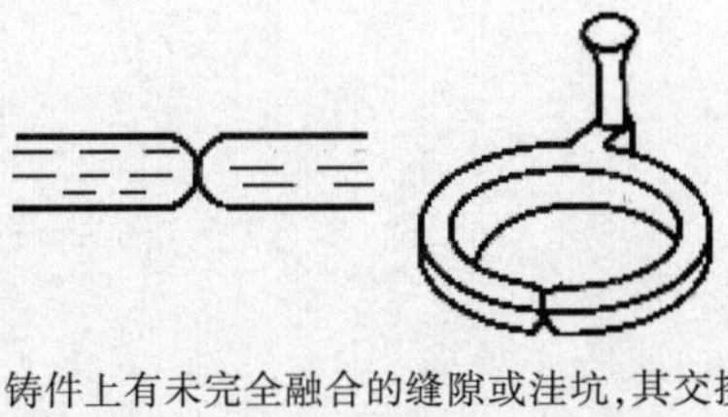 铸件上有未完全融合的缝隙或洼坑，其交接处是圆滑的	① 铸件设计不合理，铸件壁太薄； ② 浇注温度太低，合金流动性差； ③ 浇注速度太慢或浇注中有断流； ④ 浇注系统位置开设不当或内浇道横截面积太小

（续）

缺陷名称	缺陷特征	产生的主要原因
浇不足	金属未充满铸型,铸件外形不完整	① 浇注时金属量不够或金属液从分型面流出; ② 铸件壁太薄; ③ 直浇道(含浇口杯)高度不够,浇口太小或未开出气孔; ④ 浇注温度太低; ⑤ 浇注速度太慢或浇注中断
裂纹	裂缝 铸件开裂,开裂处金属表面有氧化膜	① 铸件结构设计不合理,壁厚相差太大,冷却不均匀; ② 砂型和型芯的退让性差,或舂砂过紧; ③ 落砂过早或过猛; ④ 浇口位置不当,致使铸件各部分收缩不均匀

第3章 锻 压

3.1 锻压概述

锻压是指在一定外力作用下,利用金属的塑性使金属材料产生变形,从而获得具有一定形状和力学性能的毛坯或零件的加工方法。它是锻造和冲压的总称,主要用于加工金属制件,也可用于加工某些非金属材料以及复合材料等。冲压又称板料成形,它是利用冲模在压力机上对金属(或非金属)板料施加压力使其分离或变形,从而得到一定形状,并且满足一定使用要求零件的加工方法,由于通常是在常温(冷态)下进行的,所以又称为冷冲压。

塑性变形是锻压成形的基础,用于锻压的材料应具有良好的塑性,以便锻压时产生较大的塑性变形而不致被破坏。常用的金属材料中,大多数钢和有色金属及其合金(如铝、铜及其合金等)都具有一定的塑性,可在热态或冷态下进行锻压加工。铸铁由于塑性很差,不能进行锻压。

与其他加工方法相比,锻压加工具有以下优点:

(1) 力学性能好。金属塑性成形过程中,金属内部组织得到改善,制件性能好。在机械制造中,凡承受重载和冲击载荷等要求比较高的零件都是通过锻造成形的,如重要的传动轴、发动机、内燃机的曲轴、连杆、齿轮、起重机吊钩等。

(2) 生产率高。除自由锻造外,其他锻压方法(如模锻、冲压等)均比切削加工的生产率高出几倍甚至几十倍以上。

(3) 材料利用率高,节约机加工工时。锻压主要是在外力作用下和利用金属的塑性使体积重新分配来实现的,不产生切屑,材料利用率高;锻压零件因其尺寸精度和表面粗糙度接近成品要求,可实现少切屑或无切屑加工,减少了加工损耗,节约了材料。

(4) 适用范围比较广。锻压既可以加工形状简单的锻件,也可以加工形状较复杂的锻件;锻件的重量可以小到不足1g,大到几百吨;锻件既可以单件小批生产,也可以大批量生产。

锻压的缺点是:设备费用较高,工件精度较低,特别是难以生产内腔复杂的零件。

3.2 锻 造

锻造,是利用锻压设备及工、模具,对金属坯料(块料)进行体积重新分配,得到所需形状、尺寸及性能制件的工艺过程。按力的来源分,锻造可分为手工锻造和机器锻造;按照成形方式的不同,锻造可分为自由锻造和模型锻造两大类;按锻造成形时材料的温度分,可分为热锻、温锻和冷锻。

本章介绍热锻的基本知识。

锻造常用的原材料是钢锭、轧材、挤材和锻坯,而轧材、挤材和锻坯分别是钢锭经轧制、挤压及锻造加工后形成的半成品。

锻造生产的主要工艺过程是:下料——加热——锻造——热处理——检验。

3.2.1 金属毛坯的锻前加热与锻件冷却

1. 坯料的加热

1)锻前加热的目的及锻造温度

金属毛坯锻前加热目的是提高金属的塑性、降低变形抗力,使之易于流动成形并获得良好的锻后组织。锻前加热对提高锻造生产率,保证锻件质量以及节约能源消耗都有直接影响。

热锻是在一定的温度范围内进行的,在加热过程中,尤其是在高温阶段,金属表面会出现氧化和脱碳缺陷。金属材料开始锻造时的温度称为始锻温度,即允许加热的最高温度。当加热温度超过始锻温度时,会出现过热和过烧等缺陷。为了获得更好的锻造性能和较长的锻造时间,始锻温度应在保证坯料不产生过热、过烧等缺陷的前提下尽量高些。

停止锻造时的温度称为终锻温度,即允许进行锻造的最低温度。终锻温度应在保证坯料不产生冷变形强化的前提下尽量低些。终锻温度过高,会使停锻后锻件的晶粒在较高温度下继续长大,导致锻件力学性能下降;终锻温度过低,则会造成锻件塑性下降,加工困难,甚至产生裂纹。

从始锻温度到终锻温度的温度区间称为锻造温度范围。金属的锻造温度范围大,可以减少锻造过程的加热次数,提高生产率,降低成本。几种常用金属材料的锻造温度范围见表3-1。

表3-1 常用金属材料的锻造温度范围

材料种类	始锻温度/℃	终锻温度/℃
低碳钢	1200~1250	800
中碳钢	1150~1200	800
合金结构钢	1100~1180	850
碳素工具钢	1050~1100	800
合金工具钢	1050~1100	800~850
高速钢	1100~1150	900
铝合金	450~500	350~380
铜合金	800~900	650~700

加热过程中金属坯料的温度可以用以下两种方法来测量:

(1)温度计法　通过加热炉上的热电偶温度计,显示炉内温度,可知锻件的温度;也可以使用光学高温计观测锻件温度。

(2)目测法　根据坯料的颜色和明亮度判别温度,即火色鉴别法。碳钢的火色与温度的关系见表3-2。

表 3-2 碳钢温度与火色的关系

火色	黄白	淡黄	黄	淡红	樱红	暗红	赤褐
温度/℃	1300	1200	1100	900	800	700	600

2）加热方法

加热设备的种类很多，根据加热时采用的热源不同，可分为火焰加热炉和电阻加热炉两类。

（1）火焰加热，是利用燃料（煤、焦炭、重油、柴油、煤气等）在火焰加热炉内燃烧产生含有大量热能的高温气体（火焰），通过对流、辐射把热能传递给金属表面，再由表面通过热传导使金属毛坯加热的。

图 3-1 是手锻炉示意图，也称明火炉，以煤或焦炭为燃料，多用于手工锻造。

反射炉也是以煤为燃料的火焰加热炉，其结构如图 3-2 所示。燃烧室中产生的高温炉气越过火墙经由炉顶反射进入加热室（炉膛）加热坯料，废气经烟道排出，坯料从炉门装取。

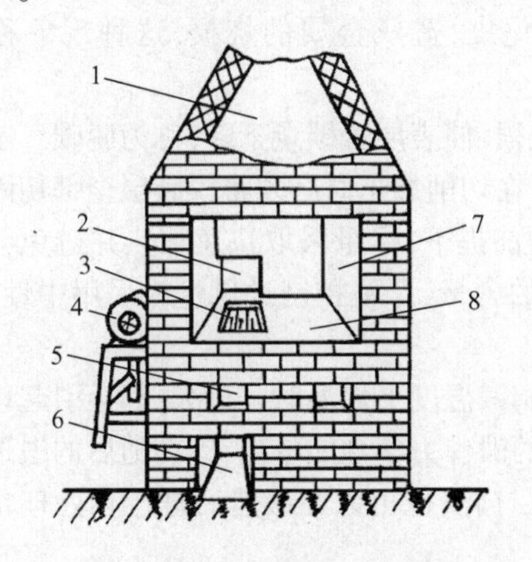

图 3-1 明火炉结构示意图

1—烟囱；2—后炉门；3—炉篦；4—鼓风机；5—火钩槽；6—灰坑；7—前炉门；8—堆料台。

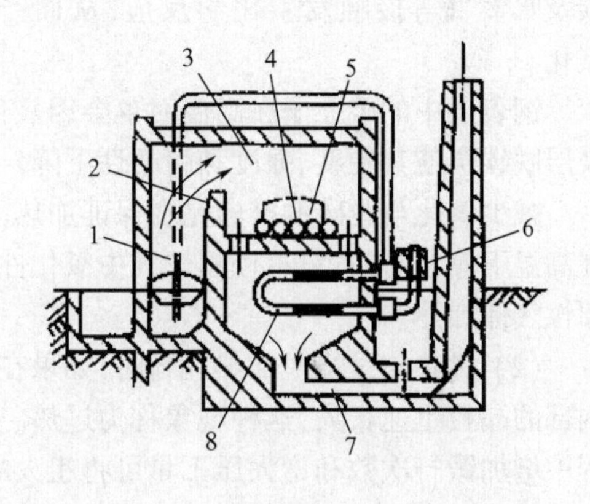

图 3-2 反射炉结构示意图

1—燃烧室；2—火墙；3—加热室；4—坯料；5—炉门；6—鼓风机；7—烟道；8—预热器。

与手锻炉相比，反射炉结构较为复杂、燃料消耗少、加热适应性强、炉膛温度均匀，但劳动条件差、加热速度慢、加热质量不易控制。因此，反射炉仅适用于中小批量的锻件。

（2）电加热，是通过把电能转变为热能来加热金属毛坯的，常见的有电阻炉加热、感应电加热、接触电加热和盐浴炉加热。

电阻炉是利用电流通过布置在炉膛围壁上的电热元件产生的电阻热为热源，通过辐射和对流将坯料加热，其结构如图 3-4 所示。电阻炉通常作成箱形，分为中温箱式电阻炉和高温箱式电阻炉，最高使用温度分别为 1100℃ 和 1600℃。电阻炉操作简便、温度易控制，且可通入保护性气体来防止或减少工件加热时的氧化，主要适用于精密锻造及高合金钢、有色金属的加热。

感应电加热的原理如图 3-5 所示，在感应器通入交变电流，在交变磁场作用下，金属内部产生交变涡流，由于涡流和磁化发热，便直接加热金属，适合于大批量锻造生产。

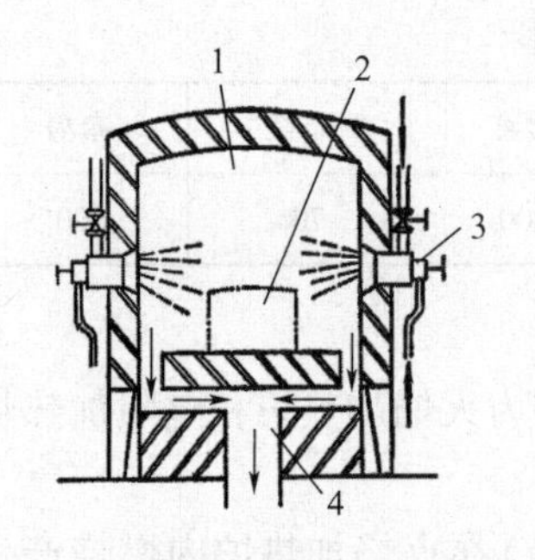

图 3-3　室式重油炉结构示意图
1—炉膛；2—炉门；3—喷嘴；
4—烟道。

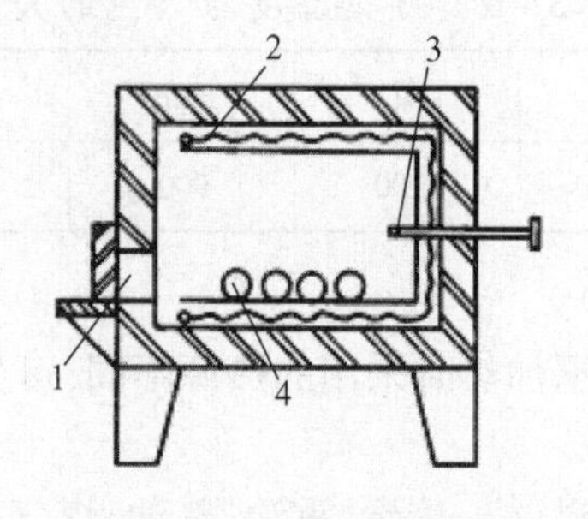

图 3-4　箱式电阻炉示意图
1—炉门；2—电阻体；3—热电偶；
4—工件。

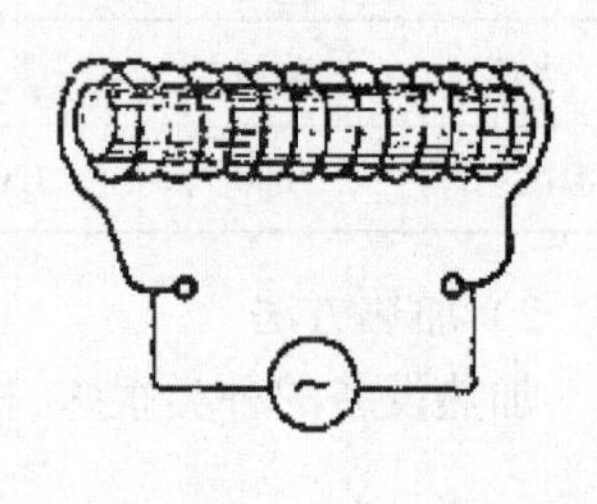

图 3-5　感应电加热示意图
1—感应器；2—毛坯；3—电源。

3）加热缺陷及预防措施

金属在加热过程中可能产生的缺陷有氧化、脱碳、过热、过烧和加热裂纹等。

（1）氧化与脱碳　在高温下，坯料的表面金属不可避免地与炉气中的氧气、二氧化碳及水蒸气等接触发生化学反应，从而产生氧化皮，造成金属的烧损，这种现象称为氧化。

钢表层中的碳原子在高温时也会因氧化而烧损，使表层含碳量下降，称为脱碳。工件表层脱碳会使其硬度、强度和耐磨性下降。因此，在切削加工时必须将脱碳层全部切除。

减少氧化与脱碳的措施是在保证加热质量的前提下，尽量采取快速加热并避免金属在高温下停留时间过长；控制炉气中氧化性气体的含量，严格控制送风量或采用中性、还原性气体加热。

（2）过热与过烧　加热坯料时，如果在接近始锻温度下保温时间过久，都会引起坯料内部的晶粒迅速长大，这种现象称为过热。过热的锻件力学性能较差，应在随后的锻造过程中增加锻打次数和增大压下量可将粗大的晶粒打碎，也可以在锻造后进行热处理将晶粒细化。

如果坯料加热温度接近熔点或在高温下停留时间过长，晶间低熔点物质就开始熔化，氧化性气体渗入晶界，破坏了晶间的联系甚至局部熔化，这种现象称为过烧。过烧的坯料塑性接近零而脆性很大，锻打时必然开裂。过烧是无法挽回的锻造缺陷。

为防止过热和过烧，要严格控制坯料的加热温度和保温时间。

（3）加热裂纹　对于导热性比较差或大尺寸坯料，如果加热速度过快或装炉温度过高，则可能造成加热过程中坯料的内外温差大，从而产生内应力，严重时会产生裂纹。

为防止加热裂纹的产生，应严格控制坯料的装炉温度、加热速度和保温时间。

2. 锻件的冷却

锻件的冷却是保证锻件质量的又一重要环节。冷却速度过快会导致锻件内、外温度不一致，从而产生内应力，当内应力达到一定值时就会产生变形甚至出现裂纹；冷却过快还会使锻件表层过硬，难以进行切削加工。锻件的冷却速度和冷却方法应根据其成分、尺寸和形状来确定。通常，锻件中的碳及合金元素含量越多、锻件体积越大、形状越复杂，冷却速度越要缓慢。常用冷却方法有三种：

（1）空冷　将锻件放在干燥的地面上，在无风的空气中冷却。此方法冷速快，晶粒可细化,成本最低,但只适用于低、中碳钢及合金结构钢的小型锻件,锻后不直接进行切削加工。

(2) 坑冷　将锻件埋入填有干砂、石棉灰或炉渣的坑中冷却,或将锻件堆在一起冷却(又称堆冷)。此方法冷却速度大大低于空冷,适用于中碳钢、低合金钢及截面尺寸较大的锻件,锻后可直接进行切削加工。

(3) 炉冷　将锻件放入500~700℃的加热炉中随炉冷却。此方法冷速极慢,适用于高合金钢及大型锻件,锻后可进行切削加工。

3. 锻件的热处理

锻件在切削加工前一般都要进行热处理,其目的是均匀组织、细化晶粒、减少锻造残余应力、调整硬度、改善切削加工性能、为最终热处理做准备。一般的结构钢锻件采用完全退火或正火处理,工具钢、模具钢锻件则采用正火加球化退火处理。

3.2.2 自由锻造

自由锻造,简称自由锻,其工艺过程的实质是利用自由锻设备的上、下砧块以及简单和通用的工具,使坯料在压力作用下逐步改变形状和尺寸,从而获得所要求形状和性能的锻件的加工过程。

自由锻造可分为手工锻造和机器锻造。手工锻造只能生产小型锻件,生产率也较低。机器锻造是自由锻的主要方法。

1. 自由锻的特点

(1) 工具简单、通用性强,生产准备周期短。

(2) 锻件的重量范围可由不足1kg到500~600t。对大型锻件,自由锻是唯一的加工方法,因此大型自由锻造在重型机械制造中有特别重要的意义。

(3) 自由锻造时,除与上、下砧铁接触的金属部分受到约束外,金属坯料朝其他各个方向均能自由变形流动,锻件的形状与尺寸主要靠人工操作来控制,所以锻件的精度低,加工余量大,劳动强度大,生产率低,只能用于形状简单的锻件。

因此,自由锻主要用于单件小批量生产,也可用于模锻前的制坯工序。

2. 自由锻的工具与设备

1) 常用自由锻工具

常用的手锻工具和机锻工具如图3-6和图3-7所示。

2) 空气锤

空气锤的结构和工作原理如图3-8所示,它是由锤身、压缩缸、工作缸、传动机构、操纵机构、落下部分和锤砧等几个部分组成的。空气锤是将电能转化为压缩空气的压力能来产生打击力的。工作时,电动机通过减速机构带动连杆,使活塞在压缩缸内作上、下往复运动,产生压缩空气。活塞上升时,将压缩空气经上旋阀压入工作缸的上部,推动活塞连同锤杆及上砧铁向下运动打击锻件。通过踏杆和手柄操作上、下旋阀,可使锤头完成悬锤、压锤、连续打击、单次打击、空转等动作。空气锤工作时振动大,噪声也大。

空气锤的规格是用落下部分的质量来表示。空气锤的落下部分包括工作活塞、锤杆和上砧块三部分,常用规格为65kg到750kg,而锤锻产生的打击力量一般是落下部分的1000倍左右。空气锤使用灵活,操作方便,打击速度快,有利于小件一次击打成形,是生

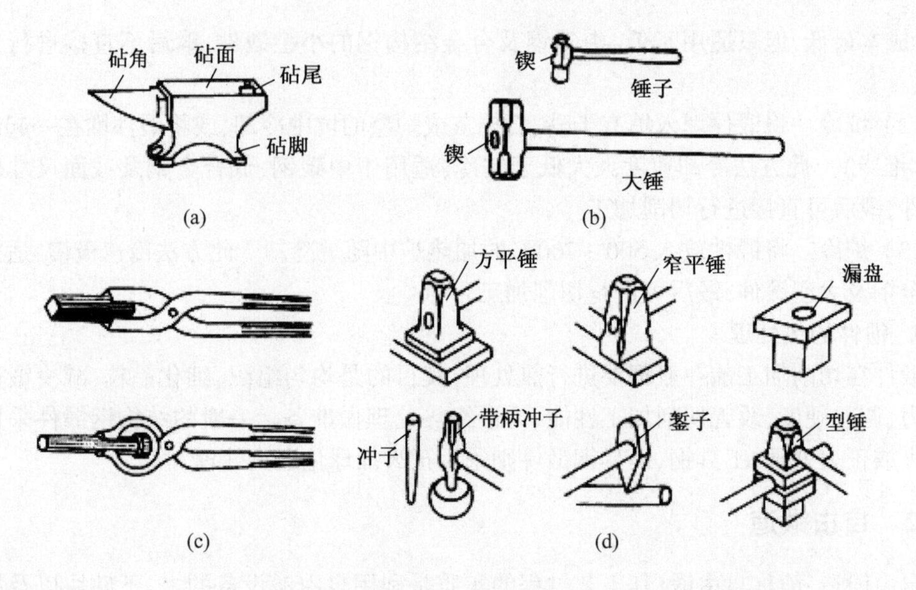

图 3-6　手锻工具

(a) 砧铁；(b) 锻锤；(c) 手钳；(d) 衬垫工具。

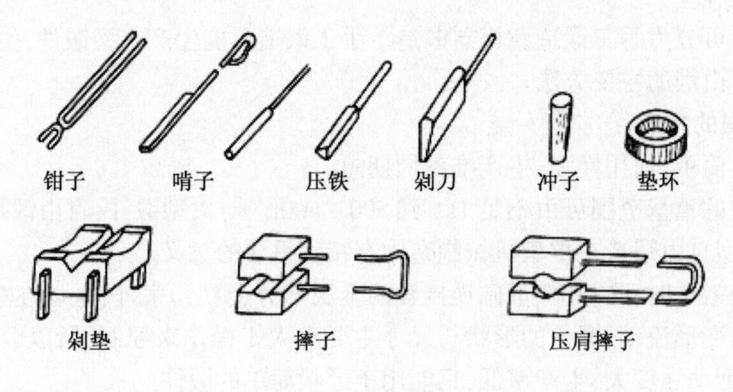

图 3-7　机锻工具

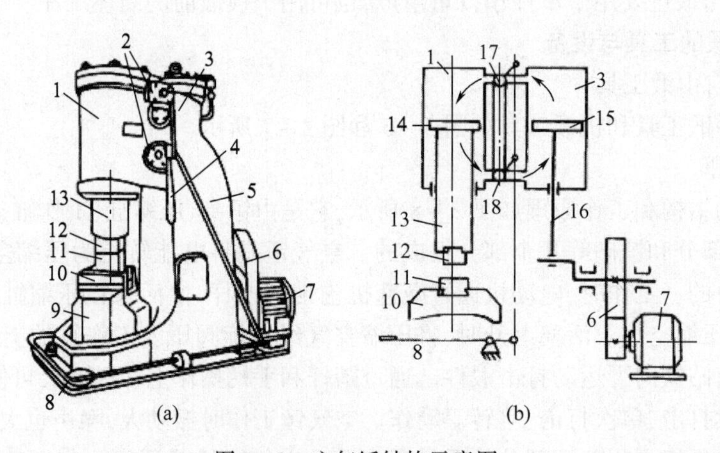

图 3-8　空气锤结构示意图

1—工作缸；2—旋阀；3—压缩缸；4—手柄；5—锤身；6—减速机构；7—电动机；8—脚踏杆；9—砧座；10—砧垫；11—下砧块；12—上砧块；13—锤杆；14—工作活塞；15—压缩活塞；16—连杆；17—上旋阀；18—下旋阀。

产小型锻件最常用的锻造设备。

3）蒸汽—空气自由锻锤

蒸汽—空气锤也是靠锤的冲击力锻打工件，其结构如图3－9所示。蒸汽—空气锤的规格一般为500kg到5000kg，适用于中型锻件的生产，根据锤身形式的不同，分为单柱式、双柱拱式和桥式三种。由于蒸汽—空气锤自身不带动力装置，需要配动力站（蒸汽锅炉或空气压缩机）供应蒸汽或压缩空气驱动，能耗较高，目前国内在用的大部分蒸汽—空气锤已经通过“换头术”改造为电液锤，节能效果非常显著。

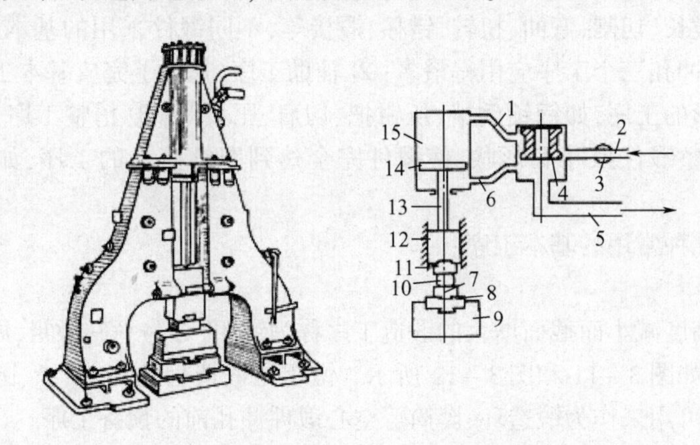

图3－9　蒸汽—空气自由锤结构示意图

1—上气道；2—进气道；3—节气阀；4—滑阀；5—排气管；6—下气道；7—下砧；8—砧垫；9—砧座；10—坯料；11—上砧；12—锤头；13—锤杆；14—活塞；15—工作缸。

4）自由锻液压机

液压机是以高压泵所产生的高压液体（水或液压油）为动力进行工作的，其结构如图3－10所示。工作时，液压机靠静压力使坯料变形，工作平稳，震动小，不需要笨重的砧

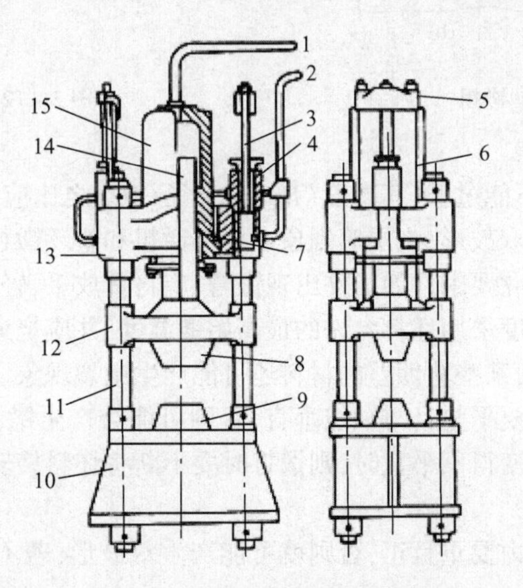

图3－10　液压机结构示意图

1、2—管道；3—回程柱塞；4—回程缸；5—回程横梁；6—拉杆；7—密封圈；8—上砧；9—上砧；10—下横梁；11—立柱；12—活动横梁；13—上横梁；14—工作柱寒；15—工作缸。

座;锻件变形速度低,变形均匀,容易将锻件锻透,使整个截面呈细晶粒组织,从而改善和提高了锻件的力学性能;容易获得大的工作行程并能在行程的任何位置进行锻压,劳动条件较好。但由于液压机主体庞大,并需配备液压操纵系统,故造价较高。自由锻液压机规格范围是5000kN ~ 185MN,能锻造1 ~ 600t的大型、重型坯料。

3. 自由锻的基本工序

根据变形的性质和程度不同,自由锻工序可分为三类:① 基本工序,是锻件成形过程中必需的变形工序,主要是用来改变毛坯的形状和尺寸以获得锻件,包括镦粗、拔长、冲孔、扩孔、芯轴拔长、切割、弯曲、扭转、错移、锻接等,不同锻件采用的基本工序也不同,其中镦粗、拔长和冲孔三个工序应用得最多;② 辅助工序,是为了完成基本工序而使毛坯预先产生某一变形的工序,如钢锭倒棱、压钳把、切肩、压痕等;③ 精整工序,是在基本工序完成后,用来精整锻件尺寸和形状,使锻件完全达到图纸要求的工序,如校正、滚圆、平整等。

下面介绍几种常用的基本工序。

1) 镦粗

使坯料的高度减小而截面增大的锻造工序称为镦粗,分为平砧镦粗、局部镦粗和垫环镦粗三种形式,如图3 - 11和图3 - 12所示。镦粗是锻造齿轮坯、凸缘、圆盘等零件毛坯的基本工序,也可用来作为锻造环、套筒等空心锻件冲孔前的预备工序。

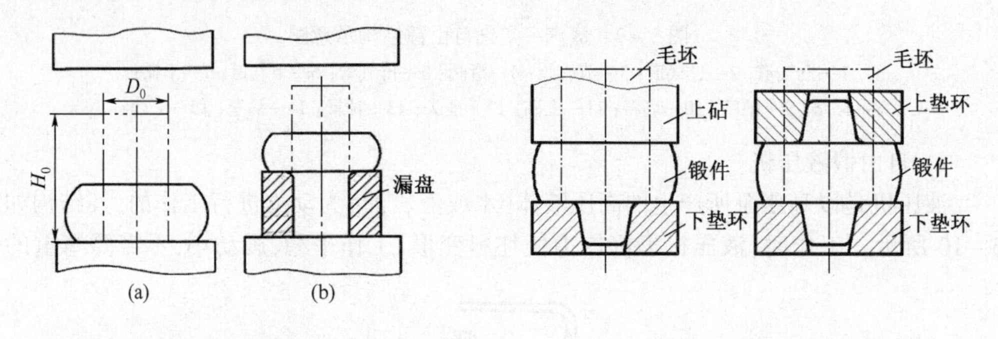

图3 - 11 镦粗

图3 - 12 垫环镦粗

镦粗操作注意事项:

(1) 镦粗时,坯料不能过长,其高度(H_0)与直径(D_0)之比应小于2.5 ~ 3,以免镦弯(图3 - 10(a)),或出现双鼓形、夹层等现象。局部镦粗和垫环镦粗时,镦粗部分坯料的高度与直径之比也应满足此要求。如工件出现镦弯,应将其放平,轻轻锤击矫正。

(2) 镦粗的始锻温度采用坯料允许的最高始锻温度,并应烧透。坯料要加热均匀,否则会使工件变形不均匀,某些塑性差的材料还可能产生镦裂现象。

(3) 镦粗的两端面要平整且与轴线垂直,否则可能会产生镦歪现象。如果锤头或下砧铁的工作面因磨损而变得不平直时,则锻打时要不断将坯料旋转,以便获得均匀的变形而不致镦歪。

(4) 锻打时的锤击力要重且正,否则就可能产生双鼓形,若不及时纠正,则可能产生夹层,使工件报废。

2) 拔长

使坯料横截面缩小而长度增加的锻造工序称为拔长,如图3 - 13所示。拔长用于锻制长而截面小的轴类杆类零件,也常用来改善锻件内部质量。

拔长操作注意事项:

(1) 拔长时,坯料应沿砧铁的宽度方向送进,每次的送进量(l)应为砧铁宽度(B)的30% ~70%(图3-14(a))。送进量太大,金属主要向宽度方向流动,反而降低拔长效率(图3-14(b));送进量太小,而压下量很大时,又容易产生夹层(图3-14(c))。另外,每次压下量也不要太大,压下量应等于或小于送进量,否则也容易产生夹层。

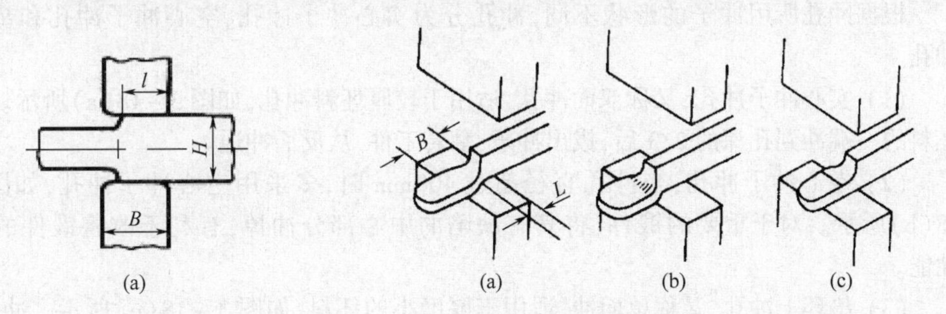

图3-13 拔长

图3-14 拔长时的送进方向和进给量

(a) 送进量合适;(b) 送进量太大;(c) 送进量太小。

(2) 拔长过程中要将坯料不断地翻转,并沿轴向操作,以保证压下部分能均匀变形。常用的翻转方法如图3-15所示。应始终保持工件送进的宽度和厚度之比不要超过2.5,否则再次翻转继续拔长时容易产生折叠。

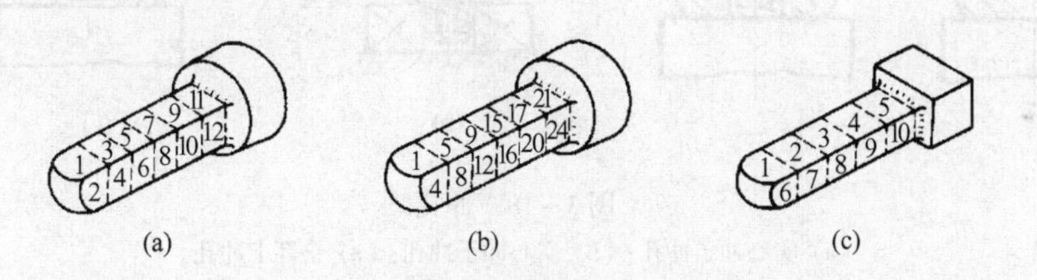

图3-15 拔长时锻件的翻转方法

(a) 反复翻转拔长;(b) 螺旋式翻转拔长;(c) 单面顺序拔长。

(3) 平砧拔长圆形截面坯料且变形量较大时,应首先把坯料改锻成方形截面,拔长到边长接近锻件的直径时,再倒棱,滚打成圆形,如图3-16所示。这样锻造效率高,锻件质量好。拔长圆断面毛坯也可在V形或圆形砧内进行,如图3-17所示。利用工具的侧面压力限制金属的横向流动,迫使金属沿轴向伸长,与平砧比,型砧内拔长可提高生产效率20% ~40%,也能防止工件内部产生纵向裂纹。

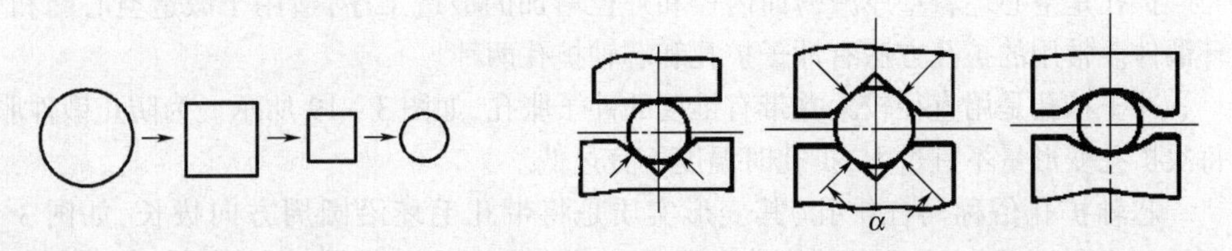

图3-16 大直径坯料拔长时的截面变化过程

图3-17 型砧拔长圆断面毛坯

(4) 局部拔长时,必须先压肩,即先在截面分界处压出凹槽,再对截面较小的一端进行拔长。

(5) 拔长后须进行修整,以使锻件表面光洁,尺寸准确。

3) 冲孔

用冲子在工件上冲出通孔或盲孔的锻造工序称为冲孔,常用于锻造齿轮、套筒和圆环等空心零件。对于直径小于25mm的孔一般不锻出,而是采用机械加工。

根据冲孔所用冲子的形状不同,冲孔分为实心冲子冲孔、空心冲子冲孔和垫环上冲孔。

(1) 实心冲子冲孔,又称双面冲孔,适用于较厚坯料冲孔,如图3-18(a)所示。先在坯料的一端冲到孔深的2/3后,拔出冲子,翻转工件,从反面冲通。

(2) 空心冲子冲孔,当冲孔直径超过400mm时,多采用空心冲子冲孔,如图3-18(b)所示。对于重要的锻件,将其有缺陷的中心部分冲掉,有利于改善锻件的力学性能。

(3) 垫环上冲孔,又称单面冲,适用于厚度小的坯料,如图3-18(c)所示。冲孔时,将工件放在垫环(或称漏盘)上,冲子大头朝下,垫环和冲子之间应有一定的间隙。

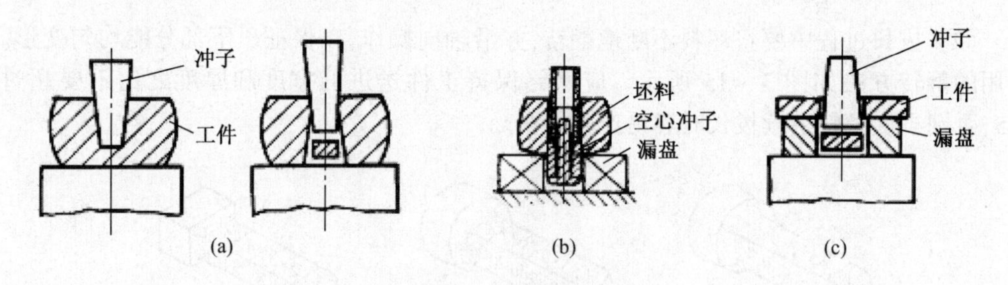

图3-18 冲孔

(a) 实心冲子冲孔;(b) 空心冲子冲孔;(c) 垫环上冲孔。

冲孔操作注意事项:

(1) 冲孔前一般需先将坯料镦粗,以减少冲孔深度,防止坯料胀裂,并使端面平整。

(2) 由于冲孔锻件的局部变形量很大,为了提高塑性,防止冲裂,冲孔的坯料应加热到允许的最高温度,并且均匀热透。

(3) 冲孔过程中应注意保持冲子与砧面垂直,防止冲歪。

4) 扩孔

扩孔是空心坯料壁厚减薄而内径和外径增加的锻造工序,适用于锻造空心圈和空心环锻件。常用的扩孔方法有冲子扩孔和芯轴扩孔两种。

冲子扩孔是用直径较大并带有锥度的冲子胀孔,如图3-19所示。为防止锻件胀裂,每次扩孔变形量不宜过大,扩孔时温度不宜过低。

芯轴扩孔俗称马杠扩孔,其变形实质是将带孔毛坯沿圆周方向拔长,如图3-20所示。芯轴扩孔时应力状态较好,不易产生裂纹,适用于锻造扩孔量大的薄壁环形锻件。

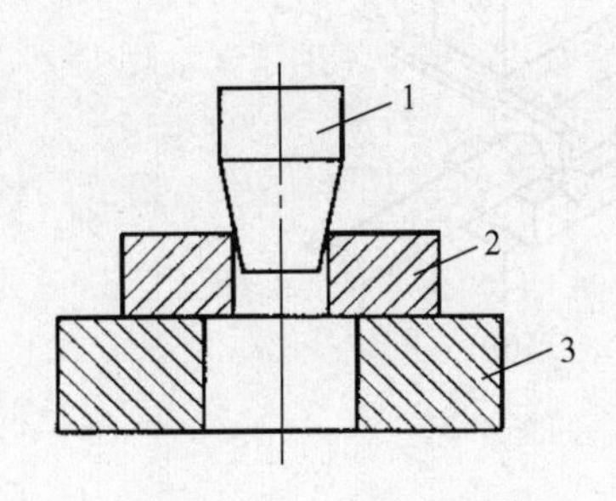

图 3－19　冲子扩孔

1—扩孔冲子；2—坯料；3—垫环。

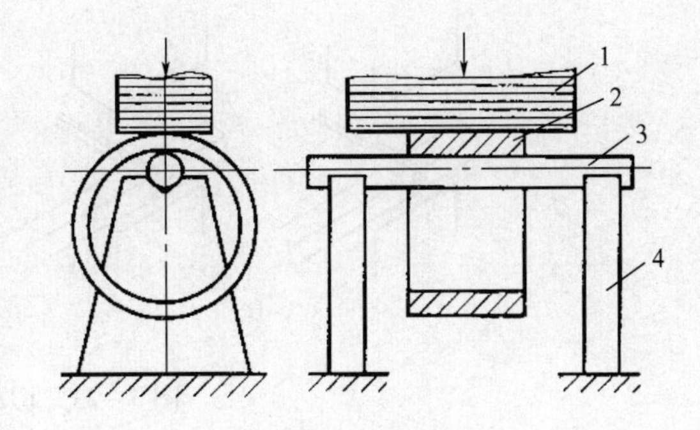

图 3－20　芯轴扩孔

1—上锤砧；2—锻件；3—芯轴（马杠）；4—支架（马架）。

5）芯轴拔长

减小空心毛坯外径（壁厚）而增加其长度的工序称为拔长，用于锻造各种长筒锻件，如图 3－21 所示。

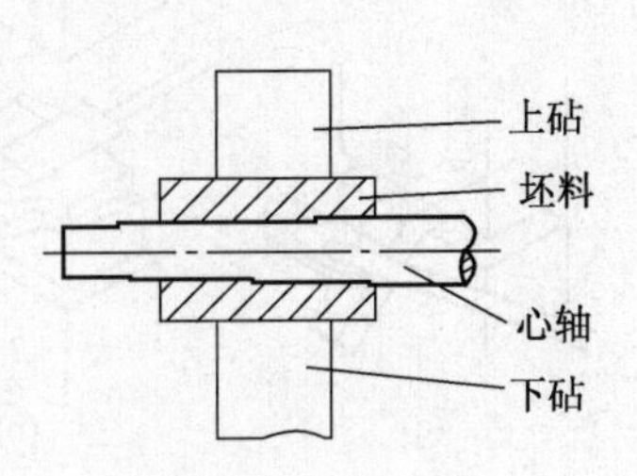

图 3－21　芯轴拔长

拔长操作注意事项：

（1）为了使锻件壁厚均匀，除了要求毛坯加热温度要均匀，拔长时每次转动的角度和压下量也要均匀。

（2）芯轴拔长时锻件内外表面均与工具接触，温度下降较快，拔长时内壁尤其是两端易出现裂纹，因此应在高温下先拔长两端，然后再拔长中间部分。

（3）芯轴做成 1/100～1/150 锥度，表面光滑，使用前应进行预热并涂润滑剂。

6）错移

将毛坯的一部分相对另一部分上、下错开，但仍保持这两部分轴心线相互平行的锻造工序称为错移，常用来锻造曲轴类零件。错移前，毛坯须先进行压肩等辅助工序，如图 3－22所示。

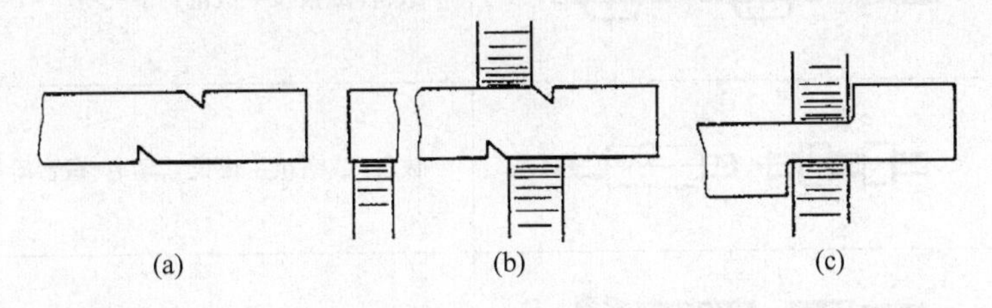

(a)　(b)　(c)

图 3－22　错移

（a）压肩；（b）锻打；（c）修整。

除上述各基本工序外，还有切割（图 3－23）、弯曲（图 3－24）、扭转（图 3－25）、锻接等工序。

4. 典型自由锻工艺过程

自由锻造所采用的工序要根据锻件的结构、尺寸大小、坯料形状及工序特点等具体情况来确定。一般锻件的分类及采用的工序见表 3－3，表 3－4 是齿轮坯的自由锻工艺过程。

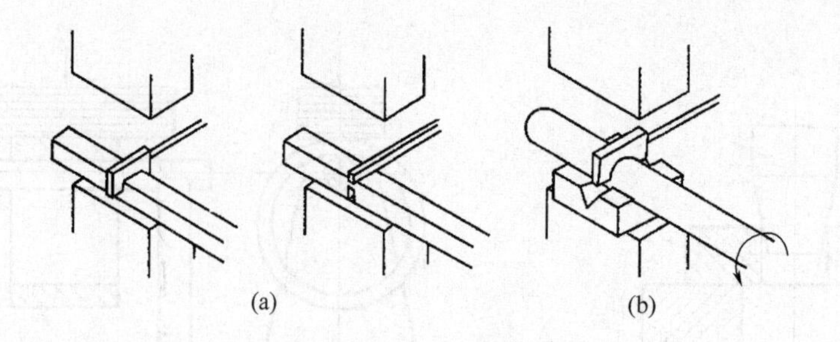

图 3－23　切割

（a）方料的切割；（b）圆料的切割。

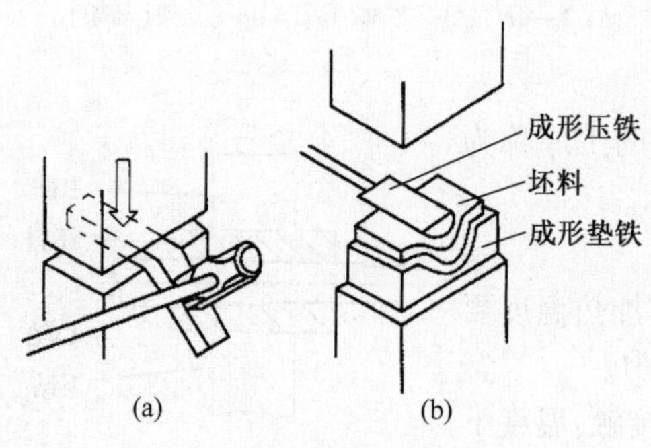

图 3－24　弯曲

（a）角度弯曲；（b）成形弯曲。

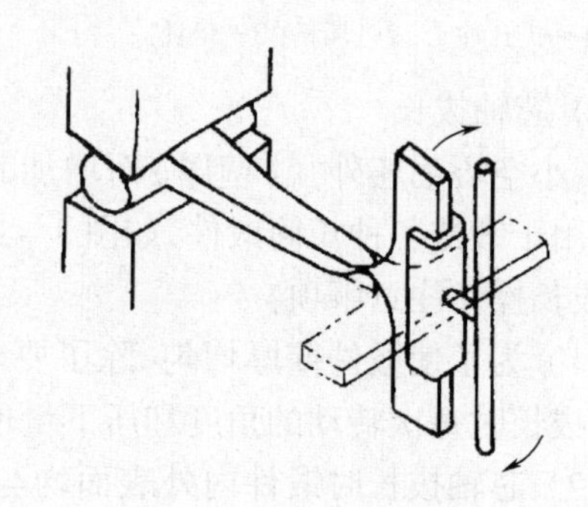

图 3－25　扭转

表 3－3　锻件分类及所需锻造工序

锻件类别	图例	锻造工序
盘类零件		镦粗(或拔长—镦粗),冲孔等
轴类零件		拔长(或镦粗—拔长),切肩,锻台阶等
筒类零件		镦粗(或拔长—镦粗),冲孔,在芯轴上拔长等
环类零件		镦粗(或拔长—镦粗),冲孔,在芯轴上扩孔等
弯曲类零件		拔长,弯曲等

表 3-4　轮坯自由锻工艺过程

锻件名称	齿轮毛坯	工艺类型	自由锻
材　料	45 钢	设　备	65kg 空气锤
加热次数	1 次	锻造温度范围	850～1200℃

锻件图	坯料图
φ28±1.5；29±1；44±1；φ58±1；φ92±1	φ50；125

序号	工序名称	工序简图	使用工具	操作工艺
1	镦粗	45	火钳 镦粗漏盘	控制镦粗后的高度为 45mm
2	冲孔		火钳 镦粗漏盘 冲子 冲子漏盘	① 注意冲子对中； ② 采用双面冲孔
3	修正外圆	φ92±1	火钳 冲子	边轻打边旋转锻件，使外圆清除鼓形，并达到 φ92±1mm
4	修整平面	44±1	火钳	轻打（如砧面不平还要边打边转动锻件），使锻件厚度达到 44±1mm

3.2.3 模型锻造

模型锻造是将加热后的金属坯料放入锻模型腔内,施加冲击力或压力,使坯料在模腔所限制的空间内产生塑性变形,从而获得与模腔形状一致的锻件的锻造方法,简称模锻。

与自由锻造相比,模锻的生产效率高,能锻造形状复杂的锻件,并可使金属流线分布更为合理,锻件力学性能好;锻件的形状和尺寸精度高,表面质量较好,加工余量小,可节省金属材料和减少切削加工工时;操作简单,劳动强度低。但模锻的锻模制造成本较高,生产准备周期较长,并且需要用较大吨位的专用设备,故一般只适用于大批量、150kg 以下的中小型锻件的大批量生产。

模锻可以在多种设备上进行,根据所用的设备不同,模锻分为锤上模锻、曲柄压力机模锻、平锻机模锻、摩擦压力机模锻等,其中锤上模锻是目前我国应用最广的模锻方式。

1. 锤上模锻

在模锻锤上进行的模锻称为锤上模锻,是目前应用最广泛的模锻工艺。

锤上模锻的主要设备是蒸汽—空气模锻锤,其结构如图 3－26 所示,工作原理与自由锻用蒸汽—空气锤基本相同。常用的模锻锤的规格为 1～16t,能锻制质量为 0.5～150kg 的金属件。

锤上模锻的锻模结构如图 3－27 所示,它是由带燕尾的上模和下模两部分组成的。上、下模通过燕尾和楔铁分别紧固在锤头和模垫上,上、下模间的分界面称为分模面,上、下模闭合时所形成的空腔为模膛。模膛按其功用的不同,分为制坯模膛、预锻模膛和终锻

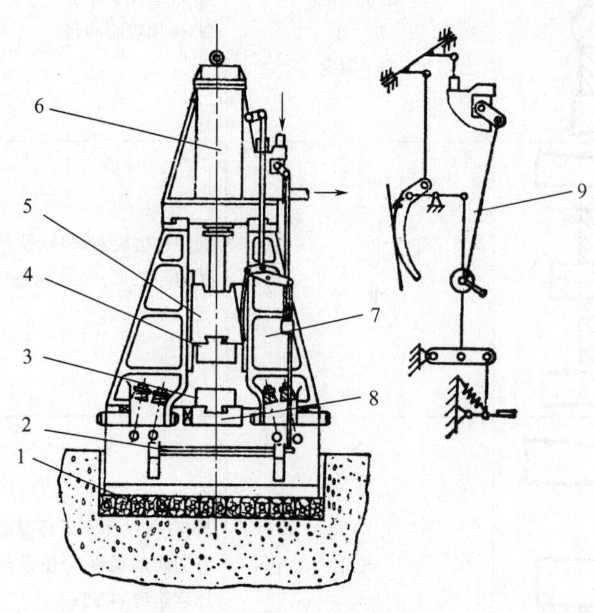

图 3－26 蒸汽—空气模锻锤

1—基础；2—踏板；3—下模；4—上模；5—锤头；6—汽缸；7—机架；8—砧座；9—操纵机构。

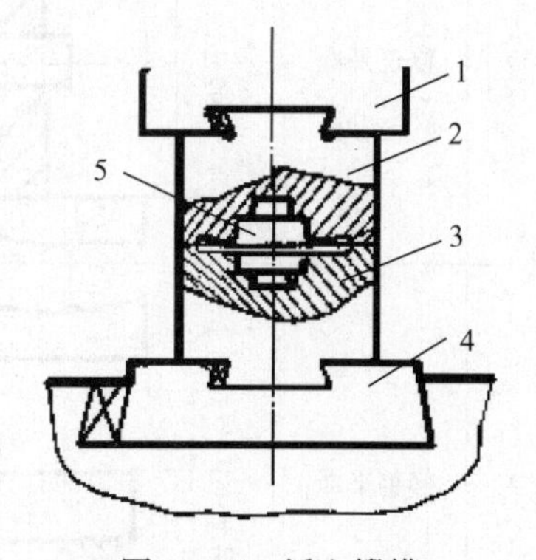

图 3－27 锤上锻模

1—锤头；2—上模；3—下模；4—砧座；5—模膛。

模膛。当锻件形状比较复杂时,应先将坯料在制坯模腔中制成近似锻件形状的异型坯,再进行预锻和终锻。预锻模膛可使金属坯料进一步变形至接近锻件的几何形状和尺寸,以减少终锻变形量。终锻模膛用来完成锻件的最终成型,其形状和尺寸都是按锻件设计的。终锻模膛四周有飞边槽,用于承纳多余的金属,并增大金属流出模膛的阻力,迫使金属坯料更好地充满模膛。

一般模锻件的锻造工艺过程为下料、加热、制坯、预锻、终锻、切边冲孔、表面清理、校正、热处理、质检入库等工序。根据锻件形状的不同有所增减,图 3-28 为某锻件的工艺过程示意图。

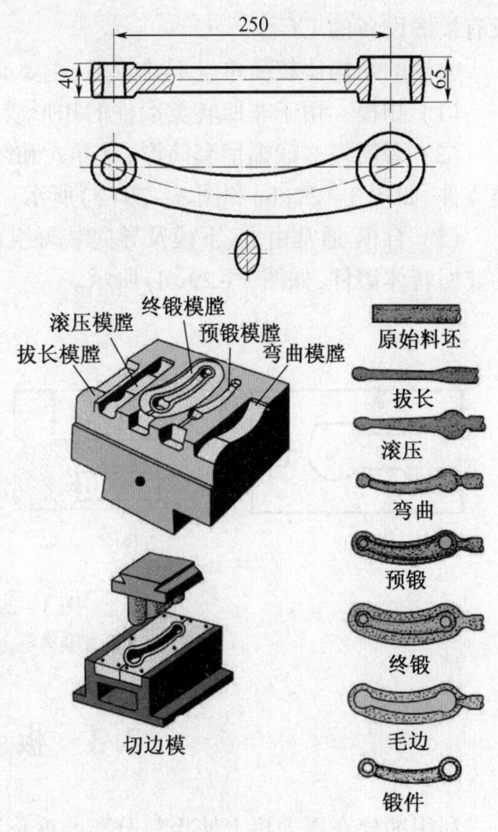

图 3-28　典型锻件的模锻工艺过程

锤上模锻的工艺特点是:

(1) 金属坯料在模膛中是在一定速度下,经过多次连续锤击而逐步成形的。

(2) 锤头的行程、打击速度均可调节,能实现轻重缓急不同的打击。

(3) 由于金属流动的惯性作用,坯料在上模模膛中具有更好的充型效果,因此应把锻件的复杂部分尽量设置在上模。

(4) 锤上模锻的适应性广,可生产多种类型的锻件,可以单膛模锻,也可以多膛模锻。

由于锤上模锻打击速度较快,对变形速度较敏感的低塑性材料(如镁合金等)进行锤上模锻不如在压力机上模锻的效果好。

2. 压力机上模锻

用于模锻生产的压力机有摩擦压力机、平锻机、水压机、热模锻压力机等。

热模锻压力机是仅次于模锻锤被广泛应用的模锻设备,一般来说,模锻锤上能够生产的锻件,都能够在热模锻压力机上生产。热模锻压力机是将电动机的旋转运动经减速后,通过曲柄连杆机构转变为滑块的往复运动,实现对金属坯料的锻造。由于其在锻件精度、生产效率和易于实现自动化方面的特点,越来越广泛地应用于模锻件的生产。

摩擦压力机是借助于摩擦盘与飞轮之间的摩擦作用来传递动力,靠飞轮、螺杆及滑块向下运动时所积蓄的能量使锻件变形的。摩擦压力机结构简单、容易制造、维护和使用方便、节省动力、振动和噪声小,特别适合于锻造低塑性合金钢和非铁金属,可锻造复杂的锻件。但摩擦压力机生产效率较低、吨位小,所以,主要用于小型锻件的中、小批量单模膛模锻生产,也可用于精锻、校正等变形工序。

3. 胎模锻

胎模锻是在自由锻设备上使用简单的模具(称为胎模)生产锻件的方法,是自由锻和模锻组合运用的一种锻造方法。胎模不固定在锻造设备上,用时才放上去。一般选用自由锻方法制坯,在胎模中最后成形。

与自由锻造相比,胎模锻造生产效率较高,锻件质量好,能锻造形状较复杂的锻件,加工余量小,能节约金属和切削加工工时;与模锻相比,胎模锻造所用的设备和模具比较简单、工艺灵活多变,通用性大,但生产效率低,精度比模锻差。胎模锻的缺点是胎模寿命短,工人劳动强度大。因此,胎模锻主要适合于中、小批量的小型多品种锻件,特别适合于没有模锻设备的工厂。

胎模的结构比较简单且形式较多,主要有扣模、套筒模和合模三种。

(1) 扣模　用于非回转类锻件的扣形或制坯,如图 3－29(a)所示。

(2) 套筒模　锻模呈套筒形,有开式和闭式两种,主要用于生产齿轮、法兰盘等回转类零件,如图 3－29(b)和图 3－29(c)所示。

(3) 合模 通常由上、下模及导向装置组成,主要用于生产如连杆、拔叉等形状较复杂的非回转体锻件,如图 3－29(d)所示。

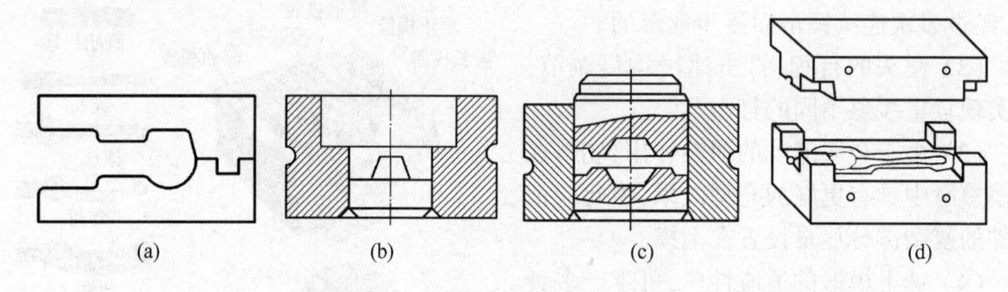

图 3－29　胎模

(a) 扣模;(b) 开式套筒模;(c) 闭式套筒模;(d) 合模。

3.3　板料冲压

利用冲模在压力机上使板料分离或变形,从而获得具有一定尺寸和形状的毛坯或零件的加工方法称为板料冲压,简称冲压。板料冲压的坯料厚度一般小于 4mm,通常在常温下冲压,故又称为冷冲压。

板料冲压的原材料是具有较高塑性的板材、带材或其他型材,既可以是金属材料,如低碳钢、奥氏体不锈钢、铜或铝及其合金等,也可以是非金属材料,如木板、皮革、硬橡胶、有机玻璃板、硬纸板等。

与铸造、锻造、切削加工等加工方法相比,板料冲压具有以下特点:

(1) 可以生产形状复杂的零件或毛坯,材料消耗少。

(2) 冲压制品具有较高的精度、较低的表面粗糙度,质量稳定,互换性好,一般不再进行切削加工即可作为零件使用。

(3) 金属薄板经过冲压塑性变形产生冷变形强化,使冲压件具有重量轻、强度高和刚性好的优点。

(4) 操作简单,生产率高,易于实现机械化和自动化。

(5) 冲模结构复杂,精度要求高,生产周期长,制造成本较高,故只适用于大批量生产。

板料冲压被广泛用于制造金属或非金属薄板产品的工业部门，尤其在汽车、拖拉机、航空、电器、仪表等工业部门中占有重要的地位。

3.3.1 冲压设备

冲压所用的主要设备是剪床和冲床。

1. 剪床

剪床又称剪板机，其主要作用是将板料切成一定宽度的条料或块料，为冲压工序备料。剪床的传动机构如图 3-30 所示，它的主要技术参数是剪切板料的厚度和长度，如 Q11-2×1000 型剪床，表示能剪厚度为 2mm、长度为 1000mm 的板材。一般剪切宽度大的板材用斜刃剪床，剪切窄而厚的板材时，应选用平刃剪床。

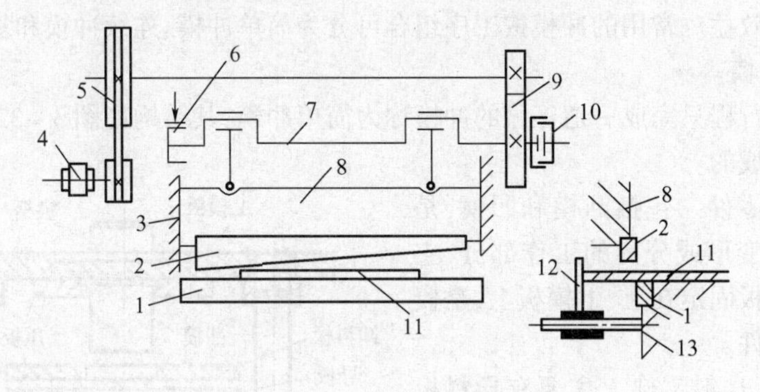

图 3-30　剪床传动结构

1—下刀刃；2—上刀刃；3—导轨；4—电动机；5—带轮；6—制动器；7—曲轴；8—滑块；9—齿轮；10—离合器；11—板料；12—挡铁；13—工作台。

2. 冲床

冲床是进行冲压加工的基本设备，可完成除剪切外的绝大多数基本工序，分开式冲床和闭式冲床两种。图 3-31 为开式冲床的外形和传动简图。

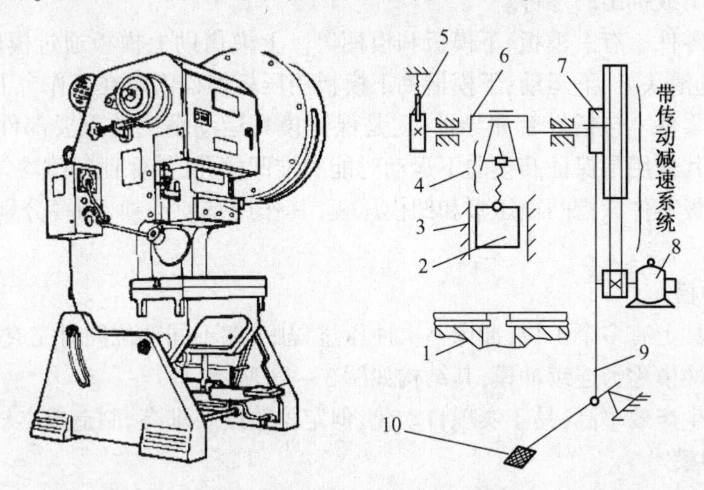

图 3-31　开式冲床传动简图

1—工作台；2—滑块；3—导轨；4—连杆；5—制动器；6—曲轴；7—离合器；8—电动机；9—拉杆；10—踏板。

冲模的上模装在滑块上，随滑块上下运动，下模固定在工作台上，上下模闭合一次即完成一次冲压过程。工作时，电动机经通过减速系统使大带轮转动，当踩下踏板后，离合器闭合并带动曲轴旋转，再通过连杆带动滑块沿导轨作上下往复运动，以进行冲压加工。如果踏板踩下后立即抬起，滑块冲压一次后便在制动器作用下，停止在最高位置上，以便进行下一次冲压。若踏板不抬起，滑块则进行连续冲压。

冲床的主要技术参数是公称压力（kN），即冲床的吨位。我国常用开式冲床的规格为 63～2000kN，闭式冲床的规格为 1000～5000kN。

3.3.2 冲模结构

冲压模具简称冲模，是板料冲压的主要工具，直接影响冲压件的表面质量、尺寸精度、生产率及经济效益。常用的冲模按工序组合可分为简单冲模、连续冲模和复合冲模三类。

1. 简单冲模

一个冲压行程只完成一道工序的冲模称为简单冲模，其结构如图 3－32 所示，它是由以下几部分组成的：

（1）工作零件　包括凸模和凹模，是冲模中使坯料变形或分离的工作部分，它们分别通过压板固定在上、下模板上，是模具关键性的零件。

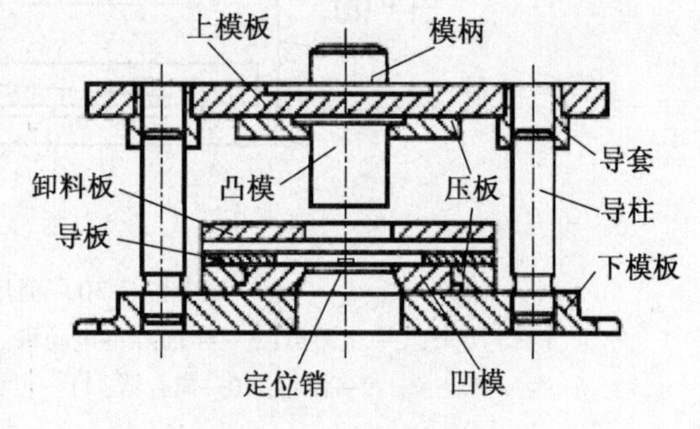

图 3－32　简单冲模

（2）定位、送料零件　主要有导料板和定位销，其作用是保证板料在冲模中具有准确的位置。导料板控制坯料进给方向，定位销控制坯料进给量。

（3）卸料及压料零件　主要有卸料板、顶件器、压边圈、推板、推杆等，作用是防止工件变形，压住模具上的板料及将工件或废料从模具上卸下或推出的零件。

（4）模板零件　有上模板、下模板和模柄等。上模借助上模板通过模柄固定在冲床滑块上，并可随滑块上、下运动；下模借助下模板用压板螺栓固定在工作台上。

（5）导向零件　包括导套和导柱等，是保证模具运动精度的重要部件，分别固定在上、下模板上，其作用是保证凸模向下运动时能对准凹模孔，并保证间隙均匀。

（6）固定板零件　指凸模压板和凹模压板，其作用是使凸模、凹模分别固定在上、下模板上。

2. 连续冲模

在一副模具上有多个工位，冲床一次冲压过程中，在不同部位同时完成两个或两个以上冲压工序的冲模称为连续冲模，其结构如图 3－33 所示。

连续冲模生产效率高，易于实现自动化，但定位精度要求高，制造成本较高。

3. 复合冲模

在一副模具上只有一个工位，在一次冲压行程中，在同一位置同时完成多道冲压工序的冲模称为复合冲模。复合模最大的特点是模具中有一个凸凹模，凸凹模的外圆是落料凸模刃口，内孔则成为拉伸凹模。图 3－34 是一落料—拉伸复合模。当滑块带着凸凹模

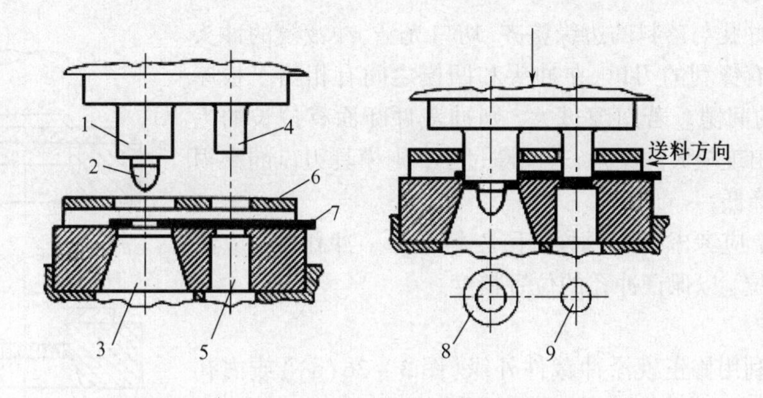

图 3-33　连续冲模

1—落料凸模；2—定位销；3—落料凹模；4—冲孔凸模；5—冲孔凹模；6—卸料板；7—坯料；8—成品；9—废料。

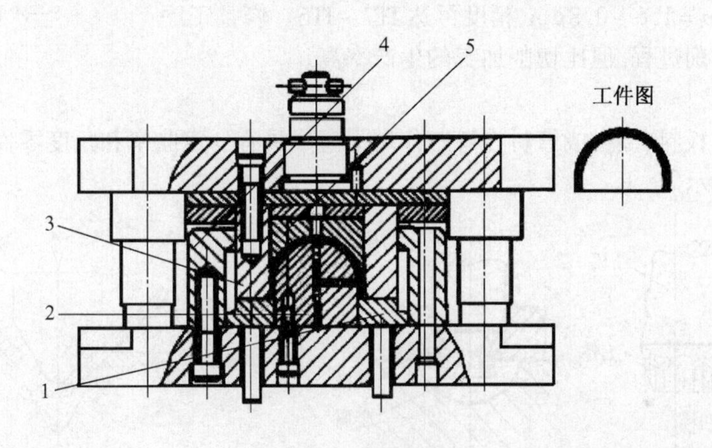

图 3-34　复合冲模

1—弹性压边圈；2—拉深凸模；3—落料、拉深凸凹模；4—落料凹模；5—顶件板。

向下运动时，条料首先在落料凹模中落料。落料件被下模中的拉深凸模顶住，滑块继续向下运动时，凸凹模随之向下运动进行拉伸。顶出器在滑块回程时将拉伸件顶出。

复合冲模生产率高，零件精度高，但模具制造复杂，成本高，适合生产大批量、中小型冲压零件。

3.3.3　冲压的基本工序

按板料在加工中是否分离，冲压工艺可分为分离工序和成形工序两大类。分离工序是使坯料一部分相对于另一部分沿一定的轮廓线产生分离，从而得到工件或者坯料的工序，如冲孔、落料、剪切、修整等；成形工序是使板料在不破坏的条件下产生塑性变形而形成一定形状和尺寸的工件的工序，主要有拉深、弯曲、翻边和胀形等。

1. 冲孔和落料

冲孔和落料统称为冲裁，如图 3-35 所示。冲孔和落料的工艺过程完全一样，只是用途不同。冲孔是在板料上冲出孔，冲下部分是废料；落料是从板料上冲出具有一定外形的零件或坯料，冲下的部分是成品。

为保证冲孔与落料的边缘整齐、切口光洁,冲裁模的冲头和凹模都具有锋利的刃口,在冲头和凹模之间有相当于板厚5% ~10% 的间隙。若间隙过大, 则冲裁件断面有拉长的毛刺, 且边缘出现较大的圆角;若间隙过小, 则模具刃口的磨损加剧, 寿命降低。

落料时, 应考虑合理排样, 使废料最少。冲孔时, 应注意零件的定位, 以保证冲孔的位置精度。

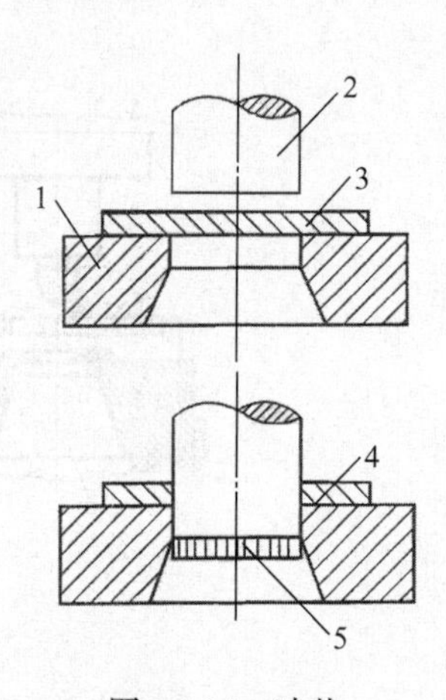

图 3 – 35　冲裁

1—凹模; 2—凸模; 3,4—板料; 5—冲下部分。

2. 修整

修整是利用修正模沿冲裁件外缘(图 3 – 36(a))或内孔(图 3 – 36(b))刮削一薄层金属,切掉剪裂带和毛刺,以提高冲裁件的尺寸精度和降低其表面粗糙度。

修整所切除的余量很小,一般每边约为 0.02 ~0.05mm,粗糙度可达 $Ra = 1.6 \sim 0.8\mu m$,精度可达 IT7 ~IT6。修整工序的实质属于切削过程,但比切削加工的生产率高。

3. 弯曲

弯曲是将板料、型材或管材在弯矩作用下弯成具有一定曲率和角度零件的冲压工序,如图 3 – 37 所示。

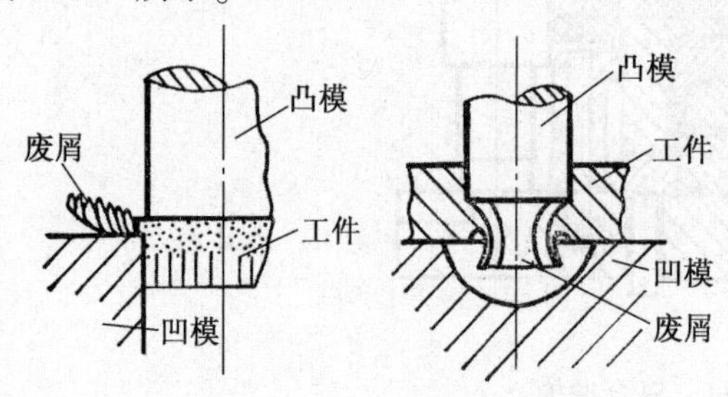

图 3 – 36　修整

(a) 外缘修整; (b) 内孔修整。

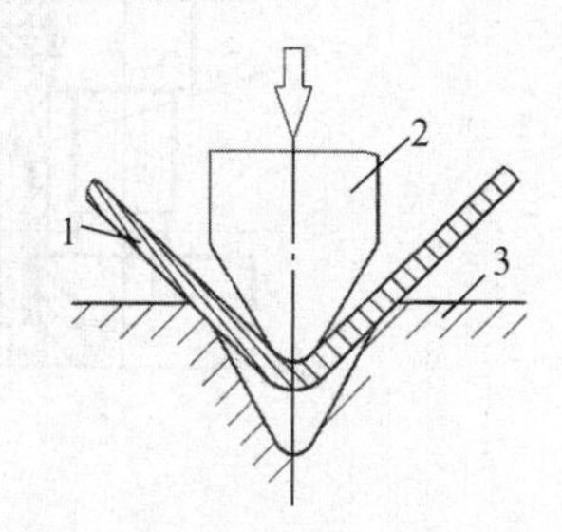

图 3 – 37　弯曲

1—板料; 2—弯曲模冲头; 3—凹模。

弯曲时,板料的内侧受压缩短,外侧受拉伸长。当外侧拉应力超过坯料的强度极限时,会造成坯料弯裂。坯料的厚度愈大,内弯曲半径愈小,压缩及拉伸应力就愈大。因此,弯曲时必须要控制最小弯曲半径。为减小弯曲破裂的可能性, 弯曲时应尽量使弯曲造成的拉应力平行于锻造纤维流线方向,弯曲模上使工件弯曲的工作部分也要有适当的圆角半径。

弯曲结束后,弯曲角会自动略微增大一些,这种现象称为回弹。设计弯曲模时,应将此因素考虑在内, 以得到准确的弯曲角。

4. 拉深

拉深是利用拉深模使板料加工成中空形状零件的冲压工序,又称拉延,如图 3 – 38 所示。拉深可以制造筒形、阶梯形、盒形、球形、锥形及其他复杂形状的薄壁零件,在汽车、农机、仪器仪表、工程机械及日用品等行业中有广泛的应用。

拉深过程中的主要缺陷是起皱和拉裂,如图 3 – 39 所示。起皱是由于较大的切向压应力使板料失稳造成的,生产中常采用加压边圈的方法予以防止。拉裂一般出现在直壁与底部的过渡圆角处，当拉应力超过材料的强度极限时，此处将被拉裂。为避免工件被拉裂，拉深模的凸模和凹模边缘应做成圆角；凸模与凹模之间要有比板料厚度稍大一点的间隙（一般为板厚的 1.1～1.2 倍），以便减少摩擦力；拉伸时，每次的变形程度都要有一定的限制，如果所要求的变形程度较大，不能一次拉深成形时，可采用多次拉深工艺。

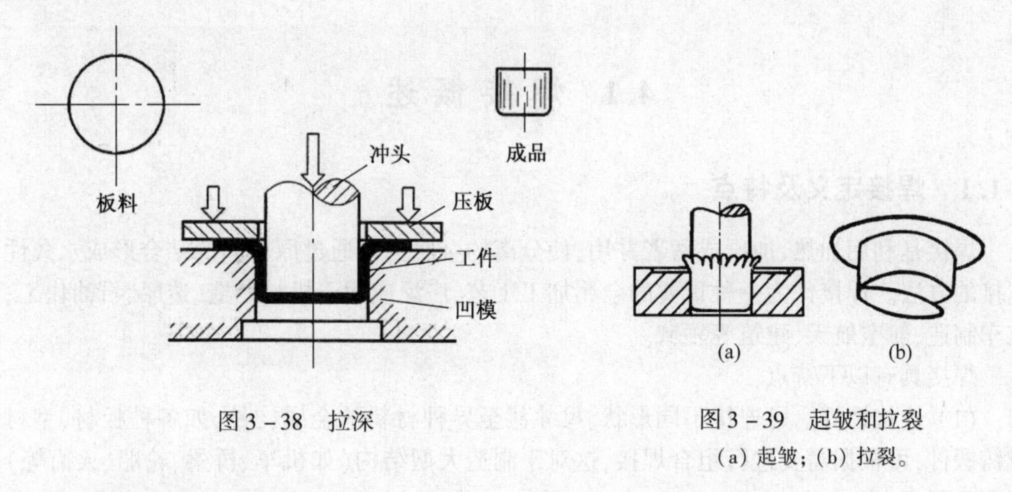

图 3－38　拉深

图 3－39　起皱和拉裂
(a) 起皱；(b) 拉裂。

5. 翻边、胀形和缩口

除弯曲和拉深外，冲压成形还包括翻边、胀形、缩口等，这些成形工序的共同特点是板料只有局部变形。

翻边是将工件上的孔或边缘翻出竖立或有一定角度的直边，如图 3－40(a)所示。

胀形是利用模具使空心制件或管件由内向外扩张的成形方法，如图 3－40(b)所示。

缩口是利用模具使空心制件或管件的口部直径缩小的成形工艺，如图 3－40(c)所示。

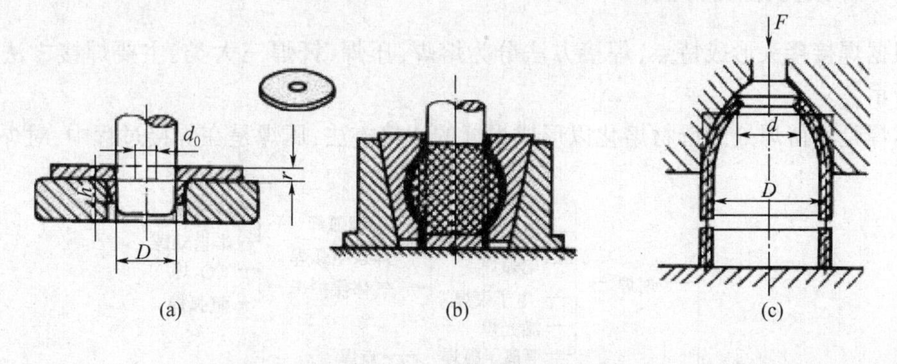

图 3－40　其他成形工序
(a) 翻边；(b) 胀形；(c) 缩口。

第4章 焊 接

4.1 焊接概述

4.1.1 焊接定义及特点

焊接是利用加热、加压或两者并用,使分离的金属构件通过原子间的结合形成永久性连接的方法。焊接作为一种重要的金属加工工艺,广泛应用于机械制造、造船、石油化工、汽车制造、航空航天、建筑等领域。

焊接具有以下特点:

(1) 连接性好。可连接不同形状、尺寸甚至异种材料的金属构件,如各种板材、型材或铸锻件,可根据需要进行组合焊接,这对于制造大型结构(如机车、桥梁、轮船、火箭等)有着重要意义。

(2) 焊缝结构强度高,质量好。一般情况下焊接接头能达到母材强度,甚至高于母材,同时又容易保证气密性及水密性,特别适合制造强度高、刚度大的中空结构(如压力容器、管道、锅炉等)。

(3) 焊接方法多,可适应不同要求的生产。但焊接过程导致焊接接头组织和性能发生改变,若控制不当会产生焊接缺陷,使结构的承载能力下降,严重影响结构件质量。

4.1.2 焊接方法及分类

根据焊接接头形成特点,焊接方法分为熔焊、压焊、钎焊三大类,主要焊接方法如图4-1所示。

熔焊是将待焊处的母材熔化以形成焊缝的焊接方法;压焊是在焊接过程中,对焊件施

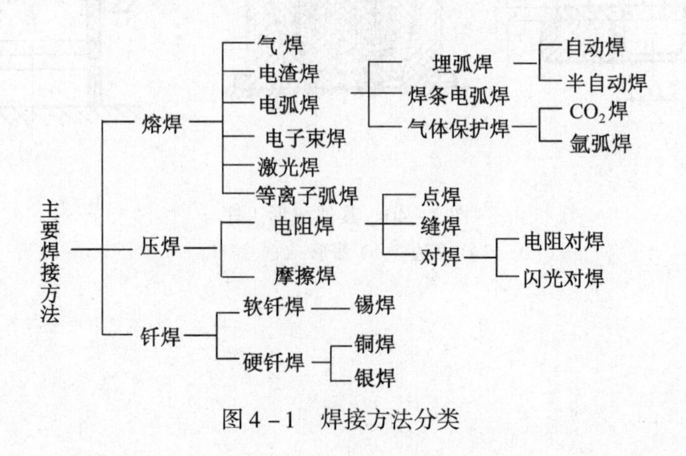

图4-1 焊接方法分类

加压力(加热或不加热)以完成焊接的方法;钎焊是采用比母材熔点低的金属材料作钎料,将焊件和钎料加热,使钎料熔化,利用钎料润湿母材,填充接头间隙并与母材相互溶解和扩散而实现连接的方法。

4.2 电弧焊

电弧焊是利用电弧热源加热零件实现熔焊的方法。焊接过程中电弧把电能转化成热能和光能,加热零件,使焊丝或焊条熔化并过渡到焊缝熔池中,熔池冷却后形成一个完整的焊接接头。电弧焊应用广泛,在焊接领域中占有十分重要的地位。根据工艺特点不同,电弧焊分为焊条电弧焊、埋弧焊、气体保护焊等。

4.2.1 焊接电弧

电弧是电弧焊接的热源,电弧燃烧的稳定性对焊接质量有重要影响。

焊接电弧是一种气体放电现象,如图 4-2 所示。

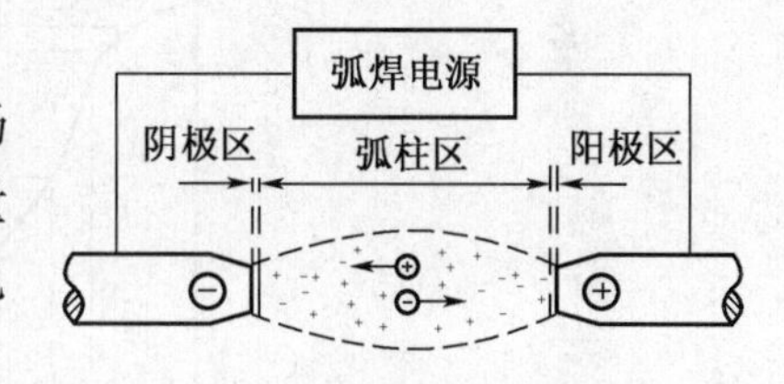

图 4-2 焊接电弧示意图

当电源两端分别与焊件和焊枪相连时,在电场的作用下,电弧区的中性气体粒子在接受外界能量后电离,两电极之间形成气体空间导电过程,借助电弧将电能转换成热能和光能。

焊接电弧具有温度高,电弧电压低、电流大和弧光强度高的特点。

4.2.2 焊条电弧焊

焊条电弧焊是用手工操纵焊条进行焊接的一种电弧焊,俗称手工电弧焊,是目前生产中应用最多、最普通的一种焊接方法。

焊条电弧焊使用设备简单,适应性强,可用于焊接板厚 1.5mm 以上的各种焊接结构件,并能灵活应用在空间位置不规则焊缝的焊接,适用于碳钢、低合金钢、不锈钢、有色金属的焊接。同时,焊条电弧焊也存在生产率低、劳动强度大等缺点。产品质量一定程度上取决于焊工的操作技术,现在多用于焊接单件、小批量产品和难以实现自动化焊接的焊缝。

1. 焊接过程

焊条电弧焊的焊接过程如图 4-3 所示。焊机电源两输出端通过电缆、焊钳和地线夹头分别与焊条和被焊件相连。焊接过程中,产生在焊条和焊件之间的电弧将焊条和焊件局部熔化,受电弧力作用,焊条端部熔化后的熔滴过渡到母材,和熔化的母材融合在一起形成熔池,熔池内的金属液逐渐冷却结晶,随着电弧向前移动,新的熔池不断形成,以此形成焊缝。

2. 焊接接头组织及性能

焊接接头包括焊缝、熔合区和热影响区。图 4-4 为低碳钢电弧焊的焊接接头组织示意图。熔合区和过热区,晶粒粗大,力学性能差,是焊接接头中比较薄弱、容易破坏的区

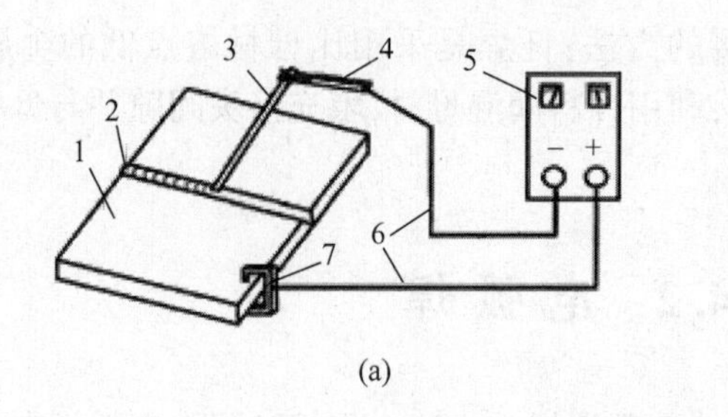

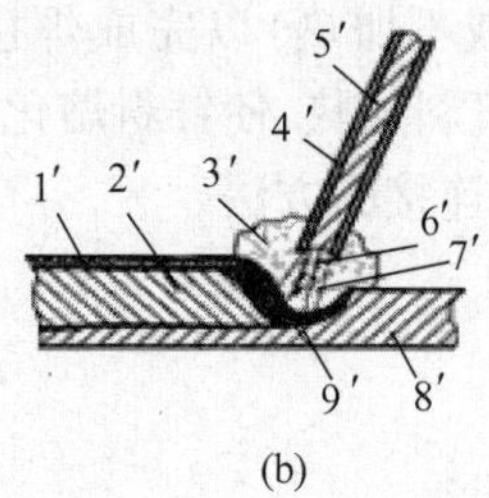

(a) (b)

图 4－3　焊条电弧焊焊接过程

(a) 焊接连线；(b) 焊接过程。

1—零件；2—焊缝；3—焊条；4—焊钳；5—焊接电源；6—电缆；7—地线夹头；

1′—熔渣；2′—焊缝；3′—保护气体；4′—药皮；5′—焊芯；6′—熔滴；7′—电弧；8′—母材；9′—熔池。

域。因此，焊接时应选择合理的焊接方法，制订合理的焊接工艺，减小熔合区和过热区，提高焊接质量。

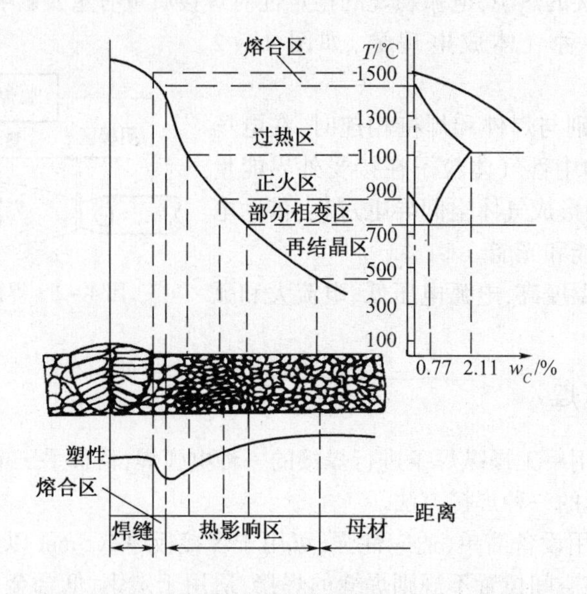

图 4－4　低碳钢电弧焊的焊接接头组织示意图

焊缝各部分名称，如图 4－5 所示。

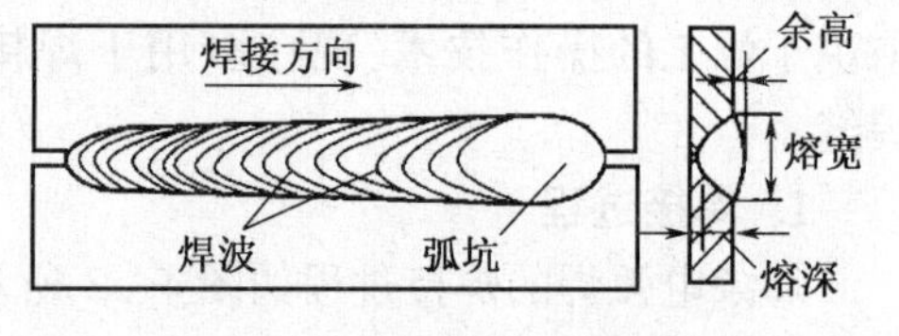

图 4－5　焊缝各部分名称

3. 焊接设备

电焊机（俗称弧焊机）是焊条电弧焊的主要设备，常用的有交流弧焊机和直流弧焊机。

1）交流弧焊机

交流弧焊机实质是一部具有符合焊接要求的特殊降压变压器。它将 220V 或 380V 的工业用电压降到焊机的空载电压 60～80V，以满足引弧的需要；电弧燃烧时的工作电压为 30～40V，同时，提供从几十安到几百安的输出电流，并可根据需要调节电流的大小。

使用交流弧焊机时，电弧的正负极时刻交叉变化，但在焊件和焊条上产生的热量相同，两极温度均可达 2500K 左右，因此，不考虑正负极接法。

交流弧焊机型号有 BX1－313、BX3－315 等，其结构简单，价格便宜，噪声小，使用可靠，维修方便，应用广；缺点是电弧不够稳定。

2）直流弧焊机

直流弧焊机分为旋转式直流弧焊机、整流式直流弧焊机和逆变式直流弧焊机三种。目前常用的是整流式直流弧焊机和逆变式直流弧焊机。

整流式直流弧焊机，又称弧焊整流器，是通过整流元件（如硅整流器或晶闸管桥等）将交流电变直流电。具有结构简单、噪声小、工作可靠、维修方便、效率高等优点，在逐步取代旋转式直流弧焊机。常见整流式弧焊机型号有 ZXG－300、ZXG－500 等。

逆变式直流弧焊机是一种新型、高效、节能的直流弧焊机。它是将交流电整流后，又将直流电变为中频交流电，再二次整流输出所需的电流和电压。特点是电流波动小，电弧稳定，体积小，重量轻，方便移动，可一机多用，完成多种焊接。逆变式弧焊机型号有ZX7－315，NBC－315 等。

用直流弧焊机焊接时，阳极区温度可达 2600K，阴极区达 2400K，电弧中心区可达 5000～8000K。由于正极和负极上的热量不同（正极热量高，负极热量较低），有正接和反接两种方法。生产中，焊接厚板时，为了获得较大的熔深，一般采用正接；焊接薄板时，为了防止烧穿，常采用反接；在使用碱性低氢钠型焊条时，均采用反接。

除电焊机外，一般还需焊接辅助用具。焊条电弧焊辅助用具主要有电焊钳、电焊软线、面罩、电焊手套等。

4. 焊条

1）焊条组成

焊条主要由焊芯和药皮两部分组成。焊芯是具有一定长度和直径的金属丝。焊接时，焊芯的作用一是传导焊接电流，产生电弧；二是焊芯本身熔化作为填充金属与熔化的母材熔合形成焊缝。我国生产的焊条，基本以含碳、硫、磷较低的专用钢丝（如 H08A）作焊芯。焊芯的直径即称为焊条直径，最小为 1.6mm，最大为 8mm，以直径为 3.2～5mm 的焊条应用最广。

焊条药皮又称涂料，在焊接过程中起着极为重要的作用。首先，利用药皮熔化放出的气体和形成的熔渣，隔离空气，防止有害气体侵入熔化金属；其次，通过与熔化金属发生冶金反应，去除有害杂质，添加有益的合金元素，使焊缝达到所要求的力学性能；还可以改善焊接工艺性能，使电弧稳定、飞溅小、焊缝成形好、易脱渣和熔敷效率高等。

焊条药皮的组成主要有稳弧剂、造气剂、造渣剂、脱氧剂、合金剂、粘接剂和增塑剂等，其主要成分有矿物类、铁合金、有机物等。

2）焊条分类

焊条按用途分为结构钢焊条、耐热钢焊条、不锈钢焊条、铸铁焊条等十大类。根据其熔渣酸碱性又分为酸性焊条和碱性焊条。酸性焊条电弧稳定，焊缝成形美观，焊条的工艺性能好，可用交流或直流电源施焊，但焊接接头的冲击韧度较低，可用于普通碳钢和低合金钢的焊接；碱性焊条多为低氢型焊条，焊缝冲击韧度高，力学性能好，但电弧稳定性比酸性焊条差，需采用直流电源施焊，多用于重要的结构钢、合金钢的焊接。

3）焊条型号

国际标准 GB 5117—85 规定了碳钢焊条型号编制方法，用E××××表示。“E”表示焊条,前两位数字表示熔敷金属抗拉强度的最小值(单位为 N/mm²),第三位数字表示焊条的焊接位置,第三位和第四位数字组合表示焊接电流种类及药皮类型。如 E4303 表示焊缝金属的 $\sigma_b \geq 43N/mm^2$,适用于全位置焊接,药皮类型是钛钙型,电流种类是交流或直流正、反接均可。

5. 焊接工艺

选择合适的焊接工艺参数是获得优良焊缝的前提,并直接影响劳动生产率。焊条电弧焊工艺参数根据焊接接头形式、零件材料、板材厚度、焊接位置等具体情况制定,包括焊接位置、焊接坡口形式和焊接层数、焊条型号、电源种类和极性、焊条直径、焊接电流、电弧长度和焊接速度等内容。

1) 焊接位置

焊缝所处的空间位置称为焊接位置。在实际生产中,受焊件结构和焊枪移动的限制,焊接位置主要有平焊、立焊、横焊、仰焊,如图 4-6 所示。平焊操作方便,焊接液滴不会外流,飞溅较少,焊缝成形条件好,容易获得优质焊缝并具有较高的生产率,是最合适的焊接位置;其他三种又称空间位置焊,操作较平焊困难,受熔池液态金属重力的影响,需要对焊接规范控制并采取一定的操作方法才能保证焊缝成形,其中仰焊位置最差,液滴易下滴,操作难度大,不易保证质量;立焊、横焊次之,焊接时液滴有下流倾向,不易操作。

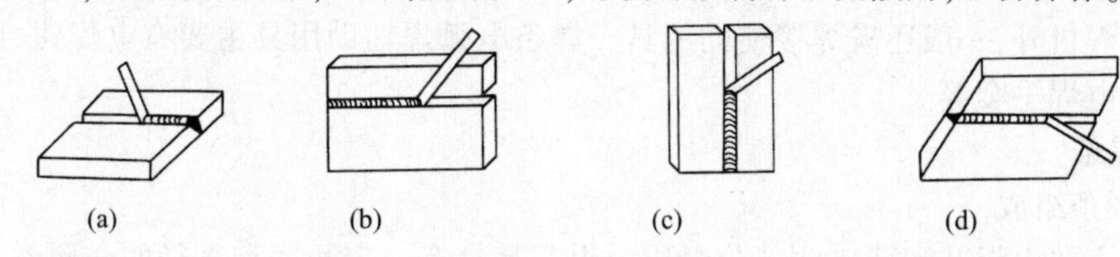

图 4-6　焊接位置

(a) 平焊; (b) 横焊; (c) 立焊; (d) 仰焊。

2) 焊接接头形式、坡口形式及焊接层数

常用的焊接接头形式有对接、搭接、角接和 T 形接 4 种,如图 4-7 所示。

对接接头节省材料,容易保证质量,应力分布均匀,应用最为广泛;搭接接头两焊件不在同一平面上,浪费金属且受力时产生附加应力,适用于薄板焊件;在构成直角连接时采用角接接头,一般只起连接作用而不承受工作载荷;T 形接头是非直线连接中应用最广泛的连接形式。

焊前接头处有时需开坡口,其目的在于使焊接容易进行,电弧能沿板厚熔敷一定的深度,保证接头根部焊透,减少焊件在焊缝中的比例,并获得良好的焊缝成形。常见焊接坡口形式有 I 形坡口、V 形坡口、U 形坡口、双 V 形坡口等多种,如图 4-7 所示。

对焊件厚度小于 6mm 的焊缝,可以不开坡口或开 I 形坡口;中厚度和大厚度板对接焊,为保证焊透,必须开坡口。V 形坡口便于加工,但零件焊后易发生变形;双 V 形坡口可以避免 V 形坡口的一些缺点,同时可减少填充材料;U 形及双 U 形坡口,其焊缝填充金属量更小,焊后变形也小,但坡口加工困难,一般用于重要焊接结构。

I 形坡口、V 形坡口和 U 形坡口都可根据焊件的厚度进行单面焊或双面焊,而双 Y 形坡口必须双面焊。图 4-8 所示为 I 形坡口单面焊和双面焊,Y 形坡口单面焊和双面焊。

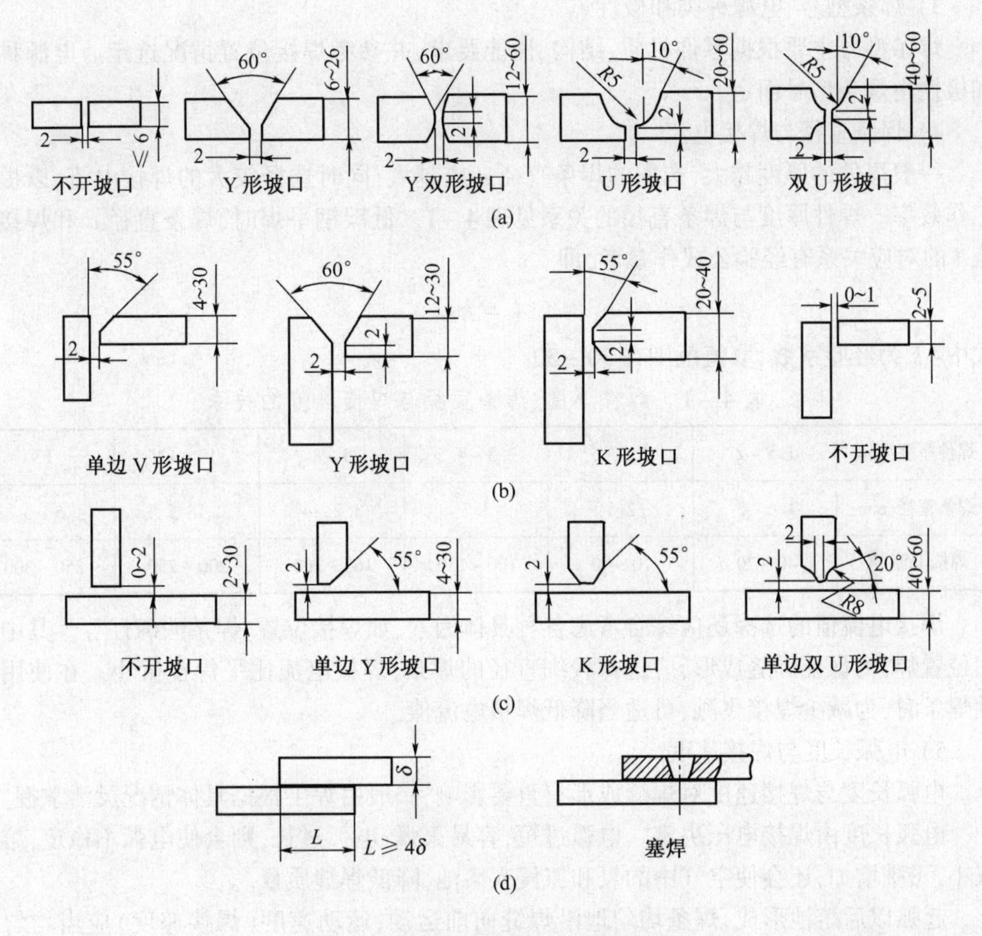

图 4－7　焊条电弧焊接头与坡口形式

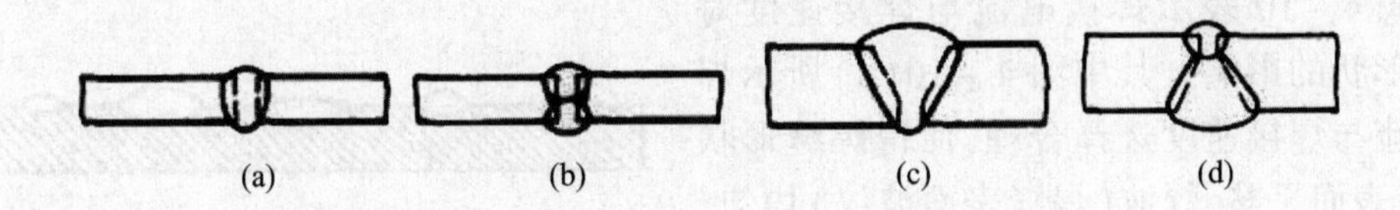

图 4－8　单面焊和双面焊

(a) I 形坡口单面焊；(b) I 形坡口双面焊；(c) Y 形坡口单面焊；(d) 双 Y 形坡口双面焊。

此外,对于中厚板零件的焊接,在开好坡口后,一般还应根据焊缝厚度,考虑焊缝层数,采用多层焊或多层多道焊,如图 4－9 所示,可细化组织,提高焊缝力学性能。

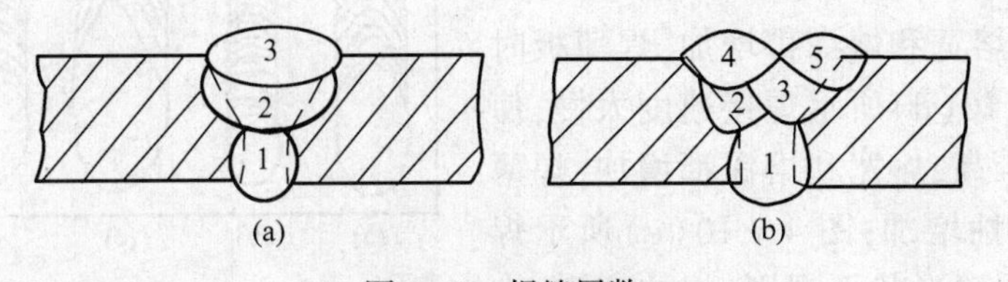

图 4－9　焊缝层数

(a) 多层焊；(b) 多层多道焊。

3）焊条型号、电源种类和极性

焊条型号主要根据零件材质、结构、性能要求，并参考焊接位置情况选定。电源种类和极性由焊条型号而定。

4）焊条直径与焊接电流

一般焊件的厚度越大，选用的焊条直径 d 应越大，同时选择较大的焊接电流，以提高工作效率。焊件厚度与焊条直径的关系见表 4－1。低碳钢平焊时，焊条直径 d 和焊接电流 I 的对应关系有经验公式作参考，即

$$I = kd$$

式中：k 为经验系数，取值范围在 30～50。

表 4－1　焊件厚度、焊条直径与焊接电流的关系

焊件厚度/mm	1.5～2	2.5～3	3.5～4.5	5～8	10～12	13
焊条直径/mm	1.6～2	2.5	3.2	3.2～4	4～5	5～6
焊接电流/A	40～70	70～90	100～130	160～200	200～250	250～300

焊接电流值的选择还应综合考虑各种具体因素，如焊接位置、焊条酸碱性等。其中空间位置焊，为保证焊缝成形，应选择较细直径的焊条，焊接电流比平焊位置小。在使用碱性焊条时，为减少焊接飞溅，可适当降低焊接电流值。

5）电弧长度与焊接速度

电弧长度与焊接速度对焊缝成形有重要影响，一般由焊工根据具体情况灵活掌握。

电弧长度由焊接电压决定。电弧过短，容易灭弧；电弧过长，则会使电弧不稳定，熔深减小，飞溅增加，还会使空气中的氧和氮侵入熔池，降低焊缝质量。

起弧以后熔池形成，焊条均匀地沿焊缝向前运动，运动速度（焊接速度）应当均匀而适当，太快和太慢都会降低焊缝的外观质量和内部质量。

图 4－10 表示焊接电流与焊接速度对焊缝形状的影响。其中图 4－10(a) 所示焊接电流与焊接速度选择合理，使得焊缝形状规则，表面平整，焊波（焊缝表面波纹）均匀、细密并呈椭圆形，焊缝各部分尺寸符合要求；图 4－10(b) 所示电流太小，电弧不易引出，燃烧不稳定，弧声变弱，焊波呈圆形，堆高增大，熔深减小；图 4－10(c) 所示电流太大，焊接时弧声强，飞溅增多，焊条变得红热，焊波变尖，熔宽和熔深都增加，焊薄板时易烧穿；图 4－10(d) 所示焊接速度太慢，使得焊波变圆、堆高，熔宽和熔深都增加，焊薄板时烧穿可能性增加；图 4－10(e) 所示焊接速度太快，焊缝形状不规则，焊波变尖，堆高、熔宽和熔深都减小。

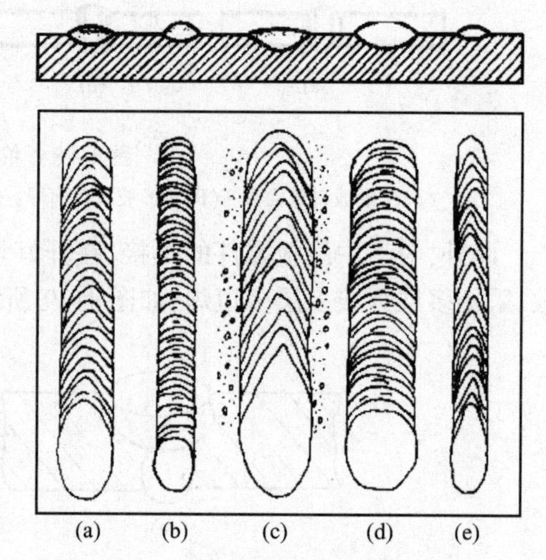

图 4－10　焊接电流与焊接速度对焊缝形状的影响

6. 基本操作

1）引弧

焊接电弧的建立称为引弧。焊条电弧焊有两种引弧方法：划擦法和敲击法，如图4－11所示。划擦法是将焊条末端对准焊缝，并保持两者距离在15mm以内，依靠手腕转动，使焊条在焊件表面轻划一下，并立即提起2～4mm，引燃电弧。敲击法是先将焊条末端对准焊缝，稍点手腕，焊条轻轻撞击焊件，随即提起2～4mm，使电弧引燃。

划擦法动作似划火柴，引弧效率高，易于掌握，但容易损坏焊件表面。敲击法不会损坏焊件表面，但操作不当，焊条容易粘住焊件，此时将焊条左右摆动即可脱离焊件。

2）运条

依靠手工控制焊条运动实现焊接的操作称为运条。运条过程包括控制焊条角度、焊条送进、焊条摆动和焊条前移，如图4－12所示。运条技术的具体运用由零件材质、接头形式、焊接位置、焊件厚度等因素决定。常见焊条电弧焊运条方法，如图4－13所示。直线形运条方法适用于板厚3～5mm的不开坡口对接平焊，由于焊条不作横向摆动，电弧较稳定，能获得熔深较大、宽度较窄的焊缝；锯齿形运条法多用于厚板的焊接，焊条端部要作锯齿形摆动，并在两边稍作停留（需防止咬边）以获得合适的熔宽；月牙形运条法对熔池加热时间长，容易使熔池中的气体和熔渣浮出，有利于得到高质量焊缝；正三角形运条法适于不开坡口的对接接头和T形接头的立焊；圆圈形运条法适于焊接较厚零件的平焊缝。

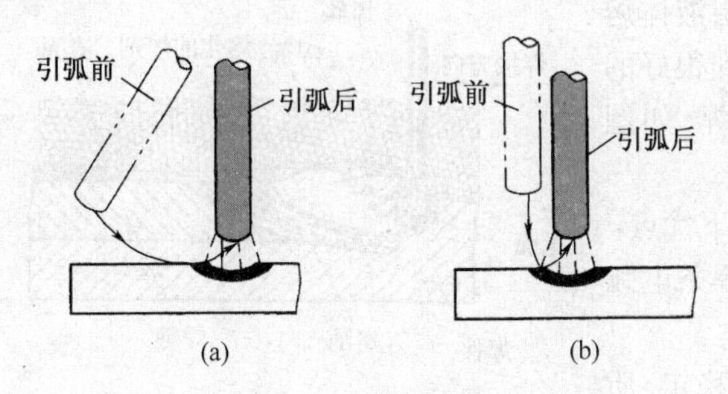

图4－11　引弧方法

（a）划擦法；（b）敲击法。

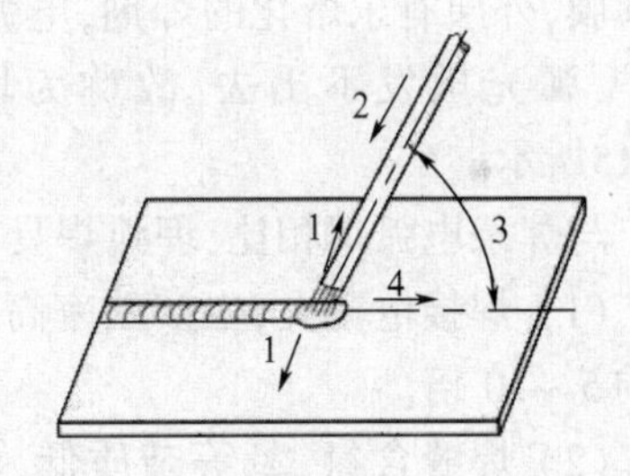

图4－12　运条过程

1—横向摆动；2—送进；3—控制焊条角度（与零件夹角为70°～80°）；4—焊条前移。

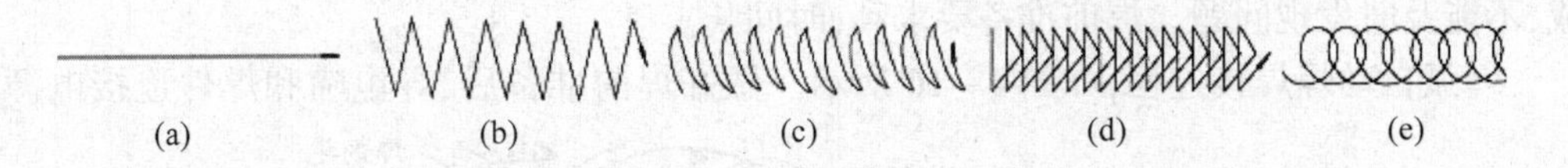

图4－13　常见焊条电弧焊运条方法

（a）直线形；（b）锯齿形；（c）月牙形；（d）正三角形；（e）圆圈形。

3）焊缝收尾

焊缝收尾是指焊缝结束时的操作，有划圈收尾法、反复断弧收尾法和回焊收尾法，如图4－14所示。划圈收尾法是利用手腕动作做圆周运动，直到弧坑填满再拉断电弧的方法，适于厚板焊接的收尾；反复断弧收尾法是指在弧坑处，连续反复地灭弧和引弧，直到填满弧坑为止的方法，适于薄板和大电流焊接的收尾；回焊收尾法是指当焊条移到收尾处即

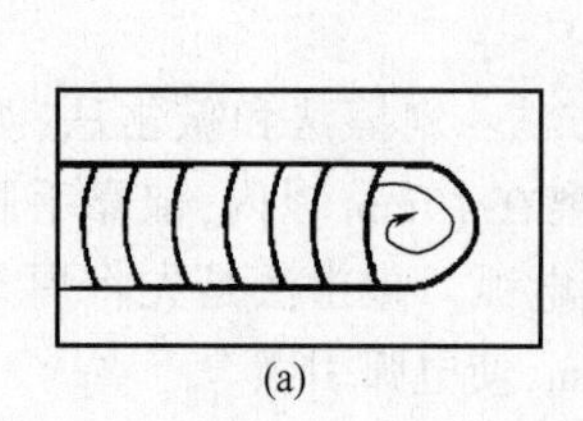

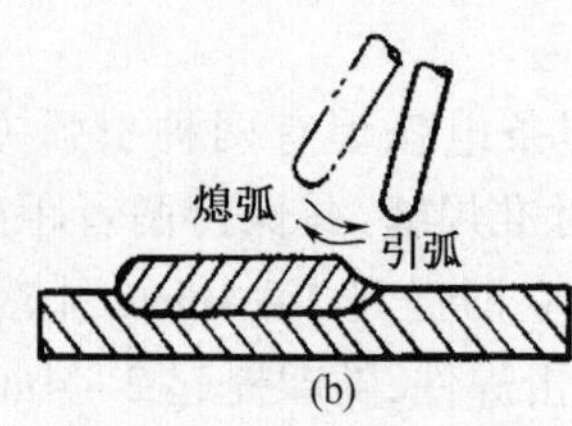

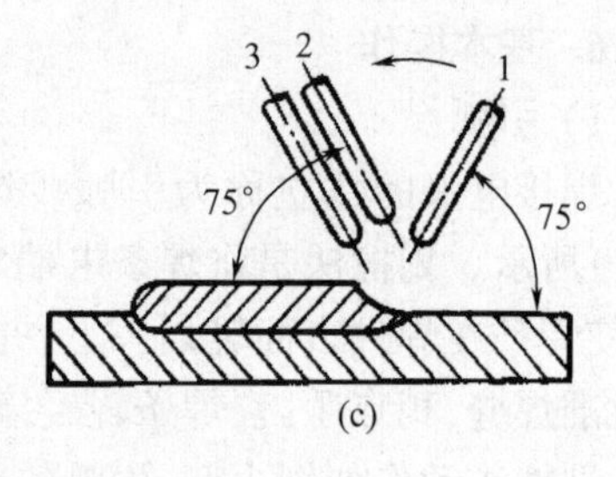

(a)　(b)　(c)

图 4－14　焊缝收尾法

(a) 划圈收尾法；(b) 反复断弧收尾法；(c) 回焊收尾法。

停止移动,但不灭弧,仅适当地改变焊条的角度,待弧坑填满后,再拉断电弧的方法,适于碱性焊条的收尾。

7. 操作注意事项

(1) 防止触电。

(2) 防止弧光伤害和烫伤。

(3) 防止有毒气体、火灾和爆炸。

4.2.3　埋弧焊

埋弧焊电弧产生于焊剂堆敷层下的焊丝与焊件之间,受到熔化的焊剂、熔渣以及金属蒸气形成的气泡壁包围。气泡壁是一层液体熔渣薄膜,外层有未熔化的焊剂,电弧得到很好的保护,弧光散发不出去,故称为埋弧焊,如图 4－15所示。

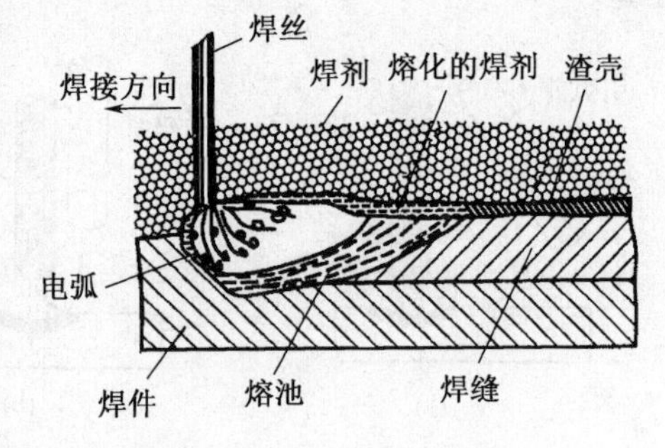

图 4－15　埋弧焊示意图

与焊条电弧焊相比,埋弧焊具有以下优点:

(1) 焊接电流大,生产效率高,是焊条电弧焊的 5～10 倍。

(2) 焊缝含氮、氧等杂质低,成分稳定,质量高。

(3) 自动化水平高,没有弧光辐射,工人劳动条件较好。

但埋弧焊受焊剂敷设限制,不能用于空间位置焊缝的焊接。焊接时,焊缝在焊剂下形成,不能及时发现问题。焊前准备要求高,时间长。

埋弧自动焊焊接过程,如图 4－16 所示。做好焊前准备后,导电嘴和焊件连接电源,

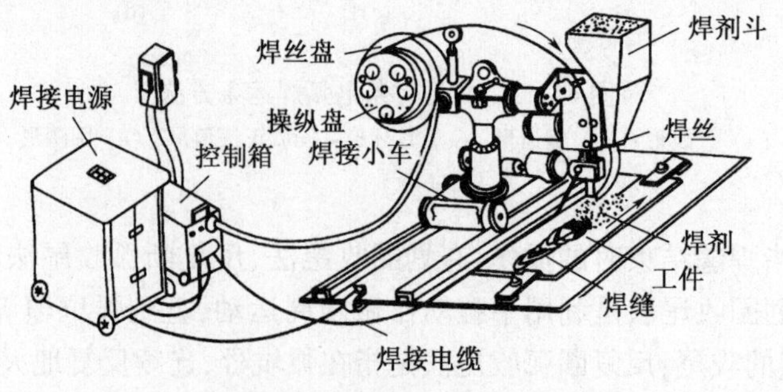

图 4－16　埋弧自动焊示意图

形成电弧并维持选定的弧长。在焊接小车的带动下，焊剂通过焊剂漏斗均匀地覆盖在被焊的位置，焊丝经送丝机构自动送入电弧燃烧区，电弧在焊剂下燃烧，熔化后的焊件金属与焊丝形成熔池，熔化的焊剂形成熔渣。随着熔池的移动和凝固最终形成焊缝。

埋弧焊不适合焊铝、钛等易氧化的金属及其合金，可焊接的材料有碳素结构钢、低合金钢、不锈钢、耐热钢、镍基合金和铜合金等。且仅适用于直的长焊缝和环形焊缝焊接。

4.2.4 气体保护焊

气体保护焊是利用外加气体保护电弧和接头的电弧焊方法。最常用的气体保护焊是 CO_2 气体保护焊和氩弧焊。

1. CO_2 气体保护焊

利用 CO_2 作为保护气体的一种熔化极气体保护电弧焊称为 CO_2 气体保护焊，简称 CO_2 焊（MIG）。按所用的焊丝直径不同，分为细丝 CO_2 气体保护焊（焊丝直径≤1.2mm）及粗丝 CO_2 气体保护焊（焊丝直径≥1.6mm）。按操作方式，分为 CO_2 半自动焊和 CO_2 自动焊。目前细丝半自动 CO_2 焊工艺比较成熟，应用最广。

CO_2 气体保护焊的特点：

（1）焊接成本低。CO_2 气体来源广、价格低，而且消耗的焊接电能少。

（2）焊接电流密度大，熔敷速度快，焊后没有焊渣。生产率比焊条电弧焊高 1~4 倍。

（3）抗锈能力强。对铁锈的敏感性不大，焊缝不易产生气孔，抗裂性能好。

（4）焊接变形小。电弧热量集中，同时 CO_2 气流具有较强的冷却作用，焊接热影响区和焊件变形小，宜于薄板焊接。

（5）便于操作。可看清电弧和熔池情况，便于掌握与调整，也有利于实现焊接过程的机械化和自动化。

但 CO_2 气体保护焊在焊接过程中飞溅较大，焊缝成形不够美观，不能焊接容易氧化的有色金属材料，并且很难用交流电源焊接和在有风的地方施焊。

CO_2 气体保护焊主要用于焊接低碳钢及低合金高强钢，也可用于焊接耐热钢和不锈钢。广泛用于汽车、船舶、航空航天、石油化工、机械制造等领域。

1）焊接过程

CO_2 气体保护焊焊接过程如图 4－17 所示。电源的两输出端分别接在焊枪和焊件上，焊丝由送丝机构带动，经软管和导电嘴不断向电弧区域送给；同时，CO_2 气体以一定的压力和流量送入焊枪，通过喷嘴后，形成一股保护气流，使熔池和电弧不受空气的侵入。随着焊枪的移动，熔池金属冷却凝固而形成焊缝。

2）保护气体及焊接材料

（1）CO_2 保护气体。

（2）焊丝　目前生产中应用最广的焊丝为 H08Mn2SiA，适用于焊接低碳钢、屈服极限 <500MPa 的低合金钢和经焊后热处理抗拉强度 <1200MPa 的低合金高强钢。

3）焊接工艺

CO_2 气体在电弧高温下发生吸热反应，对电弧产生冷却作用，使其收缩。于是焊丝端头的熔滴在电弧作用下产生排斥型大滴过渡。这是一种不稳定的熔滴过渡形式，常常伴

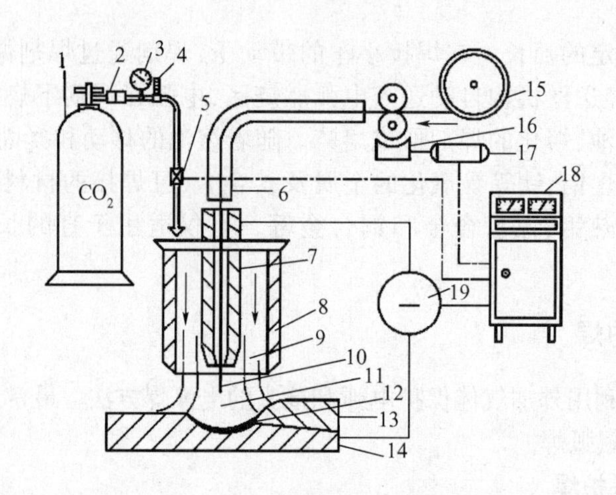

图 4－17　CO_2 气体保护焊焊接过程示意图

1—CO_2 气瓶；2—干燥预热器；3—压力表；4—流量计；5—电磁气阀；6—软管；7—导电嘴；8—喷嘴；9—CO_2 保护气体；10—焊丝；11—电弧；12—熔池；13—焊缝；14—零件；15—焊丝盘；16—送丝机构；17—送丝电动机；18—控制箱；19—直流电源。

随飞溅，难以在生产中应用。

当电弧较短时（电弧电压较低），将发生短路过渡，这时短路与燃弧过程周期性重复，焊接过程稳定，热输入低，所以短路过渡适合薄板和全位置焊缝。

对于一定的直径焊丝，当电流增大到一定数值后同时配以较高的电弧压，焊丝的熔化金属即以小颗粒自由飞落进入熔池，这种过渡形式为细颗粒过渡，是一种比较稳定的过渡过程。细颗粒过渡时电弧穿透力强，焊缝熔深大，飞溅小，适用于中厚板焊接结构。

4）基本操作

（1）准备，检查全部连接是否正确，水、电、气连接完毕，合上电源，调整焊接规范参数。

（2）引弧：

① 引弧前先将焊丝送出枪嘴，保持伸出长度 10～15mm。

② 将焊枪按要求放在引弧处，此时焊丝端部与工件未接触，枪嘴高度由焊接电流决定。

③ 采用碰撞引弧，引弧时不必抬起焊枪，只需保证焊枪与工件距离，防止因焊枪抬起太高，电弧太长而熄灭。

（3）焊接，引弧后，通常采用左焊法（即指焊接方向为左的焊接方法），焊接时焊枪保持适当的倾斜和枪嘴高度，并使焊枪匀速移动。当坡口较宽时为保证两侧熔合好，焊枪作横向摆动。

（4）收弧，焊接结束前必须收弧，若收弧不当容易产生弧坑并出现裂纹、气孔等缺陷。焊接结束前必须采取以下措施：

① 焊机有收弧坑控制电路：焊枪在收弧处停止前进，接通此电路，焊接电流、电弧电压自动减小，待熔池填满。

② 焊机没有弧坑控制电路或因电流小没有使用弧坑控制电路：在收弧处焊枪停止前进，并在熔池未凝固时反复断弧、引弧几次，直至填满弧坑为止。操作要快，否则熔池已

凝固才引弧,则可能产生未熔合或气孔等缺陷。

5）操作注意事项

(1) 电源、气瓶、送丝机、焊枪等连接方式参阅说明书。

(2) 选择正确的持枪姿势。

① 身体与焊枪处于自然状态,手腕能灵活带动焊枪平移或转动。

② 焊接过程中软管电缆最小曲率半径应 >300mm,焊接时可任意拖动焊枪。

2. 氩弧焊

氩弧焊是以惰性气体氩气作为保护气体的电弧焊。按所用电极熔化情况不同,分钨极氩弧焊和熔化极氩弧焊。

1）钨极氩弧焊

钨极氩弧焊是以钨棒作为电极的电弧焊方法,钨棒在电弧焊中不熔化,故又称不熔化极氩弧焊,简称 TIG 焊,其示意图如图 4－18 所示。

由于被惰性气体隔离,接头处的熔化金属不会受到空气的有害作用,因此,钨极氩弧焊可焊接易氧化的有色金属如铝、镁及其合金,也可用于不锈钢、铜合金以及其他难熔金属的焊接。因其电弧非常稳定,还可以焊薄板及全位置焊缝。钨极氩弧焊在航空航天、原子能、石油化工等行业应用较多。

钨极氩弧焊的缺点是钨棒的电流负载能力有限,焊接电流和电流密度比熔化极氩弧焊低,焊缝熔深小,焊接速度低,厚板焊接需采用多道焊和填充焊丝,生产效率受到影响。

2）熔化极氩弧焊

熔化极氩弧焊又称 MIG 焊,如图 4－19 所示。用焊丝本身作电极,相比钨极氩弧焊而言,电流及电流密度大大提高,因而焊缝熔深大,焊丝熔敷速度快,生产效率得到提高,特别适用于中厚板铝、铜及其合金、不锈钢以及钛合金焊接。

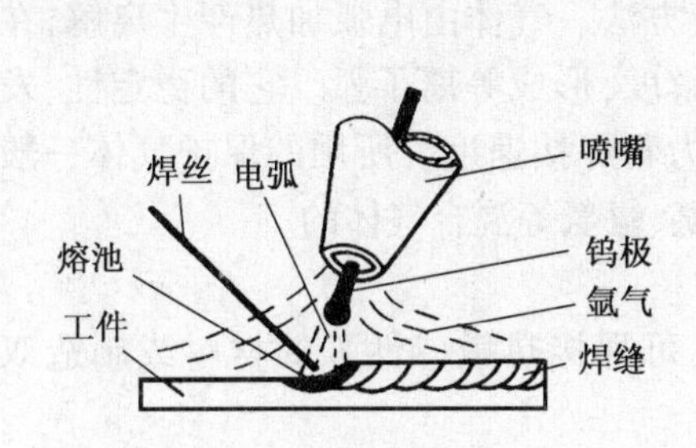

图 4－18　钨极氩弧焊示意图

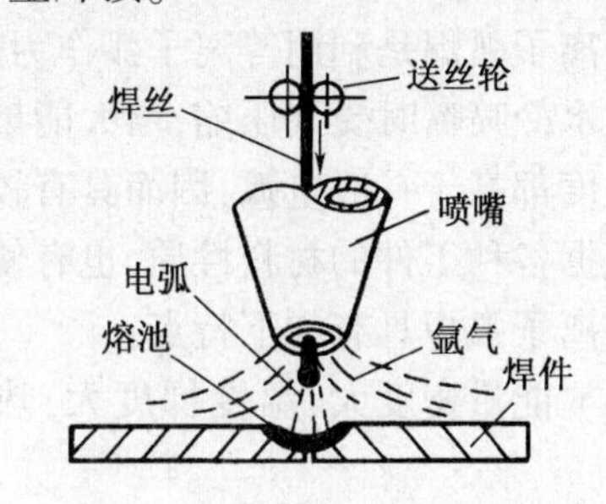

图 4－19　熔化极氩弧焊示意图

4.2.5　其他常用熔焊方法

1. 气焊

气焊是利用气体火焰加热并熔化母材和焊丝的焊接方法。

与电弧焊相比,气焊不需要电源,设备简单;气体火焰温度较低,熔池容易控制,易实现单面焊双面成形。

气焊也存在热量分散,接头变形大,自动化程度差,生产效率低,危险性较大,焊缝组织粗大,性能较差等缺点。

气焊常用于低碳钢、低合金钢、不锈钢的对接,在焊接铸铁、有色金属时焊缝质量也比较好。

2. 电渣焊

电渣焊是利用电流通过液体熔渣所产生的电阻热加热并熔化填充金属和母材,以实现金属连接的一种熔焊方法。如图4-20所示,两被焊件垂直放置,中间留有20~40mm间隙,电流流过焊丝与零件之间熔化的焊剂形成渣池,其电阻热加热并熔化焊丝和零件边缘,在渣池下端形成金属熔池。在焊接过程中,焊丝以一定速度熔化,金属熔池和渣池逐渐上升,远离热源的底部液体金属则逐渐冷却形成焊缝。同时,渣池保护金属熔池不被空气污染,水冷成形滑块与零件端面构成空腔,挡住熔池和渣池,保证熔池金属凝固成形。

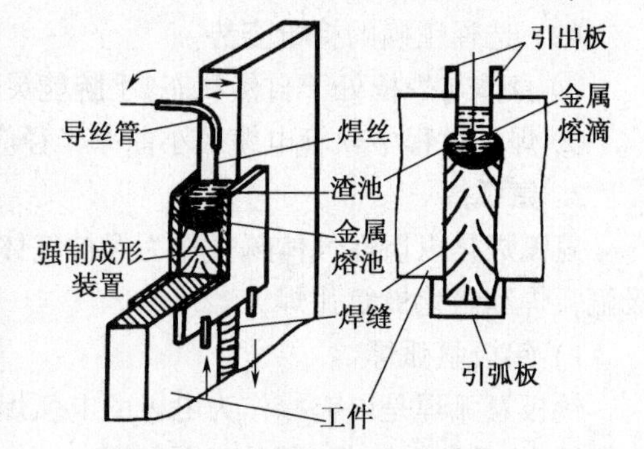

图4-20 电渣焊过程示意

与其他熔焊方法相比,电渣焊有以下特点:

(1) 适用于垂直或接近垂直位置的焊接,不易产生气孔和夹渣,焊缝成形条件最好。

(2) 厚大焊件能一次焊接完成,生产率高。与开坡口的电弧焊相比,节省焊接材料。

(3) 由于渣池对焊件有预热作用,焊接含碳量高的金属时冷裂倾向小。但焊缝组织晶粒粗大,易造成接头韧度变差,一般焊后应进行正火和回火处理。

电渣焊适用于厚板、大断面、曲面结构的焊接,如火力发电站数百吨的汽轮机转子、锅炉大厚壁高压汽包等。

3. 等离子弧焊

等离子弧焊是利用等离子弧作为热源的焊接方法。气体由电弧加热产生离解,在高速通过水冷喷嘴时受到压缩,增大能量密度和离解度,形成等离子弧。它的稳定性、发热量和温度都高于一般电弧,因而具有较大的熔透力和焊接速度。所用的保护气体一般用氩。根据各种工件的材料性质,也有使用氦或氩氦、氩氢等混合气体的。

等离子弧焊具有如下特点:

(1) 能量密度大,温度梯度大,热影响区小,可焊接热敏感性强的材料或制造双金属件。

(2) 电弧稳定性好,焊接速度高,可用穿透式焊接使焊缝一次双面成型,表面美观,生产率高。

(3) 气流喷速高,机械冲刷力大,可用于焊接大厚度碳钢、不锈钢、有色金属及合金、镍合金和钛合金等。

(4) 电弧电离充分,0.1A电流以下仍能稳定工作,可焊接膜盒、热电偶等超薄板。

4.3 其他焊接方法

除熔焊外,压焊中的电阻焊、摩擦焊以及钎焊等焊接方法在焊接领域也有着广泛应用。

4.3.1 电阻焊

电阻焊是压焊的一种,是指将焊件组合后通过电极施加压力,利用电流通过焊件接触面及临近区域产生的电阻热将其加热到熔化或塑性状态,完成金属结合的方法。

与其他焊接方法相比,电阻焊不需要填充金属,冶金过程简单,焊接应力及变形小,焊接低碳钢、普通低合金钢、不锈钢、钛及其合金材料时可获得优良的焊接接头;操作简单,易实现机械化和自动化,生产效率高。

其缺点是接头质量难以用无损探伤检测方法检验,焊接设备较复杂,一次性投资较高。电阻焊目前广泛应用于汽车、拖拉机、航空航天、电子技术、家用电器、轻工业等领域。

4.3.2 摩擦焊

摩擦焊是在压力作用下,通过待焊界面的摩擦实现连接的固态焊接方法。摩擦焊接头质量好、生产效率高,适合异种材料的连接。目前,摩擦焊已在各种工具、轴瓦、阀门、石油钻杆、电机与电力设备、工程机械、交通运输工具以及航空航天设备制造等方面获得越来越广泛的应用。

4.3.3 钎焊

钎焊用钎料作为填充材料,加热一定温度使得钎料充分溶解并填充接头间隙,与焊件牢固结合。

钎焊作为常用焊接方法,具有焊接的应力变形比较小,生产率高,接头强度低,耐热能力较差等特点,用于焊接碳钢、不锈钢、高合金钢、铝、铜等金属材料,也可用于连接异种金属、金属与非金属。

4.4 焊接检验

迅速发展的现代焊接技术,在很大程度上已能保证其产品的质量,但由于焊接接头性能不均匀,应力分布复杂,制造过程中不可避免产生焊接缺陷,更不能排除产品在服役运行中出现新缺陷。因此,为获得可靠的焊接结构必须采用和发展合理而先进的焊接检验技术。

4.4.1 常见焊接缺陷

1. 焊接变形

焊件在焊接以后,一般都会发生变形,并且变形的形式较为复杂。常见的焊接变形可归纳为收缩变形、角变形、扭曲变形、波浪变形和弯曲变形五种基本形式,如图 4 – 21 所示。

焊接变形产生的主要原因是焊件不均匀地局部加热和冷却,内部产生内应力。当这些应力超过金属的屈服极限时,将产生焊接变形;当超过金属的强度极限时,则会出现裂缝。

图 4-21　焊接变形示意图

(a) 收缩变形；(b) 角变形；(c) 弯曲变形；(d) 波浪变形；(e) 扭曲变形。

2. 焊缝的外部缺陷

焊缝的外部缺陷如图 4-22 所示。

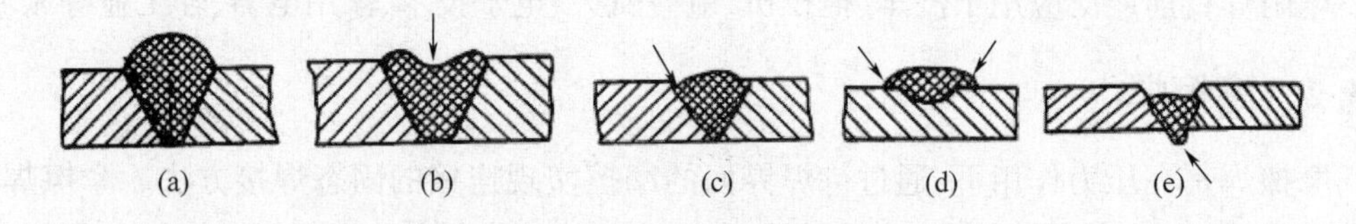

图 4-22　焊缝的外部缺陷

(a) 焊缝过凸；(b) 焊缝过凹；(c) 咬边；(d) 焊瘤；(e) 烧穿。

主要有以下几种：

(1) 焊缝过凸　当焊接坡口的角度开得太小或焊接电流过小时，均会出现这种现象。

(2) 焊缝过凹　焊缝过凹使焊缝工作截面减小，造成接头处强度降低。

(3) 咬边　沿焊缝边缘所形成的凹陷叫咬边。它不仅减少接头工作截面，在咬边处还会造成严重的应力集中。

(4) 焊瘤　熔化金属流到熔池边缘未熔化的焊件上，堆积形成，但与焊件没有熔合。焊瘤对静载强度无影响，但会引起应力集中，使动载强度降低。

(5) 烧穿　部分熔化金属从焊缝反面漏出，甚至烧穿成洞，使接头强度下降。

以上五种缺陷存在于焊缝的外表，肉眼能发现，并可及时补焊。

3. 焊缝的内部缺陷

焊缝的内部缺陷主要有以下几种，如图 4-23 所示。

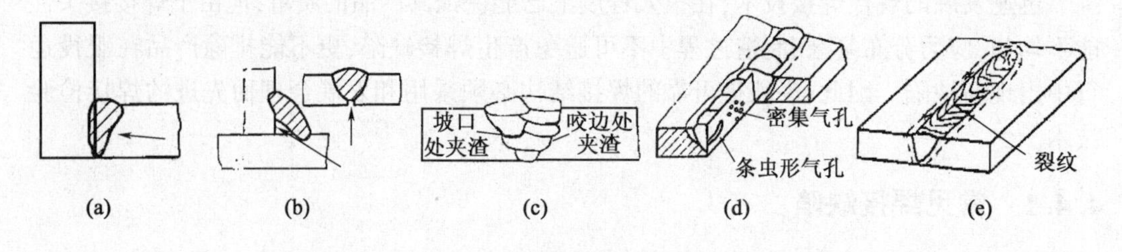

图 4-23　焊缝的内部缺陷

(a) 未焊透；(b) 未熔合；(c) 夹渣；(d) 气孔；(e) 裂纹。

(1) 未焊透　指焊接接头根部未完全熔透的现象。未焊透减弱了焊缝工作截面，造成严重的应力集中，大大降低接头强度，往往成为焊缝开裂的根源。

(2) 未熔合　指焊缝与母材之间未完全熔化结合的部分。同未焊透一样，降低接头强度，会成为焊缝开裂的根源。

(3) 夹渣　指焊后残留在焊缝中的熔渣。夹渣减少了焊缝工作截面，造成应力集中，会降低焊缝强度和冲击韧度。

(4) 气孔　焊缝金属在高温时吸收过多的气体(如 H_2),或由于熔池内部冶金反应产生的气体(如 CO),在熔池冷却凝固时来不及排出,在焊缝内部或表面形成孔穴,即为气孔。气孔的存在减少了焊缝有效工作截面,降低接头强度。若有穿透性或连续性气孔存在,会严重影响焊件的密封性。

(5) 裂纹　焊接过程中或焊接以后,在焊接接头内所出现的金属局部破裂叫裂纹。按裂纹产生的机理不同,分为热裂纹和冷裂纹。

① 热裂纹是在焊缝金属由液态到固态的结晶过程中产生的,有沿晶界分布的特征,大多产生在焊缝中。其产生原因主要是焊缝中存在低熔点物质(如 FeS,熔点 1193℃),削弱了晶粒间的联系,当受到较大的焊接应力作用时,容易在晶粒之间引起破裂。焊件及焊条内含 S、Cu 等杂质多时,容易产生热裂纹。

② 冷裂纹是在焊后冷却过程中出现的,大多产生在基体金属或基体金属与焊缝交界的熔合线上。其产生的主要原因是热影响区或焊缝内形成了淬火组织,在高应力作用下,引起晶粒内部的破裂。焊接含碳量较高或合金元素较多的易淬火钢材时,最易产生冷裂纹。焊缝中熔入过多的氢,也会引起冷裂纹。

裂纹是最危险的一种缺陷,它除了减少承载截面之外,还会产生严重的应力集中,在使用中裂纹会逐渐扩大,最后导致构件的破坏。因此,焊接结构中一般不允许存在这种缺陷。

4.4.2　焊接质量检验

对焊接接头进行必要的检验是保证焊接质量的重要措施。因此,焊件应根据产品技术要求对焊缝进行相应的检验,凡不符合技术要求的焊件,需及时返修。

第5章 钢的热处理

5.1 概 述

5.1.1 热处理的概念

热处理就是将金属在固态下进行不同的加热、保温和冷却,以达到改变材料内部组织,得到所需性能的一种工艺方法。热处理与其他加工工序一起,构成零件完整的加工过程。它与铸造、锻压、焊接和切削加工等以"成形"为目的的加工方法不同,其工艺目的只在于使材料"变性"。在现代工业生产中,热处理是保证产品质量、改善加工条件、节约材料的一项重要工艺措施。因为钢铁及其他很多合金的优良性能(硬度、强度、弹性、耐磨性及良好的切削性能等)除要求在冶金时保证一定的化学成分外,还要经过适当的热处理才能获得。现在各种机械产品上大部分零件需要进行热处理,另外,如刃具、量具、模具、轴承等都需要进行热处理。

热处理工艺过程中加热、保温、冷却等各阶段可以用温度—时间坐标图表示,称为热处理工艺曲线。图5-1是几种常用热处理方法的工艺曲线示意图。

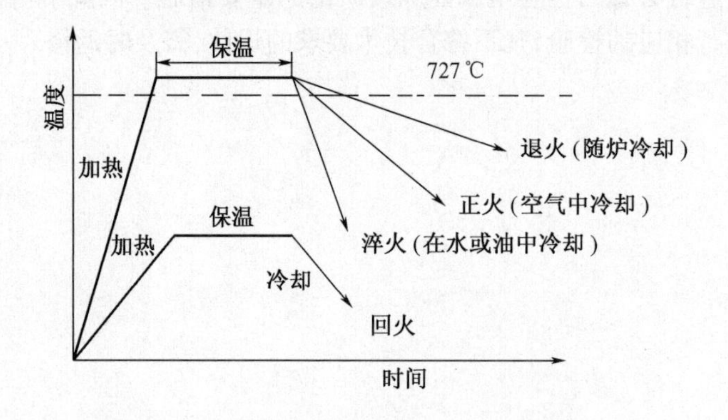

图5-1 常用热处理方法的工艺曲线示意图

通过热处理可以改变钢的组织和性能,充分发挥材料的潜力,调整材料的力学性能,满足机械零件在加工和使用过程中对性能的要求。所以,在实际生产中凡是重要的零部件都必须经过适当的热处理。任何一种热处理工艺过程,都包括下列三个步骤:

(1) 以一定速度把零件加热到规定的温度范围。

(2) 在此温度下保温,使工件全部热透。

(3) 以某种速度把零件冷却到常温状态。

1. 加热

金属加热到一定温度,原始组织发生转变,以便给以后冷却过程中进一步发生变化做好准备。因此,加热是热处理中极重要的一环。加热的温度由材料的种类、成分和热处理的目的决定。热处理加热设备要能按不同工艺要求达到并较好地控制炉温。炉堂尺寸和形状也应满足零件加热时安放位置的需要。为满足这些要求,生产中使用了各种形式和级别的加热炉。常用的有箱式电炉,井式电炉和盐熔炉。箱式电炉结构简单,价格便宜;井式电炉可实现轴杆类零件垂直吊挂加热,以防止变形;盐熔炉采用熔盐加热介质,加热迅速、均匀,控制温度精确,还可有效地防止氧化、脱碳等加热缺陷。

2. 保温

保温是在达到规定的加热温度后保持一定时间,使零件内、外层温度和组织均匀。

3. 冷却

冷却是获得材料或零件所需要组织的关键一环。可通过炉内控温冷却、炉内自然冷却、炉外空气中自然冷却、吹风或喷雾冷却、在水或油以及熔盐中冷却等各种方法使工件得到需要的冷却速度。

5.1.2 常见的热处理方法

根据热处理时加热和冷却方法的不同,常用的热处理方法大致分类如下:

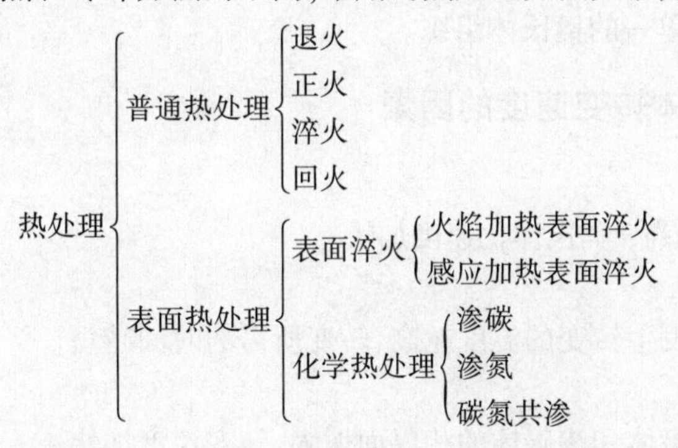

5.2 钢在加热时的转变

钢在加热时的转变实质上是奥氏体的形成。热处理的第一步就是把这些原始组织加热,使其转变为奥氏体。第一步质量的好坏,直接影响到最终热处理后钢件的工艺性能和使用性能。

5.2.1 奥氏体的形成

1. 钢在加热时的临界温度

大多数热处理工艺都要将钢加热到临界温度以上,获得全部或部分奥氏体组织,即进行奥氏体化。实际热处理过程中,加热时相变温度偏向高温,冷却时偏向低温,且加热和冷却速度愈大偏差愈大。通常将加热时的临界温度标为 A_{c1}、A_{c3}、A_{ccm};冷却时标为 A_{r1}、A_{r3}、A_{rcm},如图 5-2 所示。

2. 钢在加热时的组织转变

共析钢加热到 A_{c1} 以上时,珠光体将转变为奥氏体。这包括奥氏体晶核的形成、奥氏

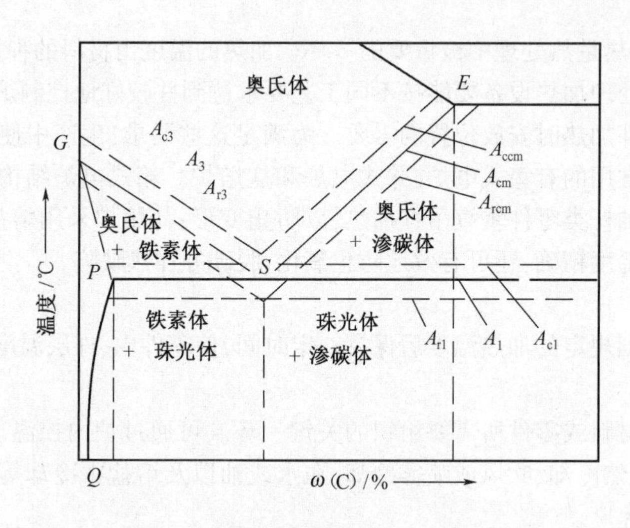

图 5－2　钢在加热和冷却时的相变临界

体晶核的长大、剩余渗碳体的溶解及奥氏体成分的均匀化四个基本过程。亚共析钢和过共析钢的奥氏体形成过程与共析钢基本相同，但必须加热到 A_{c3}（亚共析钢）或 A_{ccm}（过共析钢）以上时才获得单一的奥氏体组织。

5.2.2　影响奥氏体转变速度的因素

1. 加热温度

随加热温度的提高，奥氏体化速度加快。

2. 加热速度

加热速度越快，发生转变的温度越高，转变所需的时间越短。

3. 钢中碳含量

碳含量增加，铁素体和渗碳体的相界面增大，转变速度加快。

4. 合金元素

钴、镍等加快奥氏体化过程；铬、钼、钒等减慢奥氏体化过程；硅、铝、锰等不影响奥氏体化过程。由于合金元素的扩散速度比碳慢得多，所以合金钢的热处理加热温度一般较高，保温时间更长。

5. 原始组织

原始组织中渗碳体为片状时奥氏体形成速度快，渗碳体间距越小，转变速度越快。

5.2.3　钢的奥氏体晶粒度

一般根据标准晶粒度等级图确定钢的奥氏体晶粒大小。标准晶粒度等级分为 8 级，1 ~ 4级为粗晶粒度，5 ~ 8 级为细晶粒度，如图 5－3 所示。

1. 实际晶粒度和本质晶粒度

某一具体热处理或热加工条件下的奥氏体的晶粒度叫实际晶粒度，它决定钢的性能。钢在加热时奥氏体晶粒长大的倾向用本质晶粒度来表示。钢加热到 930℃ ±10℃、保温 8 小时、冷却后测得的晶粒度叫本质晶粒度。如果测得的晶粒细小，则该钢称为本质细晶粒钢，反之叫本质粗晶粒钢。

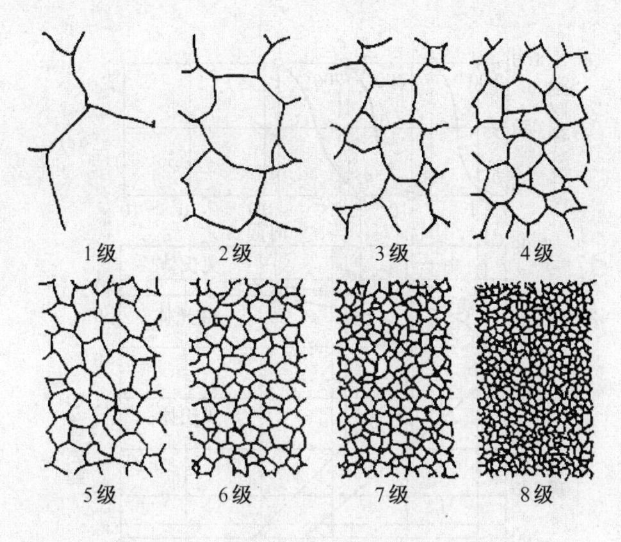

图 5-3　标准晶粒度等级(放大 100 倍)

2. 影响奥氏体晶粒度的因素

1）加热温度和保温时间

随加热温度升高晶粒将逐渐长大。温度越高,或在一定温度下保温时间越长,奥氏体晶粒越粗大。

2）钢的成分

奥氏体中碳含量增大,晶粒长大倾向增大。未溶碳化物则阻碍晶粒长大。钢中加入钛、钒、铌、锆、铝等元素,有利于得到本质细晶粒钢,因为碳化物、氧化物和氮化物弥散分布在晶界上,能阻碍晶粒长大。锰和磷促进晶粒长大。

5.3　钢在冷却时的转变

当温度在 A_1 以上时,奥氏体是稳定的。当温度降到 A_1 以下后,奥氏体即处于过冷状态,这种奥氏体称为过冷奥氏体(A)。过冷 A 是不稳定的,会转变为其他的组织。钢在冷却时的转变,实质上是过冷 A 的转变。钢的冷却转变实质上是过冷奥氏体的冷却转变。

5.3.1　过冷奥氏体等温转变曲线

等温转变是把奥氏体迅速冷却到 A_{r_1} 以下某一温度保温,待其分解转变完成后,再冷至室温的一种冷却转变方式。

1. 共析钢过冷奥氏体的等温转变

共析钢过冷奥氏体的等温转变过程和转变产物可用其等温转变曲线(可简称为 TTT 曲线、C 曲线)图来分析。过冷奥氏体冷却转变时,转变的温度区间不同,转变方式不同,转变产物的组织性能亦不同。过冷奥氏体在不同的等温温度下会发生三种不同转变:550℃以上为珠光体转变;550℃ ~ M_s 之间为贝氏体转变;M_s ~ M_f 之间为马氏体转变。M_s 和 M_f 为马氏体转变的开始温度和终了温度,如图 5-4 所示。

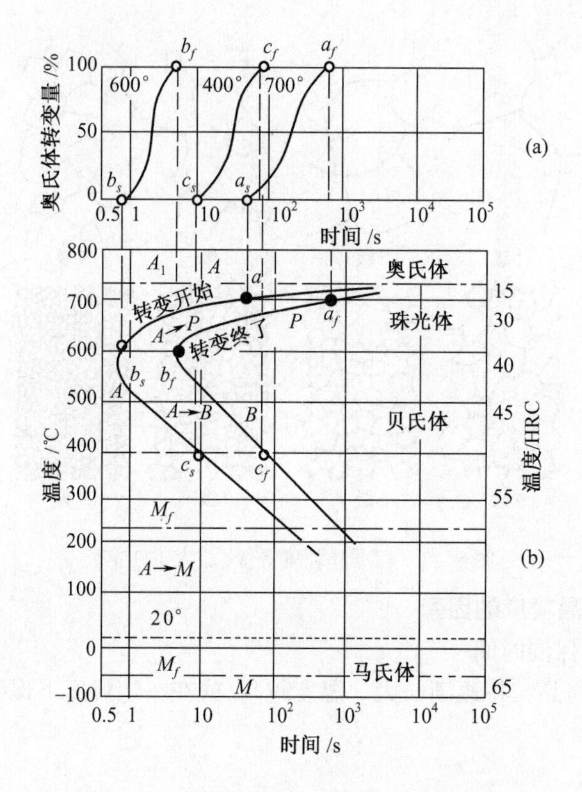

图 5－4　共析钢过冷 A 的等温转变曲线图

1）珠光体转变

在 A_1 ~550℃之间，过冷奥氏体的转变产物为珠光体型组织，此温区称珠光体转变区。珠光体型组织是铁素体和渗碳体的机械混合物，渗碳体呈层片状分布在铁素体基体上，转变温度越低，层间距越小。可将珠光体型组织按层间距大小分为珠光体（P）、索氏体（S）和屈氏体（T）。奥氏体向珠光体的转变为扩散型的生核、长大过程，是通过碳、铁的扩散和晶体结构的重构来实现的，如图 5－5 所示。

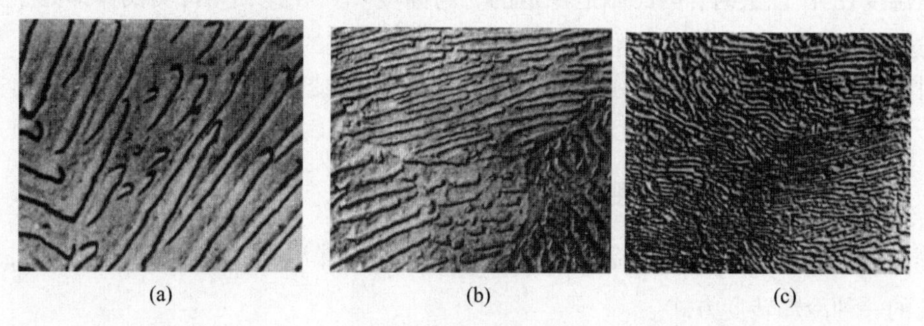

图 5－5　珠光体型组织

（a）珠光体 3800×；（b）索氏体 8000×；（c）屈氏体 8000×。

2）贝氏体转变

在 550℃ ~ M_s 之间，过冷奥氏体的转变产物为贝氏体型组织，此温区称贝氏体转变区。贝氏体是渗碳体分布在碳过饱和的铁素体基体上的两相混合物。奥氏体向贝氏体的转变属于半扩散型转变，铁原子不扩散而碳原子有一定扩散能力。过冷奥氏体在 550 ~

350℃之间转变形成的产物称上贝氏体(上 B)。上 B 呈羽毛状，小片状的渗碳体分布在成排的铁素体片之间。过冷奥氏体在 350℃ ~ M_s 之间的转变产物称下贝氏体(下 B)。下 B 在光学显微镜下为黑色针状，在电子显微镜下可看到在铁素体针内沿一定方向分布着细小的碳化物($Fe_{2.4}C$)颗粒。上贝氏体中铁素体片较宽,塑性变形抗力较低;同时渗碳体分布在铁素体片之间,容易引起脆断,因此强度和韧性都较差。下贝氏体中铁素体针细小,无方向性,碳的过饱和度大,位错密度高,且碳化物分布均匀、弥散度大,所以硬度高,韧性好,具有较好的综合力学性能,如图 5 - 6 所示。

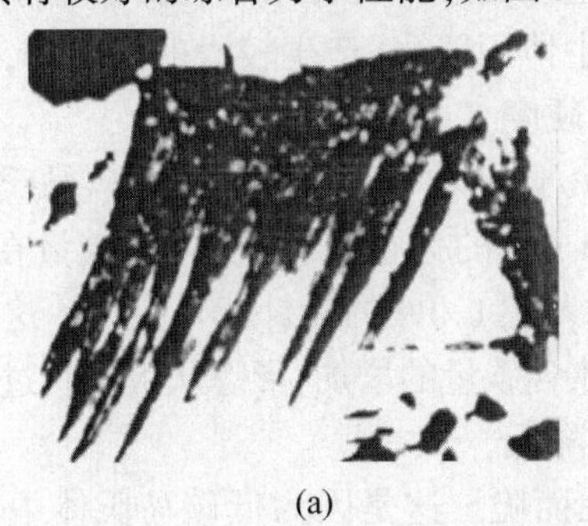

(a)

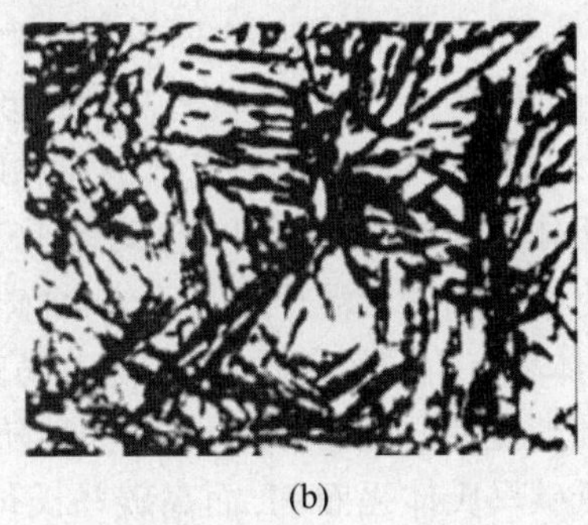

(b)

图 5 - 6　贝氏体型组织

(a) 上贝氏体 500 ×；(b) 下贝氏体 500 ×。

3) 马氏体转变

马氏体转变是在 M_s ~ M_f 温度范围内进行的。当奥氏体过冷到 M_s 点时,便有第一批马氏体针叶沿奥氏体晶界形核并迅速向晶内长大,由于长大速度极快,它们很快横贯整个奥氏体晶粒或很快彼此相碰而立即停止长大,必须降低温度,才能有新的马氏体针叶形成。如此不断连续冷却便有一批又一批的马氏体针叶不断形成。随温度降低,马氏体的数量不断增多,直至马氏体转变终了温度 M_f 点,转变结束。但此时并不可能获得 100%马氏体,总有部分奥氏体被保留下来,这部分奥氏体称为残余奥氏体,用 γ' 或 A′表示,可见残余奥氏体就是马氏体转变后剩余的奥氏体,室温下不再发生相变;而过冷奥氏体则是未发生相变,随时间的延长会发生相变的奥氏体。

对于 M_s 和 M_f 点的温度,实验表明：M_s 和 M_f 与冷却速度无关,而奥氏体的成分对其有显著影响,含碳量增加,M_s 及 M_f 点降低,如图 5 - 7 所示。可见,奥氏体中含碳量超过 0.5%时,M_f 点便下降到室温以下,而一般的淬火操作均是冷却到室温,高于 M_f 点,必然保留一定量的残余奥氏体。此外,奥氏体中的合金元素,也会明显降低其 M_s 和 M_f 点,从而增加了淬火后的残余奥氏体量。

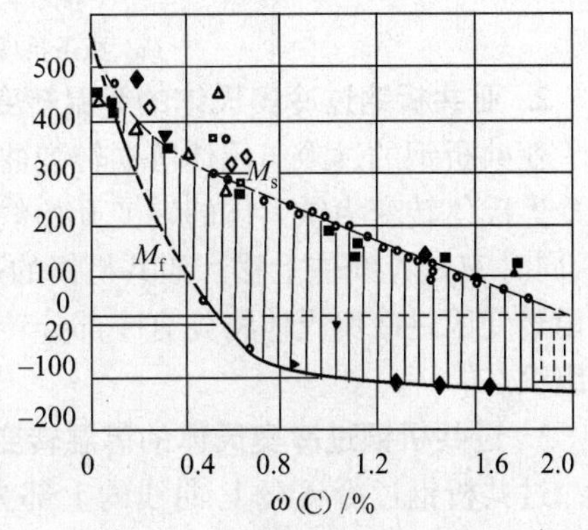

图 5 - 7　含碳量对 M_s、M_f 的影响

对高碳钢或高碳合金钢,为了减少其淬火后残余奥氏体的量,常对其进行“冷处理”。所谓的冷处理即淬火至室温后,立即将钢件放入干冰、酒精等深冷剂中继续冷却到零下温度,使残余奥氏体继续转变为马氏体。

马氏体用“M”表示。马氏体是碳在 α - Fe 中的过饱和固溶体，具有体心正方晶格。马氏体转变温度低，铁原子和碳原子都不能扩散，属于非扩散型相变，转变前后新相与母相的成分相同，即 M 的含碳量与高温奥氏体的含碳量相同。如：共析钢奥氏体中含碳量为 0.8%，转变成的马氏体的含碳量也是 0.8%。

通常铁素体在室温的含碳量小于 0.006%，当 A 由面心立方转变为 M(体心立方)时，多余的碳并不以 Fe_3C 形式析出，而仍保留在体心立方晶格上，成为过饱和的固溶体。

大量碳原子的过饱和造成晶格的畸变，使塑性变形的抗力增加；另外，由于马氏体的比容比奥氏体大，当奥氏体转变成马氏体时发生体积膨胀，产生较大的内应力，引起塑性变形和加工硬化，因此，马氏体具有高的强度和硬度。

奥氏体转变后，所产生的马氏体的形态取决于奥氏体中的含碳量，低碳马氏体呈板条状，高碳马氏体呈针叶状。因此，含碳量小于 0.6% 的为板条马氏体；含碳量在 0.6% ~ 1.0% 之间为板条和针状混合的马氏体；含碳量大于 1.0% 的为针状马氏体。这两种不同形态的马氏体具有不同的力学性能，随着马氏体含碳量的增加，形态从板条状过渡到针叶状，硬度和强度也随之升高，而塑性和韧性随之降低。

可见，低碳马氏体强而韧，而高碳马氏体硬而脆。这是因为低碳马氏体中含碳量较低，过饱和度较小，晶格畸变也较小，故具有良好的综合力学性能。随含碳量增加，马氏体的过饱和度增加，使塑性变形阻力增加，因而引起硬化和强化。当含碳量很高时，尽管马氏体的硬度和强度很高，但由于过饱和度太大，引起严重的晶格畸变和较大的内应力，致使高碳马氏体针叶内产生许多微裂纹，因而塑性和韧性显著降低。

板条状和针叶状马氏体的形态如图 5 - 8 所示。

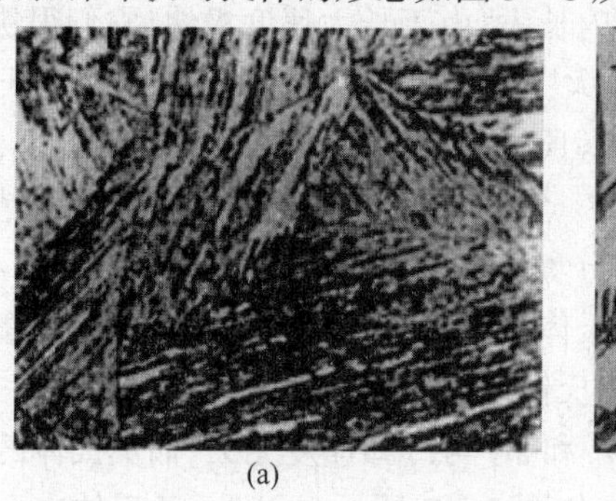
(a)

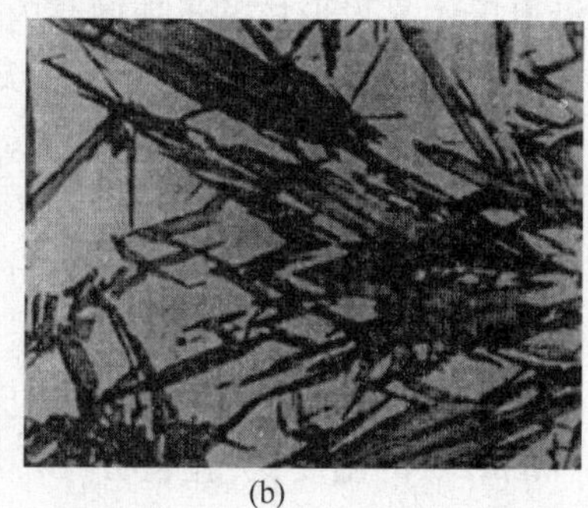
(b)

图 5 - 8　马氏体型组织

(a) 板条状马氏体；(b) 针叶状马氏体。

2. 亚共析钢过冷奥氏体的等温转变

亚共析钢的过冷奥氏体等温转变曲线与共析钢 C 曲线不同的是，在其上方多了一条过冷奥氏体转变为铁素体的转变开始线。亚共析钢随着含碳量的减少，C 曲线位置往左移，同时 M_s、M_f 线往上移。亚共析钢的过冷奥氏体等温转变过程与共析钢类似。只是在高温转变区过冷奥氏体将先有一部分转变为铁素体，剩余的过冷奥氏体再转变为珠光体型组织。

3. 过共析钢过冷奥氏体的等温转变

过共析钢过冷 A 的 C 曲线的上部为过冷 A 中析出二次渗碳体(Fe_3C_{II})开始线。当加热温度为 A_{c1} 以上 30 ~ 50℃时，过共析钢随着含碳量的增加，C 曲线位置向左移，同时

M_s、M_f 线往下移。过共析钢的过冷 A 在高温转变区，将先析出 Fe_3C_{II}，其余的过冷 A 再转变为珠光体型组织。

5.3.2 过冷奥氏体连续转变曲线

在实际生产中，奥氏体的转变大多是在连续冷却过程中进行，故有必要对过冷奥氏体的连续冷却转变曲线有所了解。它也是由实验方法测定的，它与等温转变曲线的区别在于连续冷却转变曲线位于曲线的右下侧，且没有 C 曲线的下部分，即共析钢在连续冷却转变时，得不到贝氏体组织。这是因为共析钢贝氏体转变的孕育期很长，当过冷奥氏体连续冷却通过贝氏体转变区内尚未发生转变时就已过冷到 M_s 点而发生马氏体转变，所以不出现贝氏体转变。

1. 共析钢过冷奥氏体的连续冷却转变

连续冷却转变曲线又称 CCT 图，如图 5－9 所示。

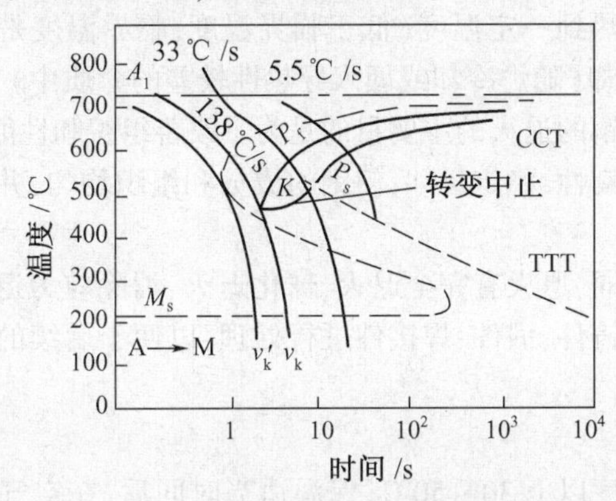

图 5－9 共析钢过冷 A 的连续转变曲线图

图中 P_s 和 P_f 表示 A→P 的开始线和终了线，K 线表示 A→P 的终止线，若冷却曲线碰到 K 线，这时 A→P 转变停止，继续冷却时 A 一直保持到 M_s 点温度以下转变为马氏体。

v_k 称为临界冷却速度，它是获得全部马氏体组织的最小冷却速度。v_k 愈小，钢在淬火时越容易获得马氏体组织，即钢接受淬火的能力愈大。

v_k' 是 TTT 图上的临界冷却速度，可见 $v_k' > v_k$，用 v_k' 去研究钢在连续冷却时接受淬火能力的大小是不合适的。

在实际生产中，由于连续冷却曲线的测定比较困难，且 CCT 图少，对于某种钢若找不到它的 CCT 图，可用 TTT 图定性地分析其应得到的组织，但定量上不够精确。

在共析钢过冷 A 的连续冷却转变曲线（CCT 曲线）中，共析钢以大于 v_k（上临界冷却速度）的速度冷却时，得到的组织为马氏体。冷却速度小于 $v_{k'}$（下临界冷却速度）时，钢将全部转变为珠光体型组织。共析钢过冷 A 在连续冷却转变时得不到贝氏体组织。与共析钢的 TTT 曲线相比，共析钢的 CCT 曲线稍靠右靠下一点，表明连续冷却时，奥氏体完成珠光体转变的温度较低，时间更长。

2. 亚共析钢过冷奥氏体的连续冷却转变

亚共析钢过冷 A 在高温时有一部分将转变为 F，在中温转变区会有少量贝氏体（上 B）产生。如油冷的产物为 F＋T＋上 B＋M，但 F 和上 B 量很少，有时可忽略。

3. 过共析钢过冷奥氏体的连续冷却转变

过共析钢过冷 A 在高温区,将首先析出二次渗碳体,而后转变为其他组织。由于奥氏体中碳含量高,所以油冷、水冷后的组织中应包括残余奥氏体。与共析钢一样,其冷却过程中无贝氏体转变。

5.4 钢的热处理工艺

5.4.1 钢的普通热处理

普通热处理是将工件整体进行加热、保温和冷却,以使其获得均匀的组织和性能的一种操作。它包括退火、正火、淬火和回火。

1. 钢的退火

钢的退火是将钢加热到一定温度(低于临界温度,临界温度是使材料发生组织转变的温度),保温后缓慢冷却(随炉冷却或埋入导热性较差的介质中),使钢获得接近平衡状态组织的热处理工艺。钢的退火的主要目的是为了改善组织和性能,降低硬度,便于切削加工;消除内应力;提高韧性,稳定尺寸;使钢的成分和组织均匀,并为以后的热处理工艺做组织准备。

根据退火的目的不同,退火有完全退火、球化退火、消除应力退火等几种。退火常应用在零件制造过程中对铸件、锻件、焊接件进行处理,以便于后续的切削加工或为淬火做准备。

2. 钢的正火

将钢加热到临界温度以上 30 ~ 50℃,保温适当时间后,在空气中冷却的热处理称为钢的正火。钢的正火的主要目的是细化组织,改善钢的性能,获得接近平衡状态的组织。

正火与退火工艺相比,主要区别是正火的冷却时间稍快,所以正火处理的生产周期较短,故当退火与正火同样能达到零件性能要求时,应尽可能选用正火。大部分的中、低碳钢的坯料一般都采用正火处理。一般合金钢坯料常采用退火,若用正火,由于冷却速度较快,使其正火后硬度较高,不利于后续加工。

3. 钢的淬火

将钢加热到临界点以上某一温度(45 号钢淬火温度为 840 ~ 860℃,碳素工具钢的淬火温度为 760 ~ 780℃),保持一定的时间,然后以适当的速度冷却以获得马氏体或贝氏体组织的热处理工艺称为淬火。

淬火与退火、正火处理相比,在工艺上的最大区别是前者的冷却速度快,目的是为了获得马氏体组织。而为了获得马氏体组织,钢坯的冷却速度必须大于钢的临界速度(所谓临界速度就是获得马氏体组织的最小冷却速度)。钢的种类不同,临界冷却速度也不同。一般碳钢的临界冷却速度要比合金钢大,所以碳钢加热后要在水中冷却,而合金钢应在油中冷却。冷却速度小于临界冷却速度就得不到马氏体组织。但如果冷却速度过快,会使钢中的内应力增大,引起钢坯的变形,甚至开裂。

马氏体组织是钢经淬火后获得的不平衡组织,它的硬度高,但韧性和塑性差。马氏体的硬度随钢的含碳量分数提高而提高,所以高碳钢、碳素工具钢淬火后的硬度要比低、中碳钢淬火后的硬度高。同样,马氏体的塑性与韧性也与钢的含碳量分数有关,含碳质量分数低,马氏体的塑性、韧性就比较好。

为使钢获得优良的淬火质量,钢件应以正确的淬火方式进入冷却介质中,一般应遵守如下原则:

(1) 厚壁不均匀的零件,应将厚的部分先淬入。

(2) 细长轴类零件,薄而平的零件,应垂直淬入。

(3) 薄壁环状零件,应沿轴线方向垂直淬入。

(4) 具有凹槽或不通孔的零件,应使凹面或不通孔部分朝上淬入。

图 5-10 所示为各种类型零件的淬入方式。

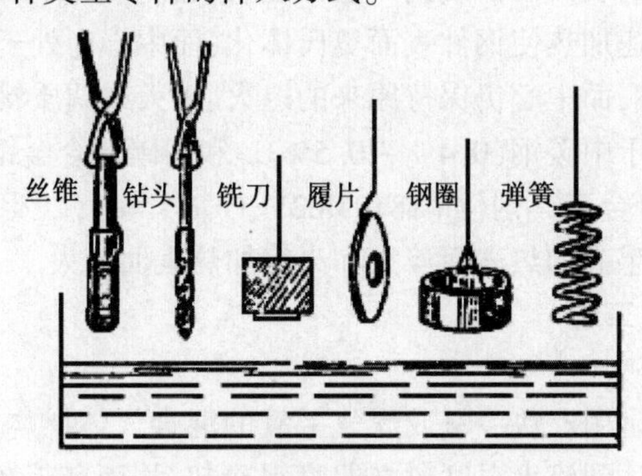

图 5-10　各种类型零件淬入介质的方式

由于马氏体是一种亚稳定组织,如不及时回火,往往会造成钢的变形和裂纹产生,所以钢淬火后一般应及时回火。

4. 钢的回火

钢件淬硬后,再加热到临界温度以下的某一温度,保持一定时间,然后冷却到室温的热处理工艺称为钢的回火。

淬火后的钢件一般不能直接使用,必须进行回火后才能使用。因为淬火钢的硬度高、脆性大,直接使用常会发生脆裂。通过回火可以消除或减少内应力、降低脆性、提高韧性;另一方面可以调整淬火钢的力学性能,达到钢的使用性能。

钢回火后的性能取决于回火加热温度。根据加热温度的不同,回火可分为低温回火、中温回火、高温回火三种。

(1) 低温回火:淬火钢在 150~250℃之间的回火称为低温回火。低温回火主要是消除内应力和脆性,但保持了淬火钢的高硬度和高耐磨性。低温回火后钢的硬度一般可达 58~64HRC。一些要求使用条件下有高硬度的工、模具钢件,如锯条、锉刀等均采用低温回火处理的。

(2) 中温回火:淬火钢在 250~500℃之间的回火称为中温回火。淬火钢经中温回火后可获得良好的弹韧性,使钢中的内应力完全消除。因此,弹簧、压簧、汽车中的板弹簧等常采用淬火后的中温回火处理。中温回火后硬度可达 35~50HRC。

(3) 高温回火:淬火钢在 500~650℃之间的回火称为高温回火。淬火钢经高温回火后,具有良好的综合力学性能(既有一定的强度、硬度,又有一定的塑性、韧性)。所以,一般中碳钢和中碳合金钢采用淬火后的高温回火处理,该工艺轴类零件应用最多。

习惯上，常将钢件的淬火及高温回火的复合热处理工艺称为调质处理。

5.4.2 钢的表面热处理

一些在弯曲、扭转、冲击载荷、摩擦条件下工作的齿轮等机器零件，它们要求具有表面硬、内韧、耐磨，能抗冲击的特性，仅从选材方面去考虑是很难达到此要求的。如用高碳钢，虽然硬度高，但心部韧性不足，若用低碳钢，虽然心部韧性好，但表面硬度低，不耐磨，所以工业上广泛采用表面热处理来满足上述要求。

1. 钢的表面淬火

表面淬火是将工件的表面层淬硬到一定深度，而心部仍保持未淬火状态的一种局部淬火方法。它是利用快速加热使钢件表面奥氏体化，而中心尚处于较低温度，迅速予以冷却，表层被淬硬为马氏体，而中心仍保持原来的退火、正火或调质状态的组织。

表面淬火一般适用于中碳钢(0.4% ~0.5%C)和中碳低合金钢(40Cr、40MnB 等)，也可用于高碳工具钢，低合金工具钢(如 T8、9Mn2V、GCr15 等)，以及球墨铸铁等。

目前应用最多的是感应加热表面淬火和火焰加热表面淬火。

2. 表面处理的具体工艺

1) 火焰加热表面淬火

火焰加热表面淬火是用乙炔—氧或煤气—氧的混合气体燃烧的火焰，喷射至零件表面上，使它快速加热，当达到淬火温度时立即喷水冷却，从而获得预期的硬度和淬硬层深度的一种表面淬火方法。火焰加热常用的装置如图 5-11 所示。

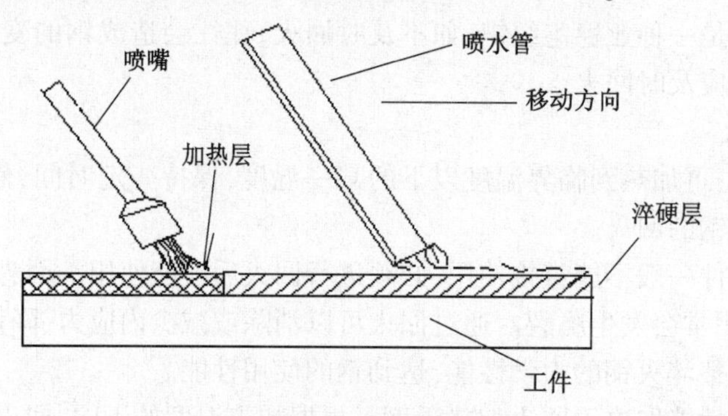

图 5-11 火焰加热装置示意图

火焰表面淬火零件的选材，常用中碳钢，如 35、45 钢，以及中碳合金结构钢，如 40Cr、65Mn 等，如果含碳量太低，则淬火后硬度较低；碳和合金元素含量过高，则易淬裂。火焰表面淬火法还可用于对铸铁件如灰铸件、合金铸铁进行表面淬火。

火焰表面淬火的淬硬层深度一般为 2 ~6mm，若要获得更深的淬硬层，往往会引起零件表面严重的过热，且易产生淬火裂纹。

火焰淬火后，零件表面不应出现过热、烧熔或裂纹，变形情况也要在规定的技术要求之内。

由于火焰表面淬火方法简便，无需特殊设备，可适用于单件或小批量生产的大型零件和需要局部淬火的工具和零件，如大型轴类、大模数齿轮、锤子等。但火焰表面淬火较易过热，淬火质量往往不够稳定，工作条件差，因此限制了它在机械制造业中的广泛应用。

2）感应加热表面淬火

它是在工件中引入一定频率的感应电流（涡流），使工件表面层快速加热到淬火温度后立即喷水冷却的方法。

（1）工作原理：在一个线圈中通过一定频率的交流电时，在它周围便产生交变磁场，若把工件放入线圈中，工件中就会产生与线圈频率相同而方向相反的感应电流。这种感应电流在工件中的分布是不均匀的，主要集中在表面层，愈靠近表面，电流密度愈大；频率愈高，电流集中的表面层愈薄。这种现象称为“集肤效应”，它是感应电流能使工件表面层加热的基本依据。

（2）感应加热的分类，根据电流频率的不同，感应加热可分为如下几类：

高频感应加热（100～1000kHz）：最常用的工作频率为200～300kHz，淬硬层深度为0.2～2mm，适用于中小型零件，如小模数齿轮。

中频感应加热（2.5～10kHz）：最常用的工作频率2500～8000Hz，淬硬层深度为2～8mm，适用于大中型零件，如直径较大的轴和大中型模数的齿轮。

工频感应加热（50Hz）：淬硬层深度一般在10～15mm以上，适用于大型零件，如直径大于300mm的轧辊及轴类零件等。

（3）感应加热的特点：加热速度快、生产率高；淬火后表面组织细、硬度高（比普通淬火高HRC2～3）；加热时间短，氧化脱碳少；淬硬层深度易控制，变形小，产品质量好；生产过程易实现自动化。其缺点是设备昂贵，维修、调整困难，形状复杂的感应圈不易制造，不适于单件生产。

对于感应加热表面淬火的工件，其设计技术条件一般应注明表面淬火硬度、淬硬层深度、表面淬火部位及心部硬度等。在选材方面，为了保证工件感应加热表面淬火后的表面硬度和心部硬度、强度及韧性，一般用中碳钢和中碳合金钢，如40、45、40Cr、40MnB等。此外，合理地确定淬硬层深度也很重要，一般来说，增加淬硬层深度可延长表面层的耐磨寿命，但却增加了脆性破坏倾向，所以，选择淬硬层深度时，除考虑磨损外，还必须考虑工件的综合力学性能，应保证兼有足够的强度、耐疲劳性和韧性。

另外，工件在感应加热前需要进行预先热处理，一般为调质或正火，以保证工件表面在淬火后得到均匀细小的马氏体和改善工件心部硬度、强度、韧性以及切削加工性，并减少淬火变形。工件在感应表面淬火后需要进行低温回火（180～200℃）以降低内应力和脆性，获得回火马氏体组织。

3. 钢的化学热处理

1）化学热处理的原理

化学热处理是将工件置于一定介质中加热和保温，使介质中的活性原子渗入工件表层，以改变表层的化学成分和组织，从而使工件表面具有某些特殊的力学或物理化学性能的一种热处理工艺。

与表面淬火相比，化学热处理的主要特点是：表面层不仅有组织的变化，而且有成分的变化。

化学热处理工艺较多，由于渗入元素不同，会使工件表面所具备的性能也不同。如渗碳和碳氮共渗可提高钢的硬度、耐磨性及疲劳强度；渗氮、渗硼、渗铬使表面特别硬，显著提高耐磨性和耐蚀性;渗硫可提高减摩性;渗硅可提高耐酸性;渗铝可提高耐热和抗氧化性等。

化学热处理必须具备以下条件:

(1) 钢本身必须具有吸收这些渗入元素活性原子的能力,即对它具有一定的溶解度或能与之化合,形成化合物,或既具有一定的溶解度,又能与之形成化合物。

(2) 渗入元素的原子必须是具有化学活性的活性原子,即它是从某种化合物中分解出来的,或是由离子转变而成的新生态原子,同时这些原子应具有较大的扩散能力。

化学热处理的基本程序如下:

(1) 将工件加热到一定的温度,使有利于吸收渗入元素活性原子;

(2) 由化合物分解或离子转化而得到渗入元素的活性原子;

(3) 活性原子被吸附,并溶入工件表面,形成固溶体,在活性原子浓度很高时,还可形成化合物;

(4) 渗入原子在一定温度,由表层向内扩散,形成一定的扩散层。

目前在汽车、拖拉机和机床制造中,最常用的化学热处理工艺有渗碳、渗氮和气体碳氮共渗。

2) 渗碳

渗碳是向钢的表面层渗入碳原子的过程。其目的是使工件在热处理后表面具有高硬度和高耐磨性,而心部仍保持一定强度以及较高的韧性和塑性。按照采用的渗碳剂不同,渗碳法可分为气体渗碳、固体渗碳、液体渗碳三种,常用的是前面两种,尤其是气体渗碳。气体渗碳法生产率高,劳动条件较好,渗碳质量容易控制,并易于实现机械自动化,故在当前工业中得到极广泛的应用。

(1) 气体渗碳:将工件置于密封的加热炉中(如井式气体渗碳炉),通入气体渗碳剂,在900~950℃加热、保温,使钢件表面层进行渗碳。

往井式炉中直接滴入煤油进行气体渗碳的方法在热处理生产中得到广泛的应用,其主要优点是煤油有足够的活性,价格低廉,供应充足;但有容易产生碳墨的缺点。除煤油外,目前采用较多的是复合渗碳剂如甲醇+丙酮,将它们按一定比例同时滴入炉内,可使渗碳零件获得满意的质量。

渗碳剂在高温下分解为渗碳气体(CO、CO_2、H_2、H_2O、CH_4 组成),在进行气体渗碳时,含碳气氛在钢的表面进行以下的气相反应,生成活性碳原子。

$$2CO \rightarrow [C] + CO_2$$

$$CO + H_2 \rightarrow [C] + H_2O$$

$$CH_4 \rightarrow [C] + 2H_2$$

活性碳原子溶入高温奥氏体中,然后向钢的内部扩散,实现渗碳。

渗碳时最主要的工艺参数是渗碳温度和保温时间。加热温度愈高,渗碳速度就愈大,且扩散层的厚度也愈大。但温度过高会引起钢件中晶粒长大,使钢变脆,故加热温度应选择适当,一般在900~950℃范围,即 A_{c_3} 以上50~80℃。保温时间主要取决于所需要的扩散层的厚度,不过当保温时间愈长时,厚度增长速度会逐渐减慢。

工件渗碳后,其表面的含碳量最高,通常在0.8%~1.1%范围。由表面向中心过渡时，含碳量逐渐降低，直至原始含碳量。因此，工件从渗碳温度慢冷至室温后的组织由表面向中心依次为过共析组织、共析组织、过渡区亚共析组织、原始亚共析组织。

对于碳钢，渗碳层深度是从表面到过渡区亚共析组织一半处的深度；对于合金钢，则把从表面到过渡区亚共析组织终止处的深度作为渗碳深度。

工件渗碳后必须进行淬火+低温回火处理，才能达到表面高硬度、高耐磨性，心部高韧性的要求，发挥渗碳层的作用。根据不同要求可选用下列三种热处理工艺：

① 直接淬火法　先将渗碳工件自渗碳温度预冷到某一温度（一般为850～880℃），立即淬入水或油中，然后在180～200℃进行低温回火。这种方法最简便，可降低成本，提高生产率，且淬火变形小。但是由于渗碳时，工件在高温下长时间保温，奥氏体晶粒易长大，影响淬火后工件的性能，故只适用于本质细晶粒钢制造的工件。此外，在渗碳后缓冷过程中，二次渗碳体沿晶界呈网状析出，对淬火后工件的性能不利。通常大批量生产汽车、拖拉机齿轮常用此方法。

② 一次淬火法　工件渗碳后出炉空冷，然后再重新加热到830～860℃进行淬火，最后在180～200℃进行回火。这种方法比直接淬火好，因为工件在重新加热时晶粒已得到细化，因而提高了钢的力学性能。一般适用于比较重要的零件，如高速柴油机齿轮。

③ 二次淬火法　工件渗碳后出炉空冷，然后加热到A_{c_3}以上某一温度（一般为850～900℃）油淬，使零件心部组织细化，并进一步消除表层的网状渗碳体，接着再加热到A_{c_1}以上某一温度（一般为750～800℃）油淬，最后在180～200℃进行回火。由于二次淬火后工件表层和心部组织均被细化，从而获得较好的力学性能。但此法工艺复杂，成本高，而且工件反复经加热冷却易产生变形和开裂。此法只适用于少数对性能要求特别高的工件，在大多数情况下都采用直接淬火或一次淬火。

渗碳工件经淬火+低温回火处理后的表层组织为针状回火马氏体+二次渗碳体+少量的A′，其硬度为HRC58～64，而心部组织则随钢的淬透性而定。对于普通碳钢如15、20钢，其心部组织为铁素体+珠光体，硬度相当于HRC10～15；对于低碳合金钢，其心部组织为回火马氏体（低碳）+铁素体，硬度为HRC35～45，具有较高的心部强度和足够高的塑性和韧性。

（2）固体渗碳法：将工件置于四周填满固体渗碳剂的箱中，用盖和耐火泥将箱密封后，送入炉中，加热至渗碳温度（900～950℃），保温一定时间出炉，取出渗碳零件，进行淬火+低温回火热处理。

固体渗碳剂通常是由碳粒与碳酸盐（$BaCO_3$或Na_2CO_3）混合组成。在加热时，固体渗碳剂分解而形成CO，其反应式如下：

$$BaCO_3(Na_2CO_3) \rightarrow BaO(Na_2O) + CO_2$$

$$CO_2 + C(\text{碳粉}) \rightarrow 2CO$$

在渗碳温度下，CO是不稳定的，它在钢表面发生$2CO \rightarrow CO_2 + [C]$反应，提供活性碳原子溶解于高温奥氏体，然后向钢的内部扩散而进行渗碳。与气体渗碳法比较，固体渗碳法的渗碳速度慢，生产率低，劳动条件差，质量不易控制，但固体渗碳法的设备简单，故在中、小型工厂中仍普遍采用，在大量生产时则大多采用气体渗碳法。

渗碳零件表面层含碳量最好在0.8%～1.1%范围内。表面层含碳量过低，淬火+低温回火后得到含碳量较低的回火马氏体,硬度低耐磨性差;表面层含碳量过高,渗碳层出现大量块状或网状渗碳体,引起脆性,造成剥落,同时由于残余奥氏体量的过度增加,也使表面硬度、耐磨性以及疲劳强度降低。

3)氮化(气体氮化)

氮化是向钢的表面层渗入氮原子的过程,其目的是提高表面硬度和耐磨性,并提高疲劳强度和抗腐蚀性。

(1)氮化原理及工艺 目前工业中应用最广泛的比较成熟的是气体氮化法。它是利用氨气在加热时分解出活性氮原子,被钢吸收后在其表面形成氮化层,同时向心部扩散。氨的分解反应如下:

$$2NH_3 \rightarrow 3H_2 + 2[N]$$

氮化通常利用专门设备或井式渗碳炉来进行。氨的分解温度在200℃以上,同时因为铁素体对氮有一定的溶解能力,所以气体氮化一般都是在不超过钢的 A_1 温度(大约500~750℃)下进行的,氮化结束后,随炉降温到200℃以下,停止供氨,工件出炉。由于[N]能固溶于α-Fe中,在590℃可溶解0.1%,故在氮化温度下,活性氮原子很快被工件表面α-Fe吸收形成含氮铁素体(α),当含氮量超过α-Fe的饱和溶解度时,就会形成高硬度的氮化物 Fe_2N(ε)和 Fe_4N(γ′)。此外氮还和钢中的合金元素Cr、Mo、Al等形成CrN、MoN、AlN等合金氮化物,这些氮化物都具有高硬度、高耐磨性及高耐蚀性和热硬性。

工件在氮化前一般需经调质处理,获得回火索氏体组织以提高氮化工件的心部强度,保证良好的综合力学性能。而工件在氮化后,由于表层形成了高硬度的氮化物(HV1000~1100),无需进行淬火便具有高的耐磨性。通常工件氮化前的组织为回火索氏体,经氮化缓冷后,渗层中除保留了原回火索氏体中的细粒状碳化物外,渗层组织自表层至心部依次为:ε(白亮层)→ε+γ′→γ′→γ′+α→心部回火索氏体。把从工件表面到γ′+α层终止处的深度作为氮化层的深度,一般在0.15~0.75mm,由于白亮层ε(Fe_2N)相是脆性的,在磨损条件下易剥落,故在抗磨氮化时,该层愈薄愈好,但其在自来水、温空气、过热蒸汽及碱溶液中具有很高的耐蚀性,故在抗蚀氮化时,要求工件表层形成0.015~0.06mm厚的ε白亮层。此外,由于氮化层较薄,且氮固溶于α-Fe中使比容增加,因此,氮化层中出现较高的残余压应力,可显著提高疲劳强度。

(2)氮化处理的特点 优点:气体氮化处理温度低、变形小、硬度高、耐磨性好、疲劳强度高,并且有一定的耐蚀性和热硬性,因此它广泛应用于在交变载荷下工作并要求耐磨的重要结构零件,如高精度机床主轴等,也可用于在较高温度下工作的耐热、耐蚀、耐磨零件,如阀门、排汽阀等。

缺点如下:

① 生产周期长,一般要得到0.2~0.4mm的氮化层时,氮化时间为30~50h。

② 需使用含Al、Cr、Mo、Ti、V等元素的合金钢,如38CrMoAlA、38CrMo等。

③ 氮化层表面易形成脆性氮化物 Fe_2N,易剥落,因此其应用受到限制。

4)碳氮共渗

碳氮共渗是向钢的表层同时渗入碳和氮的过程,习惯上又称氰化。目前以中温气体碳氮共渗和低温气体碳氮共渗(即气体软氮化)应用较广泛。中温气体碳氮共渗的主要目的是提高钢的硬度、耐磨性和疲劳强度；低温气体碳氮共渗以渗氮为主，其主要目的是提高钢的耐磨性和抗咬合性。

（1）中温气体碳氮共渗　中温气体碳氮共渗与渗碳相比，在工艺操作上具有下列优点：由于共渗温度较低（700～880℃），共渗后一般都可以直接淬火，变形小，若处理温度相同，碳氮共渗速度高于渗碳速度，生产周期短，且渗层具有较高的相对于渗碳的耐磨性、疲劳强度和抗压强度，并兼有一定的抗腐蚀能力。

一般气体渗碳设备稍加改装和添置供氨系统，便可用于共渗处理。在工业上的应用比渗碳晚，但发展很快，同时也有不足之处，中温碳氮共渗处理后的工件表层经常出现孔洞和黑色组织，中温碳氮共渗的气氛难控制，容易造成工件氢脆等，还需进一步解决。

气体碳氮共渗工艺一般是将渗碳气体和氨气同时通入渗碳炉中，工件入炉后在840～860℃保温4～5h，然后预冷到820～840℃油淬。共渗层深度为0.7～0.8mm，升高温度或延长时间均可增加共渗层深度。

碳氮共渗零件经淬火＋低温回火后其表层组织为细针状回火马氏体＋颗粒状碳氮化合物 $Fe_2(C、N)$ ＋少量残余奥氏体。

（2）低温气体碳氮共渗（气体软氮化）　钢在570℃左右的含活性碳、氮原子气氛中进行氮化的过程，由于氮化的同时有碳原子渗入钢件表面，故又称低温气体碳氮共渗。

软氮化的介质是尿素 $(NH_2)_2CO$ 或甲酰胺 NH_2COH，它们在软氮化温度下发生分解，形成活性[C]和[N]原子。

尿素分解反应：$(NH_2)CO_2 \rightarrow CO + 2H_2 + 2[N]$

$$2CO \rightarrow CO_2 + [C]$$

甲酰胺的分解反应：

$$4NH_2COH \rightarrow 2CO + 4H_2 + 2H_2O + 4[N] + 2[C]$$

从反应式可以看出，尿素和甲酰胺分解生成的活性氮原子均多于活性碳原子，所以软氮化的实质是以氮化为主的碳氮共渗过程，而渗碳过程形成的碳化物能促进氮化过程的进行。所以软氮化速度快，时间短，零件变形小。在570℃经1～4h软氮化，表层可形成0.01～0.02mm的碳氮化合物 $Fe_3(C、N)$ 层，虽然其硬度比氮化时形成的 Fe_2N 和 Fe_4N 低，但其韧性好，故硬而不脆，不易剥落，从而提高耐磨性。此外软氮化可提高疲劳强度和耐蚀性，而且不受钢种的限制，可用于碳钢、合金钢、铸铁、粉末冶金材料等。

缺点主要是表层碳氮化合物层太薄，仅有0.01～0.02mm，加热气氛具有毒性，限制了应用。

5.5　热处理常见缺陷

热处理工艺选择不当会对零件的质量产生较大影响。如淬火工艺选择不当，容易使淬火件力学性能不足或产生过热、晶粒粗大和变形开裂等缺陷，严重的会造成零件报废。

加热不当，会造成过热、过烧、表面氧化和脱碳等问题。过热通常由于温度过高或保温过长,使零件内部晶粒生长得很大,零件的塑性、韧性显著降低,冷却时易产生裂纹,过热可通过退火、正火、多次高温回火等措施,使晶粒重新细化予以消除;过烧是由于加热温度接近其固相线附近,晶界局部氧化和开始部分熔化,导致晶界弱化的现象。过烧后,钢的性能严重恶化,强度低,脆性大,过烧组织无法恢复,只能报废。生产上应严格控制加热温度和保温时间以避免上述情况的发生。钢在高温加热过程中,由于炉内的氧化性气氛造成钢的氧化(铁的氧化)和脱碳。氧化使金属消耗,尺寸精度和表面光亮度恶化,零件表面硬度不均;脱碳使零件淬火后硬度、耐磨性、疲劳强度严重下降。为防止氧化与脱碳常采用保护气氛加热或盐浴加热等措施。

在冷却中,由于冷却方式及冷却速度不当,会产生变形和开裂现象,变形和开裂主要是由于过快的加热、冷却速度或加热、冷却不均匀等产生的内应力造成的,生产中常采用正确选择热处理工艺、冷却方式、淬火浸入方式,及淬火后及时回火等措施来防止。

第6章 车削加工

6.1 车削概述

车削是在车床上利用工件的旋转运动和刀具的移动来改变毛坯形状和尺寸,将其加工成所需零件的一种切削加工方法。其中工件的旋转为主运动,刀具的移动为进给运动。

与其他切削加工方法相比,车削加工具有以下特点:

(1) 适用性强,应用广泛。主要用于加工不同材质、不同精度的各种回转体类零件,尤其适于不宜磨削的有色金属零件的加工。

(2) 易于保证轴类、套类、盘类等零件各加工表面的位置精度。

(3) 切削力变化小,切削过程较刨削、铣削平稳。

(4) 所用刀具结构简单,制造、刃磨、安装都较方便;可选用较大的切削用量,具有较高的生产率。

(5) 车削加工的尺寸精度一般可达 IT11 ~ IT6。表面粗糙度 *Ra* 一般为 12.5 ~ 0.8μm。

作为金属切削加工最常用方法之一,车削主要加工外圆面、端面、圆锥面、螺纹、成形面,还可以加工沟槽、孔以及滚花等。

6.2 机床功能简介

本章节以 CA6136 为例介绍普通车床的型号、主要结构、功能、传动系统、加工工艺等。

该机床主要用于车削内外圆柱面、圆锥面、端面及其他旋转面,车削各种螺纹 - 公制、英制、模数和径节,并能进行钻孔、铰孔和拉油槽等工作。

CA6136 车床的经济加工精度为 IT6 级,被加工零件表面粗糙度 *Ra* 最大允许值 1.6μm,主轴调速手柄集中,使用方便,顶尖距为 750mm、1000mm,主轴端部设有法兰式 C 型 6 号快换型式和 D 型 6 号凸轮锁紧型式两种,安装乱扣盘可保证加工螺纹不乱扣。适用于各种类型的机械加工车间。

6.3 普通车床的型号及组成

车床的种类很多,主要有普通车床、转塔车床、仿形车床、数控车床等。其中普通车床是最常用的车床,它的适用性强,可加工各种工件。普通车床又分为卧式车床和立式车床,以卧式车床应用最广。

6.3.1 卧式车床型号

卧式车床型号用C61×××来表示,其中C为机床分类号,表示车床类机床;61为组系代号,表示卧式;其他表示车床的有关参数和改进号。卧式车床CA6136型号含义如图6-1所示。

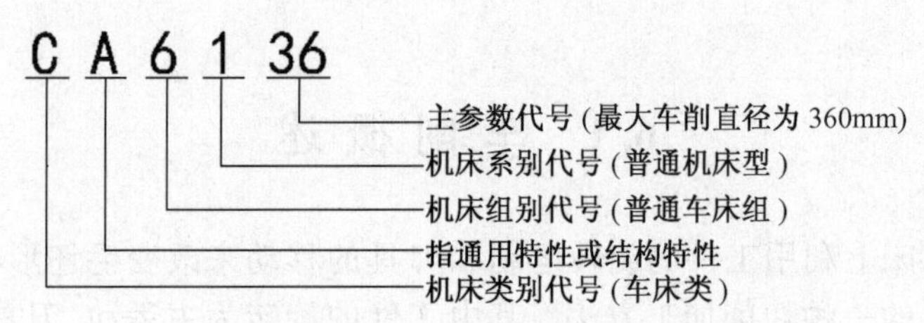

图6-1 卧式车床CA6136型号含义

6.3.2 卧式车床的组成

以CA6136普通卧式车床为例,简述卧式车床的组成。

1. 变速箱

变速箱安装在车床左床脚的内腔中。变速箱内有变速机构,通过转换变速箱外两个长的变速手柄位置,可获得6种转速,再通过主轴箱内的变速机构,可使主轴正转时获得12种转速(转速范围为37~1600r/min),反转时获得6种转速(转速范围为102~1570r/min)。大多数普通车床的主轴箱和变速箱为一体,称为床头箱。

2. 主轴箱

主轴箱内装有主轴和变速机构。主轴是空心结构,能通过长棒料,最大棒料直径为49mm。主轴右端可以连接卡盘、拨盘等附件。主轴右端的内表面的锥孔的锥度为莫氏5号,可插入锥套和锥度为莫氏5号的顶尖。当采用双顶尖安装轴类工件时,其两顶尖之间的最大距离(最大工件长度)为750mm,即最大车削长度为650mm。

3. 溜板箱

溜板箱又称拖板箱,是进给运动的操纵机构,与刀架相连。它使光杠传递的旋转运动变为纵向或横向的直线运动,也可操纵对开螺母由丝杠直接带动刀架车削螺纹。溜板箱内设有互锁机构,使光杠、丝杠两者不能同时使用。

(1)大滑板(又称床鞍),与溜板箱牢固相连,可沿床身导轨作纵向移动。

(2)中滑板,装在床鞍顶面的横向导轨上,可作横向移动。

(3)转盘,固定在中滑板上,松开紧固螺母后,可转动转盘,使其与床身导轨成所需要的角度,再拧紧螺母,用以加工圆锥面等。

(4)小滑板,装在转盘上面的燕尾槽内,可作短距离的进给移动。

4. 方刀架

方刀架固定在小滑板上用来装夹车刀,使其作纵向、横向及斜向运动,可同时装夹四把车刀。松开锁紧手柄,即可转动方刀架,把所需要的车刀切换到工作位置上。

5. 尾座

尾座用于安装顶尖(其锥度为莫氏4号),以支持较长工件的加工,或安装钻头、铰刀等刀具进行孔加工。

6.3.3 CA6136 卧式车床的传动系统

1. 主传动系统

主运动为集中传动，位于前床腿内的主电机，通过三根三角胶带带动床头箱的Ⅰ轴，经过摩擦离合器控制主轴反正转。改变主轴转速是通过手柄1及2(图6－3)使齿轮2、6;8、12;14、16分别啮合，主轴为高速传动。再经过齿轮1、5;9、13;15、17分别啮合，主轴为低速传动。主轴正转可得12种转速，反转可得6种转速。

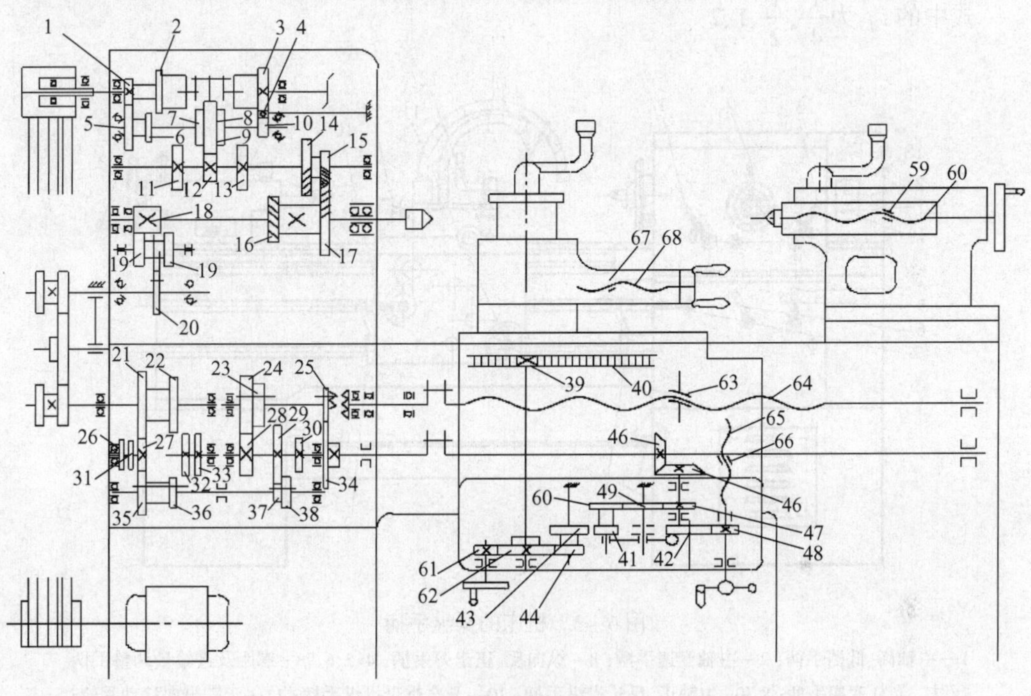

图6－2　机床传动系统图

2. 进给系统

进给系统的动力是由床头箱的Ⅵ轴经过挂轮架两对交换齿轮传到进给箱(图6－2)。左、右螺旋都集中由床头箱上的手柄3操纵(图6－3)。车削公制、英制、模数和径节螺纹时需更换齿轮。

(1) 使刀架作纵向运动的方法有三种(图6－2)：

① 经过进给箱、光杠和溜板箱等传动机构使小齿轮39沿齿条40运动而移动床鞍。

② 经过进给箱、丝杠54和开合螺母53而移动床鞍。

③ 摇动手轮使小齿轮39旋转而移动床鞍。

(2) 使刀架作横向运动的方法有两种(图6－2)：

① 经过进给箱、光杠和溜板等传动机构使丝杆55转动而移动横滑板。

② 摇动三球手柄使丝杆55转动而移动横滑板。

(3) 纵、横进给量计算公式如下：

① 纵向40种进给量：

$$S_{纵}=\frac{67}{90}\cdot\frac{45}{67}\cdot i_{基}\cdot i_{扩}\cdot\frac{17}{38}\cdot\frac{21}{45}\cdot\frac{15}{30}\cdot\frac{21}{60}\cdot\frac{15}{64}\cdot 14\cdot 2\cdot\pi$$

② 横向 40 种进给量：

$$S_{横}=\frac{45}{90}\cdot i_{基}\cdot i_{扩}\cdot\frac{17}{38}\cdot\frac{21}{45}\cdot\frac{15}{30}\cdot\frac{21}{56}\cdot\frac{56}{18}\cdot 5$$

式中的 $i_{基}$ 为 $\frac{21}{36}$、$\frac{22}{33}$、$\frac{33}{36}$、1、$\frac{35}{21}$、$\frac{33}{22}$

式中的 $i_{扩}$ 为 $\frac{1}{4}$、$\frac{1}{2}$、1、2

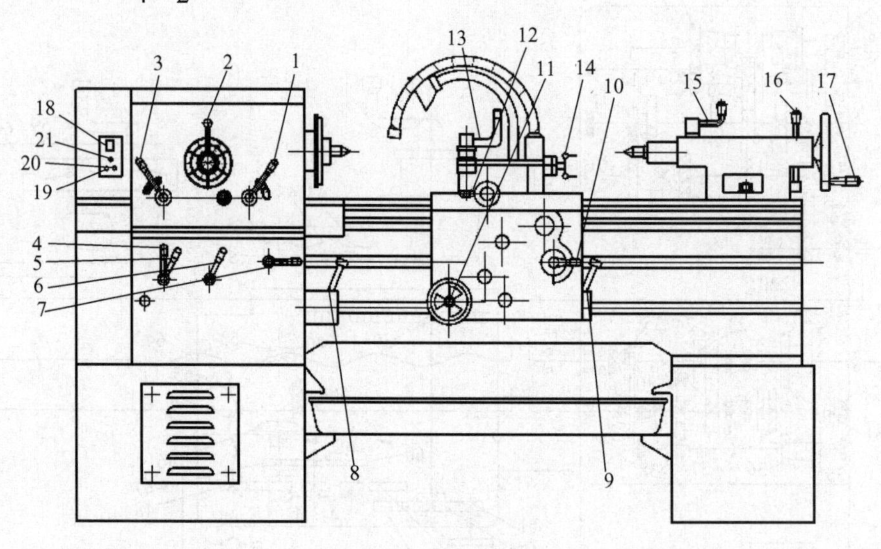

图 6-3　机床的操纵手柄

1—主轴高、低档手柄；2—主轴变速手柄；3—纵向反、正走刀手柄；4、5、6、7— 螺距及进给量调整手柄、丝杠、光杠变换手柄；8、9—主轴正、反转操纵手柄；10—开合螺母操纵手柄；11—床鞍纵向移动手轮；12—下刀架横向移动手轮；13—方刀架转位、固定手柄；14—上刀架移动手柄；15—尾台顶尖套筒固定手柄；16—尾台紧固手柄；17—尾台顶尖套筒移动手轮；18—电源总开关；19—急停按钮；20—电机控制按钮；21—冷却开关。

(4) 螺纹螺距的计算公式如下：

① 公制螺纹螺距 t，19 种

$$t=\frac{67}{90}\cdot\frac{45}{67}\cdot i_{基}\cdot i_{扩}\cdot 6$$

② 英制螺纹每寸牙数：

$$n=\frac{25.4}{\frac{67}{90}\cdot\frac{91}{96}\cdot i_{基}\cdot i_{扩}\cdot 6}$$

6.3.4　CA6136 车床操作注意事项

在使用本机床前，必须了解各个操纵手柄用途（图 6-3）以免损坏机床，操纵机床时应当注意下列事项：

(1) 床头箱手柄只许在停车时搬动。

(2) 进给箱手柄只许在低速或停车时搬动。

(3) 起动前检查各手柄位置是否正确。

(4) 装卸工件或离开机床时必须停止电机转动。

(5) 纵向和横向手柄进退方向不能摇错,尤其是快速进退刀时要千万注意,否则会发生工件报废和安全事故。

6.4 车 刀

6.4.1 车刀的结构

车刀从结构上分为整体式、焊接式、机夹式和可转位式,如图6-4所示。其结构特点及适用场合见表6-1。

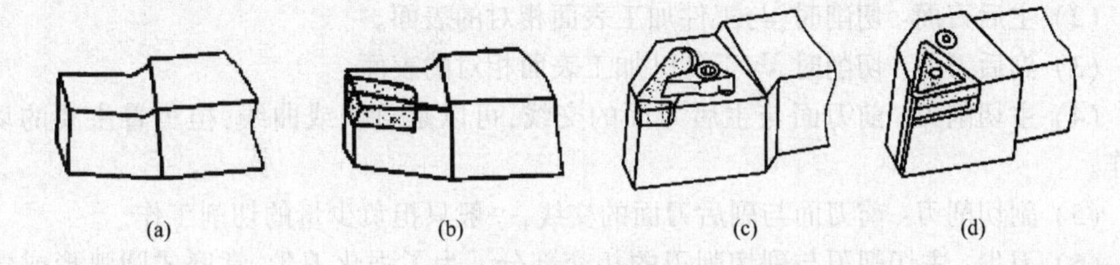

图6-4 车刀结构类型

(a) 整体式车刀；(b) 焊接式车刀；(c) 机夹式车刀；(d) 可转位式车刀。

表6-1 车刀结构特点及适用场合

结构类型	特 点	适 用 场 合
整体式	用整体高速钢制造,刃口可磨得较锋利	小型车床或加工非铁金属
焊接式	焊接硬质合金或高速钢刀片,结构紧凑,使用灵活	各类车刀,特别是小刀具
机夹式	避免了焊接产生的应力、裂纹等缺陷,刀杆利用率高,刀片可集中刃磨获得所需参数,使用灵活方便	外圆、端面、镗孔、切断、螺纹车刀等
可转位式	避免了焊接式车刀的缺点,刀片可快速转位,生产率高,断屑稳定,可使用涂层刀片	大中型车床加工外圆、端面、镗孔,特别适用于自动线、数控机床

6.4.2 车刀的组成及角度

车刀是形状最简单的单刃刀具,其他各种复杂刀具都可以看作是车刀的组合和演变,有关车刀角度的定义,均适用于其他刀具。常用车刀如图6-5所示。

1. 车刀的组成

车刀由切削部分(刀头)和夹持部分(刀体)组成。车刀的切削部分由三面、二刃、一尖组成,如图6-6所示。

(1) 前刀面：切削时,切屑流出所经过的表面。

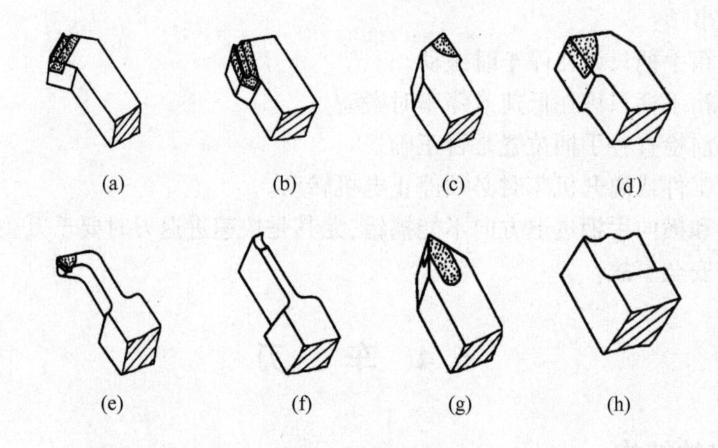

图6－5　常用车刀

(a) 45°外圆车刀；(b) 75°外圆车刀；(c) 90°左偏刀；(d) 90°右偏刀；
(e) 镗孔刀；(f) 切断刀；(g) 螺纹车刀；(h) 成形车刀。

(2) 主后刀面：切削时，与工件加工表面相对的表面。

(3) 副后刀面：切削时，与工件已加工表面相对的表面。

(4) 主切削刃：前刀面与主后刀面的交线，可以是直线或曲线，担负着主要的切削工作。

(5) 副切削刃：前刀面与副后刀面的交线，一般只担负少量的切削工作。

(6) 刀尖：主切削刃与副切削刃的相交部分。为了强化刀尖，常磨成圆弧形或成一小段直线，前者称为修圆刀尖，后者称为倒角刀尖，如图6－7所示。

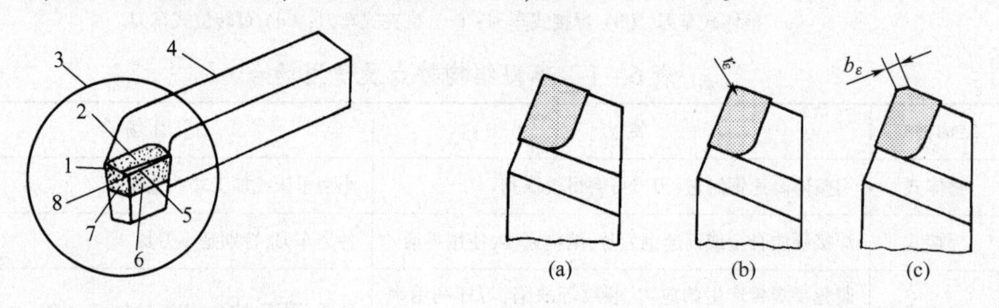

图6－6　车刀的组成

1—副切削刃；2—前刀面；3—刀头；4—刀体；
5—主切削刃；6—主后刀面；7—副后刀面；8—刀尖。

图6－7　刀尖形式

(a) 切削刃的实际形式；(b) 修圆刀尖；(c) 倒角刀尖。

2. 车刀角度及其选择

车刀的角度是在切削过程中形成的，它们对加工质量和生产率等起着重要作用。在切削时，与工件加工表面相切的假想平面称为切削平面，与切削平面相垂直的假想平面称为基面，与切削平面、基面相垂直的假想剖面为主剖面。对车刀而言，基面呈水平面，并与车刀底面平行。切削平面、主剖面与基面相互垂直，这三个平面为确定车刀角度的辅助平面，如图6－8所示。

车刀主要角度有前角 γ_0、后角 α_0、主偏角 κ_r、副偏角 κ_r' 和刃倾角 λ_s，如图6－9所示。

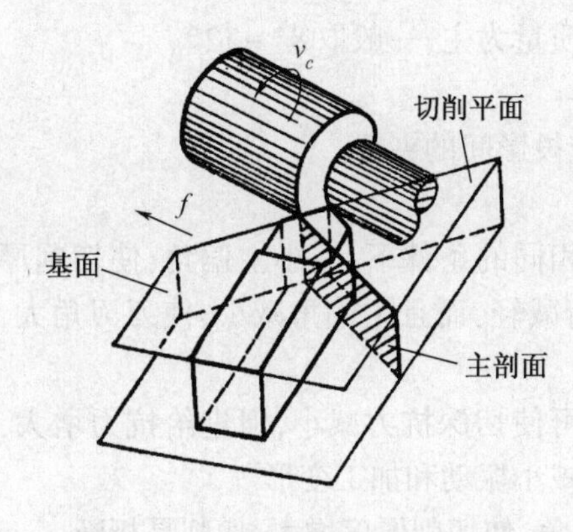

图6-8　确定车刀角度的辅助平面

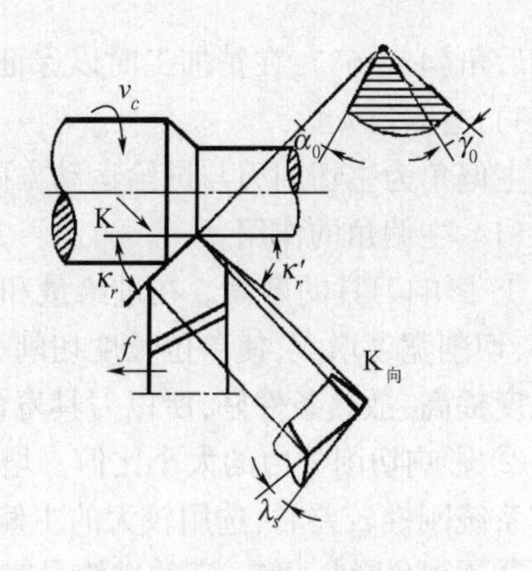

图6-9　车刀的主要角度

1）前角 γ_0

前角为前刀面与基面之间的夹角,表示前刀面的倾斜程度。前刀面在基面之下,前角为正值。反之为负值,相重合为零。一般车刀的前角多为正前角。

(1) 前角的作用:

① 加大前角能使车刀锋利,减少车削变形,减轻切削与前刀面的摩擦,从而降低切削力和减少切削热使表面加工质量提高。但过大的前角会使刃口强度和散热体积降低,容易造成刃口损坏;而适当地减小前角可以改善刀头散热条件和提高切削刃的强度。

② 影响刀具的强度,受力性质和散热条件。

③ 影响加工表面质量。

(2) 前角的选择: 由上述可知,前角太大或太小,都会使刀具的寿命显著缩短。因此正确的选择前角对刀具的使用时十分重要的。在一般情况下,前角的选用原则是: 在刀具强度许可的条件下,尽量选用大的前角(为了减小误差,保证工件的加工精度,成形车刀应取较小的前角)。

前角的选择包括确定其正负和数值。负前角仅适用于硬质合金车刀切削强度很高的钢材,而高速钢刀具因为抗弯强度高,韧性好,在任何情况下都可以不用采用负前角。前角的数值由工件材料、刀具材料及加工工艺要求来确定。例如工件材料的强度和硬度都较低时,可以取较大甚至很大的前角;反之,就应取较小的前角。刀具材料的强度和韧性较差时,就应该取数值较小的前角。粗加工时,特别是断续加工、承受冲击载荷,或对有硬皮的铸、锻件粗车时,应适当减小前角;而精加工时,应选较大的前角。

用硬质合金车刀加工塑性材料(如钢件等),一般 $\gamma_0 = 10° \sim 20°$;加工脆性材料(如灰口铸铁等),一般 $\gamma_0 = 5° \sim 15°$。

2）后角 α_0

后角为主后刀面与切削平面之间的夹角,表示主后刀面的倾斜程度。

(1) 后角的作用:

① 减小后刀面与工件之间的摩擦,提高已加工表面的质量和延长刀具的寿命。

② 配合前角调整切削刃和刀头部分的锋利程度、强度和散热条件。

③ 小后角车刀在特定条件下可抑制车削时的震动。

(2) 后角的选择: 后角的选择原则是: 在粗加工时以保证刀具的强度为主,应取较小的后角(4°~6°);在精加工时以保证加工表面质量为主,一般取8°~12°。

3) 主偏角 κ_r

主偏角为主切削刃与进给运动方向在基面上投影间的夹角。

(1) 主偏角的作用:

① 影响刀具的寿命。在进给量和切削深度相同的条件下,减小主偏角,使切削厚度减小,切削宽度增大,使单位长度切削刃上的负荷减轻,而且主偏角减小,使刀刃角大,刀具强度提高,散热条件好,所以刀具寿命长。

② 影响切削分力的大小比值。增大主偏角可使切深抗力减小,但进给抗力增大,当工艺系统刚性较差时,选用较大的主偏角有利于减小振动和加工变形。

③ 影响断削。在一定的进给量时,增大主偏角,使切削厚度增大,切削易析断。

(2) 主偏角的选择:

① 在工艺系统刚性不足的情况下,为减小切深抗力,应取较大的主偏角。

② 在加工硬度、强度高的材料时,为延长刀具寿命,应取较小的主偏角。

③ 根据加工表面形状选取。

主偏角影响切削刃的工作长度、切深抗力、刀尖强度和散热条件。主偏角越小,则切削刃工作长度越长,散热条件越好,但切深抗力越大。

车刀常用主偏角有45°、60°、75°、90°。工件粗大、刚性好时,可取较小值。车细长轴时,为了减少因径向力引起的工件弯曲变形,宜选取较大值。

4) 副偏角 κ_r'

副偏角为副切削刃与进给运动反方向在基面上投影间的夹角。

(1) 副偏角的作用:

① 减少副切削面和工件已加工表面之间的摩擦。

② 影响工件表面的厚度。

③ 影响刀尖强度和散热条件,减小副偏角,使刀尖强度提高,散热好。

(2) 副偏角的选择:根据工件表面粗糙度和刀具耐用度要求选择。

副偏角影响加工表面的表面粗糙度,减小副偏角可使加工表面光洁。精车时可取5°~10°,粗车时取10°~15°。

5) 刃倾角 λ_s

刃倾角为主切削刃与基面间的夹角。

(1) 刃倾角的作用:

① 控制切屑的排出方向。尤其对半封闭状态下工作的铰刀、丝锥等刀具,常利用改变刃倾角来获得所需的排屑方向,有利于提高加工表面质量。

② 影响刀尖强度和切削平稳性。负值刃倾角刀具,刀具位于主切削刃的最低点,切削时离刀尖较远的刀刃先接触工件,而后逐渐切入,有利于延长刀具的寿命。

③ 影响实际切削前角和切削刃的锋利性。增大刃倾角可使实际切削前角增大,实际切削刃的刃口圆弧半径减小,使切削刃锋利,便于实现微量切削。

(2) 刃倾角的选择:由于刃倾角的值主要根据排屑方向、刀具强度和加工条件决定的。如精加工时应取正值刃倾角,使切屑排向待加工表面;在断续或带冲击振动切削时,选负值刃倾角,能提高刀头强度,保护刀尖;许多大前角刀具常配合选用负值刃倾角来增加刀具的强度。微量切削的精加工刀具可取正值的刃倾角(45°~75°)。

6.4.3 车刀的安装

车刀必须正确牢固地安装在刀架上,其安装过程如图 6-10 所示。

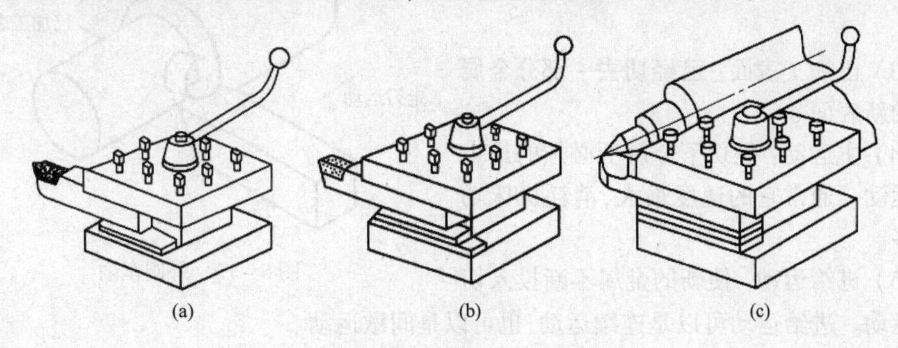

图 6-10 车刀的安装过程

(a) 安装; (b) 调整; (c) 对刀。

车刀安装注意事项:

(1) 刀头不宜伸出太长,否则切削时容易产生振动,影响工件加工精度和表面粗糙度。一般刀头伸出长度不超过刀杆高度的两倍,能看见刀尖即可。

(2) 刀尖应与车床主轴中心线等高。车刀装得太高,后角减小,则车刀的主后刀面会与工件产生强烈的摩擦;装得太低,前角减少,切削不顺利,会使刀尖崩碎。刀尖的高低,可根据尾座顶尖高低来调整。

(3) 刀杆轴线应与工件轴线垂直,否则会使主偏角和副偏角发生变化。

(4) 车刀底面的垫片要平整,尽可能用厚垫片,以减少垫片数量。调整好刀尖高度后,至少要用两个螺钉交替将车刀拧紧。

车刀的安装比较,如图 6-11 所示。

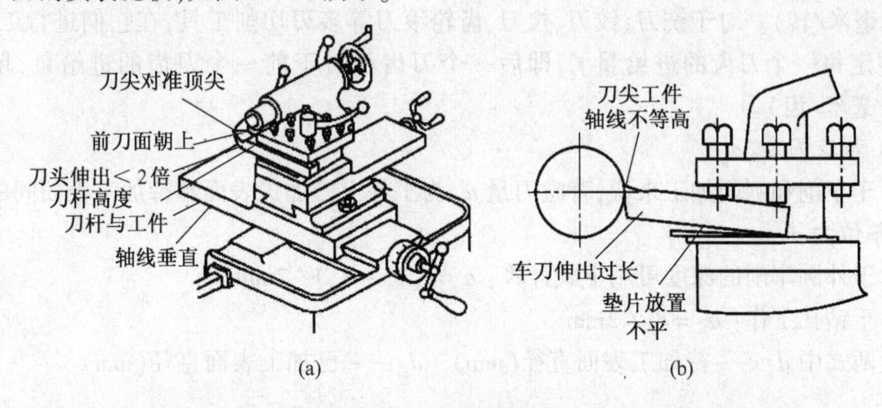

图 6-11 车刀的安装比较

(a) 正确; (b) 错误。

6.4.4 切削用量的选择

1. 切削运动

如图 6-12 所示,工件作旋转运动,刀具作纵向直线运动,形成了工件的外圆表面。

在新的表面的形成过程中,工件上有三个依次变化的表面。

(1) 待加工表面：即将被切去金属层的表面。

(2) 加工表面：切削刃正在切削着的表面。

(3) 已加工表面：已经切去一部分金属形成的新表面。

(4) 主运动：是切下金属所必须的最主要的运动。通常它的速度最大,消耗机床功率最多。

(5) 进给运动：使新的金属不断投入切削的运动。进给运动可以是连续运动,也可以是间歇运动。

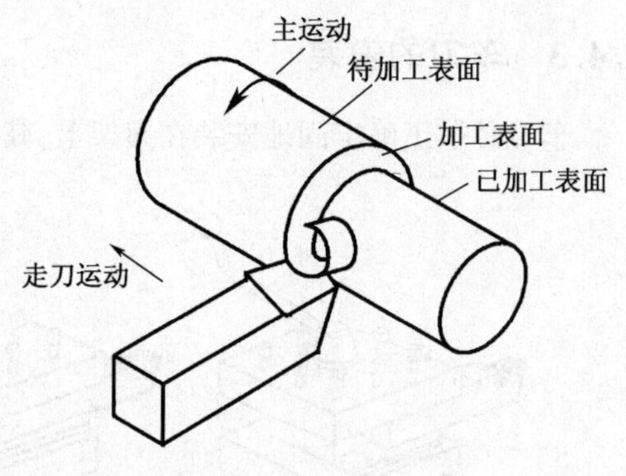

图 6 - 12　外圆车削

2. 切削用量三要素

1) 切削速度(v_c)

大多数切削加工的主运动采用回转运动。回旋体(刀具或工件)上外圆或内孔某一的切削速度计算公式如下：

$$v_c = \frac{\pi dn}{1000}$$

式中：d 为工件或刀具上某一点的回转直径(mm)；n 为主轴(工件或刀具)的转速(r/min)。

2) 进给量(f)

(1) 进给速度 v_f 是单位时间的进给量,单位是 mm/s。

(2) 进给量是工件或刀具每回转一周时两者沿进给运动方向的相对位移,单位是 mm/r(毫米/转)。对于铣刀、铰刀、拉刀、齿轮滚刀等多刃切削工具,在它们进行工作时,还应规定每一个刀齿的进给量 f_z,即后一个刀齿相对于前一个刀齿的进给量,单位是 mm/z(毫米/齿)。

3) 背吃刀量(a_p)

对于车削和刨削加工来说,背吃刀量 a_p 为工件上已加工表面和待加工表面间的垂直距离,单位为 mm。

对于外圆车削的深度可用下式计算：$a_p = (d_w - d_m) / 2$mm。

对于钻孔工作：$a_p = d_m / 2$mm

上两式中 d_w——待加工表面直径(mm)　d_m——已加工表面直径(mm)

6.5　工件安装及车床附件

工件在机床(或夹具)上的安装一般要经定位、夹紧两个过程。定位是指安装工件时使被加工表面的回转中心与车床主轴的轴线重合,以保证工件在机床(或夹具)上的正确位置。夹紧则为了使工件能够承受切削力、重力等。普通车床由附件(用来支撑、装夹工件的装置,通常称夹具)安装并夹紧工件。按零件形状大小、加工批量不同,安装方法及所用附件也不同。常用附件有三爪自定心卡盘、四爪单动卡盘、顶尖、跟刀架、心轴和花盘等。

6.5.1 卡盘安装

1. 三爪自定心卡盘安装

三爪自定心卡盘的结构,如图 6-13(a)所示。当用卡盘扳手转动小锥齿轮时,大锥齿轮也随之转动,在大锥齿轮背面平面螺纹的作用下,使三个爪同时向心移动或退出,以夹紧或松开工件。其特点是装卡方便、自动定心,定心精度可达到 0.05~0.15mm,可装夹直径较小的工件,如图 6-13(b)所示。当装夹直径较大的外圆工件时可用三个反爪进行,如图 6-13(c)所示。但三爪自定心卡盘由于夹紧力不大,一般只适宜于质量较小的工件。

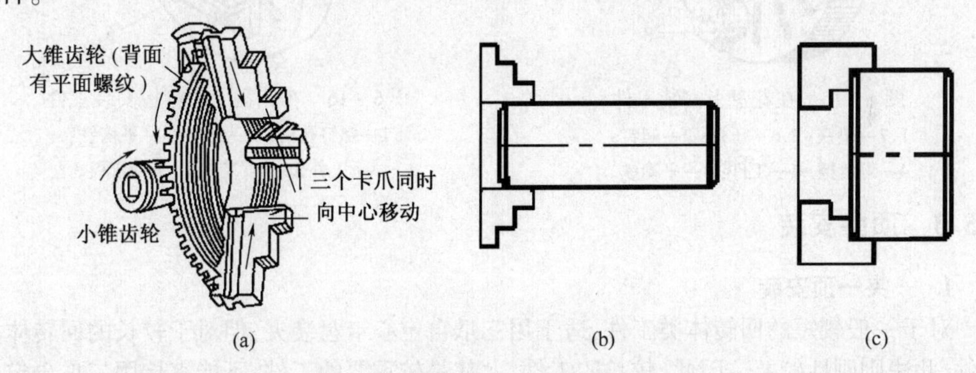

图 6-13　三爪自定心卡盘结构和工件安装

(a) 结构;(b) 夹持棒料;(c) 反爪夹持大棒料。

2. 四爪卡盘安装

四爪卡盘的外形,如图 6-14(a)所示。它的四个爪通过四个螺杆独立移动。其特点是能装夹形状比较复杂的非回转体如方形、长方形工件等,且夹紧力大,可装夹质量较大的工件。由于其装夹后不能自动定心,装夹效率较低,只适用于单件、小批量生产。装夹时必须用划线盘或百分表找正,如图 6-14(b)、(c)所示,使工件回转中心与车床主轴中心重合。

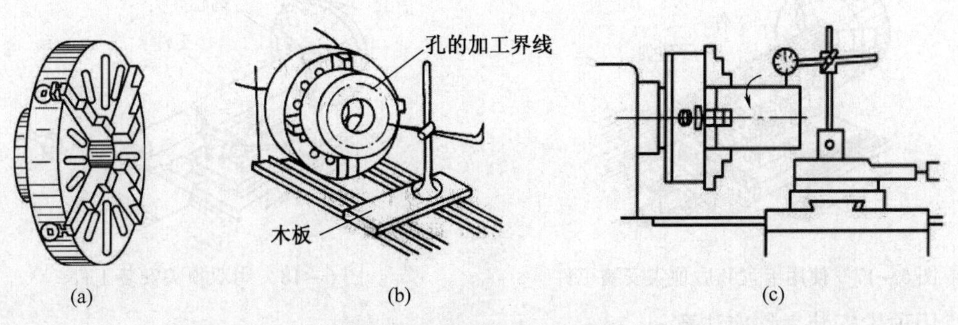

图 6-14　四爪卡盘装夹工件

(a) 四爪卡盘;(b) 用划线盘找正;(c) 用百分表找正。

6.5.2 花盘安装

形状不规则的工件,无法使用三爪或四爪卡盘装夹,可用花盘装夹。花盘是安装在车床主轴上的一个大圆盘,盘面上的许多长槽用以穿放螺栓,工件用螺栓直接安装在花盘上,其位置需找正。为了防止转动时因重心偏向一边产生振动,在工件的另一边加平衡铁,如图6－15所示。也可以把辅助支承角铁(弯板)用螺钉牢固在花盘上,工件则安装在弯板上,如图6－16所示。

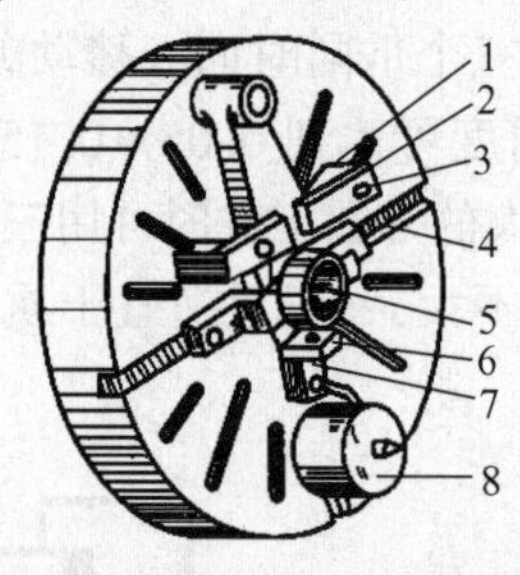

图6－15 在花盘上安装工件

1、7—垫铁;2、6—压板;3—螺钉;
4—螺钉槽;5—工件;8—平衡铁。

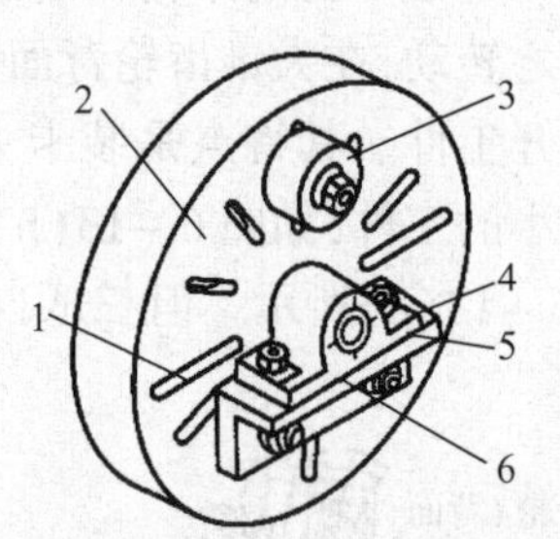

图6－16 在花盘上用弯板安装工件

1—螺钉孔槽;2—花盘;3—平衡铁;
4—工件;5—安装基面;6—弯板。

6.5.3 顶尖安装

1. 一夹一顶安装

对于一般较短的回转体类工件,适于用三爪自定心卡盘装夹,但对于较长的回转体类工件,此法则刚性较差。因此,较长的工件,尤其是较重要的工件,不能直接用三爪自定心卡盘装夹,而要用一端夹住,另一端用后顶尖顶住的装夹方法,如图6－17所示。这种装夹方法能承受较大的轴向切削力,且刚性大大提高,同时可提高切削用量。

2. 用双顶尖安装

对同轴度要求比较高且需要调头加工的轴类工件,常用双顶尖装夹工件,如图6－18所示。其前顶尖为普通顶尖,装在主轴孔内,并随主轴一起转动,后顶尖为活顶尖装在尾座套筒内。工件被顶在前后顶尖之间,并通过拨盘和卡箍随主轴一起转动。

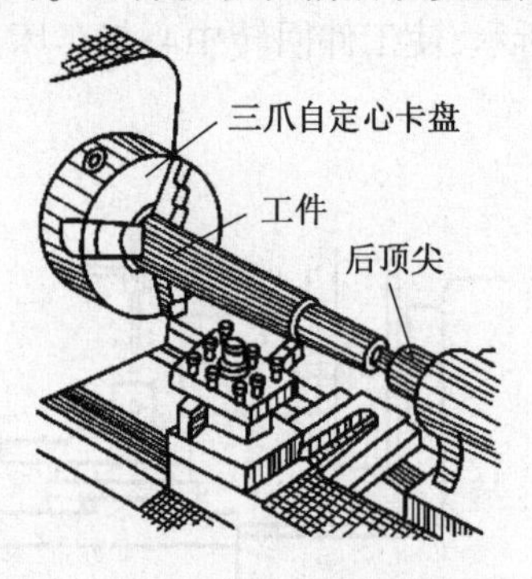

图6－17 使用卡盘和后顶尖安装工件

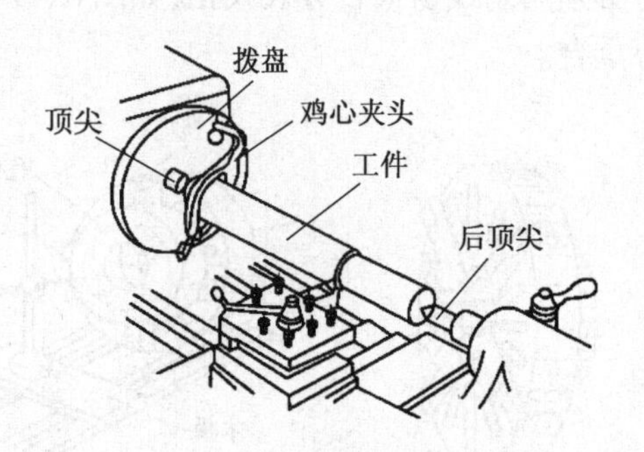

图6－18 用双顶尖安装工件

用顶尖安装工件应注意:

(1) 钻两端中心孔时,要先用车刀把端面车平,再用中心钻钻中心孔。

(2) 安装拨盘和工件时,首先要擦净拨盘的内螺纹和主轴端的外螺纹,把拨盘拧在主轴上,再把轴的一端装在卡箍上,最后在双顶尖中间安装工件。

(3) 卡箍上的支承螺钉不能支承得太紧,以防工件变形。

(4) 由于靠卡箍传递扭矩,车削工件的切削用量要小。

6.5.4 心轴安装

形状复杂或同轴度要求较高的盘套类工件,常用心轴安装,以保证工件外圆与内孔的同轴度及端面与内孔轴线垂直度的要求。心轴用双顶尖安装在车床上,以加工端面和外圆。

根据工件形状大小、精度要求和加工批量,采用不同结构的心轴。安装时,应先对工件的孔进行精加工,然后以孔定位。工件以圆柱孔定位常用圆柱心轴和小锥度心轴;对于带有锥孔、螺纹孔、花键孔的工件定位,常用相应的锥体心轴、螺纹心轴和花键心轴。

1. 圆柱心轴安装

圆柱心轴是以其外圆柱面定心、端面压紧来装夹工件。心轴与工件孔一般用 H7/h6、H7/g6 的间隙配合,工件很方便地套在心轴上,如图 6－19 所示。但由于配合间隙较大,一般只能保证同轴度 0.02mm 左右。

工件长度比孔径小时,应采用带有压紧螺母的圆柱形心轴,如图 6－20 所示。它的夹紧力较大,但对中精度较锥度心轴的低。

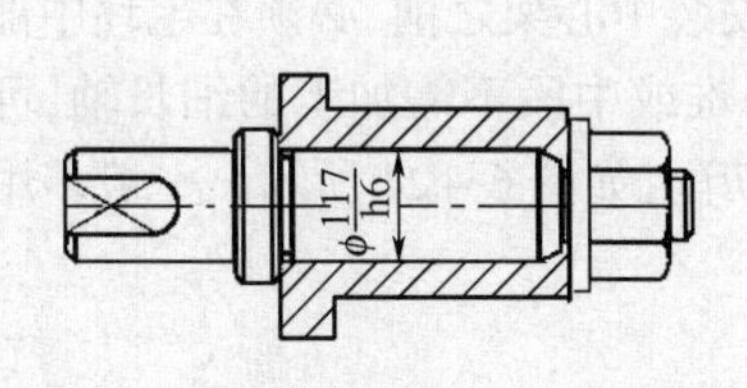

图 6－19　圆柱心轴与工件的间隙配合

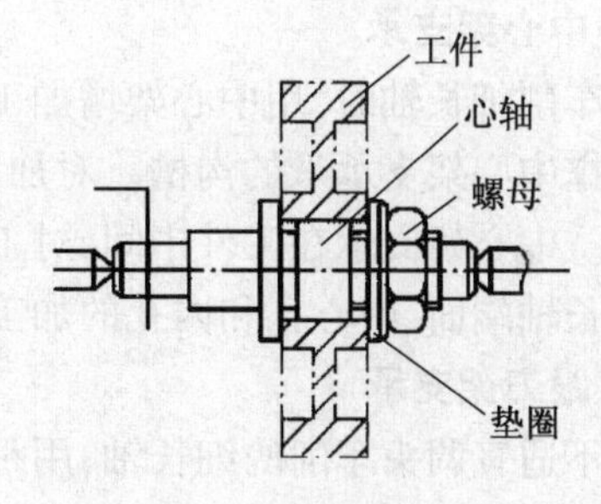

图 6－20　圆柱心轴上安装工件

2. 小锥度心轴安装

为消除间隙,提高定位精度,心轴可做成锥体,但锥体的锥度很小,否则工件在心轴上会产生歪斜,常用锥度为 $C=1/1000\sim1/5000$,如图 6－21 所示。定位时,工件楔紧在心轴上,楔紧后孔会产生弹性变形,从而使工件不致倾斜。

小锥度心轴的优点是靠楔紧产生的摩擦力带动工件,不需其他夹紧装置,定心精度高,可达 0.005～0.01mm,装卸方便。工件长度比孔径大时,可采用小锥度心轴。但不能承受过大的力矩,工件的轴向无法定位。

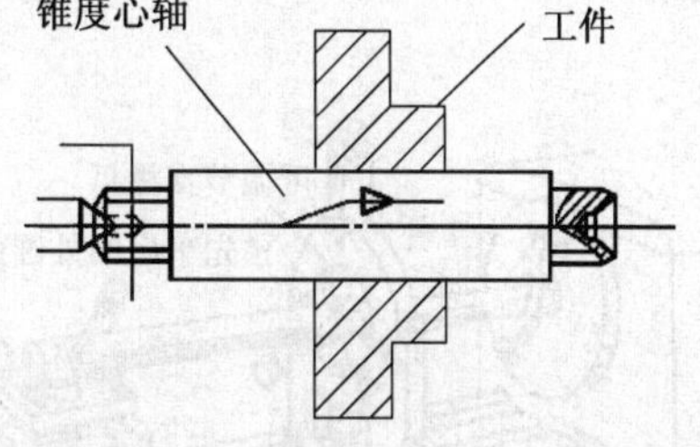

图 6－21　小锥度心轴安装工件

3. 胀力心轴安装

图 6－22 所示为胀力心轴安装。通过调整锥形螺杆使心轴一端作微量扩张,工件孔得以胀紧,实现快速装拆。胀力心轴适用于安装中小型工件。

4. 螺纹伞形心轴安装

螺纹伞形心轴安装如图 6－23 所示，适于安装以毛坯孔为基准车削外圆的带有锥孔或阶梯孔的工件。用螺纹伞形心轴装拆迅速、装夹牢固，并能装夹一定尺寸范围内不同孔径的工件。

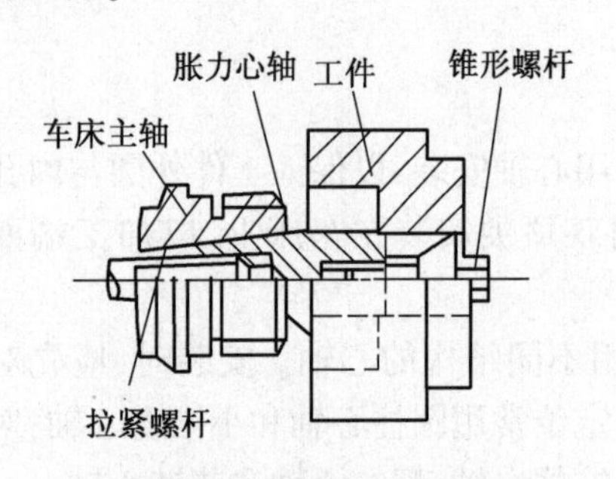

图 6－22　胀力心轴安装工件

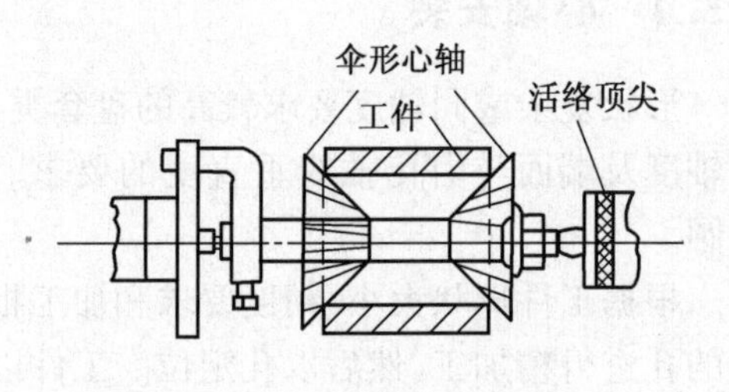

图 6－23　螺纹伞形心轴安装工件

6.5.5　中心架与跟刀架的使用

在车削细长轴($L/d>25$)时，由于工件本身刚性变差，工件受切削力、自重和旋转时离心力的作用，会产生弯曲、振动，使车削很难进行，严重时会使工件在顶尖间卡住，影响其圆柱度和表面粗糙度。此时需要用中心架或跟刀架来支承工件。

1. 中心架支承

在车削细长轴时，用中心架增加工件刚性。在安装中心架之前，必须在毛坯中部车出一段支撑中心架支承爪的沟槽。对加工沟槽比较困难或中段不需加工的细长轴，可用过渡套筒。中心架支承在工件中间，对工件进行分段切削，如图 6－24 所示。一般多用于阶梯轴及长轴端面、中心孔和内孔的加工。

2. 跟刀架支承

对不适宜调头车削的细长轴，用跟刀架支承，以增加工件刚性。与中心架不同，跟刀架固定在大滑板上，并与之一起移动。跟刀架有两爪跟刀架和三爪跟刀架，三爪跟刀架如图 6－25 所示。为调节跟刀架支承爪的位置和松紧，预先在工件上靠后顶尖一端车出一小段外圆，由三爪和车刀抵住工件，使工件上下、左右都不能移动，车削平稳，不易产生振动。

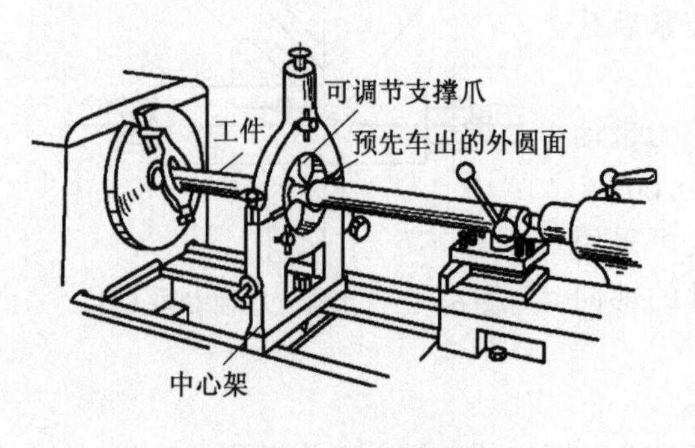

图 6－24　中心架支撑

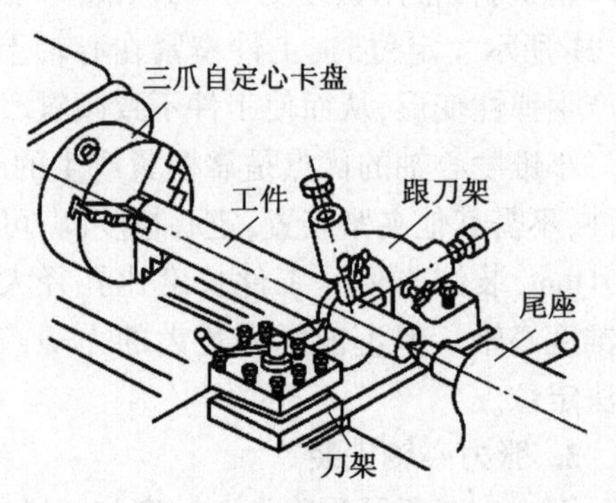

图 6－25　跟刀架支撑

6.6 车削步骤

1. 安装工件和校正工件

按工件形状大小、加工批量不同,选择合理的安装方法及所用附件,并用划针或百分表校正工件。

2. 选择车刀

根据工件形状大小等因素选择合适的车刀。

3. 调整车床

车床的调整包括主轴转速、进给量和背吃刀量。

主轴转速根据切削速度计算选取,而切削速度的选择则与工件材料、刀具材料以及加工精度有关。用高速钢车刀车削时,$v=0.3\sim1\text{m/s}$,用硬质合金刀时,$v=1\sim3\text{m/s}$。车硬度高的材料比硬度低的转速低一些。根据选定的切削速度计算出车床主轴的转速,再对照车床主轴转速铭牌,选取车床上最接近计算值而偏小的一挡即可。

1) 中拖板刻度盘

C6132 车床中拖板丝杠螺距为 4mm,手柄转一周,刀架就横向移动 4mm。刻度盘圆周等分 200 格,则刻度盘转过一格,刀架就移动 0.02mm,即径向背吃刀量为 0.02mm,工件直径减少 0.04mm。

由于丝杠和螺母之间有间隙,会产生空行程(即刻度盘转动,而刀架并未移动),使用时必须慢慢地把刻度盘转到所需要的位置。若不慎多转过几格,不能简单地退回几格,必须向相反方向退回全部空行程,再转到所需位置。

2) 小拖板刻度盘

小拖板刻度盘主要控制工件长度方向的尺寸,其刻度原理及使用方法与中拖板刻度盘相同。而小拖板刻度盘的刻度值,则直接表示工件长度方向的切除量。

4. 粗车和精车

生产中常把车削分为粗车、精车,其加工顺序是先粗车后精车。

粗车的目的是尽快切去多余的金属层,使工件接近于最后的形状和尺寸。在车床动力条件允许的情况下,通常采用进刀深、进给量大、低转速的做法,以合理的时间尽快把工件的余量去掉。粗车对切削表面没有严格的要求,只需留出一定精车余量即可,一般为 0.5 ~1mm。

精车是切去余下的少量金属层,以获得零件所要求的精度和表面粗糙度。因此,背吃刀量较小,约 0.1 ~0.2mm,切削速度则可用较高或较低速,初学者可用较低速。为了保证加工的尺寸精度,应采用试切法精车。试切法的步骤,如图 6 –26 所示。

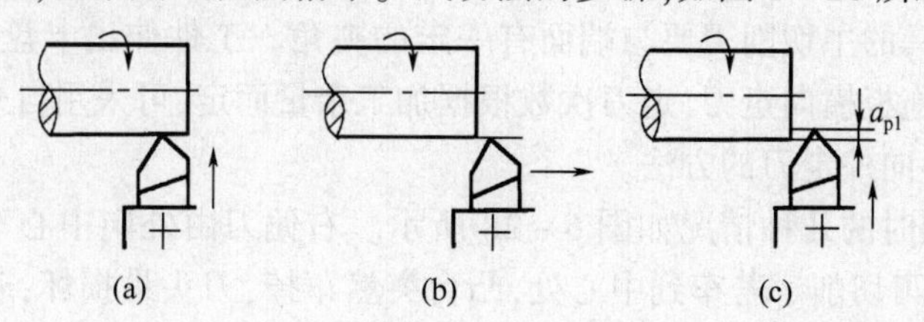

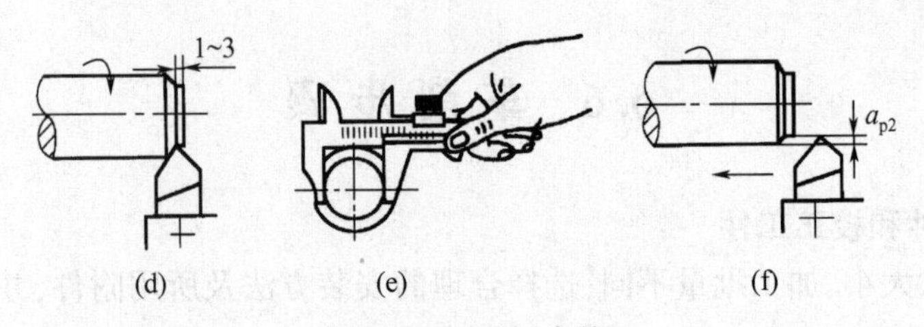

图 6－26　试切步骤

(a) 对刀；(b) 向右退刀；(c) 横向进给 a_{p1}；(d) 试切 1～3mm，退刀、停车；(e) 测量；(f) 调整切深至 a_{p2}，自动进给。

6.7　常用外圆类车削加工工艺

6.7.1　车外圆

车外圆是车削加工中最基本、最常见的加工方法。常见外圆车刀，如图 6－27 所示。直头车刀(尖刀)的形状简单，可用来加工无台阶的光轴和盘套类的外圆；弯头车刀不仅可车外圆，还可车端面和倒角。90°偏刀可用来加工有台阶的细长轴和外圆；由于直头和弯头车刀的刀头部分强度好，一般用于粗加工和半精加工，而 90°偏刀常用于精加工。

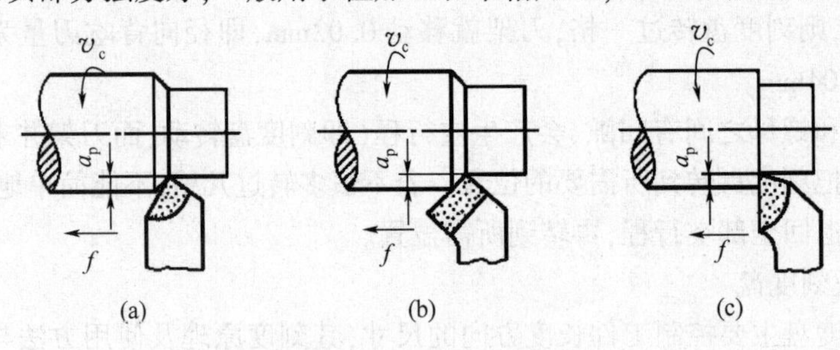

图 6－27　常见外圆车刀

(a) 直头车刀(尖刀)；(b) 45°弯头车刀；(c) 90°偏刀。

车外圆时的质量分析：

(1) 尺寸不正确。车削时看错尺寸，刻度盘计算错误或操作失误，测量不准确。

(2) 表面粗糙度不符合要求。车刀刃磨角度不对；刀具安装不正确或刀具磨损，以及切削用量选择不当；车床各部分间隙过大。

(3) 外径有锥度。吃刀深度过大，刀具磨损；刀具或拖板松动；用小拖板车削时转盘下基准线未对准“0”线；两顶尖车削时床尾“0”线不在轴心线上；精车时加工余量不足。

6.7.2　车端面

车端面时，刀具的主切削刃要与端面有一定的夹角。工件伸出卡盘外部分应尽可能短些，车削时用中拖板横向走刀，走刀次数根据加工余量而定，可采用自外向中心走刀，也可以采用自圆中心向外走刀的方法。

常用端面车削时的几种情况如图 6－28 所示。右偏刀由外向中心车端面时(图 6－33(a))，由副切削刃切削。若车到中心处，凸台突然车掉，刀头易损坏；若切削深度大时，易扎刀;左偏刀由外向中心车端面时(图 6－28(b)),由主切削刃切削,切削条件有所改善;弯头车刀由外向中心车端面时(图 6－28(c)),由主切削刃切削,凸台逐渐车掉,切削条件较好,加工质量较高;而右偏刀由中心向外车端面时(图 6－28(d)),也是主切削刃切削,切削条件较好,加工质量较高,适用于精车端面。

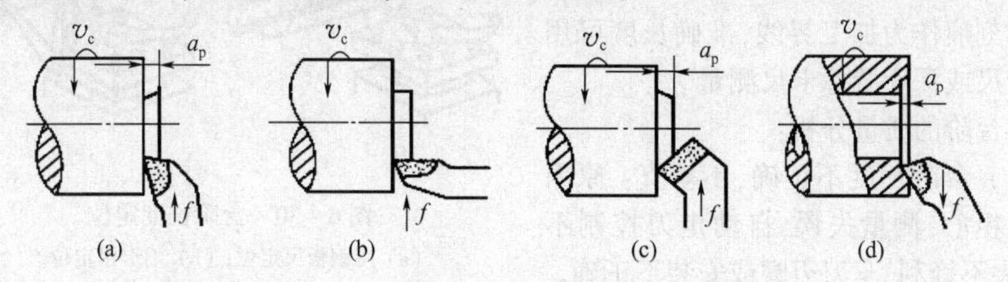

图 6－28　车端面

(a) 右偏刀由外向中心车端面;(b) 左偏刀由外向中心车端面;
(c) 弯头车刀由外向中心车端面;(d) 右偏刀由中心向外车端面。

车端面时应注意:

(1) 车刀的刀尖应对准工件中心,以免车出的端面中心留有凸台。

(2) 偏刀车端面,当背吃刀量较大时,容易扎刀。一般粗车时 $a_p = 0.2 \sim 1mm$,精车时 $a_p = 0.05 \sim 0.2mm$。

(3) 在计算切削速度时必须按端面的最大直径计算。

(4) 车直径较大的端面出现凹心或凸肚时,应检查车刀和方刀架,以及大滑板是否锁紧。

车端面时的质量分析:

(1) 端面不平:产生凸凹现象或端面中心留"小头"。原因是车刀刃磨或安装不正确,刀尖没有对准工件中心,吃刀深度过大,车床拖板移动轨迹与主轴轴线不垂直造成。

(2) 表面粗糙:原因是车刀不锋利,手动走刀摇动不均匀或太快,自动走刀切削用量选择不当。

6.7.3　车台阶

车台阶的方法与车外圆基本相同,但在车削时应兼顾外圆直径和台阶长度两个方向的尺寸要求,还必须保证台阶端平面与工件轴线的垂直度要求。

高度小于 5mm 的低台阶可用主偏角为 90°的偏刀在车外圆时车出;高度大于 5mm 的高台阶应分层进行切削,如图 6－29 所示。

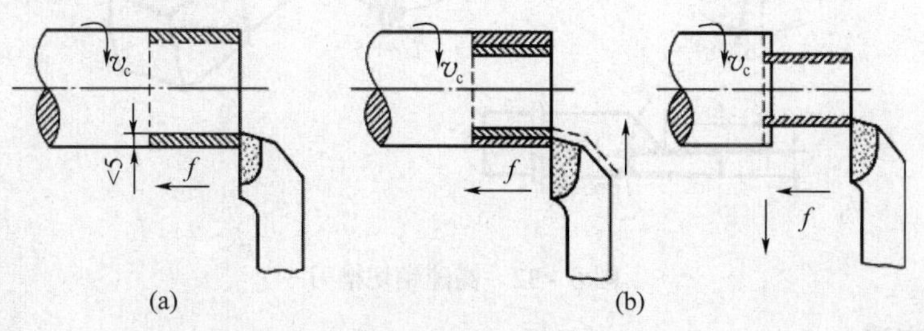

图 6－29　车台阶

(a) 车低台阶;(b) 车高台阶。

台阶长度尺寸要求较低时,直接用大拖板刻度盘控制其长度;要求较高且长度较短时,用小滑板刻度盘控制。为使台阶长度符合要求,先用钢板尺或卡钳量取并确定位置(图 6-30),用刀尖车出比台阶长度略短的刻痕作为加工界线,准确长度可用游标卡尺或深度游标卡尺测量。

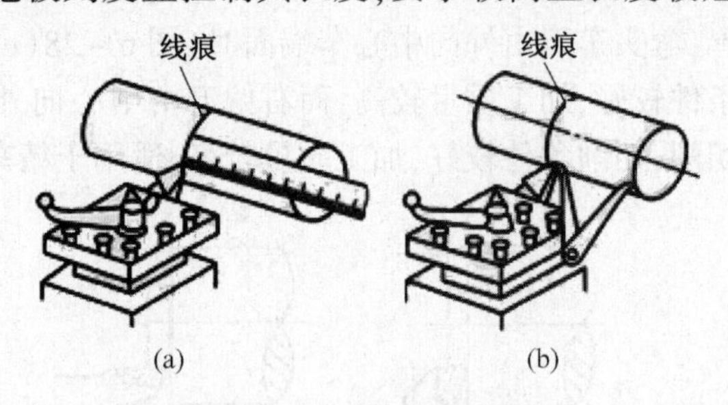

图 6-30 台阶长度定位

(a) 用钢板尺定位;(b) 用卡钳定位。

车台阶的质量分析:

(1) 台阶长度不正确,不垂直:原因是操作粗心,测量失误,自动走刀控制不当,刀尖不锋利,车刀刃磨或安装不正确。

(2) 表面粗糙:原因是车刀不锋利,手动走刀不均匀或太快,自动走刀切削用量选择不当。

6.7.4 切槽

槽的形状有外槽、内槽和端面槽,如图 6-31 所示。

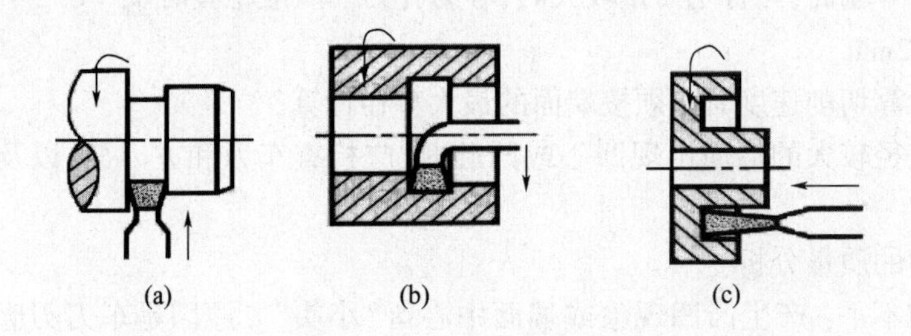

图 6-31 常用切槽的方法

(a) 车外槽;(b) 车内槽;(c) 车端面槽。

1. 切槽刀的选择

常选用高速钢切槽刀切槽,切槽刀的几何形状和角度如图 6-32 所示。

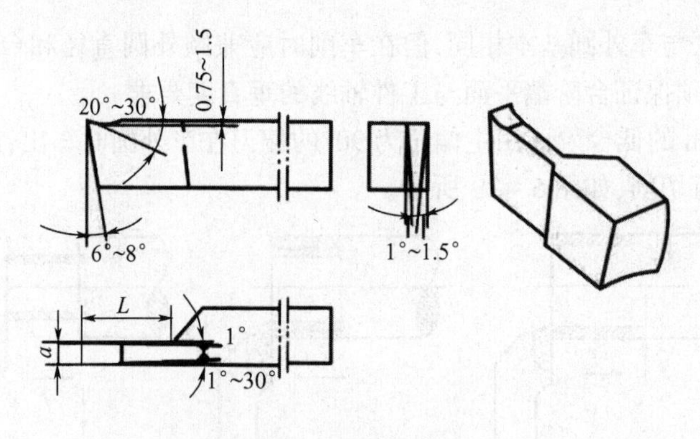

图 6-32 高速钢切槽刀

2. 切槽方法

车削精度不高、宽度较窄的矩形沟槽,可用刀宽等于槽宽的切槽刀,在横向进刀中一次车出。精度要求较高时，一般分二次车成。

车削较宽的沟槽，按图6－33所示方法切削。

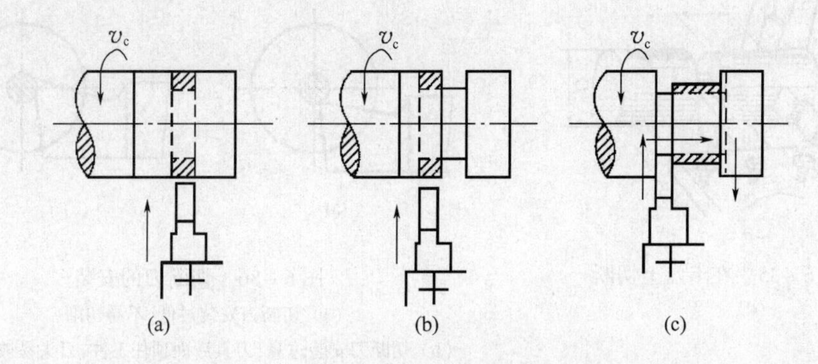

图6－33 切宽槽

(a) 第一次横向送进；(b) 第二次横向送进；(c) 第三次横向送进后再以纵向送进精车槽底。

车削较小的圆弧形槽，一般用成形车刀车削；较大的圆弧槽，可用双手联动车削，用样板检查修整。

车削较小的梯形槽，一般用成形车刀完成；较大的梯形槽，通常先车直槽，然后用梯形刀直进法或左右借刀法（方法同切断）完成。

6.7.5 切断

切断要用切断刀。切断刀的形状与切槽刀相似，但因刀头窄而长，很容易折断。常用的切断方法有直进法和左右借刀法两种，如图6－34所示。所谓直进法是指垂直于工件轴线方向切断，这种切断方法切断效率高，但对刀具刃磨装夹有较高的要求，否则切断刀容易折断。在切削系统（车床、刀具、工件）刚性不足的情况下可采用左右借刀法切断工件，这种方法是指切断刀在径向进给的同时，车刀在轴线方向反复地往返移动直至工件切断。直进法常用于切断铸铁等脆性材料；左右借刀法常用于切断钢等塑性材料。

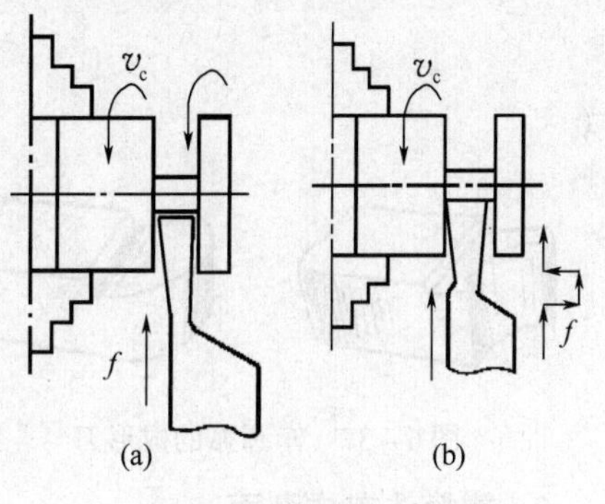

图6－34 切断方法

(a) 直进法；(b) 左右借刀法。

切断时应注意：

（1）切断一般在卡盘上进行，如图6－35所示，工件的切断处应距卡盘近些。

（2）切断刀刀尖必须与工件中心轴线等高，否则切断处将留有凸台，且刀头容易损坏，如图6－36所示。

（3）切断刀伸出刀架的长度不要过长，进给要缓慢均匀；将要切断时，须放慢进给速度，以免刀头折断。

（4）切断钢件时需加切削液冷却润滑，而切断铸铁时一般不加切削液，但必要时可用煤油冷却润滑。

（5）两顶尖安装的工件需切断时，不能直接切到中心，以防车刀折断，工件飞出。

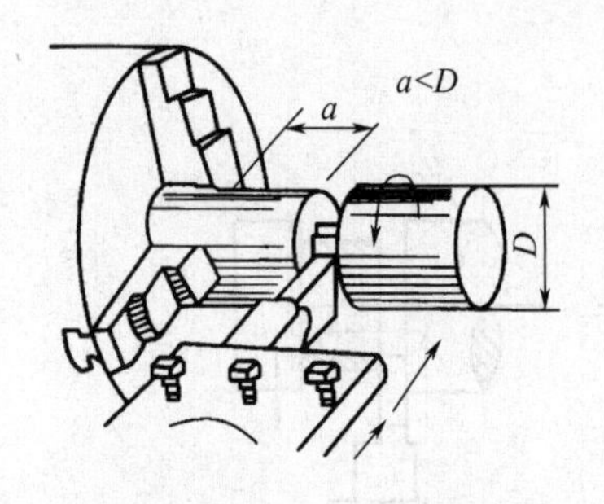

图 6－35　在卡盘上切断

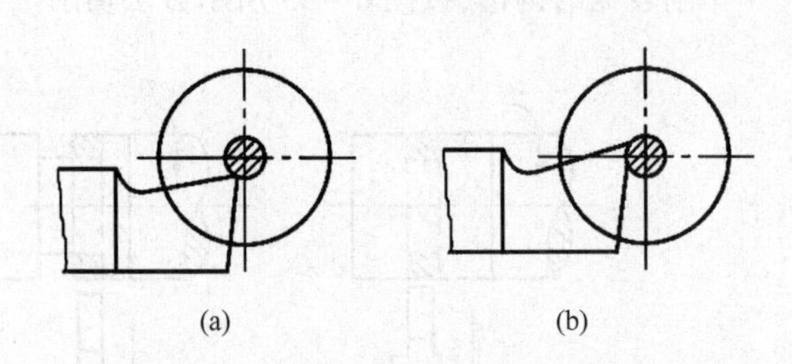

图 6－36　切断刀的安装

（a）切断刀安装过低，不易切削；

（b）切断刀安装过高，刀具后面顶住工件，刀头易被压断。

6.7.6　车成型面

成型面为轴向剖面呈曲线形特征的曲面，常用以下方法加工：

1. 成形刀车成型面

图 6－37 为车圆弧的成形刀。图 6－38 为用成形刀车成形面，其加工精度主要靠刀具保证。这种方法生产效率高，但切削时接触面较大，切削抗力大，易出现振动和工件移位。因此，工件必须夹紧，切削力要小些。由于刀具刃磨困难，此方法只用于大批量生产刚性好、长度较短且较简单的成形面。

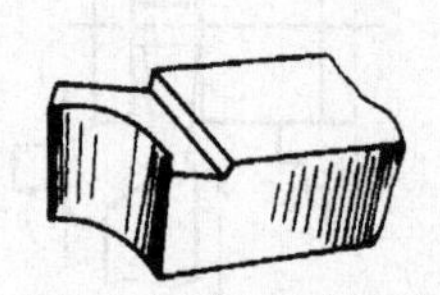

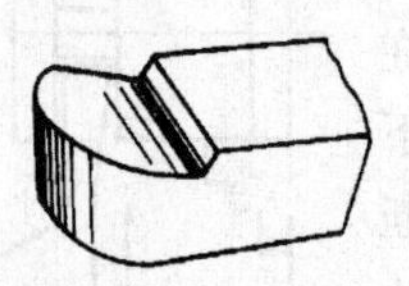

图 6－37　车圆弧的成形刀

图 6－38　用圆头车刀车成形面

2. 靠模法车成型面

图 6－39 所示用靠模法加工手柄。此时刀架的横向滑板已与丝杠脱开，其前端的拉杆上装有滚柱。当大拖板纵向走刀时，滚柱即在靠模的曲线槽内移动，使车刀刀尖也随着作曲线移动，同时用小刀架控制切深，即可车出手柄。

这种方法操作简单，生产率较高，但需制造专用靠模，只用于大批量生产长度较大、形状较为简单的成型面。

3. 手动控制法车成型面

手动控制法即双手同时摇动小滑板手柄和中滑板手柄，通过双手协调的动作，使刀尖走过的轨迹与所要求的成型面曲线吻合，如图 6－40 所示。

这种操作技术灵活、方便，不需要其他辅助工具，但需要较高的技术水平，多用于单件、小批量生产。

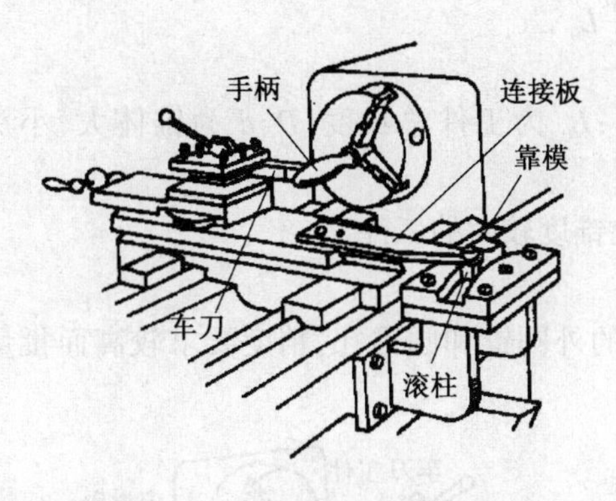

图 6－39　用靠模板车成形面

图 6－40　手动控制法车成形面

6.7.7　车圆锥面

常用车圆锥面方法有宽刀法、转动小拖板法、偏移尾座法、靠模法。

1. 宽刀法

车削较短的圆锥时，可用宽刀直接车出，如图 6－41 所示。切削刃必须平直，切削刃与主轴轴线的夹角等于工件圆锥半角 $\alpha/2$。同时要求车床有较好的刚性，否则易引起振动。当工件的圆锥斜面长度大于切削刃长度时，用多次接刀方法加工，但接刀处必须平整。

2. 转动小拖板法

加工锥面不长的工件时，可采用转动小拖板法，如图 6－42 所示。车削时，将小拖板下面转盘上螺母松开，把转盘转至圆锥半角 $\alpha/2$ 的刻线，与基准零线对齐，锁紧转盘上螺母。如果锥角不是整数，可在锥角附近估计一个值，试车后逐步找正。

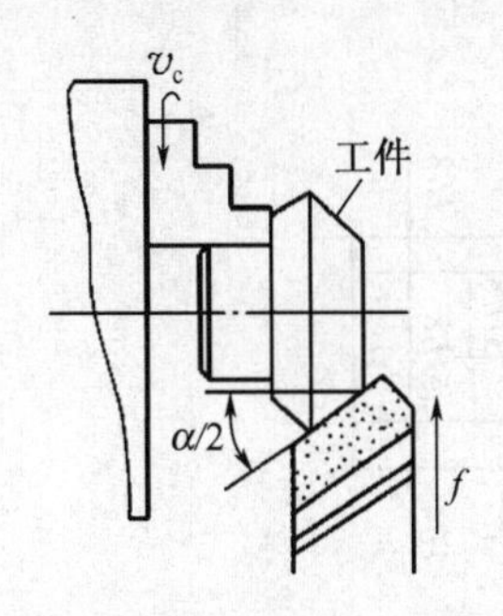

图 6－41　宽刀法车削圆锥面

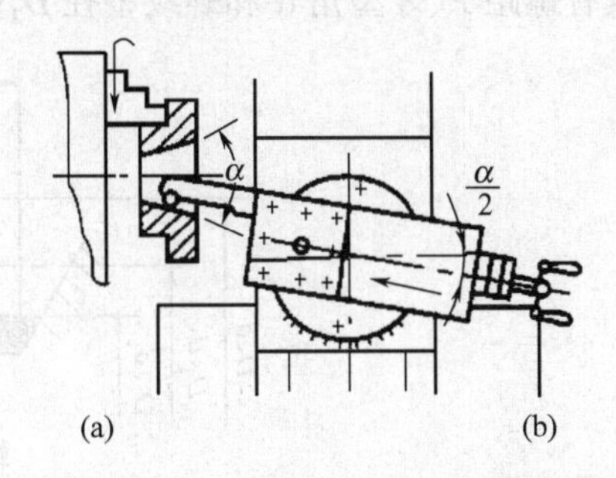

图 6－42　转动小拖板法车圆锥面
(a) 车削外圆锥面；(b) 车削内圆锥面。

3. 偏移尾座法

车削锥度小的长圆锥面时，采用偏移尾座法，如图 6－43 所示。将工件置于前、后顶尖之间，调整尾座横向位置。尾座偏移方向取决于工件锥体方向。当工件的小端靠近床尾处，尾座应向里移动，反之，尾座应向外移动。将尾座上滑板横向偏移一个距离 s，偏位后工件回转轴线与车床主轴轴线间的夹角为半锥角 α。尾座的偏移量与工件的总长有关，可用下列公式计算：

$$s = \frac{D - d}{2L} L_0$$

式中：s 为尾座偏移量；L 为工件锥体部分长度；L_0 为工件总长度；D、d 为锥体大、小头直径。

此方法可以自动走刀，但不能车削锥孔以及锥度较大的工件。

4. 靠模法

图 6－44 为用靠模法车削圆锥面。对较长的外圆锥和圆锥孔，精度要求较高而批量较大时常采用此方法。

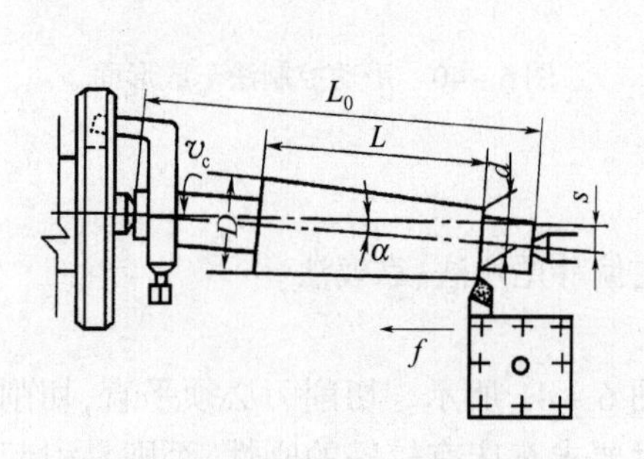

图 6－43 偏移尾座法车削圆锥面

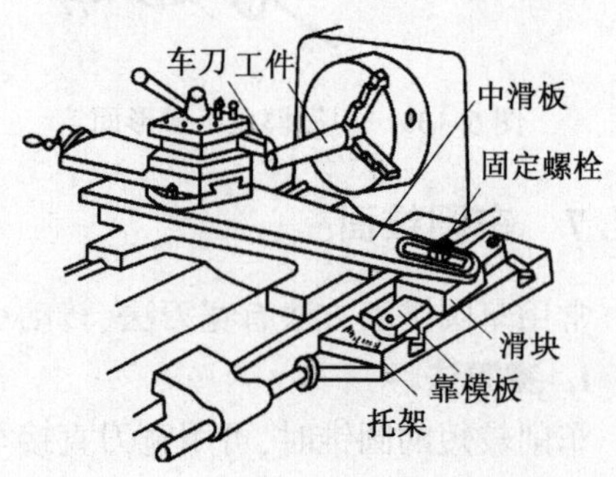

图 6－44 用靠模板车削圆锥面

6.7.8 车螺纹

螺纹按牙型分为三角螺纹、梯形螺纹、方牙螺纹等，其中普通公制三角螺纹应用最广。

1. 普通三角螺纹的基本牙型

普通三角螺纹的基本牙型及其各基本尺寸的名称如图 6－45 所示。决定螺纹的基本要素有螺距 P、牙型角 α 和螺纹中径 $D_2(d_2)$。

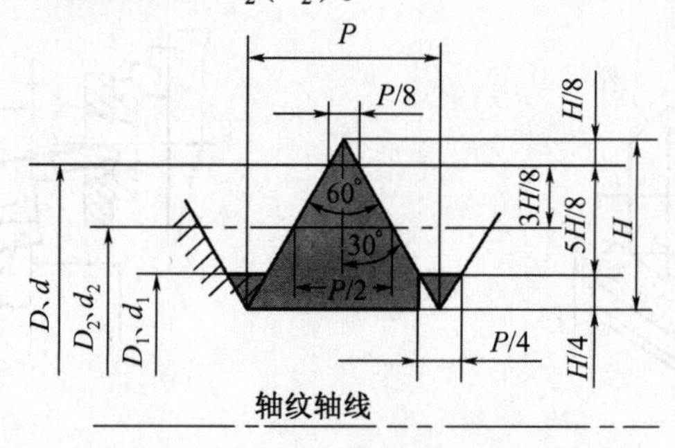

图 6－45 普通三角螺纹基本牙型

D—内螺纹大径（公称直径）；d—外螺纹大径（公称直径）；D_2—内螺纹中径；

d_2—外螺纹中径；D_1—内螺纹小径；d_1—外螺纹小径；P—螺距；H—原始三角形高度。

2. 车螺纹过程

1）准备工作

（1）螺纹车刀几何角度，如图 6－46 所示。车刀的刀尖角等于螺纹牙型角（$\alpha = 60°$），其前角 $\gamma_0 = 0°$用以保证工件螺纹的牙型角，否则牙型角将产生误差。只有粗加工或螺纹精度要求不高时，其前角才可取 $\gamma_0 = 5° \sim 20°$。安装螺纹车刀时刀尖与工件轴线等高，并用样板对刀，以保证刀尖角的角平分线与工件的轴线相垂直，车出的牙型角不会偏斜，如图 6－47 所示。

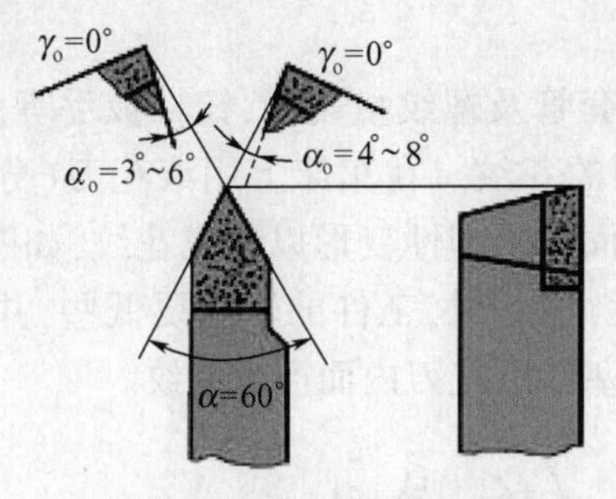

图 6－46　螺纹车刀几何角度

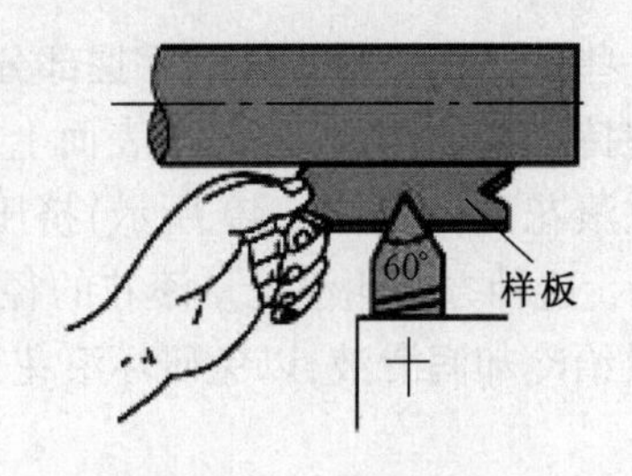

图 6－47　用样板对刀

（2）按螺纹规格车螺纹外圆。先车至螺纹外径尺寸，然后用刀尖在工件上的螺纹终止处刻一条细微可见线，以此作车螺纹的退刀标记。

（3）根据螺纹的螺距 P，查机床上的标牌，调整进给箱上手柄位置及配换挂轮箱齿轮的齿数。

（4）确定主轴转速，初学者应将车床主轴转速调到最低速。

2）车螺纹的步骤

车螺纹的操作步骤，如图 6－48 所示。

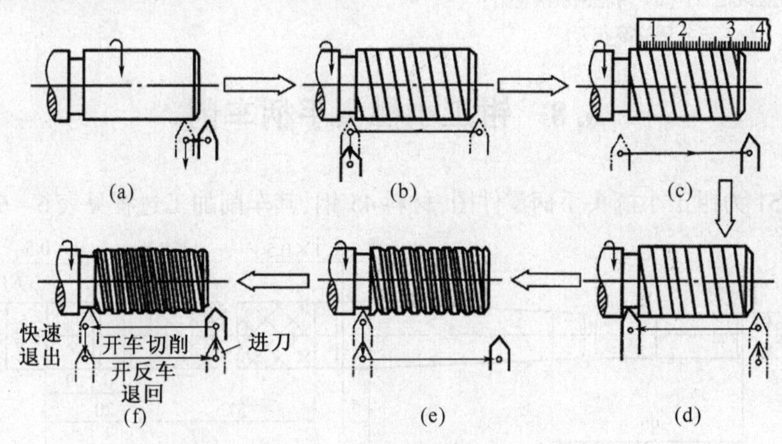

图 6－48　车外螺纹的操作步骤

（a）开车，车刀与工件轻微接触，记下刻度盘读数，向右退刀；（b）合上开合螺母，车螺旋线，横向退刀，停车；（c）开反车，车刀退到工件右端并停车，检查螺距；（d）调整切削深度，开车切削；（e）至行程终了时，快速退刀，停车，开反车退至工件右端；（f）调整切削深度，再次横向切入，按所示路线继续切削。

3）车螺纹的进刀方法

（1）直进法　直进法是用中滑板横向进刀，两切削刃和刀尖同时参与切削，操作方便，能保证螺纹牙型精度，但车刀受力大，散热差，排屑困难，刀尖易磨损。此方法适用于车削脆性材料、小螺距螺纹或精车螺纹。

（2）斜进刀法　斜进刀法是用中滑板横向进刀和小滑板纵向进刀相配合，只有一个切削刃参与切削，车刀受力小，散热、排屑有所改善，生产率高。但螺纹牙型一侧表面粗糙，最后一刀应留有余量，用直进法进刀修光牙型。此方法适用于塑性材料、大螺距的粗车。

两种进刀方法，每次的切深量均要小，总切深度由刻度盘控制，并借助螺纹量规测量。

6.7.9 滚花

一些工具和机器零件的手握部分，如百分尺的套管及螺纹量规柄、铰杠扳手等，为了便于握持和增加美观，常常在表面上滚出各种不同的花纹。在车床上用滚花刀（分直纹和网纹滚花刀，如图6－49所示）挤压工件，使其表面产生塑性变形以形成花纹，如图6－50所示，这种方法叫滚花。滚花的径向挤压力很大，加工时，工件的转速要低些，并需要充分供给冷却润滑液，以免研坏滚花刀以及细屑滞塞在滚花刀内而产生乱纹。

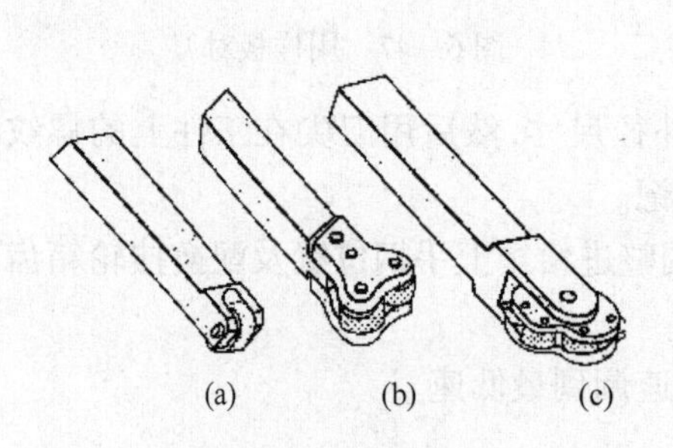

图6－49 滚花刀

（a）直纹滚花刀；（b）两轮网纹滚花刀；（c）三轮网纹滚花刀。

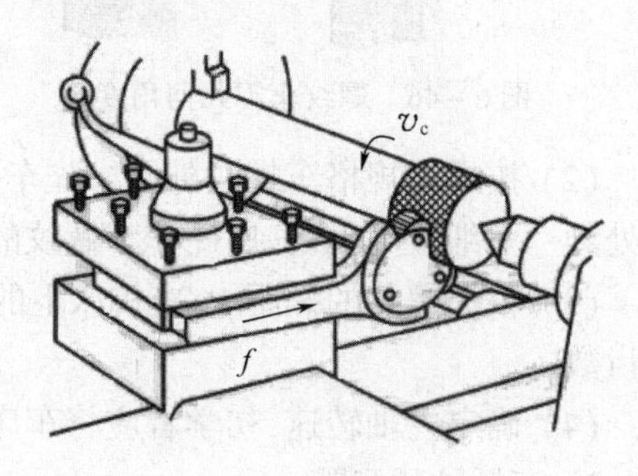

图6－50 滚花

6.8 钳工小榔头手柄车削

图6－51为钳工小榔头手柄零件图，材料45钢，其车削加工过程见表6－6。

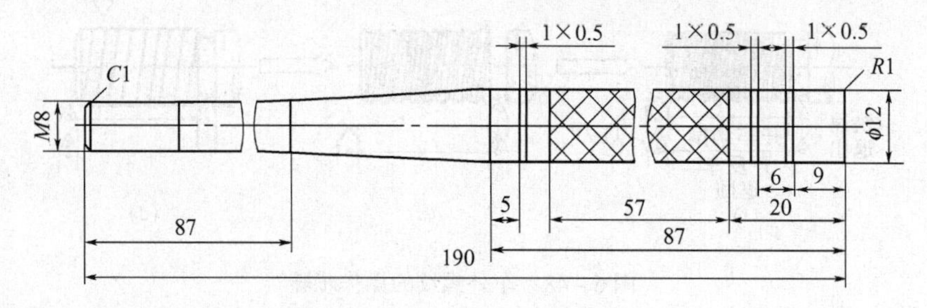

图6－51 钳工小榔头手柄零件图

表6－6 锤柄车削加工过程

加工序号	加工内容	加工刀具、量具
1	下料，切断	切断刀、钢板尺
2	车端面，钻中心孔	车刀，中心钻
3	车 $\phi12$ 外圆	车刀，游标卡尺、活顶尖
4	滚花	滚花刀，活顶尖
5	掉头车端面钻中心孔	车刀，中心钻
6	车 $\phi8$ 外圆及锥面	车刀，游标卡尺
7	车退刀槽，套螺纹	车刀，板牙

第7章　铣削与刨削加工

铣削、刨削主要用于加工板、块、支架类零件,其上大量以平面、各种沟槽为主要特征的表面可以通过铣削、刨削来完成,此外铣削还可以用于扩孔加工。

7.1　铣 削 加 工

铣削加工是在铣床上利用刀具的旋转运动和工件的连续移动来加工工件的机械加工方法,是机械加工中仅次于车削的常用方法之一。

铣床的加工范围很广,主要用于各种平面、沟槽(直角沟槽、键槽、V形槽、T形槽和燕尾槽等)、成形面(各种齿轮、螺旋槽等)、特型面、切断,还可以进行钻孔、镗孔。图7-1所示是铣床常用加工内容。

铣刀是一种回转的多齿刀具,铣削时铣刀的每个刀齿不像车刀或钻头那样连续进行切削,而是间歇进行切削的。因而刀刃的散热条件好,切削速度可高些。铣削时经常是多齿同时进行切削,因此铣削的生产率高。此外,由于铣刀刀齿不断切入、切出,铣削力不断变化,故铣削容易产生振动,影响加工精度。

铣削加工的尺寸精度一般为IT9~IT7,表面粗糙度 Ra 为6.3~1.6μm。

7.1.1　铣削运动及铣削要素

1. 铣削运动

铣削运动分为主运动和进给运动。主运动是指铣刀的旋转运动,进给运动是指工件的直线移动,如图7-2所示。

2. 铣削要素

铣削时,主要铣削要素有铣削速度、进给量、铣削深度和侧切削深度。

(1) 铣削速度 v_c:铣削速度即为铣刀切削处最大直径点的线速度。

$$v_c = \frac{\pi d_t n_t}{1000}$$

式中:v_c 为铣削速度(m/min);d_t 为铣刀直径(mm);n_t 为铣刀每分钟转数(r/min)。

(2) 进给量:进给量是指刀具在进给方向上相对工件的位移量。它可用每分钟进给量 v_f(mm/min)、每转进给量 f(mm/r)、每齿进给量 a_f(mm/z)表示,三者的关系为

$$v_f = fn = a_f zn$$

式中:z 为铣刀齿数;n 为铣刀每分钟转数(r/min)。

(3) 切削深度 a_p:指沿铣刀轴线方向上所测量的切削层尺寸。

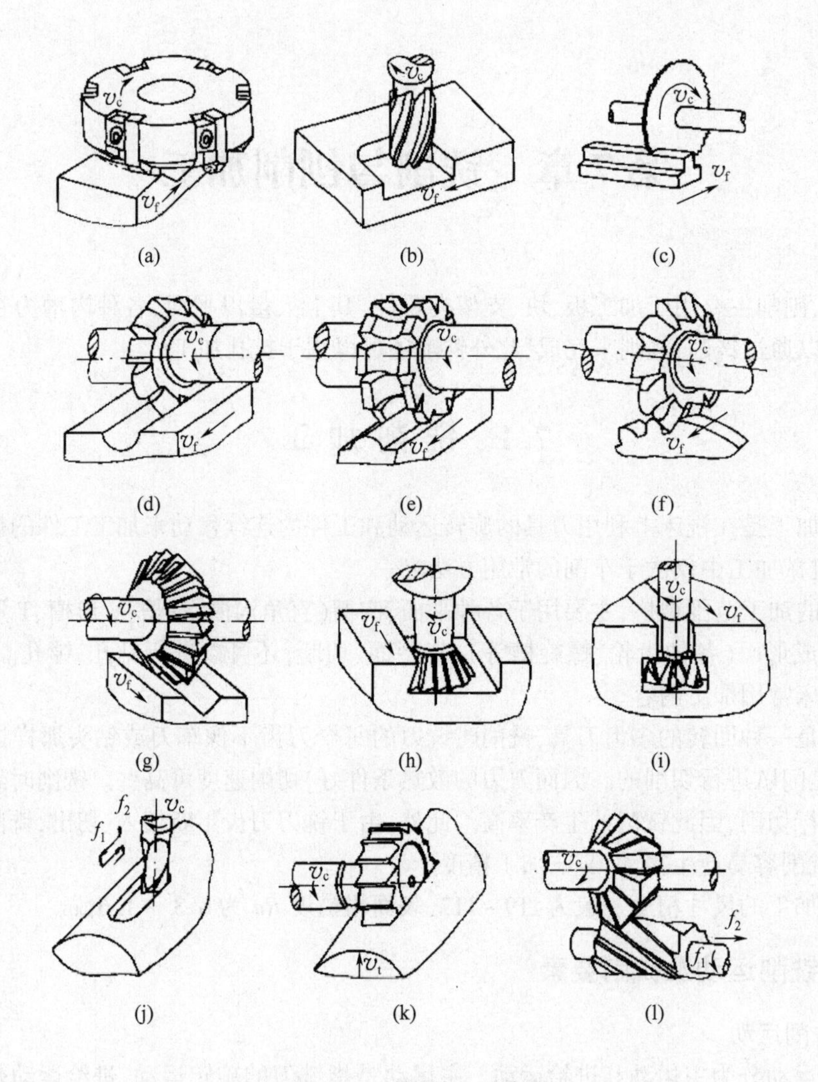

图 7-1　铣削加工举例

（a）面铣刀铣平面；（b）立铣刀铣凹平面；（c）锯片铣刀切断；（d）凸半圆铣刀铣凹圆弧面；（e）凹半圆铣刀铣凸圆弧面；（f）齿轮铣刀铣齿轮；（g）角度铣刀铣 V 形槽；（h）燕尾槽铣刀铣燕尾槽；（i）T 形槽铣刀铣 T 形槽；（j）键槽铣刀铣键槽；（k）半圆键槽铣刀铣半圆键槽；（l）角度铣刀铣螺旋槽。

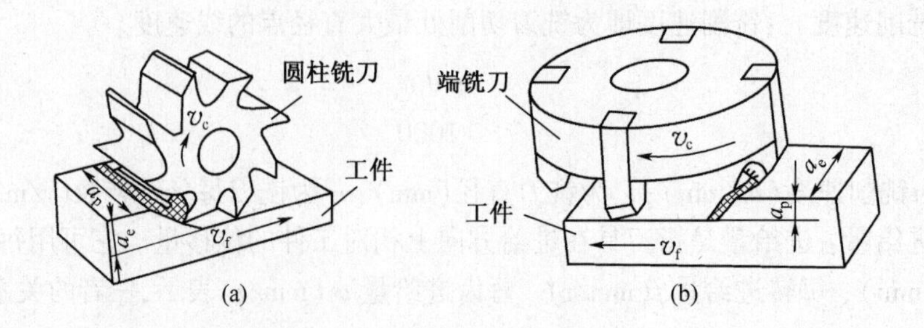

图 7-2　铣削运动

（a）在卧铣上铣平面；（b）在立铣上铣平面。

(4) 侧切削深度 a_e：指垂直于铣刀轴线方向上测量的切削层金属。

7.1.2 铣床

铣床的种类很多，常用的有卧式铣床、立式铣床、龙门铣床、工具铣床、专用铣床等。以卧式铣床和立式铣床最为常用。

1. 卧式铣床

卧式铣床简称卧铣，其主要特征是主轴水平安装，并与工作台平行。铣削时，铣刀安装在主轴上或与主轴连接的刀轴上，随主轴作旋转运动，工件装夹在工作台上或夹具上，随工作台作纵向、横向或垂直直线运动。卧式铣床又分为普通铣床和万能铣床。万能铣床与卧式铣床的主要区别是纵向工作台与横向工作台之间有转台，能使纵向工作台在水平面内转 ±45°。这样在工作台上安装分度头后，通过配换齿轮与纵向丝杠连接，能铣削螺旋线。因此，万能铣床应用范围比卧式铣床更广泛。图 7－3 是万能卧式铣床 X6125 外形图。

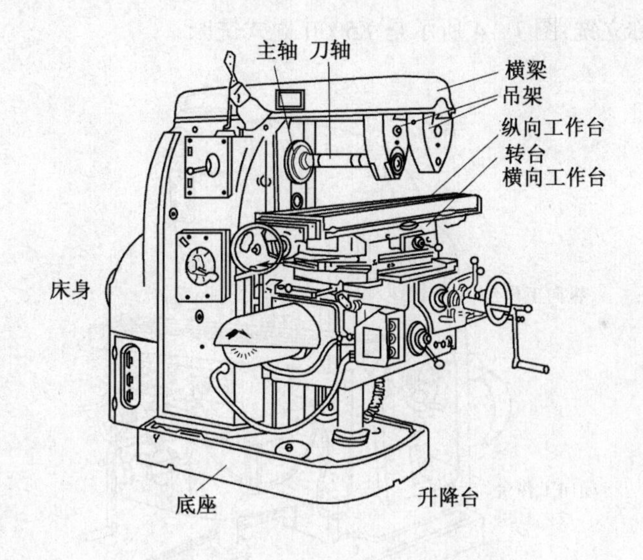

图 7－3　万能卧式铣床 X6125 外形图

1) X6125 卧式铣床型号的意义

X——铣床类；

6——卧式铣床；

1——万能升降台铣床；

25——工作台宽度的 1/10，即表示工作台宽度为 250mm。

2) X6125 卧式铣床的组成及功用

X6125 卧式万能升降台铣床主要由床身、主轴、横梁、纵向工作台、转台、横向工作台、升降台等部分组成。

(1) 床身：用来固定和支撑铣床上所有的部件，内部装有主电动机、主轴变速机构和主轴等，上部有横梁，下部与底座相连，前部垂直导轨装有升降台等部件。

(2) 横梁：横梁前端装有吊架，用以支撑刀杆。横梁可沿床身的水平导轨移动，其伸出长度由刀杆的长度决定。

(3) 主轴：是一根空心轴，前端有 7:24 的精密锥孔，用以安装铣刀刀杆并带动铣刀旋转。

(4) 纵向工作台：由纵向丝杠带动在转台的导轨上作纵向移动，以带动台面上的工件作纵向进给。

(5) 横向工作台：位于升降台上面的水平导轨上，可带动纵向工作台一起作横向进给。

(6) 转台：可将纵向工作台在水平面内旋转一定角度(左右方向最大均能转过 0°～45°)，以便铣削螺旋槽等。有无转台，是万能卧铣和普通卧铣的主要区别。

(7) 升降台：可以带动整个工作台沿床身的垂直导轨上下移动，以调整工件与铣刀的距离和实现垂直进给。

(8) 底座：用以支撑床身和升降台，内盛切削液。

2. 立式铣床

立式铣床简称立铣，图 7－4 所示是 X5030 立式铣床。

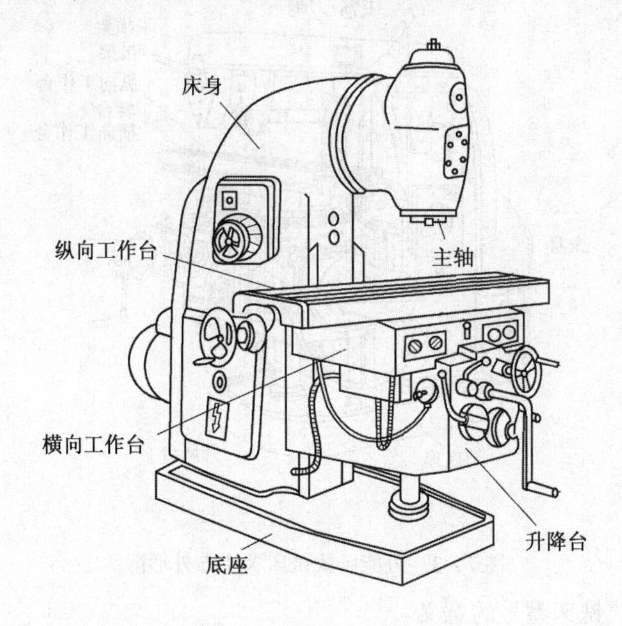

图 7－4　X5030 立式铣床

立式铣床 X5030 型号的意义：

X——铣床类；

5——立式铣床；

0——立式升降台铣床；

30——工作台宽度的 1/10，即表示工作台宽度为 300mm。

立式铣床和卧式铣床的主要区别是主轴与工作台面垂直。并根据实际加工的需要，可以将主轴偏转一定角度，以便加工斜面等。

X5030 立式铣床的主要组成部分与 X6125 万能卧式铣床基本相同，除了主轴与工作台面关系不同外，它没有横梁、吊架和转台。

立式铣床是一种生产率较高的机床，可以利用立铣刀或端铣刀加工平面、台阶、斜面和键槽，还可加工内外圆弧、T 形槽及凸轮等。另外，立式铣床操作时，观察、检查和调整铣刀位置都比较方便，又便于安装硬质合金端铣刀进行高速铣削，故应用非常广泛。

3. 龙门铣床

龙门铣床是具有门式框架和卧式长床身的铣床。龙门铣床具有足够的刚性，且可以同时用几个铣头对工件进行加工，故加工精度和生产率均较高，适合在成批和大量生产中加工大型工件。

7.1.3 铣刀

铣刀种类很多，应用范围相当广泛，铣刀分类方法也很多，这里仅根据铣刀的安装方法不同分为两大类：带孔铣刀和带柄铣刀。

1. 带孔铣刀

1）带孔铣刀的分类

带孔铣刀多用于卧式铣床上，常用的带孔铣刀有圆柱铣刀、圆盘铣刀、角度铣刀和成形铣刀等，如图 7－5 所示。

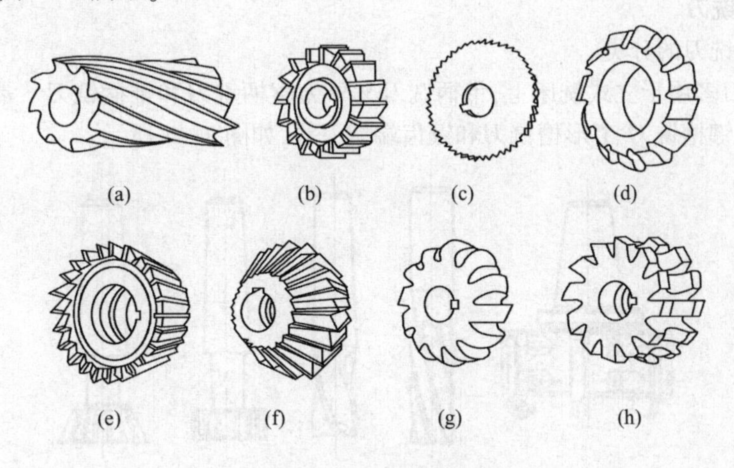

图 7－5 带孔铣刀的分类

（1）圆柱铣刀，如图 7－5(a)所示，主要是利用圆柱表面的刀刃铣削中小平面。

（2）圆盘铣刀，如图 7－5(b)所示的三面刃盘铣刀，主要用于加工不同宽度的沟槽及小平面、台阶面等；如图 7－5(c)所示的锯片铣刀，用于切断或分割工件。

（3）角度铣刀，如图 7－5(e)所示的角度铣刀，具有不同的角度，用于加工各种角度的沟槽和斜面。

（4）成形铣刀，如图 7－5(d)、7－5(g)、7－5(h)所示的成形铣刀，用来加工有特殊外形的表面。其刀刃呈凸圆弧、凹圆弧和齿槽形等形状，用于加工与刀刃形状相同的成形面。

2）带孔铣刀的安装

带孔铣刀中的圆柱、圆盘、角度及成形铣刀，多用长刀杆安装，将刀具装在刀杆上，刀杆的一端为锥体，装入铣床前端的主轴锥孔中，并用螺纹拉杆穿过主轴内孔拉紧刀杆，使与主轴锥孔紧密配合。刀杆的另一端装入铣床的吊架孔中。主轴的动力通过锥面和前端的键传递,带动刀杆旋转。长刀杆安装时,铣刀应尽可能靠近主轴或吊架,使铣刀有足够的刚度;套筒与铣刀的端面必须擦干净,以减少铣刀的端面跳动;在拧紧刀杆的压紧螺母前,必须先装上吊架,以防刀杆受力变弯。

带孔铣刀中的端铣刀,常用短刀杆安装,如图 7-6 所示。将端铣刀直接装在短刀杆前端的短圆柱轴上并用螺钉拧紧,再将短刀杆装入铣床的主轴孔中,并用螺纹拉杆将短刀杆拉紧。

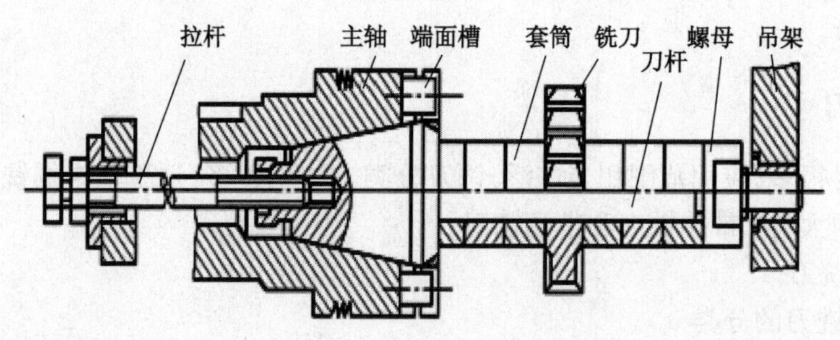

图 7-6　带孔铣刀的安装

2. 带柄铣刀

1）带柄铣刀的分类

带柄铣刀多用于立式铣床上,带柄铣刀又分为直柄铣刀和锥柄铣刀。常用的带柄铣刀有立铣刀、键槽铣刀、T 形槽铣刀和镶齿端铣刀等,如图 7-7 所示。

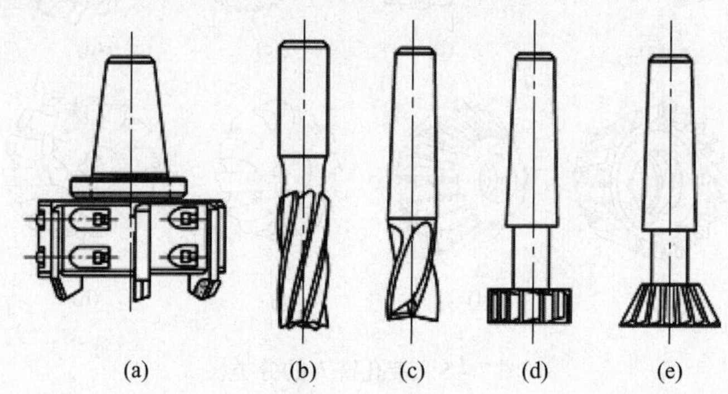

图 7-7　常用带柄铣刀

如图 7-7(a)所示的镶齿端铣刀,适用于卧式或立式铣床上加工平面。一般在刀盘上装有硬质合金刀片,加工平面时可以进行高速铣削,提高生产效率。

如图 7-7(b)所示的立铣刀,端部有三个以上的刀刃,多用于加工沟槽、小平面和台阶面等。

如图 7-7(c)所示的键槽铣刀,端部只有两个刀刃,专门用于加工轴上封闭式键槽。

如图 7-7(d)所示的 T 形槽铣刀和图 7-7(e)所示的燕尾槽铣刀专门用于加工 T 形槽和燕尾槽。

2）带柄铣刀的安装

(1) 直柄铣刀的安装：直柄铣刀的直柄一般不大于 20mm,多用弹簧夹头安装。铣刀的直柄插入弹簧夹头的光滑圆孔中，用螺母压弹簧夹头的端面，弹簧套的外锥挤紧在夹头体的锥孔中将铣刀夹住，如图 7－8 所示。弹簧套有多种孔径，以适应不同尺寸的直柄铣刀。

（2）锥柄铣刀的安装：根据铣刀锥柄尺寸，选择合适的变锥套，将各配合表面擦干净，然后用拉杆将铣刀和变锥套一起拉紧在主轴孔内。

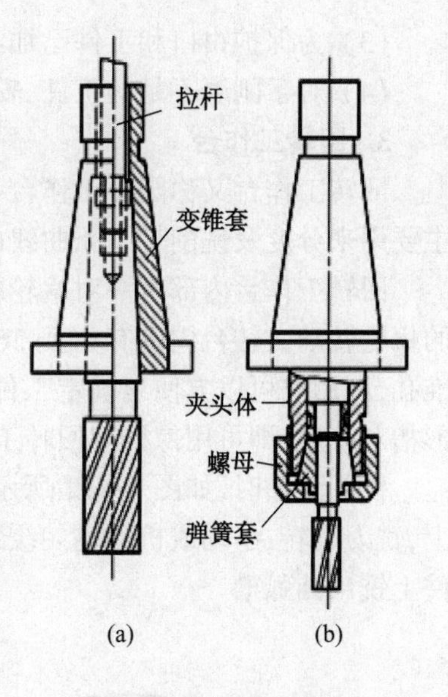

图 7－8　带柄铣刀的安装

7.1.4　工件安装

铣床附件主要有万能铣头、平口钳、回转工作台和分度头等。

1. 万能铣头

万能铣头安装在卧式铣床上，其主轴可以扳转成任意角度，能完成各种立铣的工作。万能铣头的外形如图 7－9 所示。其底座用 4 个螺栓固定在铣床的垂直导轨上。铣床主轴的运动通过铣头内的两对锥齿轮传到铣头主轴上。铣头的大本体可绕铣床主轴轴线偏转任意角度，装有铣头主轴的小本体还能在大本体上偏转任意角度，因此，万能铣头的主轴可在空间偏转成任意所需角度。

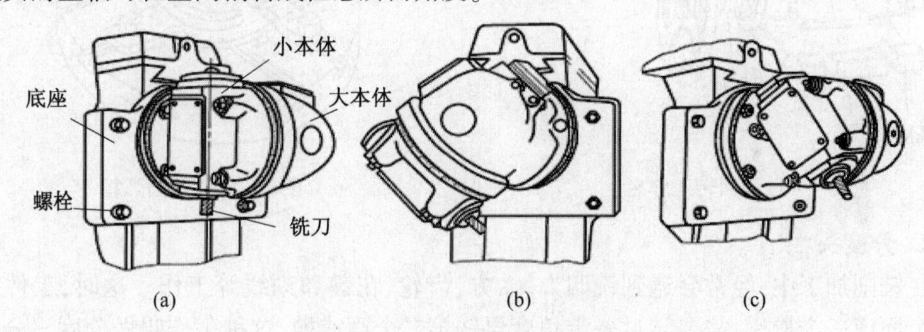

图 7－9　万能铣头的外形图

2. 平口钳

平口钳如图 7－10 所示，主要用来安装小型较规则的零件，如板块类零件、盘套类零件、轴类零件和小型支架等。使用时先把平口钳钳口找正并固定在工作台上，然后再安装工件。

用平口钳安装工件应注意下列事项：

（1）工件的被加工面应高出钳口，必要时可用垫铁垫高工件。

（2）为防止铣削时工件松动，需将比较平整的表面紧贴固定钳口和垫铁。工件与垫铁间不应有间隙，故需一面夹紧，一面用手锤轻击工件上部。对于已加工表面应用铜棒进行敲击。

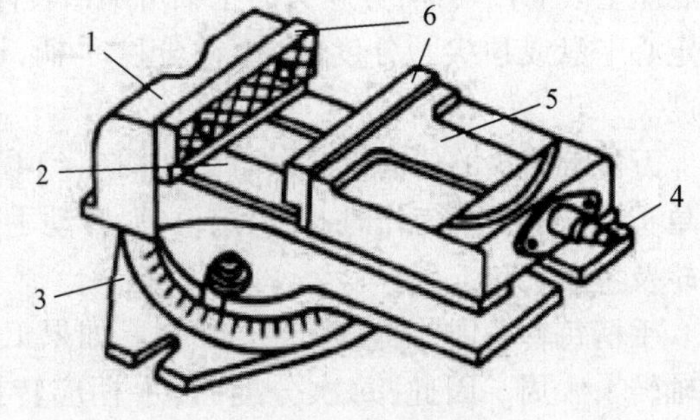

图 7－10　平口钳

(3) 为保护钳口和工件已加工表面,往往在钳口与工件之间垫以软金属片。

(4) 对于刚度不足的工件,安装时应增加支撑,以免夹紧力使工件变形。

3. 回转工作台

回转工作台又称圆形工作台、转盘和平分盘等,其外形如图 7-11 所示。回转工作台主要用来分度及铣削带圆弧曲线的外表面和圆弧沟槽的工件。

回转工作台内部有一对蜗轮蜗杆,摇动手轮,通过蜗杆轴就能直接带动与转台相连接的蜗轮转动。转台周围有 0°到 360°的刻度,用于观察和确定转台位置。转台中央有一基准孔,利用它可以方便地确定工件的回转中心。当转台底座上的槽和铣床工作台上的 T 形槽对齐后,即可用螺栓把回转工作台固定在铣床工作台上。

铣圆弧槽时,如图 7-12 所示,工件用平口钳或三爪自定心卡盘安装在回转工作台上,铣刀旋转,手动或机动均匀缓慢地转动回转工作台带动工件进行圆周进给,即可在工件上铣出圆弧槽。

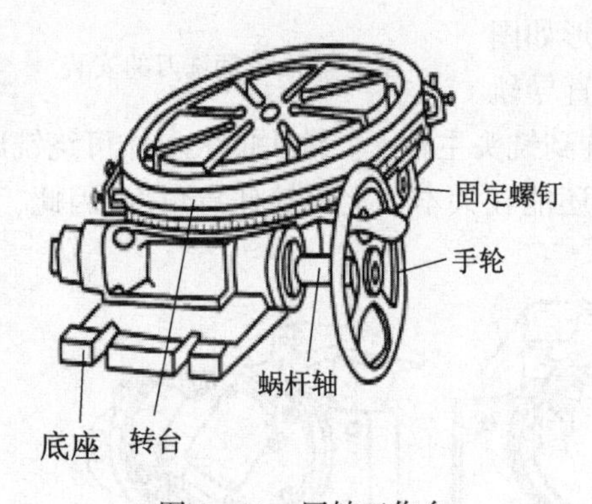

图 7-11 回转工作台

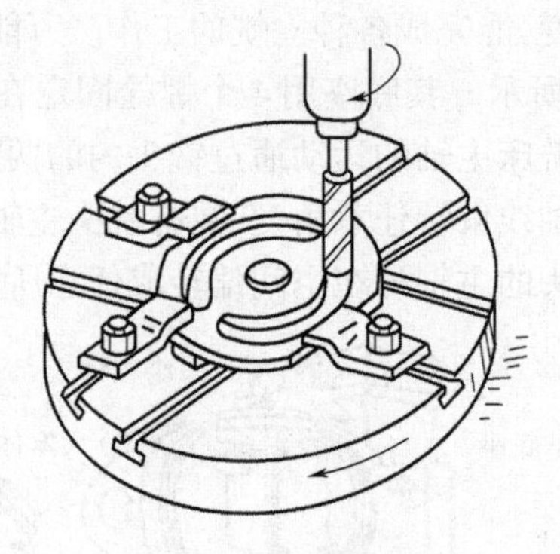

图 7-12 铣圆弧槽

4. 分度头

在铣削加工中,经常会遇到铣四方、六方、齿轮、花键和刻线等工作。这时,工件每铣过一个面或一个槽后,需要转过一定角度再铣第二个面或槽,这种工作叫做分度。分度头是分度用的附件,可对工件在水平、垂直和倾斜位置进行分度。其中最常见的是万能分度头。

1) 万能分度头结构

万能分度头由底座、回转体、主轴和分度盘等组成,如图 7-13 所示。在万能分度头的底座上装有回转体,分度头的主轴可随回转体在垂直平面内扳转,主轴前端常装有三爪自定心卡盘或顶尖。分度时,摇动分度手柄,通过蜗轮蜗杆带动分度头主轴旋转进行分度。

万能分度头的传动系统示意图如图 7-14 所示,主轴上固定有齿数为 40 的蜗轮,它与单头蜗杆啮合。工作时,拔出定位销,转动手柄,通过一对齿数相等的齿轮,蜗杆便带动蜗轮及主轴旋转。

手柄每转一周,主轴只转 1/40 周。如果工件圆周需分成 z 等分,则每一等分就要求主轴转 $1/z$ 周。因此,每次分度时,手柄应转过的周数 n 与工件等分数 z 之间有如下关系:

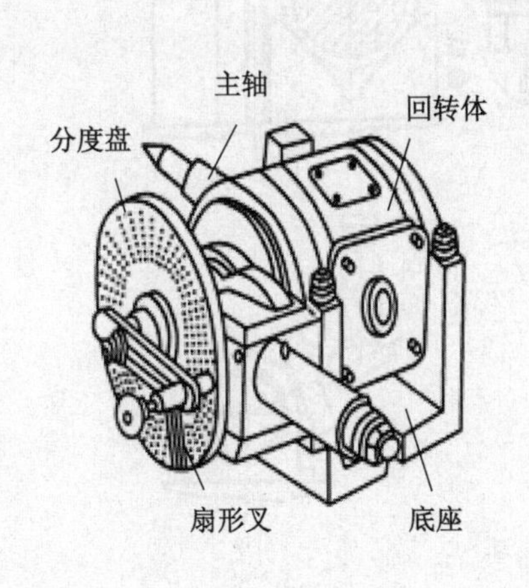

图 7-13　万能分度头

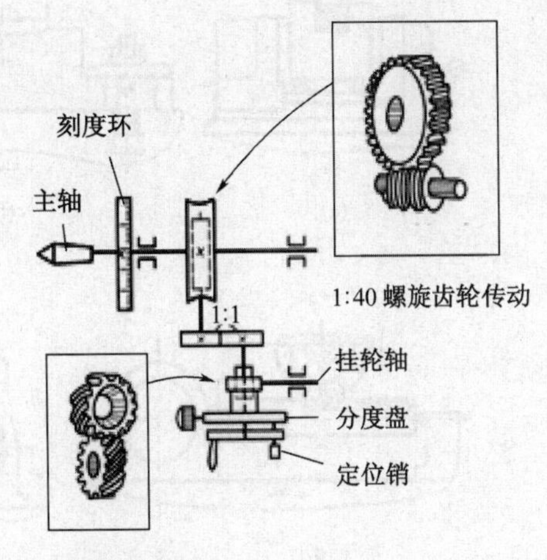

图 7-14　万能分度头的传动系统示意图

$$1:40 = 1/z : n$$

即

$$n = 40/z$$

式中：n 为手柄转数；z 为工件等分数；40 为分度头定数。

2）简单分度法

使用分度头进行分度的方法很多，有直接分度法、简单分度法、角度分度法和差动分度法等。这里仅介绍简单分度法。

公式 $n = 40/z$ 所表示的方法即为简单分度法。下面举例说明。

例如铣齿数 $z = 36$ 的齿轮，每次分齿时手柄转数为：$n = 40/z = 40/36 = 1$。

也就是说，每分一齿，手柄需转过一整圈再多摇过 1/9 圈。这 1/9 圈（非整数圈）一般通过分度盘（图）来控制，国产分度头一般备有两块分度盘，正反两面各圈孔数分布如下：第一块分度盘正面各圈孔数依次为 24，25，28，30，34，37；反面依次为 38，39，41，42，43。第二块分度盘正面各圈孔数依次为 46，47，49，51，53，54；反面依次为 57，58，59，62，66。

简单分度法需将分度盘固定，再将分度手柄上的定位销调整到孔数为 9 的整数倍的孔圈上。例如，可调整到孔数为 54 的孔圈上，这时，手柄转过一圈后再沿孔数为 54 的孔圈转过 6 个孔距，即达到了铣削 $z = 36$ 齿轮的分度要求。

5. 工件的安装

铣床常用的工件安装方法见图 7-15，有平口钳安装、压板螺栓安装、V 形铁安装和分度头安装等。分度头多用于安装有分度要求的工件，它既可用分度头卡盘（或顶尖）与尾座顶尖一起使用安装轴类零件，也可只使用分度头卡盘安装工件。由于分度头的主轴可以在垂直平面内扳转，因此，可利用分度头把工件安装成水平、垂直及倾斜位置。

当零件的生产批量较大时，可采用专用夹具或组合夹具安装工件。这样既能提高生产效率，又能保证产品质量。

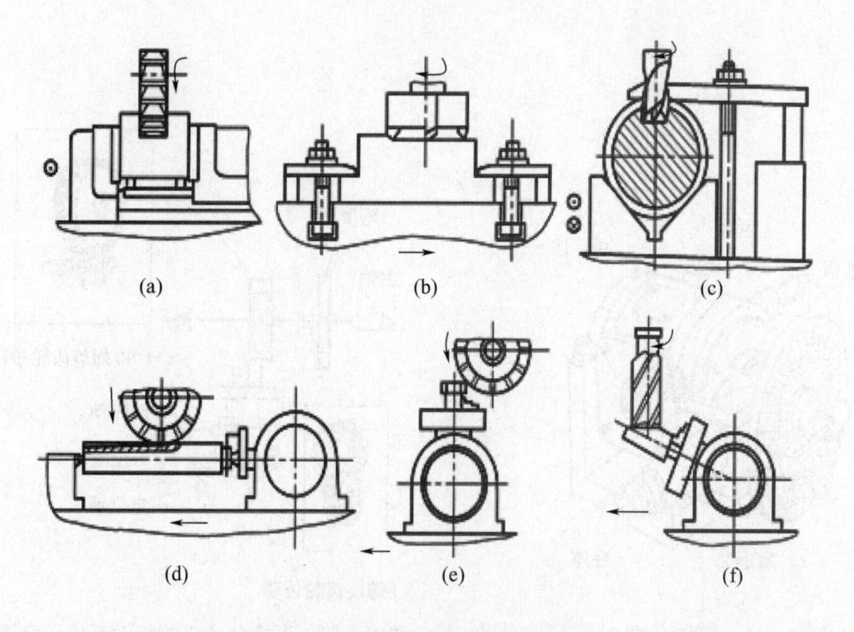

图 7-15 铣床常用的工件安装方法

（a）平口钳；（b）压板螺钉；（c）V 形铁；（d）分度头顶尖；

（e）分度头卡盘(直立)；（f）分度头卡盘(倾斜)。

7.1.5 铣削的基本工作

1. 铣削方式

铣削方式包括周铣法和端铣法。

1）周铣法

用圆柱铣刀的圆周刀齿加工平面，称为周铣法。周铣法可分为逆铣和顺铣，如图 7-16所示。

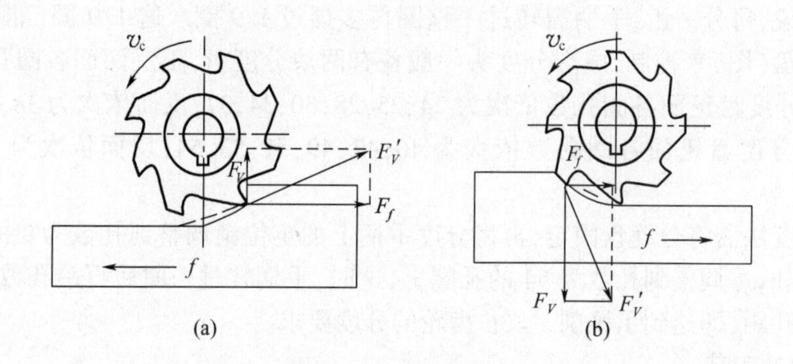

图 7-16 周铣法

（a）逆铣；（b）顺铣。

当铣刀和零件接触部分的旋转方向与零件的进给方向相反时称为逆铣；当铣刀和零件接触部分的旋转方向与零件进给方向相同时称为顺铣。由于铣床工作台的传动丝杠与螺母之间存在间隙，如无消除间隙装置，顺铣时会产生振动和造成进给量不均匀，所以通常情况下，采用逆铣。

2）端铣法

用端铣刀的端面刀齿加工平面，称为端铣法。

铣平面可用周铣法或端铣法，由于端铣法具有刀具刚性好、切削平稳（同时进行切削的刀齿多）、生产率高（便于镶装硬质合金刀片，可以采用高速铣削）、加工表面粗糙度数值较小等优点，应优先采用端铣法。但是由于周铣法的适应性较广，可以利用多种形式的铣刀，所以生产中仍常用周铣法。

2. 铣平面

铣平面可在卧铣或立铣上进行，所用刀具有镶齿端铣刀、圆柱铣刀、套式立铣刀、三面刃铣刀和立铣刀等。

3. 铣斜面

工件上具有斜面的结构很常见，常用的斜面铣削方法有以下三种。

（1）转动工件：此方法是把工件上被加工的斜面转动到水平位置，垫上相应的角度垫铁夹紧在铣床工作台上。在圆柱和特殊形状的零件上加工斜面时，可利用分度头将工件转成所需位置进行铣削，如图 7－17（a）所示。

（2）转动铣刀：此方法通常在装有立铣头的卧式铣床或立式铣床上进行，将主轴倾斜所需角度，因而可使刀具相对工件倾斜一定角度来铣削斜面，如图 7－17（b）所示。

（3）用角度铣刀铣斜面：对于一些小斜面，可用合适的角度铣刀加工，此方法多用于卧式铣床上，如图 7－17（c）所示。

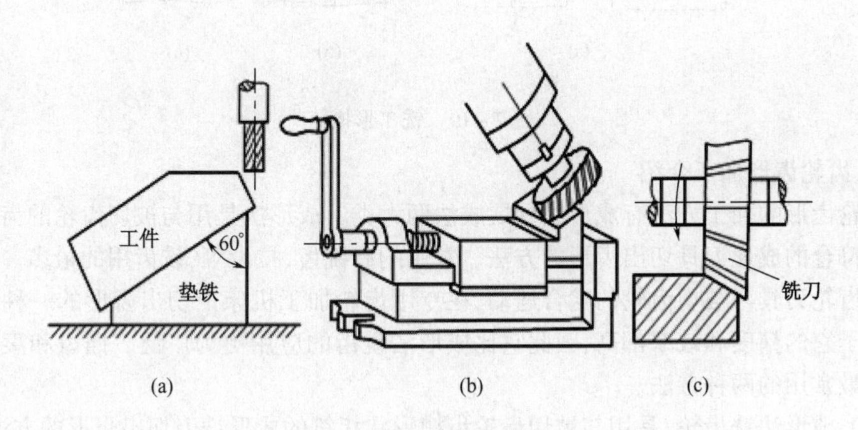

图 7－17　斜面铣削方法

另外，在一些适宜用于卡盘装夹工件上加工斜面时，可利用分度头装夹工件，将其主轴扳转一定角度后即可铣斜平面。

当加工零件批量较大时，常用专用夹具装夹工件铣平面。

4. 铣沟槽

在铣床上可铣削各种沟槽。可分别用三面刃铣刀、角度铣刀、燕尾槽铣刀、T 形槽铣刀、键槽铣刀、立铣刀加工直槽、V 形槽、燕尾槽、T 形槽、键槽、圆弧槽。

1）铣键槽

常见的键槽有封闭式和敞开式两种。对于封闭式键槽，单件生产一般在立式铣床上加工，用平口钳装夹工件，但需找正；若批量较大时，应在键槽铣床上加工，多用轴用虎钳装夹工件,如图 7 – 18 所示。轴用虎钳装夹工件可以自动对中,不必找正工件。

对于敞开式键槽,用分度头装夹工件,在卧铣上用三面刃铣刀加工。

如果用立铣刀加工键槽,则由于立铣刀端部中心部位无切削刃,不能向下进刀,因此必须预先在键槽的一端先钻一个落刀孔,方能用立铣刀铣键槽。

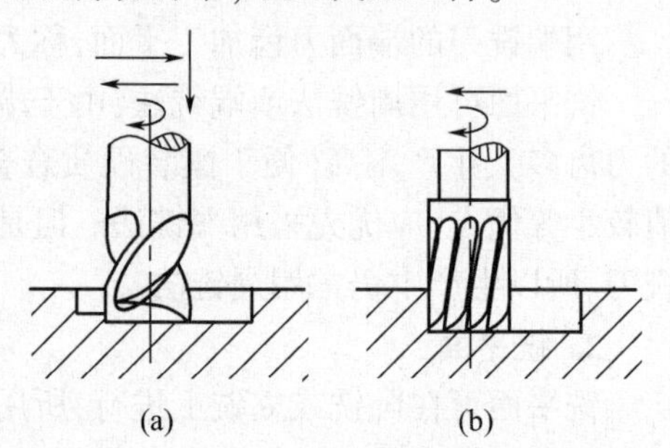

图 7 – 18　铣封闭式键槽

(a) 用键槽铣刀; (b) 用立铣刀。

2) 铣 T 形槽

先用立铣刀或三面刃铣刀铣出直槽,然后用 T 形槽铣刀铣削 T 形槽,如图 7 – 19 所示。T 形槽铣刀切削条件差,排屑困难,铣削时应取较小进给量,并加充足的切削液。

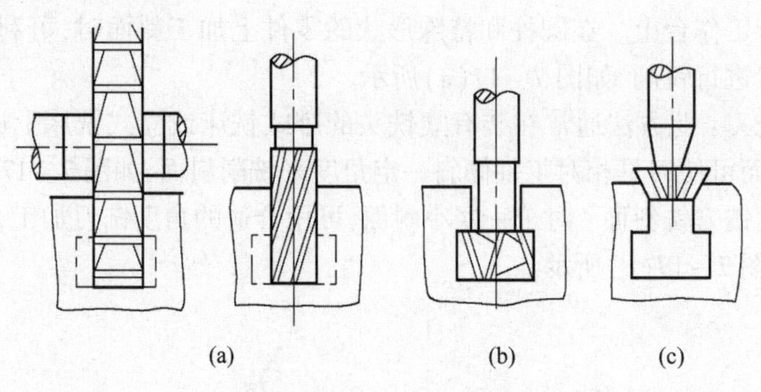

图 7 – 19　铣 T 形槽

3) 齿轮齿形加工介绍

齿轮齿形的加工方法有成形法和展成法两大类。成形法是用与被切齿轮的齿槽截面形状相符合的成形刀具切出齿形的方法。常用的有铣齿、拉齿等,铣齿用的最多。展成法是利用齿轮刀具与被切齿轮的啮合运动,在专用齿轮加工机床上切出齿形的一种加工方法。由于它的精度和效率都高,因此它比成形法铣齿的应用更为广泛。插齿和滚齿是展成法中最常用的两种方法。

(1) 成形法铣齿轮,是用与被切齿轮齿槽形状相符的成形铣刀切出齿形的方法,铣削时,在卧式铣床上用分度头和心轴水平装夹工件,用齿轮铣刀进行铣削,如图 7 – 20 所示。在立式铣床上则用指状模数铣刀铣削。当铣完一个齿槽后,将零件退出,进行分度,再铣下一个齿槽,直到铣完所有的齿槽为止。

成形法加工齿形的特点是:设备简单(用普通铣床即可)、成本低、生产效率低、加工齿轮精度也较低,只能达到 IT9 级或 IT9 级以下,齿面粗糙度 Ra 值为 3.2 ~ 6.3μm。这是因为齿轮齿槽的形状与模数和齿数有关,所以要铣出准确齿形,需对同一模数的每一种齿数的齿轮制造一把铣刀。为了方便刀具的制造和管理,一般将铣削模数相同而齿数不同的齿轮所用的铣刀制成一组 8 把,分为 8 个刀号,每号铣刀加工一定齿数范围的齿轮。而每号铣刀的齿轮廓只能与该号数范围内的最少齿数齿轮齿槽的理论轮廓相一致,对其他齿数的齿轮只能获得近似齿形。

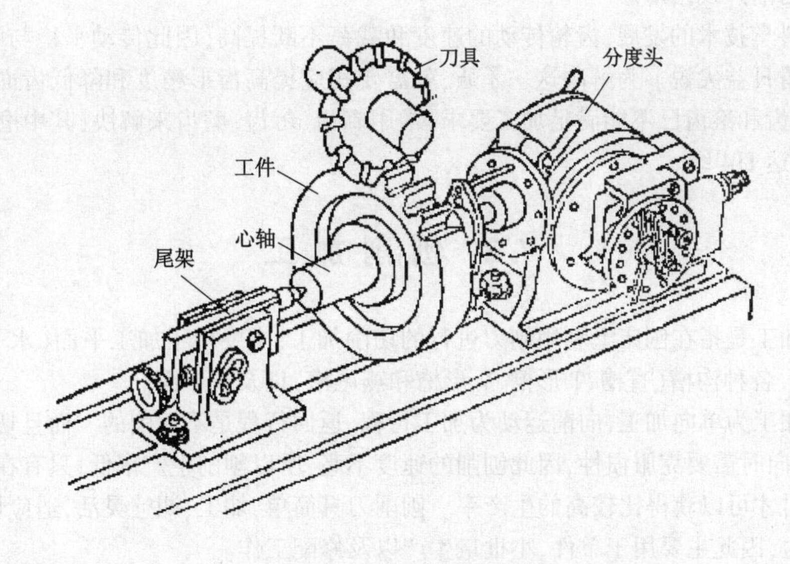

图 7－20　在卧式铣床上铣齿轮

据以上特点，成形法铣齿轮多用于修配或单件生产一些转速低、精度要求不高的齿轮。

（2）展成法加工齿轮，是建立在齿轮与齿轮或齿条与齿轮的相互啮合原理基础上的齿形加工方法。插齿加工如图 7－21 所示，滚齿加工如图 7－22 所示。插齿过程相当于一对齿轮强制对滚。

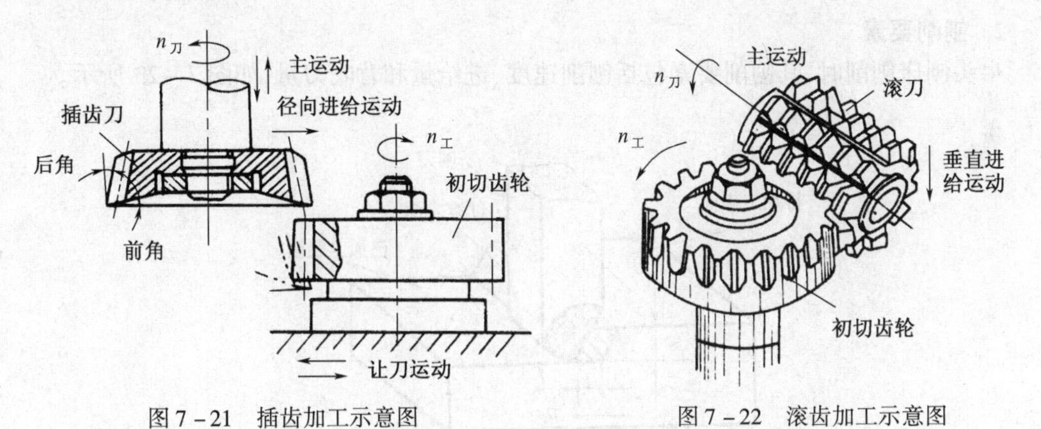

图 7－21　插齿加工示意图　　图 7－22　滚齿加工示意图

插齿刀的形状与齿轮类似，只是在轮齿上刃磨出前后角，使其具有锋利的刀刃。插齿时插齿刀一边上下往复运动，一边与被切齿轮坯之间保持一对齿轮的啮合关系。即插齿刀转过一个齿，被切齿轮坯也转过相当一个齿的角度，逐渐切去工件上的多余材料，获得所需的齿形。

滚齿加工在滚齿机上进行，滚齿可近似看作是无啮合间隙的齿轮与齿条传动，当滚刀旋转一周时，相当于齿条在法向移动一个刀齿，滚刀连续转动，犹如一个无限长的齿条在连续移动。当滚刀与齿轮坯之间严格按照齿条与齿轮的传动比强制啮合传动时，滚刀刀齿在一系列位置上的包络线就形成了工件的渐开线齿形。随着滚刀的垂直进给，即可加工出完整的渐开线齿形。

随着科学技术的发展,齿轮传动的速度和载荷不断提高,因此传动平稳与噪声、冲击之间的矛盾日益尖锐。为解决这一矛盾,就需要相应提高齿形精度和降低齿面粗糙度数值,这时插齿和滚齿已不能满足加工要求,常用剃齿、珩齿、磨齿来解决,其中磨齿加工精度最高,可达 IT4 级。

7.2 刨削加工

刨削加工是指在刨床上利用刨刀进行的切削加工,主要用于加工平面(水平面、垂直面和斜面)、各种沟槽(直槽、T 形槽、V 形槽和燕尾槽)以及成形面。

刨削加工为单向加工,向前运动为加工行程,返回行程是不切削的。而且切削过程中有冲击,反向时需要克服惯性,因此刨削的速度不高,所以刨削生产率低,只有在加工细而长的表面时才可以获得比较高的生产率。刨削刀具简单,加工、调整灵活,适应性强,生产准备时间短,因此主要用于单件、小批量生产以及修配工作。

刨削加工的尺寸精度一般为 IT10 ~ IT8,表面粗糙度 Ra 值为 6.3 ~ 1.6μm。

7.2.1 刨削运动及刨削要素

1. 刨削运动

在牛头刨床上加工水平面时,刀具的直线往复运动为主运动,工件的间歇移动为进给运动。

2. 刨削要素

牛头刨床刨削时,其刨削要素包括刨削速度、进给量和背吃刀量,如图 7 – 23 所示。

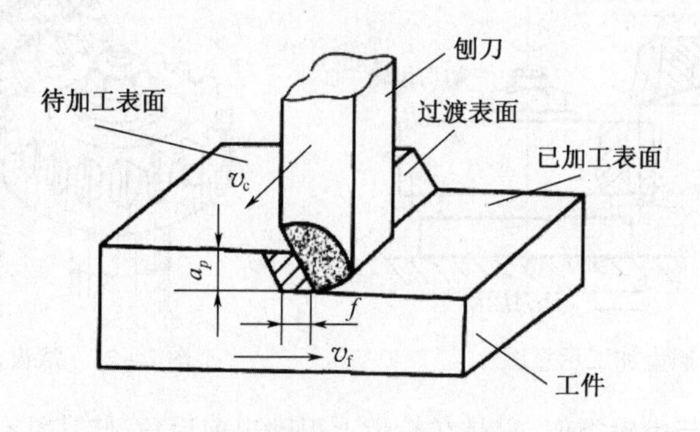

图 7 – 23 牛头刨床的刨削要素

(1) 刨削速度 v_c: 它是工件和刨刀在刨削时的相对速度,计算公式如下:

$$v_c = \frac{2Ln_r}{1000}$$

式中: v_c 为刨削速度(m/min);L 为行程长度(mm);n_r 为滑枕每分钟的往复行程次数。

(2) 进给量 f: 刨刀每往复一次,工件沿进给方向移动的距离(mm/min)。

(3) 背吃刀量 a_p: 工件已加工表面和待加工表面之间的垂直距离(mm)。

7.2.2 刨床

1. 牛头刨床

牛头刨床是刨床中应用最广泛的一种,它适于刨削长度不超过1000mm的中小型工件。如图7－24所示为B6065牛头刨床示意图。在编号B6065中,B表示刨床类;60表示牛头刨床;65表示刨削工件的最大长度的1/10,即最大刨削长度为650mm。

牛头刨床主要由床身、滑枕、刀架、工作台和横梁等构成。

(1) 床身:用于支承和连接刨床的各部分,其顶面水平导轨支持着滑枕作往复运动,侧面导轨用于连接可以升降的横梁。床身内装有变速机构和摆杆机构,可以把电机传来的动力进行变换,并且通过摆杆机构把旋转运动变换为往复直线运动。

(2) 滑枕:滑枕前端装有刀架,用于带动刀架沿床身水平导轨作纵向往复直线运动。

(3) 刀架:用于夹持刨刀,可以通过转动刀架顶部的手柄使刨刀作垂直方向或者倾斜方向的进给。松开转盘上的螺母后,转盘可以旋转一定角度,这样刨刀就可以沿该角度实现进给运动。

(4) 横梁:横梁上装有工作台及工作台进给丝杠,可以带动工作台沿床身导轨作升降运动。

(5) 工作台:用于安装工件或者夹具,可以随横梁上下移动,并且可以沿横梁导轨作横向的移动或者间歇进给运动。

2. 龙门刨床

龙门刨床用来加工大型工件,或同时加工数个中、小型工件。图7－25所示为B2010A型龙门刨床示意图。在编号B2010A中,B表示刨床类;20表示龙门刨床;10表示最大刨削宽度的1/100,即最大刨削宽度为1000mm;A表示机床结构经过一次重大改进。

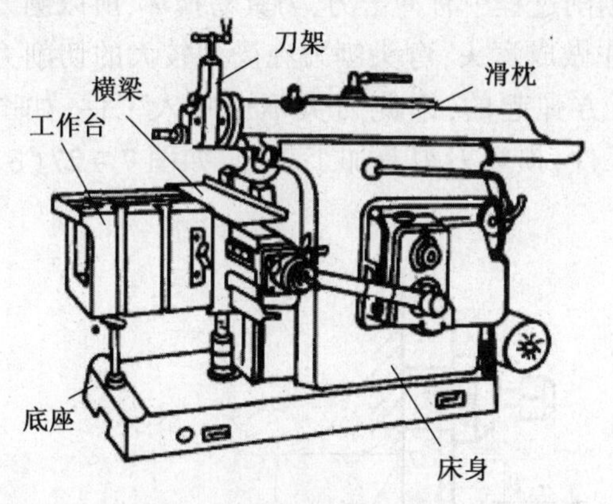

图7－24 B6065牛头刨床

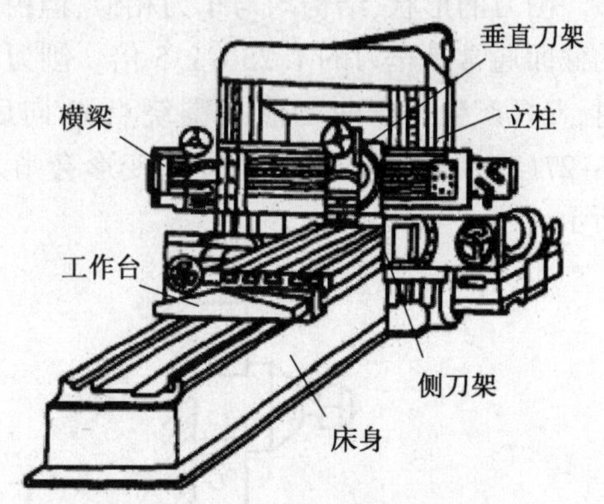

图7－25 B2010A型龙门刨床

加工时,工件装夹在工作台上,由工作台带动沿床身导轨作直线往复运动(主运动);安装在垂直刀架或侧刀架上的刨刀随刀架沿横梁或立柱作间歇的进给运动。侧刀架可沿立柱导轨上下移动以加工垂直面,垂直刀架可沿横梁导轨作水平移动以加工水平面,同时横梁又可带动两个垂直刀架沿立柱导轨上下移动以调节刨刀高度。龙门刨床刚性较好,而且几个刀架可以同时进行工作,所以加工精度和生产率均比牛头刨床高。

3. 插床

插床又称立式刨床,如图 7－26 所示为 B5020 型插床。在型号 B5020 中,B 表示刨床类;50 表示插床;20 表示最大插削长度的 1/10,即最大插削长度为 200mm。

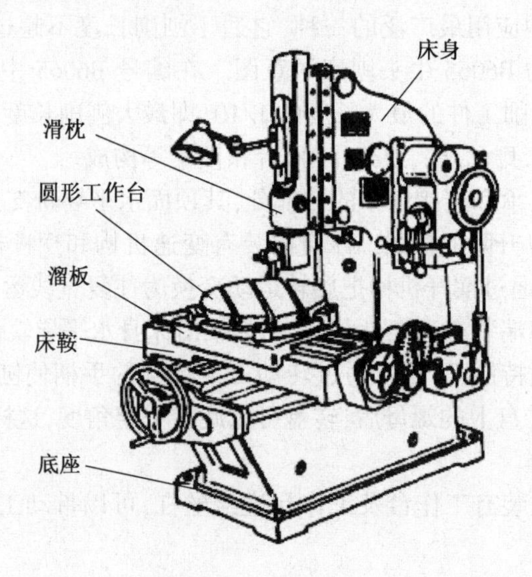

图 7－26　B5020 型插床

加工时,滑枕带动插刀作上下往复直线运动(主运动);工件装夹在工作台上可实现纵向、横向和圆周方向的进给运动。插床主要用于单件、小批量生产中加工多边形孔和孔内键槽。

7.2.3　刨刀

刨刀的形状、结构均与车刀相似,但由于刨削过程中有冲击力,刀具易损坏,所以刨刀的截面通常是车刀的 1.25～1.5 倍。刨刀往往做成弯头,弯头刨刀在受到较大的切削力时,刀杆产生的弯曲变形是围绕点 O 向后上方弹起的,因此刀尖不会啃入工件,如图 7－27(a)所示。而直头刨刀受力变形会啃入工件,损坏刀刃及加工表面,如图 7－27(b)所示。

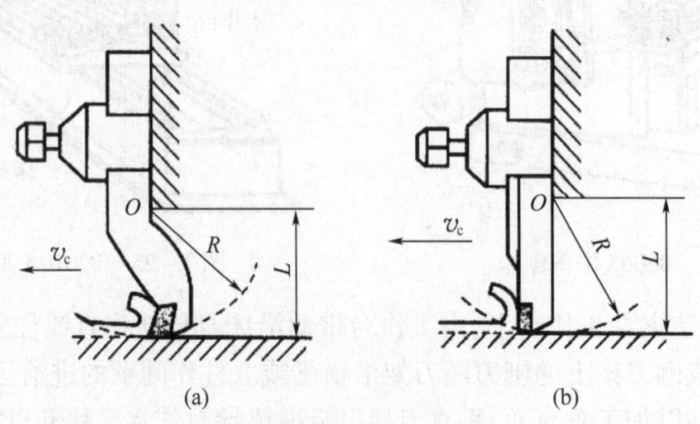

图 7－27　弯头刨刀和直头刨刀

刨刀的种类较多,按加工表面和加工方式不同,常见的有平面刨刀、偏刀、角度偏刀、切刀及成形刀等,如图 7-28 所示。平面刨刀用于加工水平面;偏刀用于加工垂直面或斜面;角度偏刀用于加工互成一定角度的表面;切刀用于刨槽或切断;成形刀用于加工成形表面。

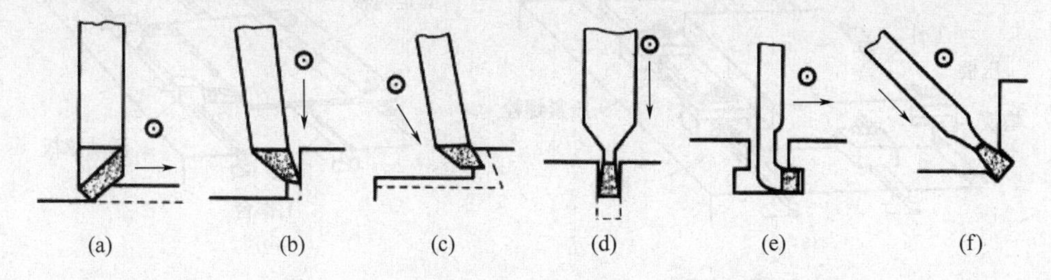

图 7-28 常见刨刀形状及其应用

(a) 平面刨刀;(b) 偏刀;(c) 角度偏刀;(d) 切刀;(e) 弯切刀;(f) 切刀。

7.2.4 工件的装夹

在刨床上安装工件的方法有平口钳安装、在工作台上装夹、专用夹具安装等。

1. 平口钳安装工件

平口钳是通用工具,常用于装夹小型工件,如图 7-29 所示。加工前工件先轻夹在机床用平口钳上,用钢直尺、划针等或凭眼力直接找正工件的位置,然后夹紧。如图 7-29(a)所示为用划针找正工件上、下两平面对工作台面的平行度。如果是毛坯,可先划出加工线,然后按划线找正工件的位置,如图 7-29(b)所示。

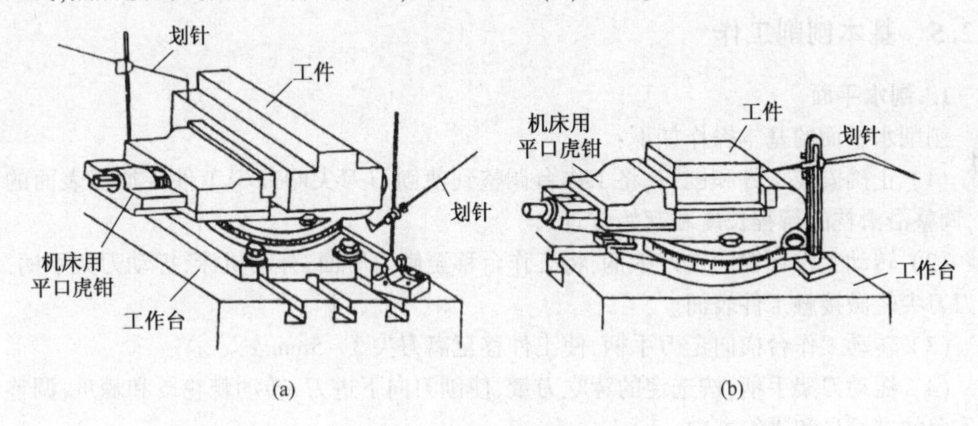

图 7-29 平口钳装夹工件

2. 在工作台上装夹

在工作台上装夹工件时,可根据工件的外形尺寸采用不同的装夹工具。如图 7-30(a)所示为用压板和压紧螺栓装夹工件;图 7-30(b)所示为用撑板装夹薄板工件;图 7-30(c)所示为用 V 形架装夹圆形工件;图 7-30(d)所示为将工件靠在角铁上,用 C 形铁或压板压紧。

在工作台上装夹工件时,根据工件装夹精度要求,也用划针、百分表等找正工件或先划好加工线再进行找正。

3. 专用夹具安装工件

专用夹具是根据工件某一工序的具体情况而设计的,可以迅速而准确地安装工件。

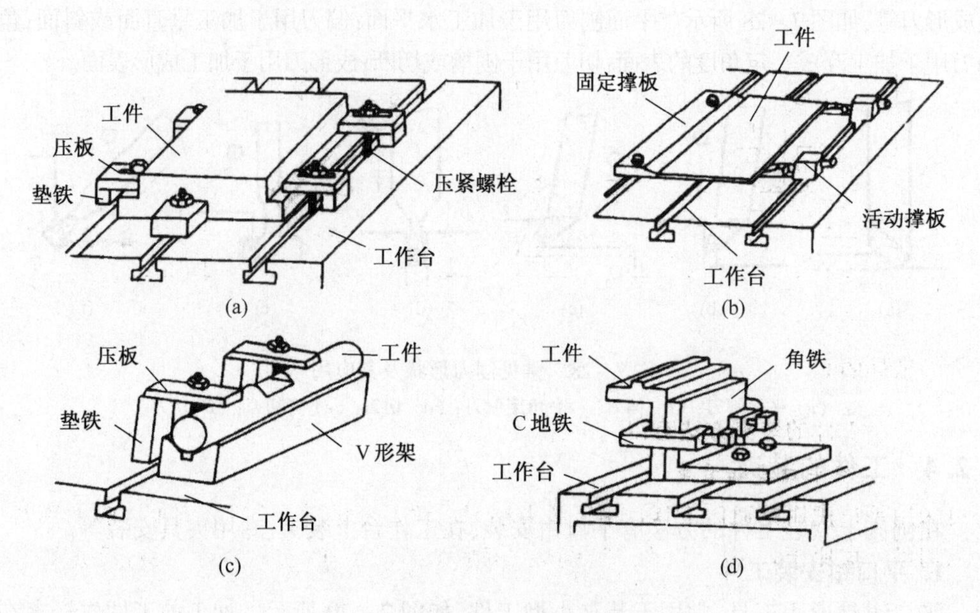

图 7-30　工作台上装夹工件

这种方法多用于批量生产。

在刨床上还经常使用组合夹具来安装工件,以适应单件小批量生产和满足加工要求。

7.2.5　基本刨削工作

1. 刨水平面

刨削水平面的基本操作如下:

(1) 正确安装工件和刨刀,将工作台调整到使刨刀刀尖略高于工件待加工表面的位置,调整沿滑枕的行程长度和起始位置。

(2) 转动工作台横向走刀手柄,将工作台移至刨刀下面,开动机床,摇动刀架手柄,使刨刀刀尖轻微接触工件表面。

(3) 转动工作台横向走刀手柄,使工件移至离刀尖 3~5mm 处。

(4) 摇动刀架手柄,按选定的背吃刀量,使刨刀向下进刀,转动棘轮罩和棘爪,调整好工作台的进给量和进给方向。

(5) 开动机床,刨削工件宽度为 1~1.5mm 时停车,用钢直尺或游标卡尺测量背吃刀量是否正确,确认无误后,开车将整个平面刨完。

2. 刨垂直面

刨削垂直面就是用刀架垂直进给来加工平面的方法,主要用于加工狭长工件的两端面或其他不能在水平位置加工的平面。加工垂直面的注意事项如下:

(1) 应使刀架转盘的刻线对准零线。如果刻线不准确,可按图 7-31 所示的方法找正刀架。

(2) 刀座应按上端偏离加工面的方向偏转 10°~15°,如图 7-32 所示。其目的是使刨刀在回程抬刀时离开加工表面,以减少刀具磨损。

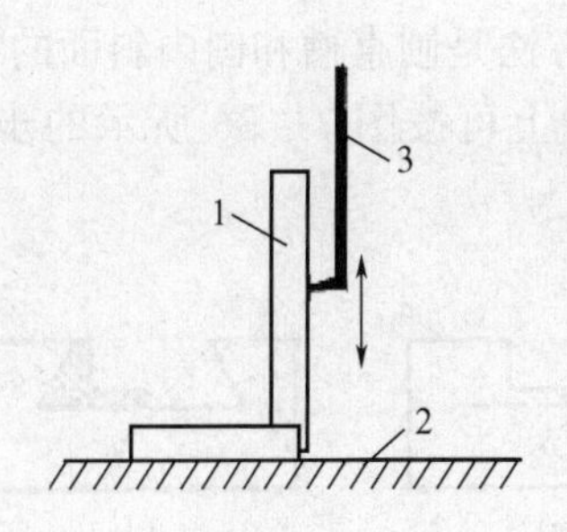

图 7－31　找正刀架垂直的方向

1—90°角尺；2—工作台；3—弯头划针。

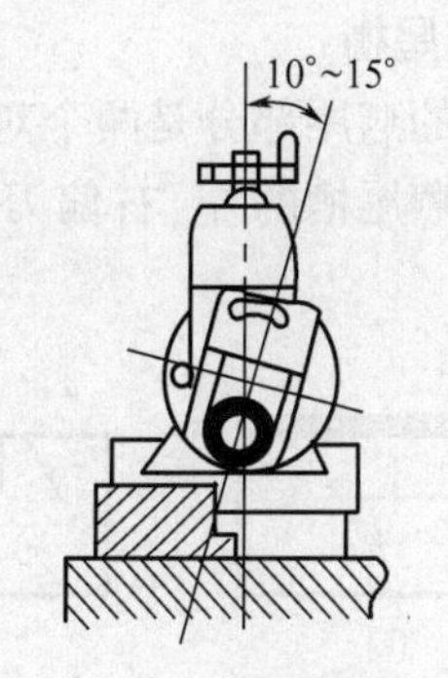

图 7－32　刨削垂直面刀座偏离加工面的方向

3. 刨斜面

刨斜面最常用的方法是倾斜刀架法，刀架的倾斜角度等于工件待加工斜面与机床纵向垂直面的夹角。刀座倾斜的方向与刨垂直面时刀座的倾斜方向相同，如图 7－33 所示。

4. 刨 T 形槽

刨 T 形槽前，应先将工件的各个关联平面加工完毕，并在工件前、后端面及平面划出加工线，如图 7－34 所示，然后按线找正加工。刨削顺序如图 7－35 所示。

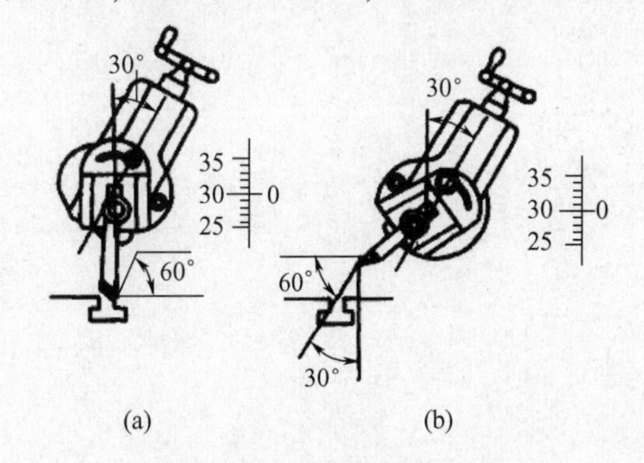

图 7－33　倾斜刀架刨削斜面

（a）刨外斜面；（b）刨内斜面。

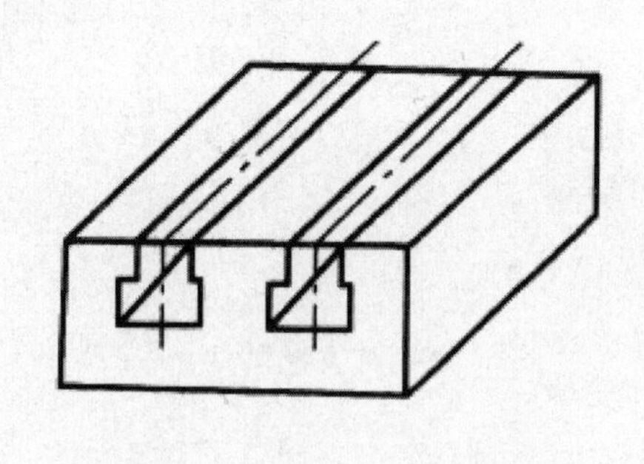

图 7－34　T 形槽工件的划线

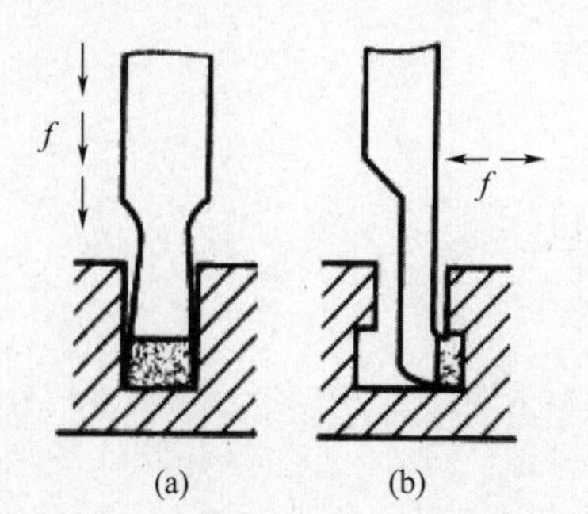

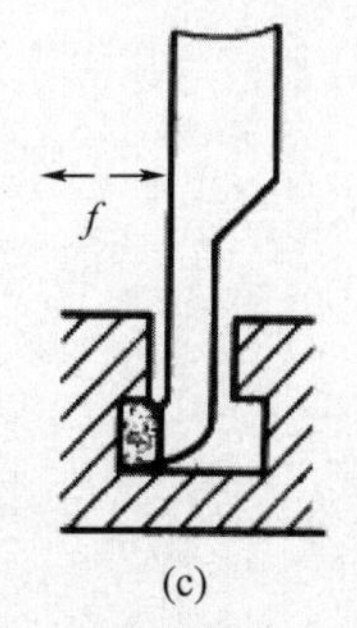

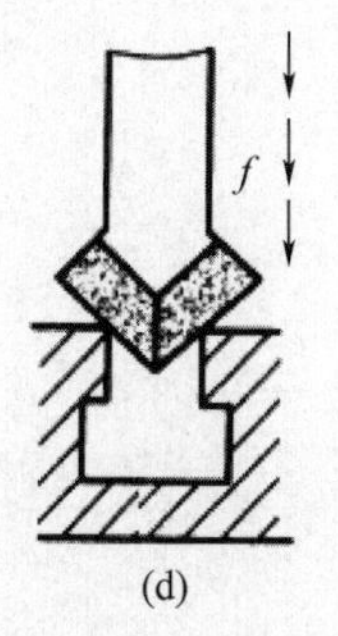

图 7－35　T 形槽的刨削顺序

（a）用切槽刀刨出直槽；（b）用弯切刀刨右凹槽；（c）用弯切刀刨左凹槽；（d）用 45°刨刀倒角。

5. 刨燕尾槽

燕尾槽的燕尾部分是两个对称的内斜面,其刨削方法是刨直槽和刨内斜面的综合,但需要专门刨燕尾槽的左、右偏刀。在各面刨好的基础上可按图 7 - 36 所示的步骤刨燕尾槽。

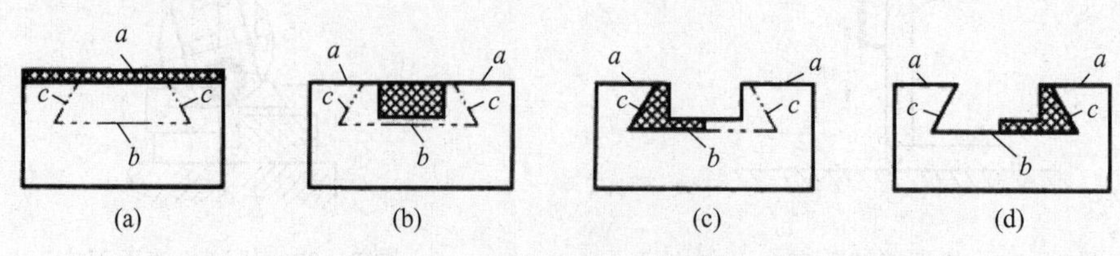

图 7 - 36　刨燕尾槽的步骤

(a) 刨平面;(b) 刨直槽;(c) 刨左燕尾槽;(d) 刨右燕尾槽。

第8章　磨削加工

8.1　磨削概述

磨削是在磨床上用砂轮作为刀具对工件表面进行切削加工,是机械制造中最常用的精加工方法之一。磨削的应用范围很广,可磨削难以切削的各种高硬、超硬材料;可磨削各种表面;可用于荒加工(磨削钢坯、割浇冒口等)、粗加工、精加工和超精加工。磨削加工容易实现生产过程自动化,在工业发达国家,磨床已占机床总数的25%左右,个别行业可达到40%～50%。

与其他加工方法相比,磨削加工具有以下特点:

(1) 磨削属多刃、微刃切削。磨削用的砂轮是由许多细小坚硬的磨粒用结合剂黏结在一起经焙烧而成的疏松多孔体,如图8－1所示。这些锋利的磨粒就像铣刀的切削刃,在砂轮高速旋转的条件下,切入工件表面,故磨削是一种多刃、微刃切削过程。

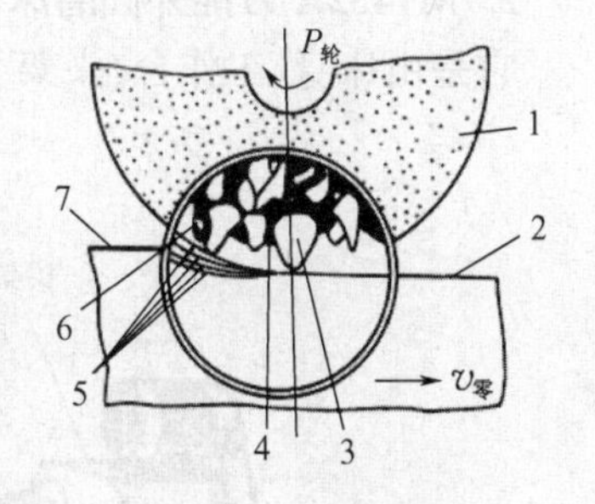

图8－1　砂轮的组成
1—砂轮；2—已加工表面；
3—磨粒；4—结合剂；
5—加工表面；6—空隙；
7—待加工表面。

(2) 加工尺寸精度高,表面粗糙度值低。磨削的切削厚度极薄,每个磨粒的切削厚度可小到微米,故磨削的尺寸精度可达IT6～IT5,表面粗糙度 *Ra* 值达0.025～0.8μm。高精度磨削时,尺寸精度可超过IT4,表面粗糙度 *Ra* 值不大于0.012 μm。

(3) 加工材料广泛。由于磨料硬度极高,故磨削不仅可加工一般金属材料,如碳钢、铸铁等,还可加工一般刀具难以加工的高硬度材料,如淬火钢、各种切削刀具材料及硬质合金等。

(4) 砂轮有自锐性。当作用在磨粒上的切削力超过磨粒的极限强度时,磨粒就会破碎,形成新的锋利棱角进行磨削;切削力超过结合剂的黏结强度时,钝化的磨粒就会自行脱落,使砂轮表面露出一层新鲜锋利的磨粒,从而使磨削加工能够继续进行。砂轮的这种自行推陈出新、保持自身锋利的性能称为自锐性。砂轮有自锐性可使砂轮连续进行加工,这是其他刀具没有的。

(5) 磨削温度高。磨削过程中,由于切削速度很高,产生大量切削热(温度超过1000℃)。同时,高温的磨屑在空气中发生氧化,产生火花。在如此高温下,将会使工件材料的性能改变而影响质量。因此,为减少摩擦和迅速散热,降低磨削温度,应及时冲走屑末,以保证工件表面质量,磨削时需使用大量切削液。

8.2 磨　床

磨床按用途不同可分为外圆磨床、内圆磨床、工具磨床、螺纹磨床、齿轮磨床等。

8.2.1 外圆磨床

外圆磨床分为普通外圆磨床和万能外圆磨床。在普通外圆磨床上可以磨削工件的外圆柱面和外圆锥面;在万能外圆磨床上不仅能磨削外圆柱面和外圆锥面,而且能磨削内圆柱面、内圆锥面及端面。

1. 外圆磨床的编号含义

M 14 32 A

M——磨床

14——万能外圆磨床

32——最大磨削直径的1/10(320mm)

A——经过一次重大改进

2. M1432A万能外圆磨床的组成

它是由床身、工作台、头架、尾架和砂轮架等部件组成,如图8-2所示。

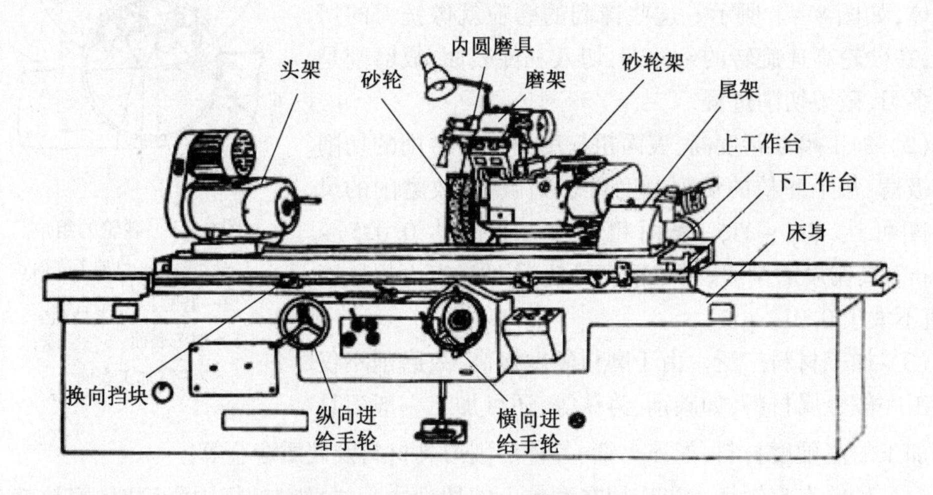

图8-2　M1432A型万能外圆磨床

(1) 床身　用于安装各部件。上部装有工作台和砂轮架,内部装有液压传动系统。

(2) 砂轮架　用于安装砂轮,并有单独电机带动砂轮旋转。砂轮架可在床身后部的导轨上作横向移动,可作周期性的自动进给、快速的前进和后退以及手动横移。

(3) 工作台　其上装有头架和尾座,用以安装工件并带动工件旋转。工作台分上下两层,下工作台作纵向往复运动,上工作台可相对下工作台在水平面上偏转一定角度(顺时针方向3°,逆时针方向为9°),以便磨削锥面。在磨削圆柱面时若产生锥度,则需调整上工作台的偏角,予以消除。

(4) 头架　头架内的主轴由单独电动机带动旋转。头架上的主轴可用顶尖或夹盘安装工件,分别通过拨盘或卡盘带动工件旋转。头架上的变速机构,可使工件获得几种不同的转速。万能外圆磨床的头架可逆时针偏移90°,因此可以磨削任意锥角的锥面。

(5) 尾架　安装在上工作台右端。尾架套筒内装有顶尖,可与主轴顶尖一起支承轴类零件。

3. 工作台液压传动原理

液压传动与机械传动相比,具有工作平稳、无冲击、无振动、可在较大范围内实现无级调速以及易于实现自动化等优点,用在以精加工为目的的磨床上尤为适合。

万能外圆磨床的液压传动系统比较复杂,下面仅介绍工作台纵向往复运动的传动原理(图8-3)。

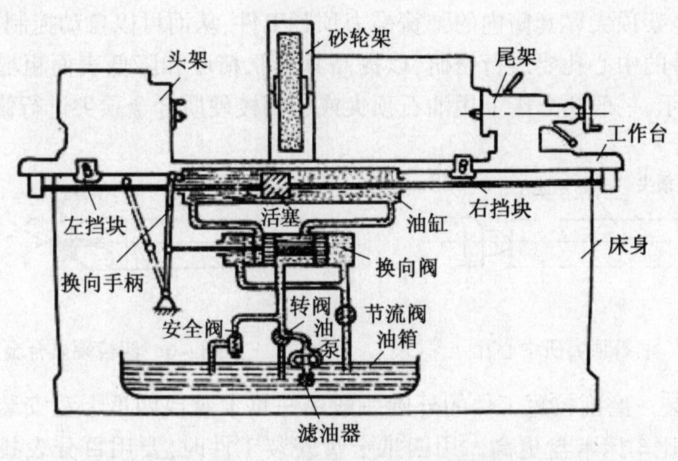

图8-3　工作台往复运动液压传动原理图

(1) 工作台向左移动。启动油泵电机,则油液经滤油器吸入油泵。从油泵打出的高压油经过转阀、换向阀流入油缸的右腔。由于活塞杆与工作台连接在一起,压力油便推动活塞连同工作台一起向左移动。这时油缸左腔的油被排出,经换向阀的左边和节流阀流回油箱。转阀用于控制液压系统的启动或停止,若顺时针转90°,则油泵输出的油全部流回油箱,系统即停止运行。节流阀用以控制回油的流量,保证工作台得到所需的移动速度。换向阀用来控制液压系统中油液流动方向。

(2) 工作台向右移动。当工作台向左移动至行程终点时,固定在工作台右边的换向挡块便自右向左推动换向手柄,使换向阀的阀芯向左移动至图示虚线位置,高压油便从换向阀的左边流入油缸的左腔,推动活塞连同工作台移动。这时,油缸右腔的油液经换向阀的右边和节流阀流回油箱。

当工作台向右移动至行程终点时,左边的挡块自左向右推动换向阀手柄,使换向阀的阀芯右移到开始位置,从而改变高压油流入油缸的方向,使工作台左移。如此反复循环,便实现工作台自动纵向往复运动。

4. 外圆磨削方法

(1) 工件的安装。磨削外圆时,工件所用安装方法有双顶尖安装、卡盘安装、双顶尖和心轴安装等几种。

① 双顶尖安装。磨削轴类零件用双顶尖安装(图8-4)。其方法与车削时基本相同。为了保证磨削精度,磨床的前后顶尖均不随工件转动,这样可以避免由于顶尖转动所

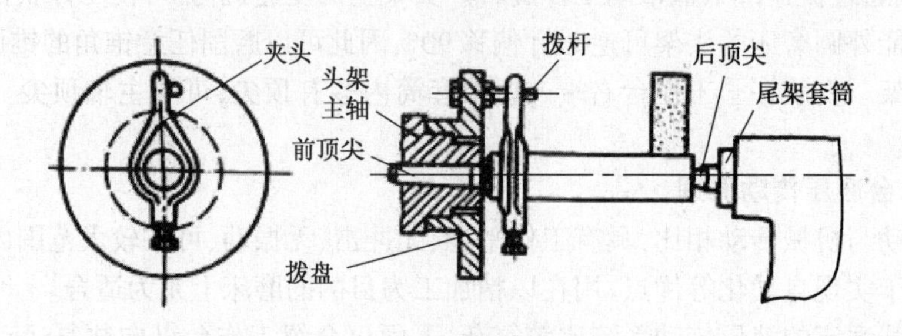

图 8-4　前后顶尖安装工件

导致的误差。尾架顶尖靠套筒内的弹簧推力顶紧工件,从而可以自动控制工件松紧程度。

磨削前工件的中心孔要进行修研,以提高其形状精度和降低表面粗糙度。修研的方法如图 8-5 所示,一般在车床上用油石顶尖或用四棱硬质合金顶尖进行修研(图 8-6)。

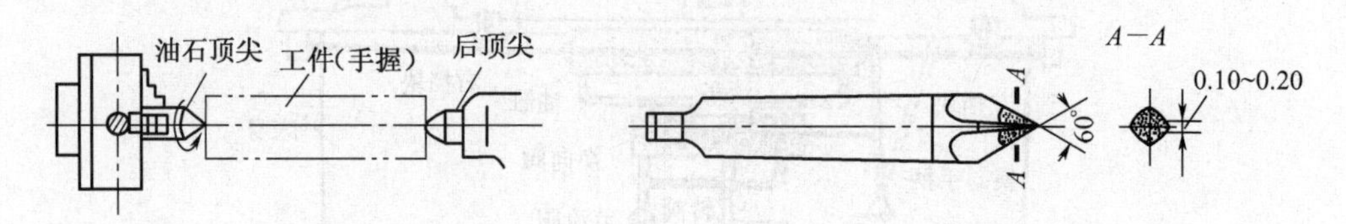

图 8-5　油石顶尖研中心孔　　　　图 8-6　四棱硬质合金顶尖

② 卡盘安装。磨削较短工件的外圆一般用三爪卡盘或四爪卡盘安装。磨床用的卡盘,其制造精度比车床卡盘更高。用四爪卡盘安装工件时,要用百分表找正(图 8-7)。使工件轴心与卡盘回转中心重合。

③ 心轴安装。外圆磨床心轴比车床心轴的精度更高。采用锥度心轴安装时,锥度心轴的锥度为 1:5000 ~ 1:7000。工件内外圆的同轴度可达 0.005 ~ 0.01mm。对于较长的空心轴类零件,常在工件两端装上堵头件以代替心轴(图 8-8)。

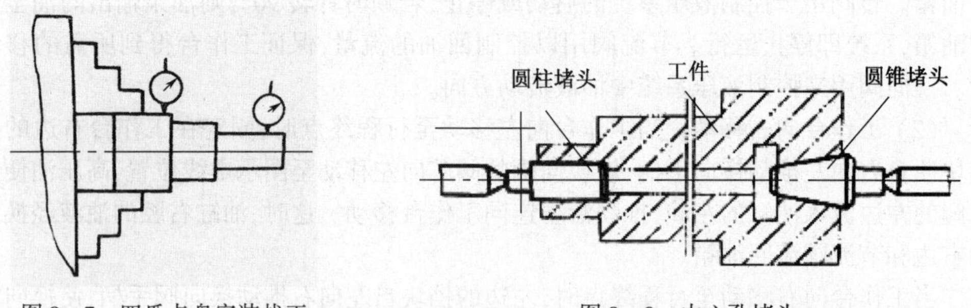

图 8-7　四爪卡盘安装找正　　　　图 8-8　中心孔堵头

(2) 外圆磨削方法。外圆磨削方法有纵磨法和横磨法,其中以纵磨法最为常用。

① 纵磨法。磨削时,工件与砂轮作同向旋转(圆周进给),与工作台一起作纵向往复运动(纵向进给)。如图 8-9 所示,当一次往复行程完成时,砂轮作一次横向进给。为消除工件的弯曲变形,保证加工精度,当加工到接近最终尺寸时(相差 0.005 ~ 0.01mm),可采用几次无横向进给的光磨行程,直到磨削的火花消失为止。

纵磨法每次横向进给量很小,生产率较低。但磨削力较小,散热条件好,磨削温度较低,因而工件可得到较好的加工精度和表面粗糙度。纵磨法应用广泛,尤其是单件小批生产和精磨时均采用这种方法。

② 横磨法。磨削时,工件只与砂轮作同向转动而无纵向进给运动,砂轮高速旋转的同时,以缓慢的速度连续或断续地对工件横向切入,直到尺寸符合要求为止,如图 8 - 10 所示。

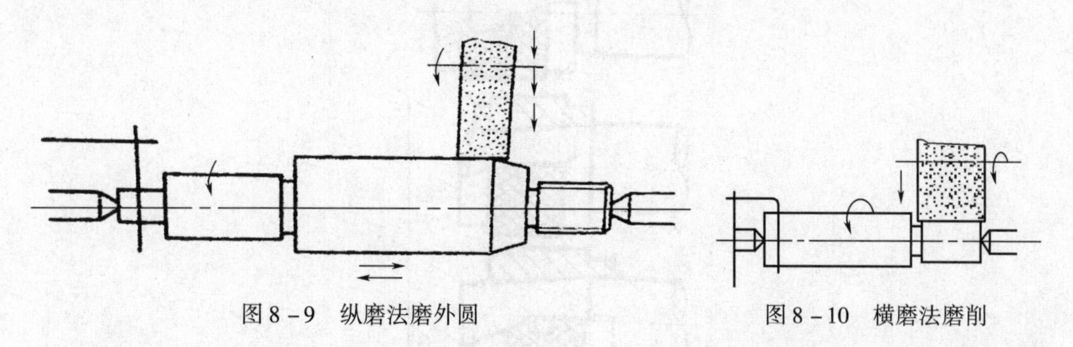

图 8 - 9　纵磨法磨外圆　　　　图 8 - 10　横磨法磨削

横磨法生产率较高,但工件与砂轮接触面积大,切削力大,发热量大而散热条件差,工件的精度和表面粗糙度都将受到不利的影响,因此一般用于大批量生产中磨削刚性较好,精度较低和较短的外圆面或成形面。

(3) 外锥面的磨削方法。外锥面常用的磨削方法有以下两种:

① 转动工作台法。对于工件较长、锥度不大的外锥面,可转动上工作台来磨削(图 8 - 11)。磨削时,将上工作台逆时针转动 $\alpha/2$ 角(工件圆锥斜角),使工件侧母线与纵向往复运动方向一致。外圆磨床工作台的最大转角逆时针转动角度为 6° ~ 9°,顺时针为 3°。

② 转动头架法。工件长度较短、锥度较大的圆锥面可采用转动头架法进行磨削(图 8 - 12)。

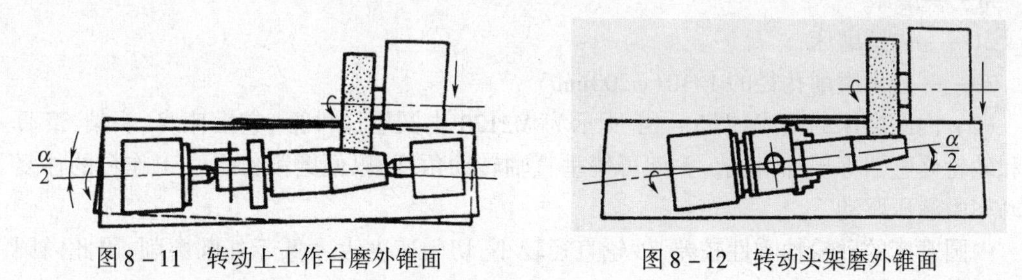

图 8 - 11　转动上工作台磨外锥面　　　　图 8 - 12　转动头架磨外锥面

(4) 外锥面的检验方法。

① 锥度的检验。外锥面常用圆锥套规检验。将显示剂(一般为红丹粉)薄而均匀地涂在工件锥面上,再将锥体放入套规孔中使之贴合,并在 30° ~ 60°范围内来回转动几次,若整个锥面摩擦痕迹均匀,则说明所磨出的锥度正确。否则,需调整机床,重新磨削,直到锥度合格为止。

② 尺寸的检验。圆锥套规端部的台阶面,用以检验圆锥体的小端尺寸,检验方法如图 8 - 13 所示。

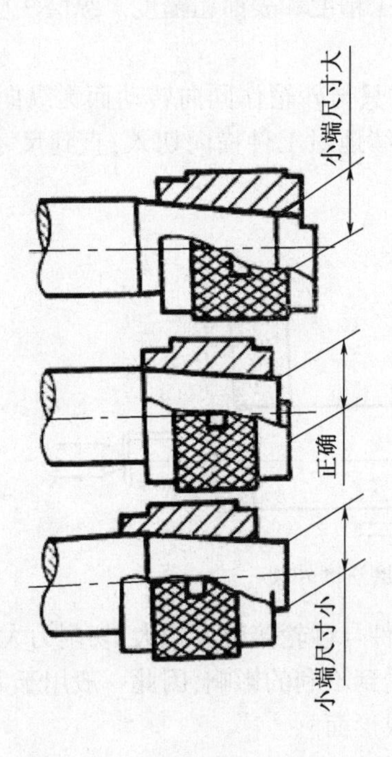

图 8－13　用圆锥规检验外锥面

8.2.2　内圆磨床

1. 内圆磨床的编号及组成部分

内圆磨床主要用于磨削工件的内圆面、内锥面及内台肩。

（1）内圆磨床的编号在 M2120 中，字母与数字含义如下：

M 21 20

M——磨床

21——内圆磨床

20——最大磨削孔径的 1/10（ϕ200mm）

（2）内圆磨床的组成，图 8－14 所示为 M2120 内圆磨床外形，它由床身、头架、磨具架和砂轮修整器等部件组成。头架可绕垂直轴转动角度，以便磨削锥孔。工作台的往复运动亦由液压驱动。

内圆磨床的砂轮轴刚性较差，砂轮直径较小，切削速度大大低于外圆磨削，因此内圆表面的磨削要比外圆表面困难。

2. 内圆磨削方法

（1）工件的安装。在内圆磨床或万能外圆磨床上磨削内圆时，常用卡盘或卡盘与中心架安装工件。

① 卡盘安装。和外圆磨削一样，内圆磨削也常用三爪卡盘或四爪卡盘安装工件。用四爪卡盘安装找正方法如图 8－15 所示。

② 卡盘与中心架安装。当工件较长且较大时，可用卡盘与中心架安装。安装时应仔细找正，直到符合要求为止（图 8－16）。

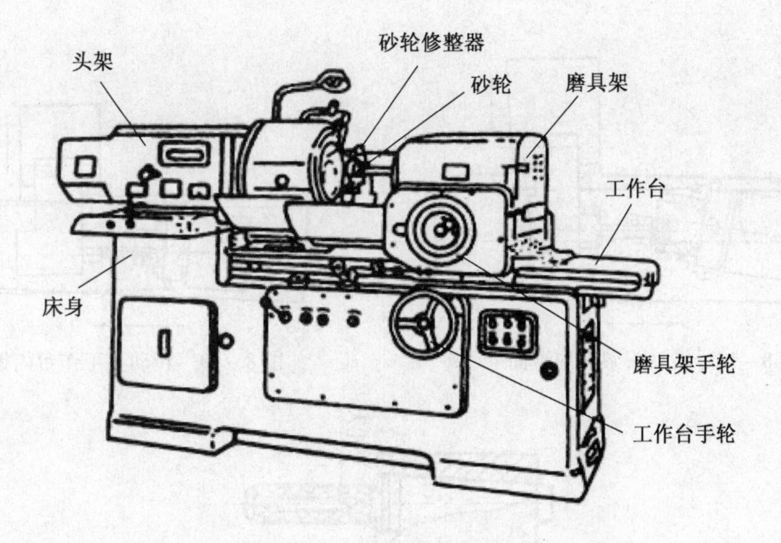

图 8－14　M2120 内圆磨床

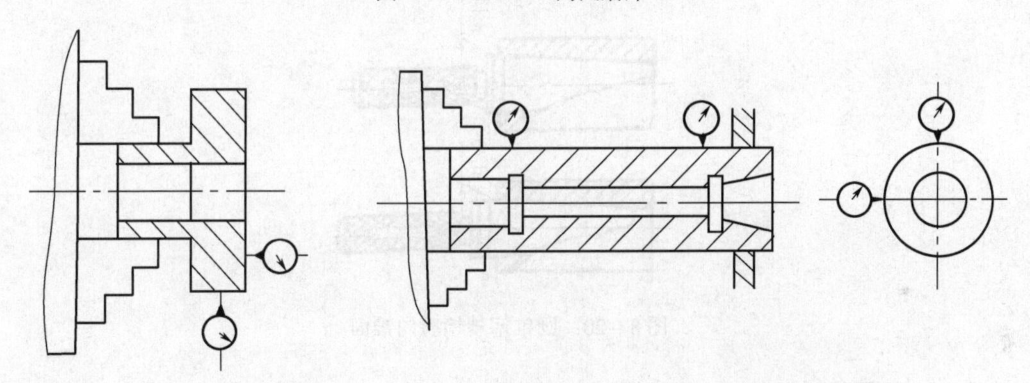

图 8－15　四爪卡盘安装找正　　　　图 8－16　卡盘与中心架安装找正

(2) 内圆磨削方法。内圆磨削既可在万能外圆磨床上进行,也可在内圆磨床上进行(图 8－17)。

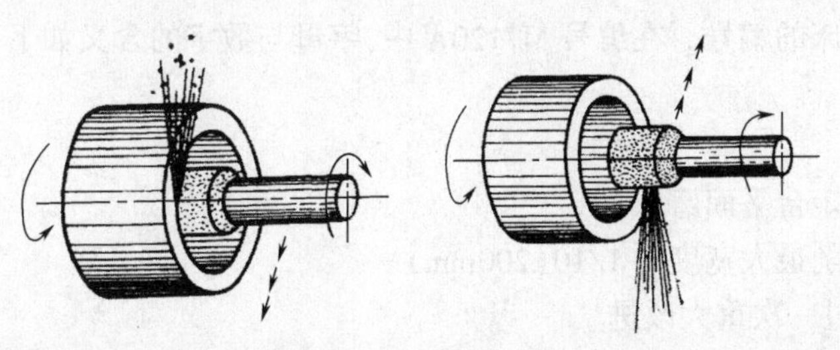

图 8－17　内圆磨削

(3) 内锥面的磨削及检验方法。

① 内锥圆的磨削方法,一般锥角较大的锥孔都采用转动头架法(图 8－18,图 8－19)。

② 内锥面的检验方法,生产中常采用圆锥塞规检验内锥面的锥度。其检验方法与检验外锥面相同。锥孔的尺寸用圆锥塞规上的刻线来检验(图 8－20)。

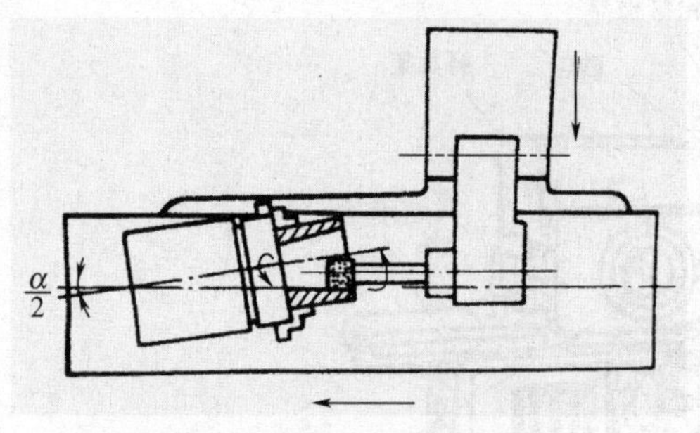

图 8 - 18　转动头架磨内锥面

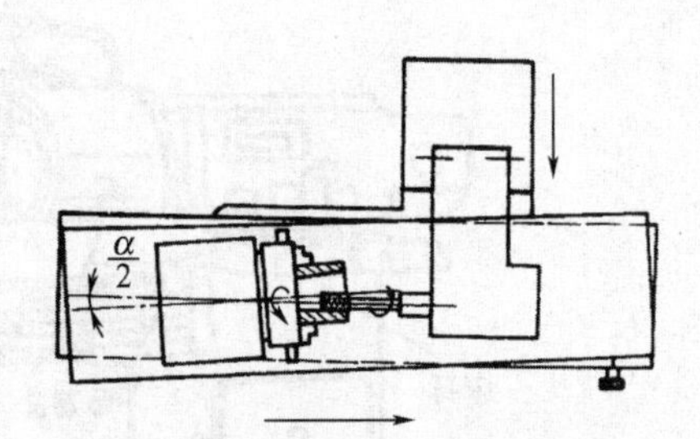

图 8 - 19　转动上工作台内锥面

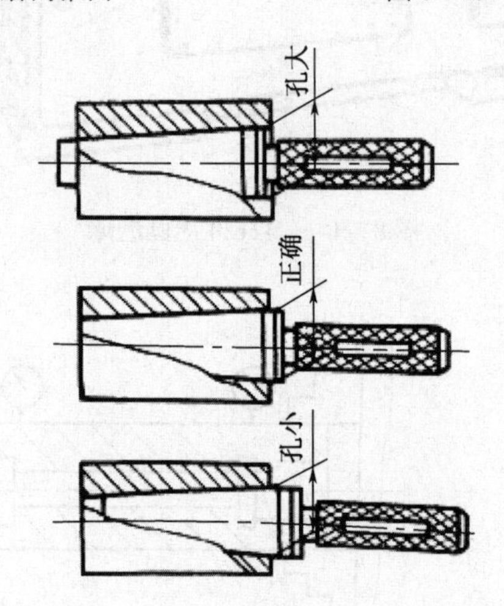

图 8 - 20　圆锥塞规检验内锥面

8.2.3　平面磨床

1. 平面磨床的编号及组成部分

平面磨床用于磨削工件的平面。下面以 M7120A 平面磨床为例进行介绍(图 8 - 21)。

(1) 平面磨床的编号。在编号 M7120A 中,字母与数字的含义如下:

M 71 20 A

M——磨床

71——卧轴矩台平面磨床

20——可磨削最大宽度的 1/10(200mm)

A——进行过一次重大改进

(2) 平面磨床的组成。M7120A 卧轴矩台平面磨床主要由床身、工作台、立柱、拖板、磨头和砂轮修整器等部件组成(图 8 - 21)。

2. 电磁吸盘的构造和工作原理

对于由钢、铸铁等导磁材料制成的中小型工件,一般用电磁吸盘直接安装。电磁吸盘的工作原理如图 8 - 22 所示。

电磁吸盘的吸盘体由钢制成,其中部凸起芯体上绕有线圈,上部有钢制盖板,被绝缘

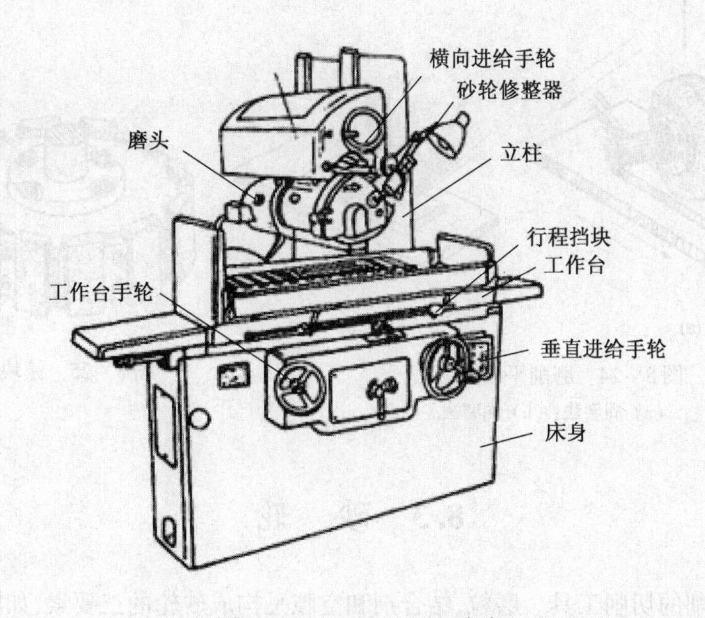

图 8－21　M7120A 平面磨床

层隔成许多条块。当线圈通电时，芯体被磁化，磁力线经芯体——盖板——工件——吸盘体——芯体而闭合，从而吸住工件。绝缘层的作用是使绝大部分磁力线通过工件再回到吸盘体，而不是通过盖板直接回去，以保证对工件有足够的电磁吸力。对于陶瓷、铜合金、铝合金等磁性材料，则可采用精密平口钳、精密角铁等导磁性夹具进行安装。图 8－23 所示为磨削氮化硅陶瓷刀片所用的夹具。

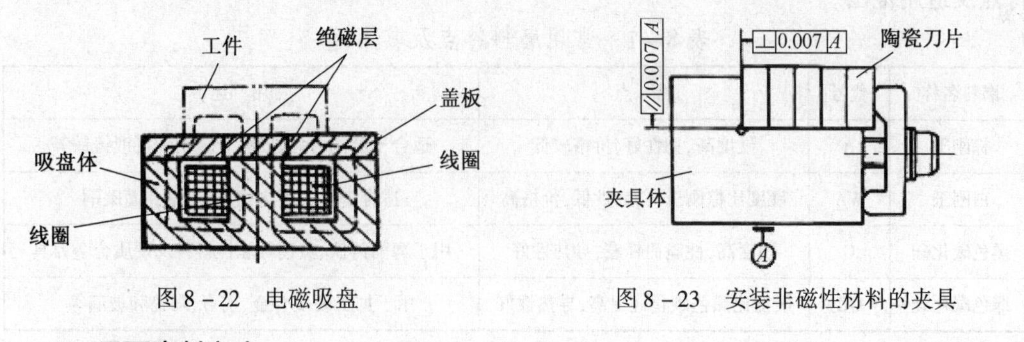

图 8－22　电磁吸盘　　　图 8－23　安装非磁性材料的夹具

3. 平面磨削方法

平面磨削方法有两种：一种是周磨法，在卧轴平面磨床上进行（图 8－24（a））；另一种是端磨法，在立轴平面磨床上进行（图 8－24（b））。

周磨法磨削平面时，砂轮与工件的接触面积小，排屑和散热条件好，工件热变形小，砂轮周面磨损均匀，因此表面加工质量好，但磨削效率不高。

端磨法磨削平面时，由于主轴刚性好，可采用较大的切削用量，工作效率高。但由于砂轮与工件接触面积大，砂轮端面上径向各处切削速度不同，磨损不均匀。再加上排屑和冷却散热条件差，因此加工的表面质量差，故仅适用于粗磨。为改善排屑、散热和冷却条件，可采用镶块砂轮来代替整体式砂轮（图 8－25）。

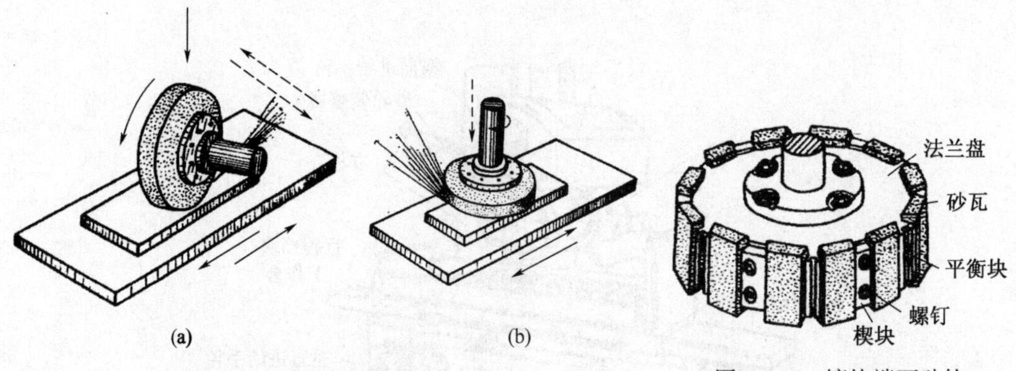

图 8－24　磨削平面的方法

（a）周磨法；（b）端磨法。

图 8－25　镶块端面砂轮

8.3　砂　　轮

砂轮是磨削的切削工具。磨粒、结合剂和空隙是构成砂轮的三要素，如图 8－1 所示。

8.3.1　砂轮的特性

砂轮的特性主要取决于磨料、粒度、硬度、结合剂、组织、形状和尺寸等。

1. 磨料

磨料直接担负着切削工作，必须硬度高、耐热性好，有锋利的棱边和一定的强度。常用的磨料有刚玉类、碳化硅类和超硬磨料。表 8－1 是常用刚玉类、碳化硅类磨料的代号、特点及适用范围。

表 8－1　常用磨料特点及其用途

磨料名称	代号	特　点	用　途
棕刚玉	A	硬度高，韧性好，价格较低	适合于磨削各种碳钢、合金钢和可锻铸铁等
白刚玉	WA	硬度比棕刚玉高，韧性低，价格高	适合于加工淬火钢、高速钢和高碳钢
黑色碳化硅	C	硬度高，性脆而锋利，导热性好	用于磨削铸铁、黄铜等脆性材料及硬质合金刀具
绿色碳化硅	GC	硬度比黑色碳化硅更高，导热性好	用于加工硬质合金、宝石、陶瓷和玻璃等

2. 粒度

粒度是指磨料颗粒的大小，以每英寸筛网长度上筛孔的数目表示，粒度号愈大，颗粒愈小。粗磨用粗粒度砂轮，精磨用细粒度砂轮；当工件材料软、塑性大、磨削面积大时，应采用粗粒度砂轮，以免堵塞砂轮和烧伤工件。

3. 硬度

硬度是指砂轮上磨料在外力作用下脱落的难易程度。硬度取决于结合剂的结合能力及所占比例，与磨料硬度无关。磨粒易脱落，表明砂轮硬度低，反之则表明砂轮硬度高。硬度分 7 大级（超软、软、中软、中、中硬、硬、超硬），16 小级。表 8－2 所列为砂轮硬度分级及代号。

表 8-2　砂轮硬度分级及代号

硬度等级	大级	超软	软			中软		中		中硬			硬		超硬
	小级	超软	软1	软2	软3	中软1	中软2	中1	中2	中硬1	中硬2	中硬3	硬1	硬2	超硬
代号		D、E、F	G	H	J	K	L	M	N	P	Q	R	S	T	Y

砂轮硬度选择原则是：

(1) 磨削硬材，选软砂轮；磨削软材，选硬砂轮。

(2) 磨导热性差的材料，不易散热，选软砂轮以免工件烧伤。

(3) 砂轮与工件接触面积大时，选较软的砂轮。

(4) 成形磨、精磨时，选硬砂轮；粗磨时选较软的砂轮。

4. 结合剂

常用结合剂有陶瓷结合剂(代号V)、树脂结合剂(代号B)、橡胶结合剂(代号R)、金属结合剂(代号M)等。陶瓷结合剂化学稳定性好、耐热、耐腐蚀、价廉，但脆性较大，不宜制成薄片，不宜高速，线速度一般为35m/s；树脂结合剂强度高、弹性好、耐冲击、自锐性好，但耐腐蚀及耐热性差（300℃），适于高速磨削或切槽切断等工作；橡胶结合剂强度高、弹性好、耐冲击、自锐性好，具有良好的抛光作用，耐腐蚀耐热性差（200℃），适于制作抛光轮、导轮及薄片砂轮；金属结合剂如青铜、镍等，强度韧度高、成形性好，但自锐性差，适于制作金刚石、立方氮化硼砂轮。

5. 组织

组织是指砂轮中磨料与结合剂结合的疏密程度，反映了磨料、结合剂、空隙三者体积的比例关系。组织号是由磨料所占的百分比来确定的。砂轮的组织分紧密、中等、疏松三类。紧密组织成形性好，加工质量高，适于成形磨、精密磨和强力磨削；中等组织适于一般磨削工作，如淬火钢、刀具刃磨等；疏松组织不易堵塞砂轮，适于粗磨软材、平面、内圆等接触面积较大的工件，以及热敏性强的材料或薄件。砂轮的组织等级见表8-3。

表 8-3　砂轮的组织等级

组织级别	紧密				中等			疏松							
组织号	0	1	2	3	4	5	6	7	8	9	10	11	12	13	14
磨粒占砂轮体积/%	62	60	58	56	54	52	50	48	46	44	42	40	38	36	34

6. 形状和尺寸

根据机床结构与磨削加工的需要，可将砂轮制成各种形状和尺寸。常用的砂轮形状有平形砂轮(1)、筒形砂轮(2)、双斜边砂轮(4)、杯形砂轮(6)、碗砂轮(11)、蝶形一号砂轮(12a)、薄片砂轮(14)等。

为方便选用，在砂轮的非工作表面上印有特性代号，如代号PA 60KV6P300×40×75，表示砂轮的磨料为铬刚玉(PA)，粒度为60#，硬度为中软(K)，结合剂为陶瓷(V)，组织号为6号，形状为平形砂轮(P)，尺寸外径为300mm，厚度为40mm，内径为75mm。

8.3.2　砂轮的安装

砂轮因在高速下工作，安装时应首先检查外观是否有裂纹，然后再用木锤轻敲，如果声音嘶哑,则禁止使用,否则砂轮破裂会飞出伤人。砂轮的安装方法如图 8-26 所示。

为使砂轮工作平稳,一般直径大于 125mm 的砂轮都要进行平衡试验,如图 8-27 所示。将砂轮装在心轴 2 上,再将心轴放在平衡架 6 的平衡轨道 5 的刃口上。若不平衡,较重部分总是转到下面,可移动法兰盘端面环槽内的平衡铁 4 进行调整。经反复平衡试验,直到砂轮可在刃口任意位置上都能静止,即说明砂轮各部分的质量分布均匀。这种方法称为静平衡。

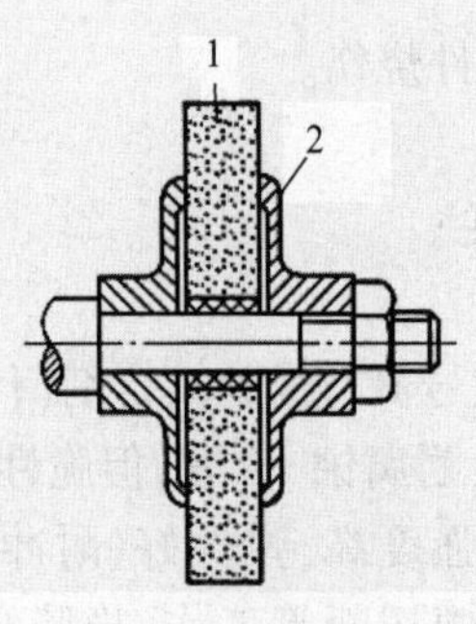

图 8-26 砂轮的安装

1—砂轮;2—弹性垫板。

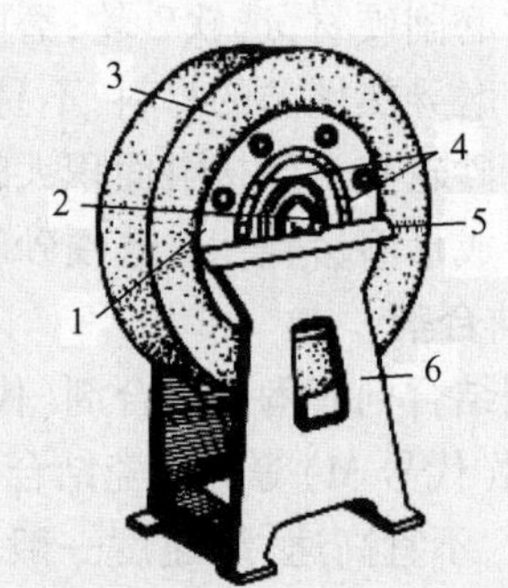

图 8-27 砂轮的平衡

1—砂轮套筒;2—心轴;3—砂轮;4—平衡铁;5—平衡轨道;6—平衡架。

8.3.3 砂轮的修整

砂轮工作一定时间后,磨粒逐渐变钝,这时必须修整。修整时,将砂轮表面一层变钝的磨粒切去,使砂轮重新露出完整锋利的磨粒,以恢复砂轮的几何形状。砂轮常用金刚石笔进行修整,如图 8-28 所示。修整时要使用大量的冷却液,以免金刚石因温度急剧升高而破裂。

砂轮修整除用于磨损砂轮外,还用于以下场合:

(1) 砂轮被切屑堵塞。

(2) 部分工件材料粘结在磨粒上。

(3) 砂轮廓形失真。

(4) 精密磨中的精细修整等。

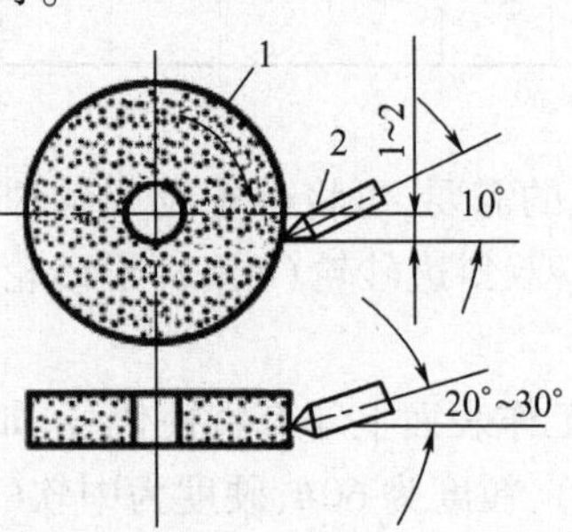

图 8-28 砂轮的修整

1—砂轮;2—金刚石笔。

第9章　数控机床及其加工

9.1　概　述

9.1.1　什么是数控机床

数控技术是利用数字化的信息对机床运动及加工过程进行控制的一种方法。用数控技术实现加工控制的机床,或者说装备了数控系统的机床称为数控机床。数控机床综合应用了电子计算机、自动控制、伺服驱动、精密检测与新型机械结构等方面的技术成果,是计算机在机械制造领域中应用的重要产物。

9.1.2　数控机床的基本组成

数控机床主要由数控装置、伺服驱动装置、辅助控制装置、机床主体组成。

1. 数控装置

数控装置是由中央处理单元(CPU)、存储器、总线和相应的软件构成的专用计算机,是数控机床的核心,数控机床的功能强弱主要取决于这一部分。它接收到输入装置送来的输入信息后,经过译码、轨迹计算(速度计算)、插补运算和补偿计算,再给各个坐标的伺服驱动系统分配速度、位移指令。

2. 伺服驱动装置

伺服驱动装置包括伺服驱动器和伺服电机两部分。伺服驱动装置是数控系统和机床之间的联系环节,其接受来自数控系统的指令信息,经功率放大后,驱动伺服电动机,带动机床的执行部件运动。

3. 辅助控制装置

可编程控制器(PLC)作为数控机床的辅助控制装置用于实现对机床辅助功能 M、主轴转速功能 S 和换刀功能 T 的逻辑控制。

4. 机床主体

数控机床主体由主传动装置、进给传动装置、辅助运动装置、床身以及工作台等组成。和传统机床相比,数控机床主体具有如下结构特点:

(1) 为适应数控机床连续地自动化加工的需要,采用了高刚度、高抗振性及较小热变形的新结构。

(2) 主运动及各坐标轴的进给运动都由单独的伺服电机驱动,传动链短,结构简单。

(3) 采用了高效传动部件,如滚珠丝杠螺母副、直线滚动导轨等。

(4) 加工中心配备有刀库和自动交换刀具的机械手。

9.2 数控机床的分类

数控机床品种规格繁多,目前常见的有下列几种分类方法。

9.2.1 按工艺用途分类

数控机床按工艺用途可分为金属切削类、金属成型类、特种加工类等。金属切削类数控机床是指采用车、铣、镗、铰、钻、磨及刨等各种切削工艺的数控机床,包括数控车床、数控铣床、数控镗床、数控磨床以及加工中心等,每一种又有许多品种和规格。金属成型类数控机床是指采用挤、冲、压及拉等成形工艺的数控机床,有数控折弯机、数控弯管机及数控压力机等。特种加工类数控机床有数控线切割机床、数控电火花加工机床、数控激光切割机床等。这里主要介绍金属切削类数控机床中的数控铣床和加工中心。

1. 数控铣床

数控铣床在数控机床中所占的比例较大,在一般机械加工、模具制造和汽车制造业中应用非常广泛。数控铣床主要用于加工平面和曲面轮廓的零件,也可以加工一些复杂形面的零件,还可以进行钻、铰、镗、攻螺纹等孔加工。

数控铣床通常由主传动系统、进给传动系统、辅助装置(冷却、润滑、液压、气动系统和排屑、防护等)、机床基础件(床身、立柱、主轴箱、工作台等)及相应的电气控制系统组成。

数控铣床种类较多,按主轴在空间所处的状态主要分为立式数控铣床和卧式数控铣床。

1) 立式数控铣床

立式数控铣床主轴中心线为垂直状态,是数控铣床中最常见的一种布局形式。

图9-1所示为XK713立式数控铣床,工作台可纵、横向移动,主轴可沿立柱上下移动。

2) 卧式数控铣床

卧式数控铣床的主轴中心线为水平状态。

图9-2所示为HC640卧式数控铣床,主轴箱为侧挂式,工作台可纵、横向移动,主轴可沿立柱上下移动。

除以上介绍的两种常见数控铣床外,根据机床结构、功能等的不同,还有立、卧两用式数控铣床及龙门数控铣床等。

2. 加工中心

加工中心是在数控镗、铣床的基础上发展起来的,带有自动换刀装置(刀库和自动交换刀具的机械手),工件一次装夹后,通过自动换刀装置更换刀具,可完成铣削、钻孔、镗孔、攻螺纹等工序的加工。加工中心将多工序加工集为一身,避免了由于工件多次安装造成的定位误差,缩短了辅助时间,和一般数控机床相比,加工中心在加工的柔性、自动化程度和加工效率上又上了一个台阶,因此,加工中心广泛应用于机械加工生产中。

1) 加工中心分类

加工中心类型较多,按主轴在空间所处的状态可分为以下几类:

(1) 立式加工中心,其主轴中心线为垂直状态,工作台通常是长方形,具有结构简单、

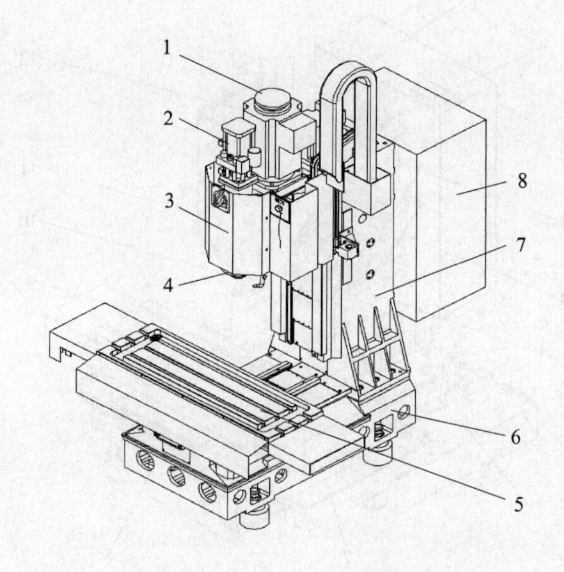

图 9-1　XK713 立式数控铣床

1—主轴电动机；2—松刀装置；3—主轴箱；4—主轴；5—工作台；6—床身；7—立柱；8—电气控制柜。

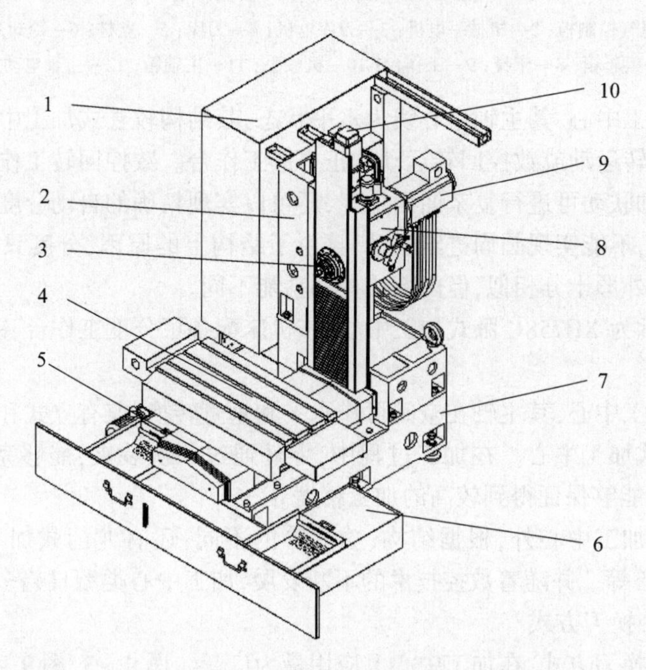

图 9-2　HC640 卧式数控铣床

1—电气控制柜；2—立柱；3—主轴；4—工作台；5—导轨护罩；
6—冷却系统；7—床身；8—主轴箱；9—主轴电动机；10—Y 轴电机。

占地面积小、便于调试、价格相对较低等特点，应用广泛。能完成铣、镗、钻、扩、铰、攻螺纹等加工工序，但其加工零件的高度受立柱高度的限制，适合加工 Z 轴方向尺寸相对较小的工件。

图 9-3 所示为 XH714 立式加工中心。该机床配备了盘式刀库、换刀机械手。

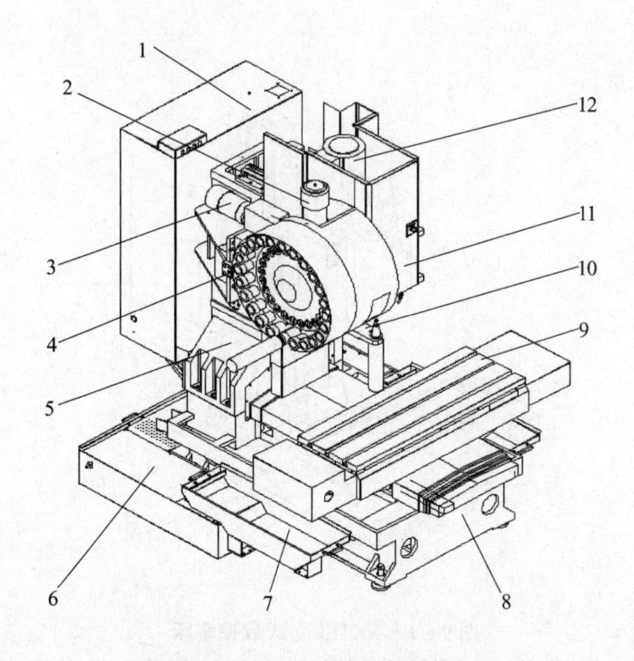

图 9－3　XH714 立式加工中心

1—电气控制柜；2—机械手电机；3—刀库电机；4—刀库；5—立柱；6—冷却系统；
7—集屑箱；8—床身；9—工作台；10—机械手；11—主轴箱；12—主轴电动机。

（2）卧式加工中心，其主轴中心线为水平状态，其结构较立式加工中心复杂。通常带有可进行分度回转运动或数控回转运动的正方形工作台。数控回转工作台可实现圆周进给运动，与直线轴联动可进行复杂曲面加工，还可以实现精确的自动分度。而分度工作台只具备分度功能，不能实现圆周进给运动，且由于结构上的原因，分度只限于某些规定的角度。尽管两者外形十分相似，但内部结构和功能不同。

图 9－4 所示为 XH758C 卧式加工中心，该机床配备了分度工作台、链式刀库、换刀机械手。

（3）五面加工中心，其主轴在空间可作水平和垂直转换，兼有立式和卧式加工中心的功能，又称立卧式加工中心。在加工过程中，零件通过一次装夹，能够完成对五面（除底面外）的加工，并能够保证得到较高的加工精度。

除以上几种加工中心外，根据结构、功能等的不同，还有龙门式加工中心、车铣（铣车）复合加工中心等。并随着数控技术的不断发展，加工中心类型日趋多样化。

2）加工中心换刀方式

（1）机械手换刀方式，在加工中心上应用最为广泛。图 9－3、图 9－4 所示加工中心均采用机械手实现换刀。图 9－3 所示 XH714 立式加工中心的换刀过程如下：

① 刀库旋转选择刀具（刀具准备）；

② 主轴箱运行至换刀位置，主轴定向；

③ 刀库刀套倒下；

④ 机械手正向旋转 90°同时抓取刀库侧及主轴侧的刀具；

⑤ 主轴松刀，主轴吹气（主轴锥孔吹屑）；

⑥ 机械手拔刀（伸出，包括刀库侧及主轴侧）；

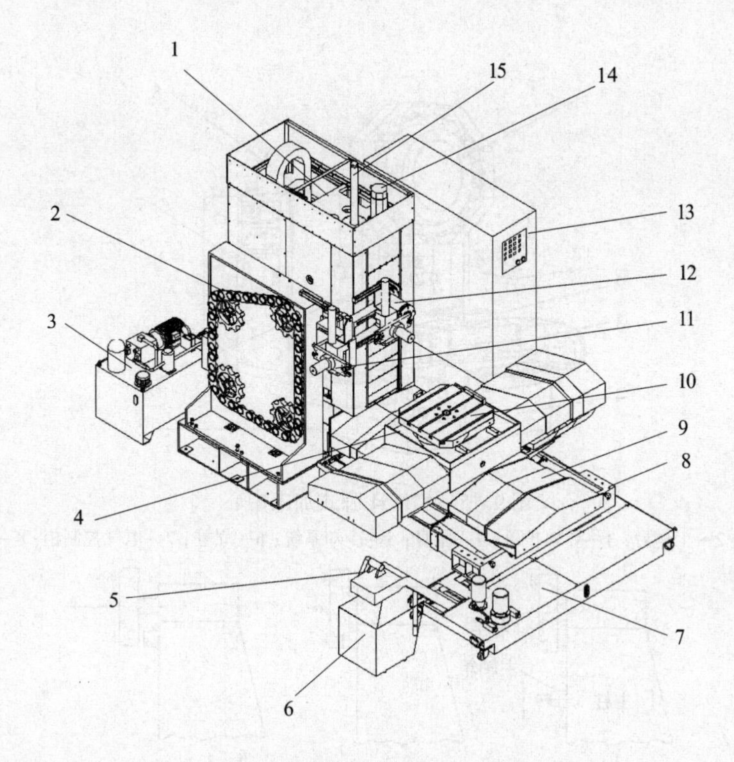

图 9－4　XH758C 卧式加工中心

1—立柱；2—刀库；3—液压系统；4—工作台滑座；5—链板式排屑器；6—集屑箱；7—冷却系统；8—床身；9—导轨护罩；10—工作台；11—机械手；12—主轴；13—电气控制柜；14—*Y* 轴电机；15—*Y* 轴平衡油缸。

⑦ 机械手正向旋转 180°(刀具交换)；

⑧ 机械手插刀(缩回,包括刀库侧及主轴侧)；

⑨ 主轴拉刀,吹气停止；

⑩ 机械手反转 90°(归位)；

⑪ 刀套抬起(刀套归位),刀具交换完成。

由于采用了凸轮联动式换刀装置,机械手手臂的回转和插刀、拔刀的分解动作是联动的,并且选刀动作(刀具准备)可以在加工过程中进行,部分时间可重叠,因而这种换刀方式大大缩短了换刀时间。

(2) 无机械手换刀,有些小型加工中心采用此换刀方式。图 9－5 所示的 XH754 卧式加工中心采用了这种换刀方式。

该机床床身为为固定立柱式整体结构,平面上的两个坐标(*X* 轴、*Z* 轴)呈十字叠加,由工作台随上下滑鞍的移动来实现;正方形工作台可进行分度回转运动,采用多齿盘分度方式,按最小分度角(1°)的整数倍分度;圆盘形刀库设在立柱的前上方,30 把刀,刀具轴向布置;主轴箱在立柱上作 *Y* 向移动;电气控制柜安装在立柱的一侧。该机床的换刀过程如图 9－6 所示。

① 换刀指令发出后,主轴定向后回到换刀位置；

② 主轴松刀、主轴吹气；

③ 刀库前伸拔刀；

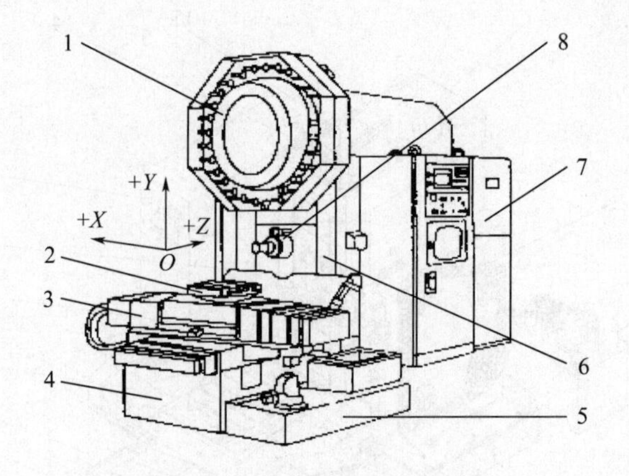

图 9－5 XH754 卧式加工中心

1—刀库；2—工作台；3—导轨护罩；4—床身；5—冷却系统；6—立柱；7—电气控制柜；8—主轴。

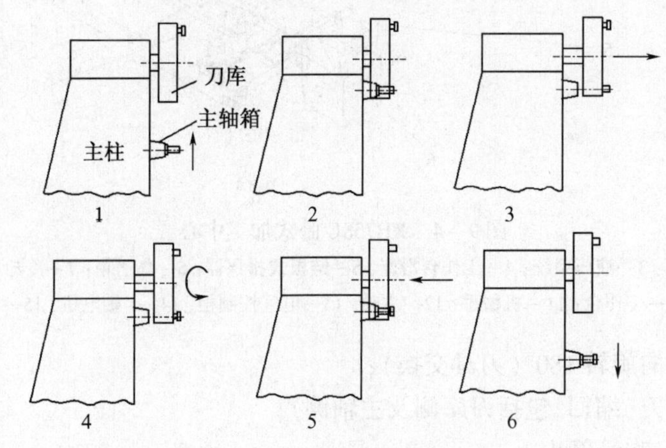

图 9－6 XH754 卧式加工中心自动换刀顺序图

④ 刀库旋转寻找新刀；

⑤ 新刀到位后刀库后退向主轴孔内插刀，刀具拉紧、吹气停止；

⑥ 刀具拉紧后刀具交换完成，继续加工。

该机床换刀是通过刀库和主轴箱的相对运动来完成，结构简单，配置经济，但由于选刀动作（刀库转位）是在换刀过程中进行的，即用过的刀具必须送还到原来的刀套上后，才能移动下一个要用的刀具到换刀位置，故而加长了换刀时间。

3）加工中心的使用范围

加工中心适合加工具有以下特点的零件：

（1）需要多工序加工的工件。

（2）定位繁琐的工件。例如可利用机床定位精度高的特点完成有一定孔距精度要求的多孔加工。

（3）单件小批量的工件。

（4）形状复杂的异形零件。

（5）箱体类、板类零件。

9.2.2 按运动轨迹分类

1. 点位控制

如图9－7所示，点位控制的特点是刀具相对工件的移动过程中，不进行切削加工，只要求从一个坐标点到另一坐标点的精确定位，对定位过程中的运动轨迹没有严格要求。数控坐标镗床、数控钻床、数控冲床、数控点焊机等都采用此类控制方式。

2. 直线控制

如图9－8所示，直线控制的特点是刀具以要求的进给速度，沿着平行于坐标轴的方向进行直线移动和切削加工（一般还包括45°的斜线）。采用此类控制方式的机床有数控车床、数控铣床等。

3. 轮廓控制（连续控制）

如图9－9所示，轮廓控制（连续控制）的特点是能够同时对两个或两个以上的坐标轴进行连续控制。加工时不仅能控制起点与终点位置，而且要控制两点之间每一点的位移和速度，使机床加工出符合图样要求的复杂形状（任意形状的曲线或曲面）的零件。

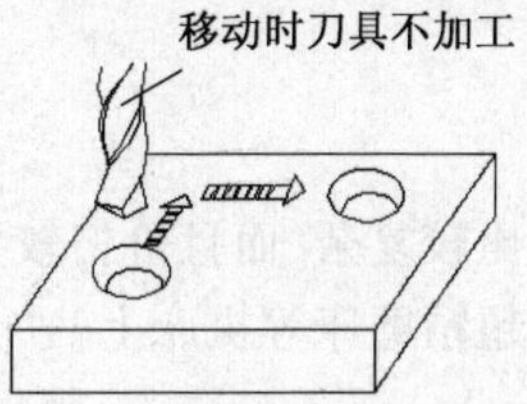

移动时刀具不加工

图9－7 点位控制数控机床加工示意图

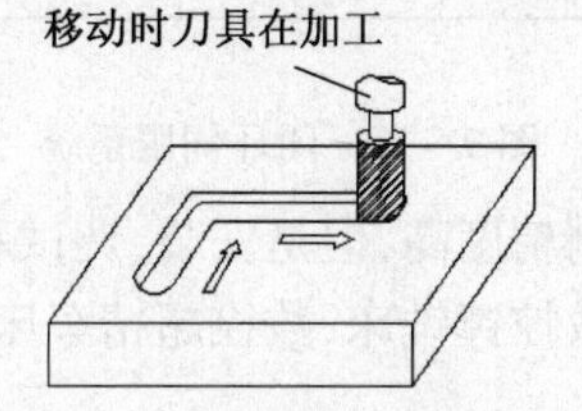

图9－8 直线控制数控机床加工示意图

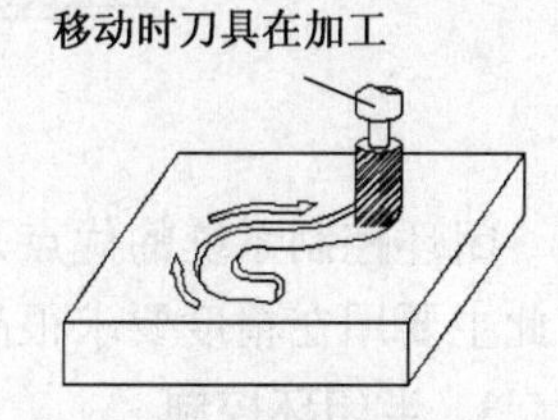

图9－9 轮廓控制数控机床加工示意图

采用此类控制方式的数控机床有数控车床、数控铣床、加工中心等。这类数控机床绝大多数具有两坐标或两坐标以上的联动功能，而且具有刀具半径补偿、刀具长度补偿、机床轴向运动误差补偿、丝杠螺距误差补偿、齿侧间隙误差补偿等一系列功能。

9.2.3 按伺服系统的控制方式分类

1. 开环控制

这种控制方式不带位置测量元件，伺服驱动元件为步进电动机，如图9－10所示，数控装置根据信息载体上的指令信号，经控制运算发出指令脉冲，每向步进电机送一个脉冲，它就转动一个角度，然后再通过传动机构使被控制的工作台移动。这种控制方式对实际传动机构的动作情况不进行检查，没有来自位置测量元件的反馈信号，指令流向为单向，因此被称为开环控制系统。

这种系统结构简单，调试方便，工作稳定，但控制精度较低，多用于经济型的中小型数控机床和旧设备的技术改造中。

2. 闭环控制

这种控制方式将位置检测装置（如光栅等）直接安装在机床的工作台上，如图9－11所示，当数控系统发出位移指令，经电动机和机械传动装置使机床工作台移动时，安装在工作台上的位置检测装置将测量到的实际位移量反馈到数控装置的比较器中，与指令信

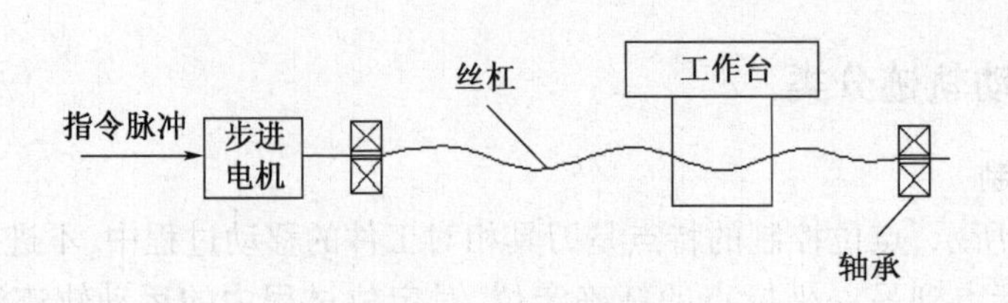

图 9－10 开环伺服系统

号进行比较,根据其差值不断控制运动,驱动工作台向减少误差的方向移动,直到差值等于零为止。在这种控制系统中,由于位置检测信号取自机床工作台,所以包含了整个传动系统的全部误差,故也称为全闭环控制系统。

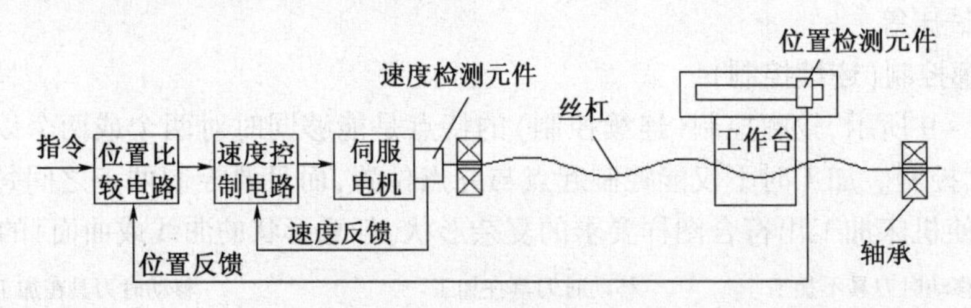

图 9－11 闭环伺服系统

闭环控制系统的优点是控制精度高,但是安装、调试和维护比较复杂,而且价格较贵,因此主要用在精度要求很高的数控镗铣床、数控超精车床、数控超精磨床等机床上。

3. 半闭环控制

这种控制系统不是直接测量工作台的位移量,而是通过安装在电机轴端或丝杠轴端的角位移测量元件(如脉冲编码器等),测量丝杠或电动机轴的旋转角位移,来间接测量工作台的位移,如图 9－12 所示。因这种控制系统未将丝杠螺母副和工作台等包含在闭环反馈系统中,其传动误差等仍会影响工作台的位置精度,因而称为半闭环控制系统。

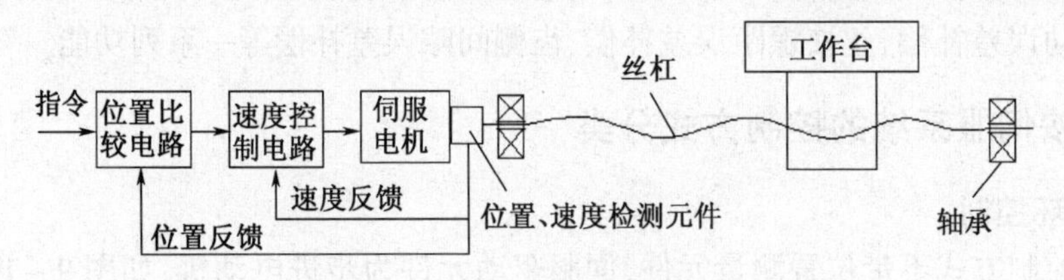

图 9－12 半闭环伺服系统

半闭环控制系统的加工精度虽然没有闭环系统高,但是由于采用高分辨率的测量元件,以及传动部分有补偿,这种控制方式仍可获得比较满意的精度与速度。且系统调试比闭环系统方便,稳定性好,所以,目前大多数数控机床都采用这种控制方式。

9.3 数控加工编程基础

9.3.1 数控机床的坐标轴和运动方向

规定数控机床的坐标轴及运动方向是为了准确地描述机床的运动,简化程序的编制方法,并使所编程序有互换性。国际标准化组织(ISO)已制定了数控机床的坐标轴和运动方向的标准,我国机械工业部也颁布了 JB 3051—1982 标准,对数控机床的坐标和运动方向作了如下规定:

(1) 刀具相对于静止的工件面运动。由于机床的机构不同,有的是刀具运动,工件固定;有的是刀具固定,工件运动等,为了编程方便,一律规定为工件固定,刀具运动。

(2) 数控机床的坐标系采用右手直角笛卡儿坐标系。如图 9 – 13 所示,三个指尖指向各坐标轴的正方向,即增大刀具和工件距离的方向。同时规定了分别平行于 X、Y、Z 轴的第二组附加轴为 U、V、W;第三组附加轴为 P、Q、R。

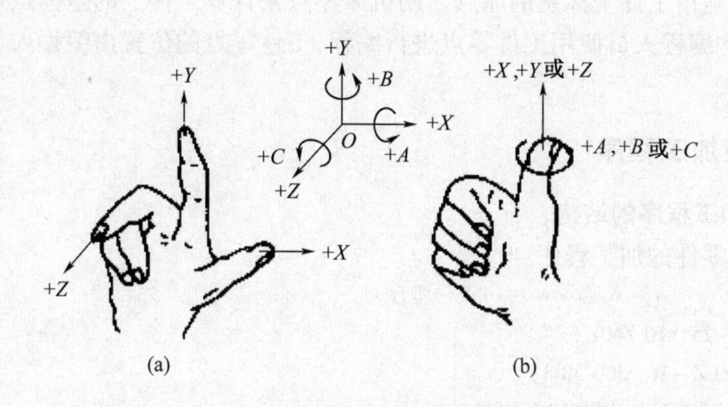

图 9 – 13　右手直角笛卡儿坐标

(3) 若有旋转轴时,规定绕 X、Y、Z 轴的旋转轴为 A、B、C 轴,其正方向为右旋螺纹方向,若还有附加的旋转轴时用 D、E 定义,其与直线轴没有固定关系。

(4) 各坐标轴在机床上的分布。Z 轴由传递切削动力的主轴决定,与主轴轴线平行的坐标轴即为 Z 轴,其正方向是使刀具远离工件的方向,或说是增大刀具与工件距离的方向。对于工件旋转的机床(车床、磨床等),平行于工件轴线的坐标为 Z 轴;对于刀具旋转的机床(钻床、铣床、镗床等),平行于旋转刀具轴线的坐标为 Z 轴。如果机床没有主轴(如牛头刨床),Z 轴垂直于工件装夹面。

X 轴为水平方向,垂直于 Z 轴并平行于工件装夹面。对于工件旋转的机床(车床、磨床等),X 轴方向在工件的径向上,且平行于横滑座,刀具离开工件旋转中心的方向为 X 轴正方向。对于刀具旋转的机床(钻床、铣床、镗床等),如果 Z 轴是垂直布置的,从刀具主轴向立柱看,X 轴的正方向指向右方;Z 轴水平布置的,由主轴向工件看,X 轴的正方向指向右方。

Y 轴在 X 轴和 Z 轴确立后,按右手定则来确立其位置和方向。

(5) 主轴顺时针旋转运动方向(正转)是按右旋螺纹进入工件的方向。

9.3.2　数控机床上的有关点

1. 机床零点

机床坐标系的原点称为机床零点。机床零点是机床上的一个固定点,由机床制造厂确定,是数控机床进行加工运动的基准参考点。

2. 参考点

参考点是与机床坐标系相关的另一个点,采用增量式测量系统的数控机床通电后必须首先要进行回参考点操作,从而确定机床坐标系后,才能进行其他操作。当返回参考点的工作完成后,显示器即显示出机床参考点在机床坐标系中的坐标值,表明机床坐标系已经建立。参考点可以与机床零点重合,也可以不重合,机床参考点相对机床零点的值是一个可设定的参数值,由机床生产厂家设定,用户不得更改。

不同的数控系统其寻找参考点的动作、细节不同,因此使用数控机床时,应仔细了解其动作要求。

3. 工件零点

工作零点是指工件坐标系的原点。用机床零点来计算工件上的坐标点进行编程很不方便,所以通常编程人员使用工件零点进行编程,工件零点的位置由编程人员定在工件的适当位置上。

9.3.3 数控加工程序

1. 数控加工程序的结构

下面是某零件的加工程序:

```
O0001;·································· 程序号
N10 G92 X-25 Y10 Z40;                ┐
N20 G90 G00 Z-16 S300 M03;           │
N30 G41 G01 X0 Y40 F100 D01 M08;     │
N40 X14.96 Y70;                      ├ 程序内容
⋮                                    │
N110 G00 G40 X-25 Y10 Z40   M09;     ┘
N120 M30;······························· 程序结束
```

可以看出,一个完整的程序由程序号、程序内容、程序结束三部分组成。

1) 程序号

在程序的开头要有程序号,供在数控装置存储器中的程序目录中查找、调用。

FANUC 数控系统中采用英文字母 O 及其后 4 位十进制数表示(如 O 0001)。其他系统有时采用符号“%”或“P” 及其后 4 位十进制数表示程序号。

2) 程序内容

由程序段组成,它包含数控机床要完成的全部动作。如工件坐标系的设置、换刀指令、主轴旋转方向及相应的转数(或切削速度),进给速度(或进给量)、刀具引进和退出的路径、加工方法,刀具运动轨迹,冷却液的开、关,工件松、夹,防护门开、关等。

3) 程序结束

以指令 M02、M30 作为程序结束的符号,用来结束零件加工。

2. 程序段格式

每个程序段由按一定顺序和规定排列的程序字(功能字)组成,简称“字”组成。字是由表示地址的英文字母或特殊文字和数字组成。字是表示某种功能的代码符号,也称为指令代码、指令或代码。

目前广泛采用字—地址可变程序段格式,即在一个程序段内字的数目以及字的长度

(位数)都是可以变化的格式。其书写格式如下:

N×× G×× X±××Y±××Z±××F××S××T××M××LF;

3. 程序段中功能字的意义

1) 程序段序号

它是程序段中最前面的字,由地址 N 和后面的三位或四位数字组成。

2) 准备功能字

准备功能也叫 G 功能,由字母 G 和其后两位数字组成(现已有三位数 G 代码),主要用来指定数控机床的运动方式。

3) 坐标字

用来给定机床各坐标轴的位移量和方向。坐标字由坐标的地址代码、正负号、绝对值或增量值表示的数值组成。坐标的地址代码为:X、Y、Z、U、V、W、P、Q、R、I、J、K、A、B、C、D、E 等。

4) 进给功能字

由字母 F 和其后的几位数字组成,表示刀具相对于工件的运动速度。常用的进给速度的指定方法是直接指定法,即在 F 后面按照规定的单位直接写出要求的进给速度,单位为 mm/min;在车螺纹、攻螺纹时,进给速度为主轴一转的走刀量,此时单位为 mm/r。

5) 主轴转速功能字

用于设定主轴速度,由字母 S 和其后的几位数字组成,如 S800 表示主轴转速为 800 r/min;对于有恒线速度控制功能的机床,还要用 G96(恒线速控制指令)指令配合 S 代码来指定主轴的速度,单位为 m/min。

6) 刀具功能字

主要用来选择刀具,也可以用来选择刀具偏置和补偿,由字母 T 和其后的几位数字组成。不同的数控系统有不同的指定方法和含义,所以具体使用该功能字时,应参照所用数控机床使用说明书中的有关规定进行。

7) 辅助功能字

表示机床的一些辅助动作及状态的指令,由字母 M 和其后的两位数字组成。

8) 程序段结束符

ISO 标准中用“LF”,EIA 标准中为“CR”;但有的系统用“*”“、”“;”或其他符号表示。

9.4 数控系统的准备功能和辅助功能

数控加工是由程序控制的,而准备功能和辅助功能是加工程序的基本组成部分,也是程序编制过程中的核心问题。国际标准化组织(ISO)已制定了准备功能 G 代码和辅助功能 M 代码的标准,我国机械工业部根据 ISO 标准制定了 JB 3208—83 标准。

9.4.1 准备功能指令代码——G 代码

表 9-1 为 JB 3208—83 标准规定的 G 代码。G 代码由地址符后接两位数字表示,从 G00 ~ G99 共 100 个。

表 9-1 准备功能 G 代码及其功能

代码	功能保持到被取消或被同样字母表示的程序指令所代替	功能仅在所出现的程序段内有作用	功能	代码	功能保持到被取消或被同样字母表示的程序指令所代替	功能仅在所出现的程序段内有作用	功能
G00	a		点定位	G50	#(d)	#	刀具偏置 0/-
G01	a		直线插补	G51	#(d)	#	刀具偏置 +/0
G02	a		顺时针方向圆弧插补	G52	#(d)	#	刀具偏置 -/0
G03	a		逆时针方向圆弧插补	G53	f		直线偏移,注销
G04		*	暂停	G54	f		直线偏移 X
G05	#	#	不指定	G55	f		直线偏移 Y
G06	a		抛物线插补	G56	f		直线偏移 Z
G07	#	#	不指定	G57	f		直线偏移 XY
G08		*	加速	G58	f		直线偏移 XZ
G09		*	减速	G59	f		直线偏移 YZ
G10 ~ G16	#	#	不指定	G60	h		准确定位 1(精)
G17	c		*XY* 平面选择	G61	h		准确定位 2(中)
G18	c		*ZX* 平面选择	G62	h		快速定位(粗)
G19	c		*YZ* 平面选择	G63		*	攻丝
G20 ~ G32	#	#	不指定	G64 ~ G67	#	#	不指定
G33	a		螺纹切削,等螺距	G68	#(d)	#	刀具偏置,内角
G34	a		螺纹切削,增螺距	G69	#(d)	#	刀具偏置,外角
G35	a		螺纹切削,减螺距	G70 ~ G79	#	#	不指定
G36 ~ G39	#	#	永不指定	G80	e		固定循环注销
G40	d		刀具补偿/刀具偏置注销	G81 ~ G89	e		固定循环
G41	d		刀具补偿 - 左	G90	j		绝对尺寸
G42	d		刀具补偿 - 右	G91	j		增量尺寸
G43	#(d)	#	刀具偏置 - 正	G92		*	预置寄存
G44	#(d)	#	刀具偏置 - 负	G93	k		时间倒数,进给率
G45	#(d)	#	刀具偏置 +/+	G94	k		每分钟进给
G46	#(d)	#	刀具偏置 +/-	G95	k		主轴每转进给
G47	#(d)	#	刀具偏置 -/-	G96	I		恒线速度
G48	#(d)	#	刀具偏置 -/+	G97	I		每分钟转数(主轴)
G49	#(d)	#	刀具偏置 0/+	G98 ~ G99	#	#	不指定

标准中对 100 个 G 代码按其功能进行了分组,如刀具运动功能分在“a”组,同一功能组的两个代码不能同时出现在一个程序段中,若误写,数控装置会取最后一个有效。不同组的 G 代码根据需要可以在一个程序段中出现。

表中有字母 a、c、d,…的 G 代码为模态代码,“ * ”号指示的 G 代码为非模态代码,模态代码是指一经在一个程序段中指定,其功能一直保持到被相应的代码取消或被同组其他 G 代码所代替,即在后续的程序段中不写该代码,功能仍然起作用。非模态代码功能仅在所出现的程序段内有效。“#”号表示该代码若被选作特殊用途,必须在程序格式说明书中加以说明。为使用户使用方便,有些数控系统规定在通电以后使一些 G 代码自动生效,例如 G90、G17、G40、G80 等。

需要注意的是,一些 G 代码的功能随着数控系统的不同而有所差别,并与标准规定的 G 代码含义不完全相同,所以在编程时,要了解具体机床所使用的数控系统,仔细阅读相关编程手册。

9.4.2 数控铣床、加工中心常用 G 代码功能介绍

1. 坐标值尺寸 G 代码

G90:绝对值编程指令。刀具运动的位置坐标是从工件零点算起。

G91:增量值编程指令。编程的坐标值表示刀具从所在点出发所移动的数值。正、负号表示从所在点移动的方向。

2. 与坐标系有关的 G 代码

1) G92　工件坐标系设定指令

G92 的功能是通过确定刀具在工件坐标系的坐标值(绝对值)而设定工件坐标系。该指令不产生运动。

指令格式　　G92 X_Y_Z_;

X、*Y*、*Z* 为刀具在工件坐标系中的绝对坐标值。

图 9－14 为数控铣床工件坐标系设定的例子。假设刀具在 *A* 点,如执行程序

N10　G92　X20　Y10　Z10;

则建立了如图 9－14 所示的工件坐标系,即刀具在工件坐标系中的坐标值为(20,10,10)。

2) G54～G59　选择工件坐标系指令

G54～G59 分别表示 6 个工件坐标系。这 6 个工件坐标系是在机床坐标系设定后,通过参数设定每个工件坐标系原点相对于机床坐标原点的偏移量,而预先在机床坐标系中建立起的工件坐标系。

3. 插补功能 G 代码

1) G00 快速点定位指令

按机床提供的快速移动速度将刀具运动到指定的坐标点。

指令格式　　G00 X_Y_Z_。

其中:

X_Y_Z_用绝对值编程指令时,为终点坐标值;用增量值编程指令时,为刀具运动的距离。

2) G01　直线插补指令

G01 指令使机床各个坐标间以插补联动方式,按指定的 F 进给速度直线切削运动到指定的位置。

指令格式　　G01 X_Y_Z_F_。

其中：

X_Y_Z_用绝对值编程指令时，为终点坐标值；用增量值编程指令时，为刀具运动的距离。

F_——刀具的切削进给速度(mm/min)。

如图 9－15 所示，要求刀具从 *A* 点加工到 *B* 点，

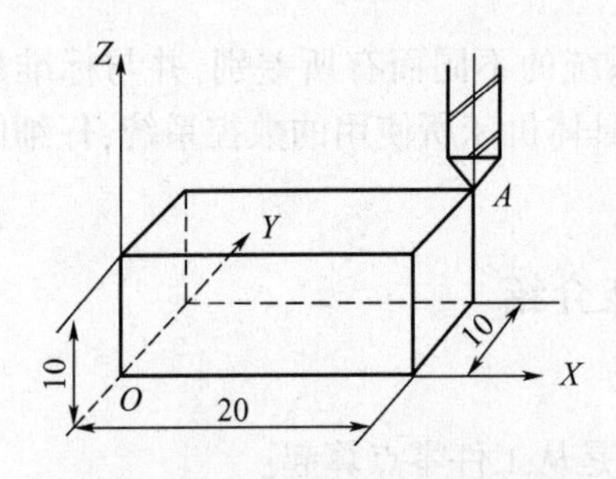

图 9－14　G92 设定工作坐标系

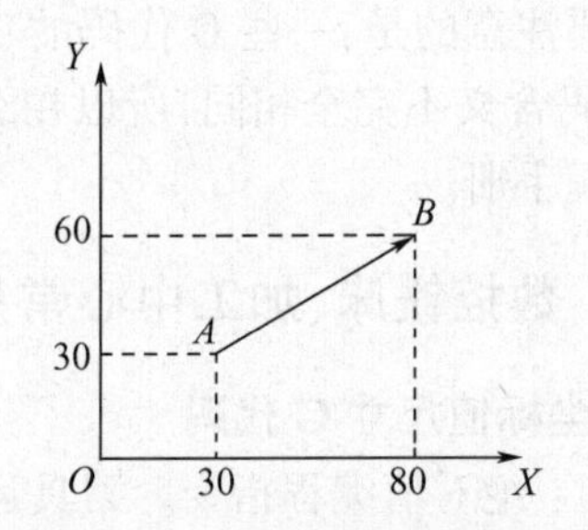

图 9－15　直线插补编程举例

程序编制如下：

绝对值编程：G90 G01 X80 Y60 F100；

增量值编程：G91 G01 X50 Y30 F100；

3) G02,G03 圆弧插补指令

圆弧插补指令使刀具沿着圆弧运动。G02 为顺时针圆弧插补指令，G03 为逆时针圆弧插补指令。

使用圆弧插补指令时需用 G17(*XY* 平面)、G18(*XZ* 平面)、G19(*YZ* 平面)指令确定圆弧所在的平面，如图 9－16 所示。沿圆弧所在平面(如 *XY* 平面)的另一坐标轴的负方向(－*Z*)看去，顺时针方向为 G02，逆时针方向为 G03。

各坐标平面上的圆弧插补指令格式如下，需定义圆弧的终点坐标及圆心坐标 I_J_K_或半径 R_)。R_编程不适于整圆加工。

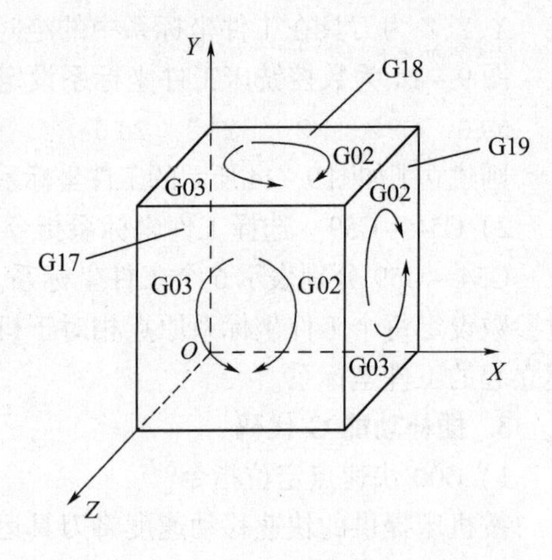

图 9－16　插补平面和 G02、G03

$$G17\begin{cases}G02\\G03\end{cases}X\_Y\_\begin{cases}R\_\\I\_J\_\end{cases}F\_;$$

$$G18\begin{cases}G02\\G03\end{cases}X\_Z\_\begin{cases}R\_\\I\_K\_\end{cases}F\_;$$

$$G19\begin{cases}G02\\G03\end{cases}Y\_Z\_\begin{cases}R\_\\J\_K\_\end{cases}F\_;$$

其中：

X_Y_Z_为圆弧的终点坐标值。用绝对值编程指令时，为圆弧终点坐标；用增量值编程指令时，则为圆弧终点相对于起点的距离。

F_ ——沿圆弧的进给速度(mm/min)

I_J_K_为圆弧圆心相对圆弧起点在 *X*、*Y*、*Z* 轴方向上的增量值，也可以理解为圆弧起

点到圆心的矢量(矢量方向指向圆心)在 X、Y、Z 轴上的投影,与 G90、G91 无关。I_J_K_根据方向应带有符号,I_J_K_为零时可以省略。

在给定圆弧起点、终点和半径的情况下,有两个圆弧与之对应,用 R 编程时,若圆心角 $\alpha \leq 180°$,R 为正值;若圆心角 $180° < \alpha < 360°$,则 R 为负值,如图 9-17 示。

如图 9-18 所示圆弧的加工程序如下:

用圆心坐标编程: G90 G17 G03 X15 Y43 I-26 F100;

用 R 编程: G90 G17 G03 X15 Y43 R26 F100;

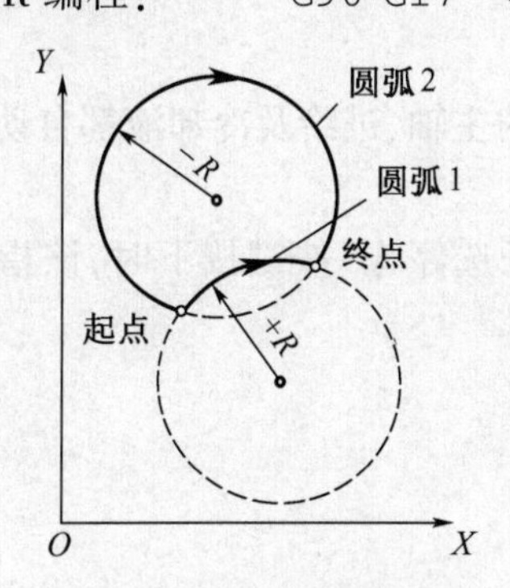

图 9-17 圆弧半径编程

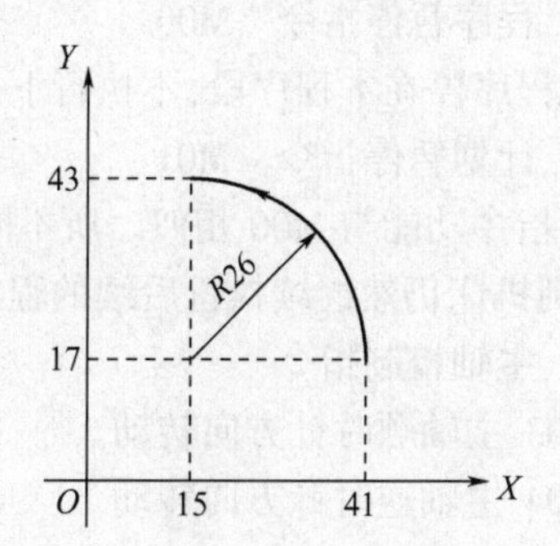

图 9-18 圆弧插补编程举例

4. 刀具半径补偿功能 G 代码

铣削工件轮廓时,由于刀具存在一定的半径,刀具中心的运动轨迹并不等于所要加工零件的实际轮廓,因此,数控机床在进行轮廓加工时,要考虑刀具半径。

使用刀具半径补偿功能后,只需向系统输入刀具半径值,编程人员可直接按工件图样要求的轮廓来编程,加工时数控系统可根据工件轮廓尺寸和刀具表中的刀具半径值自动计算出刀具中心运动轨迹。另外,刀具半径补偿功能可解决零件粗精加工或刀具磨损前后共用同一程序问题,使得编程工作量减小,精确程度提高,如图 9-19 所示。

刀具半径补偿指令如下:

G41:刀具半径左补偿,即沿着刀具运动方向看,刀具位于工件轮廓的左侧。

G42:刀具半径右补偿, 即沿着刀具运动方向看,刀具位于工件轮廓的右侧,如图 9-20 所示。

G40:取消刀具半径补偿。

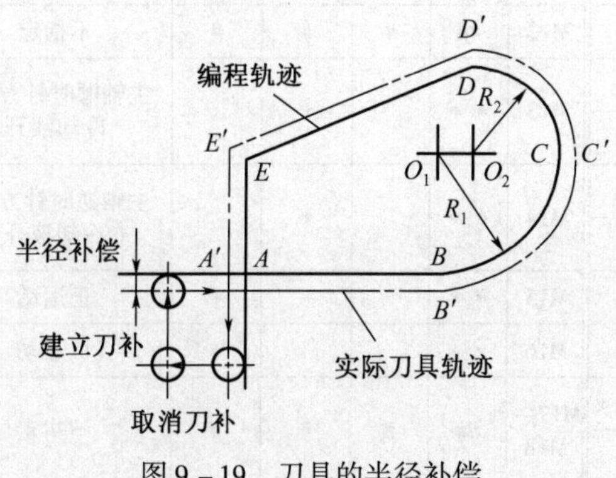

图 9-19 刀具的半径补偿

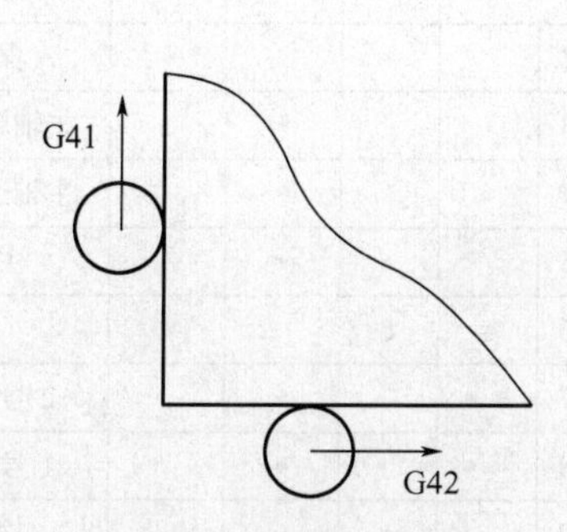

图 9-20 G41、G42

9.4.3 辅助功能指令代码——M 代码

1. 辅助功能 M 代码

M 代码主要用于数控机床开、关量的控制。表 9－2 为 JB 3208—83 标准规定的 M 代码，从 M00～M99 共 100 个，也分为模态和非模态。编程时一定要了解具体机床的 M 代码，不同的数控机床 M 代码的功能指定有所差别，但 M00～M06、M30 等含义是一致的。

2. M 代码功能

1）程序暂停指令　M00

使程序停在本程序段，不执行下一程序段。机床的主轴、进给及冷却液都自动停止。

2）计划暂停指令　M01

该指令功能与 M00 相似。所不同的是只有在“任选停止”按键按下时，该指令才有效，否则机床仍然继续执行后续的程序段。

3）主轴控制指令

M03 主轴顺时针方向转动。

M04 主轴逆时针方向转动。

M05 主轴停止。

4）换刀指令 M06

加工中心自动换刀时使用。

5）程序结束指令

M02：当全部程序结束后，用此指令使主轴、进给、冷却停止，表示加工结束。

M30：作用与 M02 相同，但 M30 执行后使程序返回到开始状态。

表 9－2　辅助功能 M 代码及其功能（JB 3208—83）

代码	功能开始时间		功能保持到被注销或被适当程序指令代替	功能仅在所出现的程序段内有作用	功能
	与程序段指令运动同时开始	在程序段指令运动完成后开始			
M00		*		*	程序停止
M01		*		*	计划停止
M02		*		*	程序结束
M03	*		*		主轴顺时针方向
M04	*		*		主轴逆时针方向
M05		*	*		主轴停止
M06	#	#		*	换刀
M07	* *		*		2 号冷却液开
M08	* *		*		1 号冷却液开
M09		*	*		冷却液关
M10	##	#	*		夹紧
M11	##	#	*		松开
M12	##	#	#	#	不指定
M13	* *		*		主轴顺时针方向，冷却液开
M14	* *		*		主轴逆时针方向，冷却液开
M15	* *			*	正运动
M16	* *			*	负运动
M17－M18	##	#	#	#	不指定
M19		*	* *		主轴定向停止

（续）

代码	功能开始时间		功能保持到被注销或被适当程序指令代替	功能仅在所出现的程序段内有作用	功能
	与程序段指令运动同时开始	在程序段指令运动完成后开始			
M20–M29	##	#	#	#	永不指定
M30		*		*	纸带结束
M31	##	#		*	互锁旁路
M32–M35	##	#	#	#	不指定
M36	*		*		进给范围 1
M37	*		*		进给范围 2
M38	*		*		主轴速度范围 1
M39	*		*		主轴速度范围 2
M40–M45	#	##	#	#	如有需要作为齿轮换挡，此外不指定
M46–M47	#	##	#	#	不指定
M48		* *	*		注销 M49
M49	*		*		进给率修正旁路
M50	*		*		3 号冷却液开
M51	*		*		4 号冷却液开
M52–M54	#	##	#	#	不指定
M55	*		*		刀具直线位移，位置 1

代码	功能开始时间		功能保持到被注销或被适当程序指令代替	功能仅在所出现的程序段内有作用	功能
	与程序段指令运动同时开始	在程序段指令运动完成后开始			
M56	*		*		刀具直线位移，位置 2
M57–M59	#	##	#	#	不指定
M60		*		*	更换工件
M61	*		*		工件直线位移，位置 1
M62	*		*		工件直线位移，位置 2
M63–M70	#	##	#	#	不指定
M71	*		*		工件角度位移，位置 1
M72	*		*		工件角度位移，位置 2
M73–M89	#	##	#	#	不指定
M90–M99	#	##	#	#	永不指定

9.4.4 零件加工实例

如图 9–21、图 9–22 所示零件已完成粗加工，单边留精切加工余量 0.1mm，零件只需要精加工。

1. 加工机床：某加工中心（配 FANUC 0i–MD 系统）

2. 加工内容

（1）ϕ220 外圆。

（2）菱形四边。

（3）中心 ϕ50 孔。

图 9–21 加工零件

3. 加工工艺

(1)精铣 $\phi220$ 外圆,采用圆弧切入进刀、圆弧切出退刀。

(2)精铣菱形四边,沿轮廓延长线切入、切出。

(3)精镗 $\phi50$ 孔。

4. 加工使用刀具

(1)精铣 $\phi220$ 外圆及菱形四边使用 $\phi32$ 立铣刀。

(2)零件中心 $\phi50$ 孔加工使用镗刀。

5. 工件坐标系设定

工件坐标系 $X0$、$Y0$ 设在 $\phi220$ 圆中心,$Z0$ 设在 $\phi220$ 圆上表面。

6. 加工程序

该零件的数控加工程序如下,加工时的刀具轨迹如图 9-23 所示。

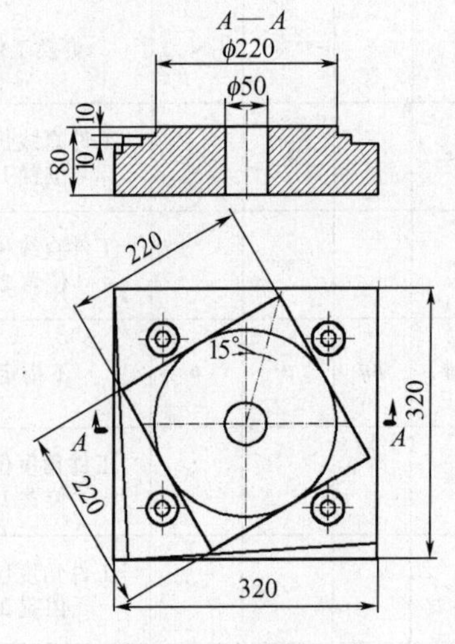

图 9-22 零件尺寸

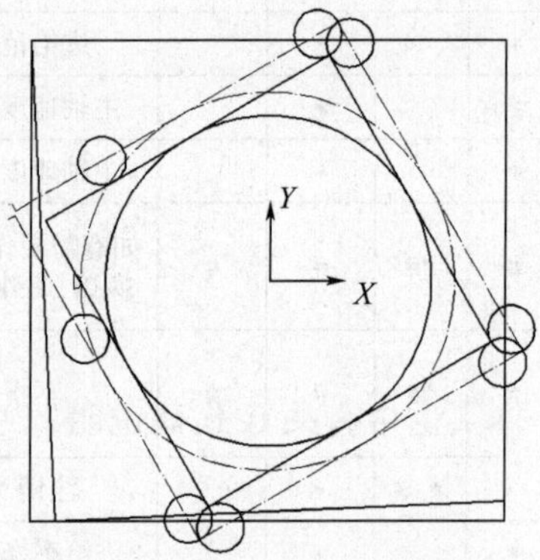

图 9-23 加工时刀具轨迹

```
O5002;                                   程序号
N100 G40 G17 ;
N102 G94 G90 G21;
N104 G91 G28 Z0.0;                       Z 轴回参考点
N106 T01 M06 ;                           换 T01 号刀
N108 T03;                                T03 号刀具准备
N110 G54 G90 G00 X-131. Y0.0 S637 M03;   建立工件坐标系
N112 G43 Z200. H01 M08;                  Z 轴定位至安全高度,建立刀具长度补偿,开冷
                                         却液
N114 Z-7.;
N116 G01 Z-10. F100.;
N118 G41 Y-21. D01;                      建立刀具半径左补偿
N120 G03 X-110. Y0.0 I0.0 J21.;          圆弧切入进刀
N122 G02 I110. J0.0;                     φ220 圆弧切削
N124 G03 X-131. Y21. I-21. J0.0;         圆弧切出退刀
N126 G40 G01 Y0.0;                       φ220 外圆加工完毕,取消刀具半径补偿
```

```
N128 Z-7.;
N130 G00 Z200.;
N132 G90 X-172.542 Y51.649;
N134 Z-17.;
N136 G01 Z-20. F100.;
N138 G41 X-162.042 Y33.462 D01;          建立刀具半径左补偿,刀具沿轮廓延长线切入
N140 X40.263 Y150.263;
N142 X150.263 Y-40.263;
N144 X-40.263 Y-150.263;
N146 X-157.064 Y52.042;                  刀具沿轮廓延长线切出
N148 G40 X-175.25 Y41.542;               菱形四边加工完毕 ,取消刀具半径补偿
N150 Z-17.;
N152 G00 Z200.;
N154 M05 M09;                            主轴停,关冷却液
N156 G91 G28 Z0.0;
N158 T03 M06;                            换 T03 号刀
N160 G54 G00 G90 X0.0 Y0.0;
N162 G43 Z200. H03 S477 M03 M08;
N164 G98 G76 Z-82. R3. Q0.5 P100 F47.;   精镗 φ50 孔
N166 G80;
N168 M05 M09;
N170 M02;
```

7. 本实例中有关 G 代码说明

G21:公制输入方式。

G41:刀具半径左补偿,其后的 X_ Y_为刀具半径补偿起始点的坐标, D_为刀具半径补偿存储器地址号,偏置量(刀具半径)预先寄存在 D 代码指令的存储器中。

G43:刀具长度正补偿,H_为刀具长度补偿值的存储地址,补偿值存入由 H 代码指令的存储器中。

G76:精镗固定循环指令(固定循环指令可以将多个程序段的指令按约定的执行次序综合为一个程序段完成孔的加工,使编程工作大为简化),其后要指定孔位置、退刀平面及孔加工相关数据,如此例中用 Q_指定刀具的让刀量,用 P_指定孔底暂停时间等。

G98:指定加工完成后刀具退到初始平面。

以上指令的详细介绍可参阅 FANUC Series 0i-MODEL D 加工中心系统用户手册。

第10章　钳　　工

10.1　钳工概述

金属工艺中冷加工是指利用一定的手段在再结晶温度下对金属材料零件产生塑性变形的加工工艺;钳工则是冷加工中,利用手工工具对夹在台虎钳上的工件进行切削加工方法;其基本操作包括划线、錾削、锯削、锉削、钻孔、扩孔、铰孔、攻螺纹、套螺纹、刮削、研磨、装配、调试和修理等。

10.1.1　钳工的加工特点及应用范围

钳工是一个技术工艺比较复杂、加工程序细致、工艺要求高的工种,与其他加工方法相比,其特点是:

(1) 使用工具简单,制造、刃磨方便。

(2) 工具和设备价格低廉,携带方便,投资小。

(3) 加工方法灵活多样、操纵方便、适应面广。

(4) 可以加工用机械设备不能加工或不适于机械加工的某些工形状复杂和高精度的零件。

(5) 劳动强度大,生产率低,对工人技术水平要求高。

(6) 加工质量不稳定,加工质量的高低受工人技术熟练程度的影响。

虽然目前有各种先进的加工方法,但很多工作仍然需要钳工来完成。在保证产品质量方面,钳工起着十分重要的作用。钳工的应用范围很广,主要包括:

(1) 加工前的准备工作,如毛坯、工件划线等。

(2) 单件小批生产中某些普通零件的加工。

(3) 某些精密零件的加工,如样板、模具的精加工,刮削或研磨机器或量具的配合表面等。

(4) 整机产品的装配、调试和维修等。

10.1.2　钳工常用的设备

钳工常用的设备有钳工工作台、台虎钳、砂轮机、钻床、手电钻等。

1. 钳工工作台

钳工工作台简称钳台(又称为工作平台),用于安装台虎钳,进行钳工操作;还适用于各种检验工作,精密测量用的基准平面和检查零件的尺寸精度或形位公差。有单人使用和多人使用两种,用硬质木材或钢材做成。工作台要求平稳、结实,台面高度一般以装上台虎钳后钳口高度恰好与人手肘齐平为宜,如图10-1所示。

2. 台虎钳

台虎钳又称虎钳,是用来夹持工件的通用夹具。装置在工作台上,用以夹稳加工工件,为钳工车间必备工具。转盘式的钳体可旋转,使工件旋转到合适的工作位置。

常用的台虎钳有固定式和回转式两种,图 10-2 为回转式台虎钳的结构图。台虎钳主体用铸铁制成,由固定部分和活动部分组成。固定部分由转盘锁紧螺钉固定在转盘座上,转盘座内装有夹紧盘。松开转盘上的锁紧手柄,固定部分便可在转盘座上转动,以变更台虎钳方向。转盘座用螺钉固定在钳台上。连接手柄的螺杆穿过活动部分旋入固定部分上的螺母内。扳动手柄使螺杆从螺母中旋出或旋进,从而带动活动部分移动,使钳口张开或合拢,以松开或夹紧工件。

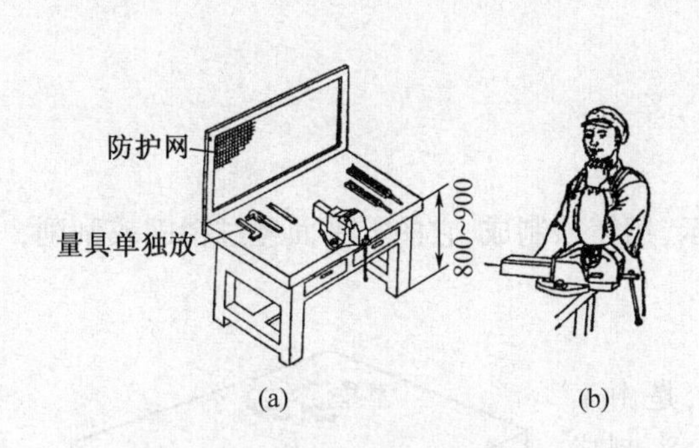

图 10-1　钳工工作台

(a) 工作台; (b) 虎钳的合适高度。

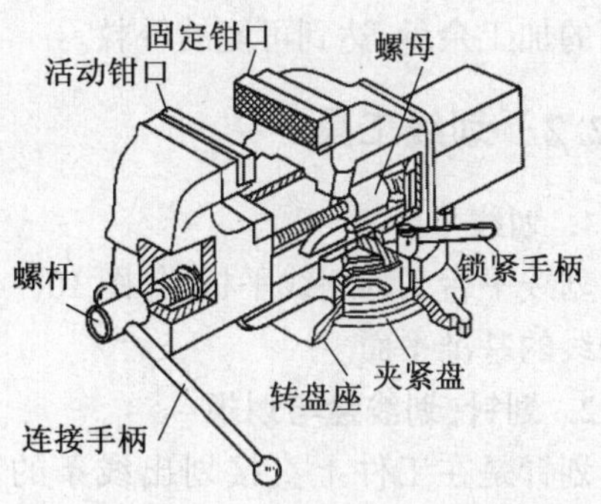

图 10-2　回转式虎钳构造

台虎钳在钳台上安装时,必须使固定钳身的工作面处于钳台边缘以外,以保证夹持长条形工件时,工件的下端不受钳台边缘的阻碍。回转底座的中间孔应该朝里边,这样钳工桌更受力,不至于压坏钳工桌。在钳桌装上台虎钳后操作者工作时的高度比较合适,一般多以钳口高度恰好与肘齐平为宜,即肘放在台虎钳最高点半握拳,拳刚好抵下颚,钳桌的长度和宽度则随工作而定。

为了延长台虎钳的使用寿命,台虎钳上端咬口处用螺钉紧固着两块经过淬硬的钢质钳口。钳口的工作面上有斜形齿纹,以使工件夹紧时不致滑动。夹持工件的精加工表面时,应在钳口和工件间垫上纯铜皮或铝皮等软材料制成的护口片(俗称软钳口),以免夹坏工件表面。

台虎钳规格以钳口的宽度表示,一般为 100mm、125mm、150mm。

10.2　划　线

10.2.1　划线的概念及作用

1. 划线的概念

根据图样要求在毛坯或半成品上划出加工图形、加工界限或加工时找正用的辅助线称为划线。

划线分平面划线和立体划线两种,如图 10-3 所示。平面划线是在工件的同一平面或几个互相平行的平面上划线；立体划线是在几个互相垂直或倾斜的平面上划线。

2. 划线的作用

(1) 确定工件上各形面的加工位置和加工余量。

(2) 可全面检查毛坯的形状和尺寸，是否符合图纸并满足加工要求。

(3) 在毛坯上出现某些缺陷的情况下，利用划线时的借料方法来适当分配各形面的加工余量，达到可能的补救。

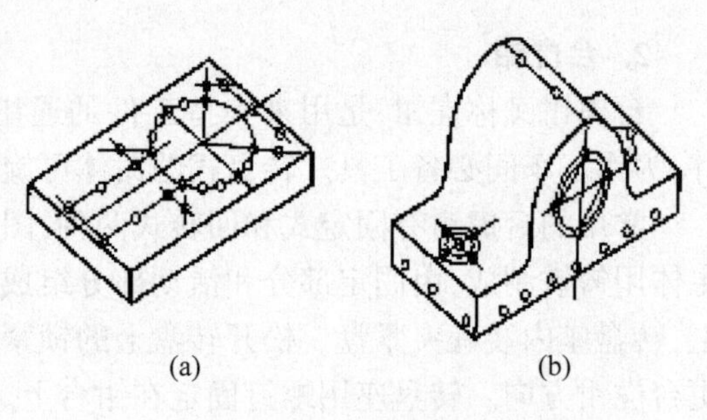

图 10－3 划线的种类

(a) 平面划线；(b) 立体划线。

10.2.2 划线工具

1. 划线平台

划线平台又称划线平板，如图 10－4 所示，用铸铁制成，它的上平面经过精刨或刮削，是划线的基准平面。

2. 划针、划线盘与划规

划针是在工件上直接划出线条的工具，是由工具钢淬硬后将尖端磨锐或焊上硬质合金尖头制成的。划针的形状和正确用法如图 10－5 所示，弯头划针可用于直线划针划不到的地方和找正零件。使用划针划线时，必须使针尖紧贴钢直尺或样板。

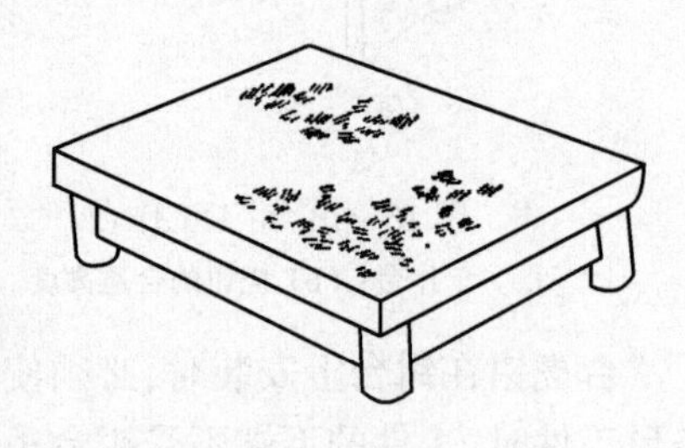

图 10－4 划线平台

划线盘如图 10－6 所示，它的直针尖端焊上硬质合金，用来划与针盘座底面平行的直线。另一端

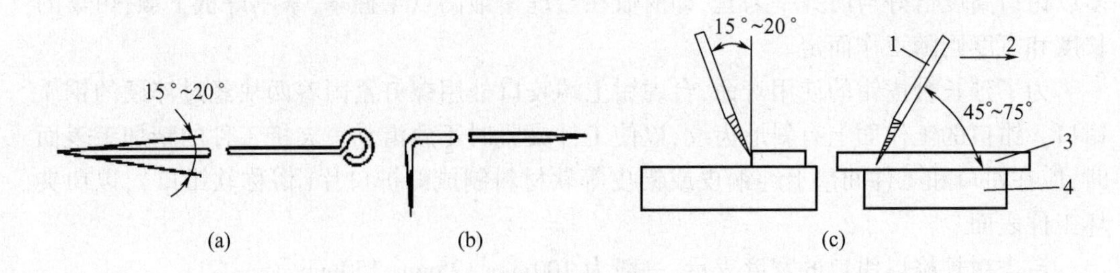

图 10－5 划针

(a) 直头划针；(b) 弯头划针；(c) 划针划线。

1—划针；2—划线方向；3—钢直尺；4—零件。

弯头针尖用来找正工件。

常用划规如图 10－7 所示，适于在毛坯或半成品上划圆。

3. 量高尺、高度游标尺与直角尺

(1) 量高尺，如图 10－8 所示，与划线盘配合使用，以确定划针的高度，其上的钢尺零线紧贴平台。

(2) 高度游标尺，如图10－9所示，实际上是量高尺与划针盘的组合。划线脚与游

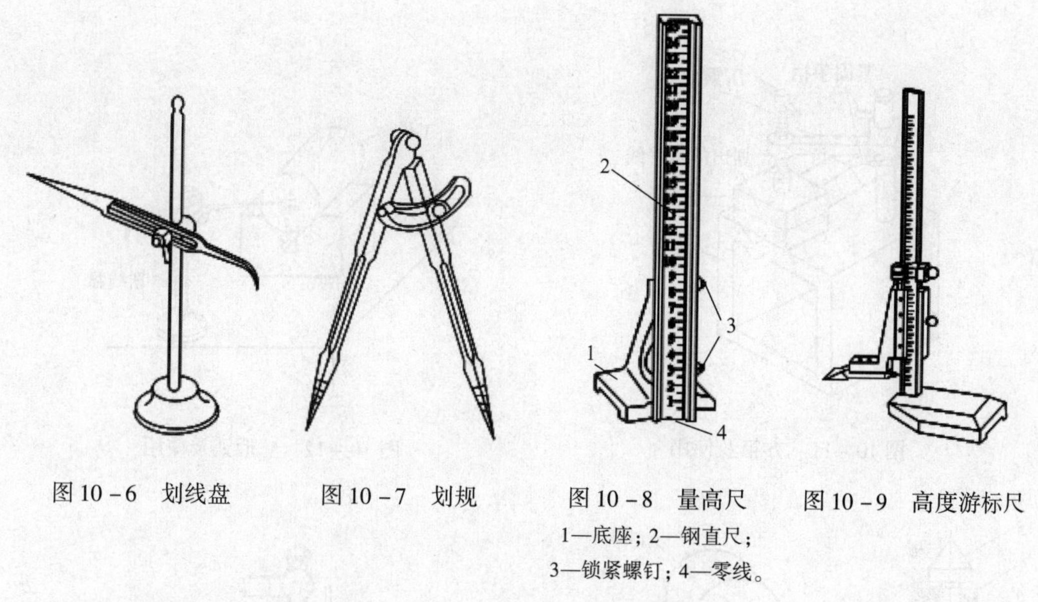

图 10－6　划线盘　　图 10－7　划规　　图 10－8　量高尺　　图 10－9　高度游标尺

1—底座；2—钢直尺；
3—锁紧螺钉；4—零线。

标连成一体，前端镶有硬质合金，一般用于已加工面的划线。

（3）直角尺（90°角尺）简称角尺，它的两个工作面经精磨或研磨后呈精确的直角。90°角尺既是划线工具又是精密量具，有扁 90°角尺和宽座 90°角尺两种，如图 10－10（a）所示。前者用于平面划线中在没有基准面的工件上划垂直线，如图 10－10（c）所示；后者用于立体划线中，用它靠住零件基准面划垂直线，如图 10－10（b）、（d）所示，或用它找正工件的垂直线或垂直面。

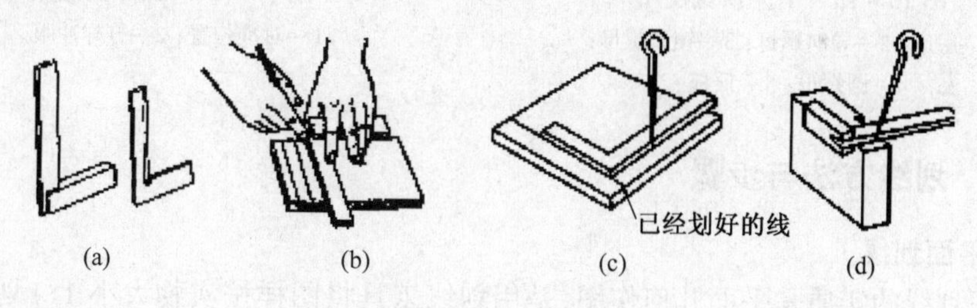

图 10－10　直角尺

4. 支承工具和样冲

（1）方箱，如图 10－11 所示，是用灰铸铁制成的空心长方体或立方体，主要用于夹持较小的工件，它的 6 个面均经过精加工，相对的平面互相平行，相邻的平面互相垂直。通过在平板上翻转方箱，即可在工件表面上划出相互垂直的线。

（2）V 形铁，如图 10－12 所示，是用于安放轴、套筒等圆形工件的工具。一般 V 形铁都是两块一副，平面与 V 形槽是在一次安装中加工的，V 形槽夹角为 90°或 120°。V 形铁也可当方箱使用。

（3）千斤顶，如图 10－13 所示，是用于支承毛坯或形状复杂的大工件的工具。使用时，三个一组顶起工件，调整顶杆的高度便能方便地找正工件。

（4）样冲，如图 10－14 所示，样冲用于在划好的线条上打出小而均匀的样冲眼，以免工件上已划好的线在搬运、装夹过程中因碰、擦而模糊不清，影响加工。

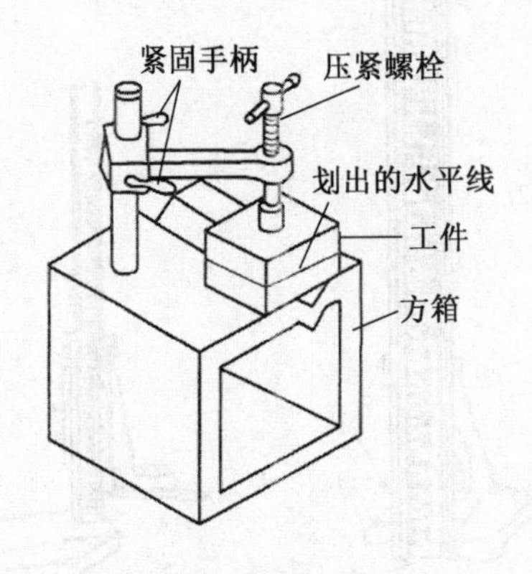

图 10－11　方箱及使用

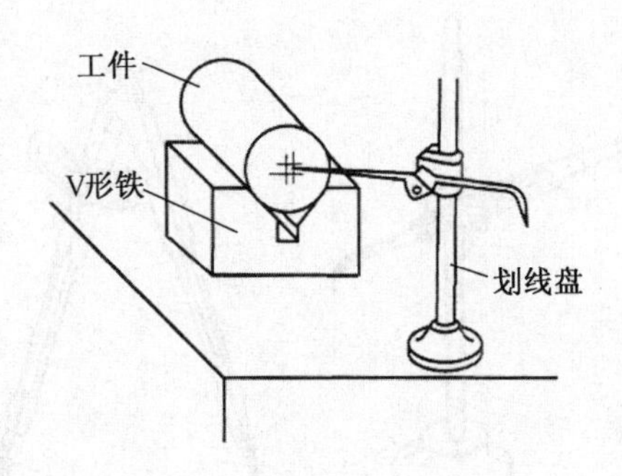

图 10－12　V 形铁及使用

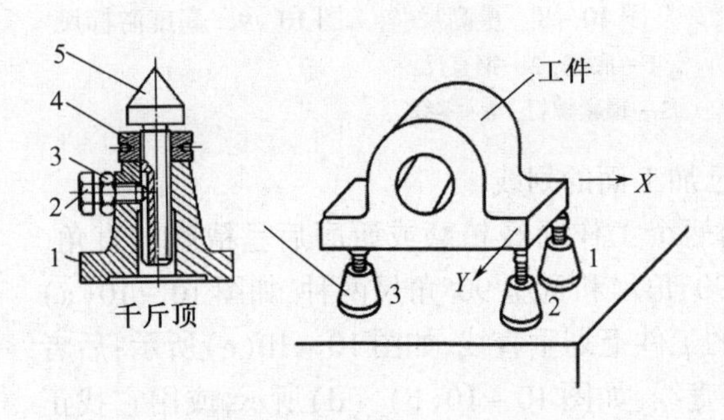

图 10－13　千斤顶及使用

1—底座；2—导向螺钉；3—锁紧螺母；4—圆螺母；5—顶杆。

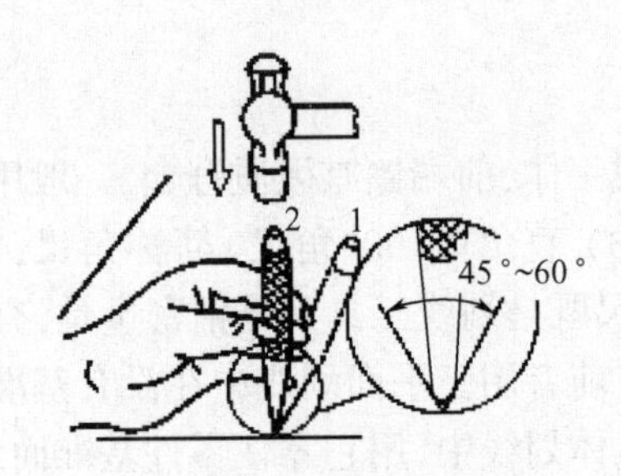

图 10－14　样冲及使用

1—对准位置；2—打样冲眼。

10.2.3　划线方法与步骤

1. 平面划线

平面划线的实质是平面几何作图，是用划线工具将图样按实物大小 1∶1划到工件上去。其基本步骤是：

（1）根据图样要求，选定划线基准。

（2）划线前准备，包括清理、检查、涂色，在工件孔中装中心塞块等。在工件上划线部位涂上一层薄而均匀的涂料，使划出的线条清晰可见。工件不同，涂料也不同。一般在铸、锻毛坯件上涂石灰水，小的毛坯件上也可以涂粉笔，钢铁半成品上一般涂龙胆紫（也称“兰油”）或硫酸铜溶液，铝、铜等有色金属半成品上涂龙胆紫或墨汁。

（3）划出加工界限（直线、圆及连接圆弧）。

（4）在划出的线上打样冲眼。

2. 立体划线

立体划线是平面划线的组合，与平面划线有许多相同之处，划线基准一经确定，其后的划线步骤大致相同。不同处是一般平面划线应选择两个基准，而立体划线要选择三个基准，如图 10－15 所示。

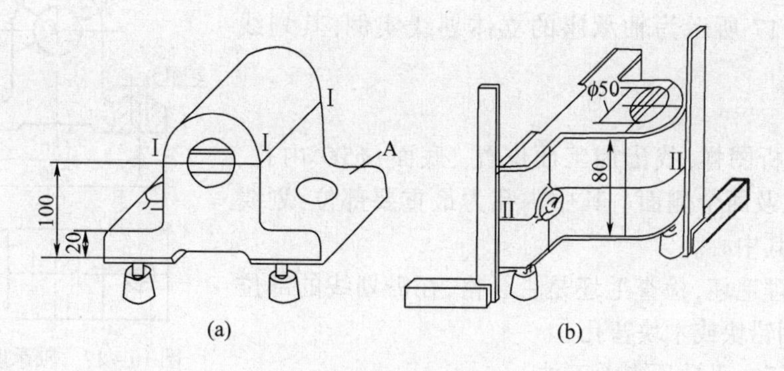

图 10－15　立体划线

10.2.4　划线举例

1. 平面划线

图 10－16 所示为盖板的平面划线实例。按一般步骤做好准备工作(包括分析图样，清理坯料、涂色等)后，其划线过程如下：

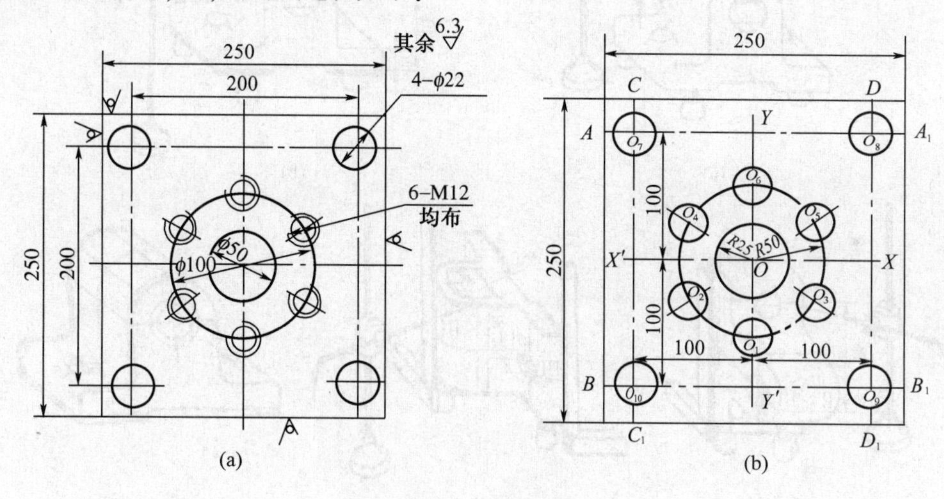

图 10－16　盖板划线

(a) 零件图；(b) 划线图。

(1) 用 90°角尺及划针划出边长 250mm 的正方形，用划卡量得边长中点并联成 XX'、YY'两轴线，在交点 O 打样冲眼。

(2) 以 O 点为圆心，$R25$ 和 $R50$ 为半径用划规划出 $\phi50$ 及 $\phi100$ 的圆，在 $\phi100$ 圆与 YY'线的交点 O_1、O_6打样冲眼。

(3) 从 O_1开始六等分 $\phi100$ 圆周，等分点均打样冲眼，以等分点为圆心划出六个 M12 螺纹底孔。

(4) 分别作平行于 XX'、YY'并与之相距 100mm 的直线 $AA1$、$BB1$、$CC1$、$DD1$，得四个交点 O_7、O_8、O_9、O_{10}，分别在其上打样冲眼。

(5) 分别以 O_7、O_8、O_9、O_{10}为圆心划出四个 $\phi22$mm 的圆。

2. 立体划线

图 10 - 17 所示为轴承座的立体划线实例,其划线步骤
如下:

(1) 分析图样,找出加工面位置:底面、$\phi50$ 内孔、2 - $\phi13$ 内孔及两个侧面。其中内孔为最重要部位,划线基准应选在其中心。

(2) 清理毛坯,检查毛坯是否合格,在需划线的部位涂上涂料,用铅块或木块塞孔。

(3) 用三个千斤顶支承工件。

(4) 划线,其过程如图 10 - 18 所示。

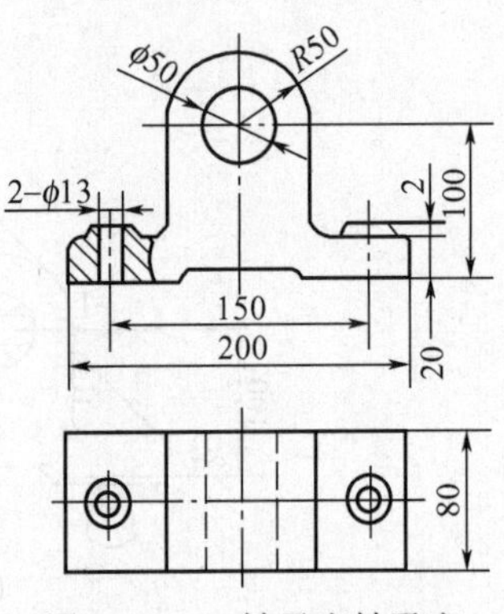

图 10 - 17 轴承座轴承座

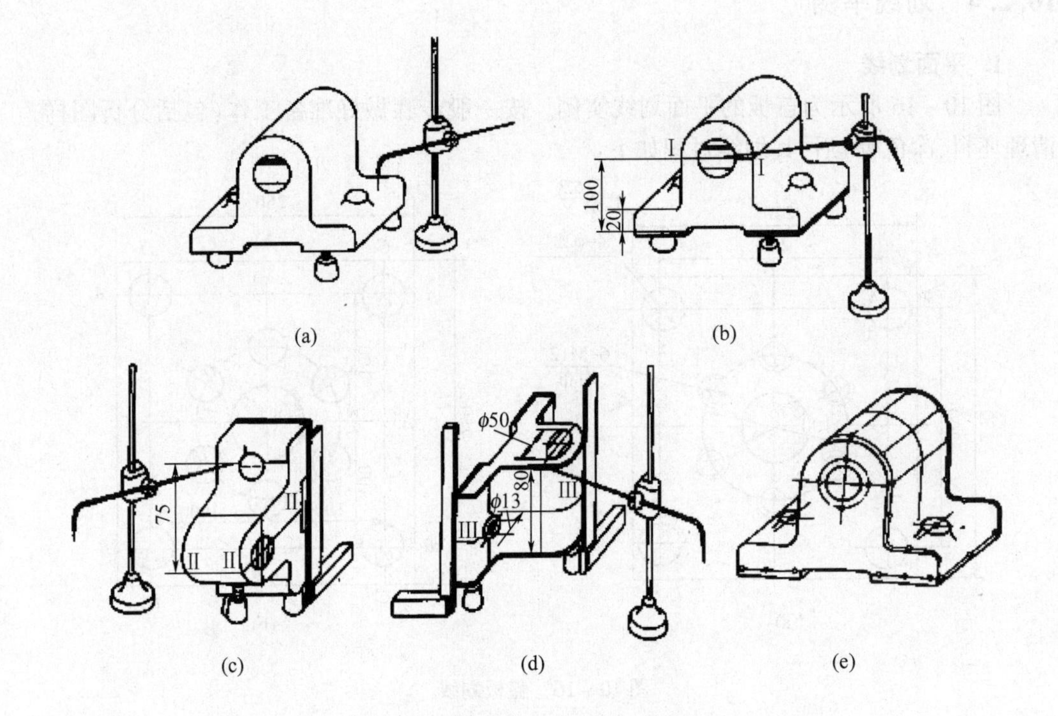

图 10 - 18 轴承座划线过程

(a) 根据孔中心及上平面调节千斤顶,使工件水平;(b) 划底面加工线和大孔的水平中心线;
(c) 转 90°,用 90°角尺找正,划大孔的垂直中心线和螺钉孔中心线;
(d) 再翻 90°,用 90°角尺两个方向找正,划螺钉孔另一方向的中心线和大端面加工线;(e) 打样冲眼。

10.3 錾 削

用锤子锤击錾子对工件进行切削加工的钳工工作称为錾削,又称为凿削。錾削一般用来去除锻件的飞边,铸件的毛刺和浇冒口及配合件凸出的错位、边缘,分割板料,加工沟槽和平面等。

10.3.1　錾削工具

錾削所用的工具是錾子和锤子。

1. 錾子

錾子一般用碳素工具钢（T7、T8）锻成，刃口部分需经淬火及低温回火处理，使之具有一定硬度和韧性。常用的錾子有扁錾和窄錾两种，如图 10－19 所示。

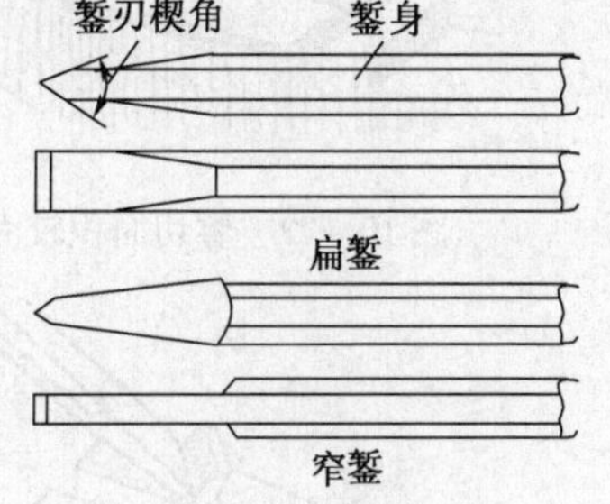

图 10－19　錾子

2. 锤子

锤子是錾削工作中的必备工具，也是钳工工作的重要工具。锤头一般用 T7 钢锻制经淬硬而成。锤子的规格按锤头质量表示，有 0.25kg、0.5kg、1kg 等。

10.3.2　錾削操作及应用

錾削操作时应正确握持錾子和锤子，合理站位，錾削时的姿势应使全身不易疲劳，又便于用力。如图 10－20 所示，錾子用左手中指、无名指和小指松动自如地握持，大拇指和食指自然接触，錾子头部伸出 20～25mm；锤子用右手拇指和食指握持，其余各指当锤击时才握紧，锤柄头伸出 15～30mm。

1. 錾切板料

錾切小而薄的板料可夹在台虎钳上进行，如图 10－21 所示。面积较大且较厚（4mm 以上）板料的錾切可在铁砧上从一面錾开，如图 10－22 所示。錾切轮廓较复杂且较厚的工件，为避免变形，应在轮廓周围钻出密集的孔，然后切断，如图 10－23 所示。

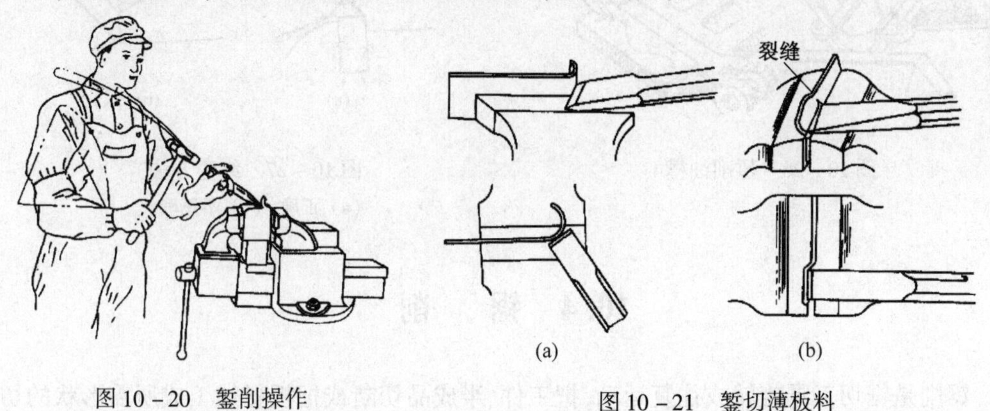

图 10－20　錾削操作

图 10－21　錾切薄板料

（a）正确；（b）不正确。

2. 錾削平面

錾削较窄平面时，錾子切削刃与錾削方向保持一定的斜度，如图 10－24 所示。錾削较大平面时，通常先开窄槽，然后再錾去槽间金属，如图 10－25 所示。

3. 錾削油槽

錾削油槽时，錾子切削刃形状应磨成与油槽截面形状一致，錾子的刃宽等于油槽宽，刃高约为宽度的 2/3。錾削方向要随曲面圆弧而变动，油槽应錾得光滑且深度一致。油槽錾好后，应用刮刀刮去毛刺。錾削方法如图 10－26 所示。

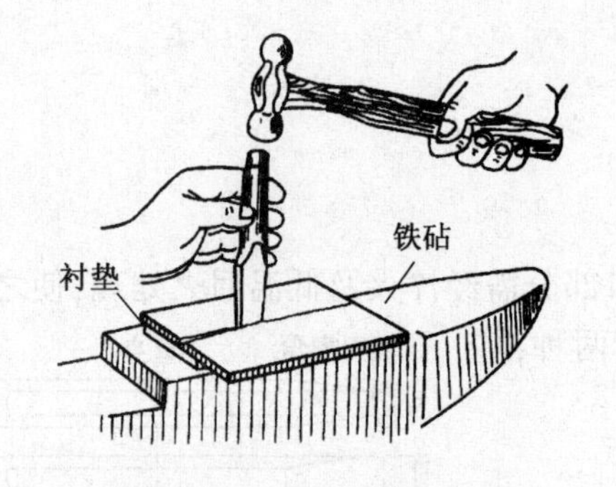

图 10－22　錾切面积较大板料

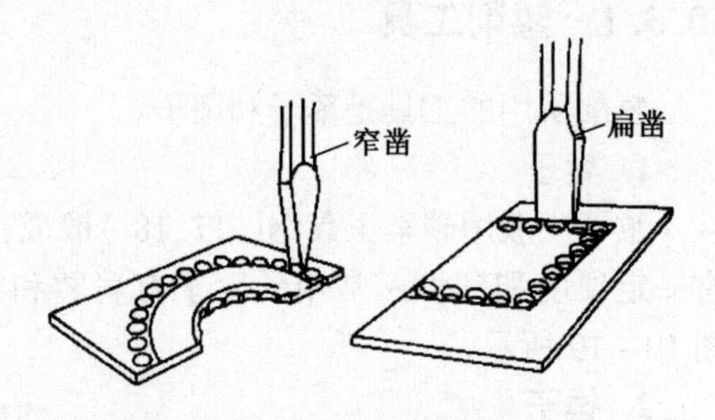

图 10－23　分割板料

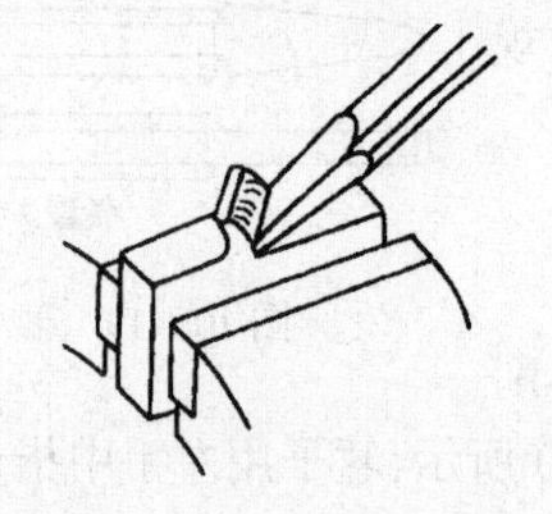

图 10－24　錾削狭窄平面

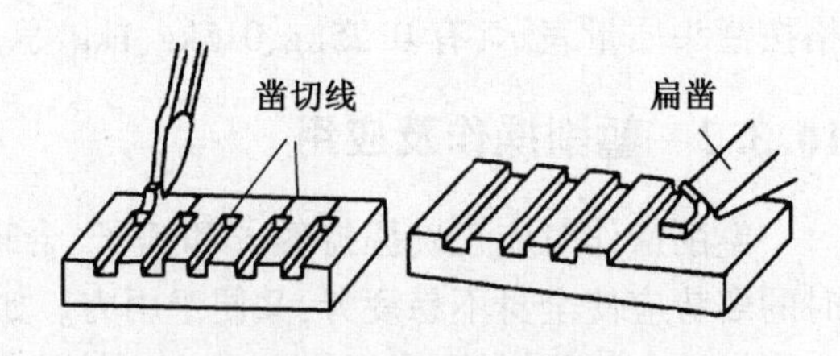

图 10－25　錾削较大平面

此外，錾削到工件尽头时，錾削方法应如图 10－27 所示。

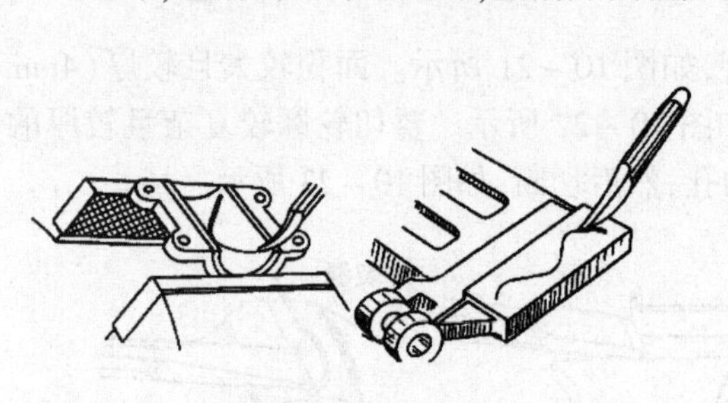

图 10－26　錾削油槽

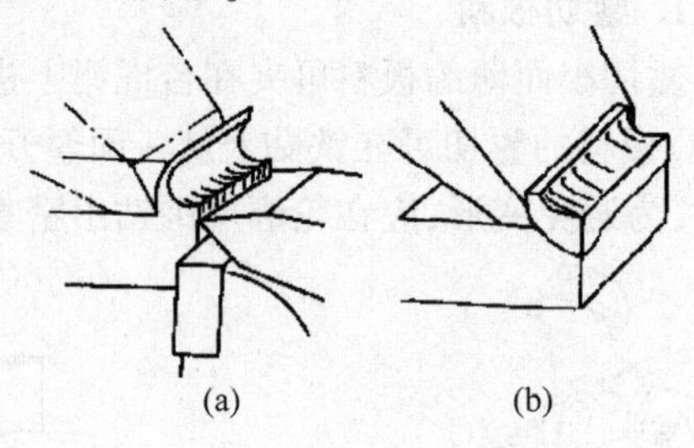

图 10－27　终錾方法

(a) 正确；(b) 不正确。

10.4　锯　　削

锯削是锯切工具旋转或往复运动，把工件、半成品切断或把板材加工成所需形状的切削加工方法。用锯对材料和工件进行切断和锯槽的加工方法称为锯削。

10.4.1　手锯

手锯由锯弓和锯条组成。

1. 锯弓

锯弓是用来夹持和拉紧锯条的工具，有固定式和可调式两种，如图 10－28(a)和(b)所示。固定式锯弓只能安装一种长度规格的锯条。可调式锯弓的弓架分成两段，前段可在后端的套内移动，可安装几种长度规格的锯条。可调式锯弓使用方便，应用较广。

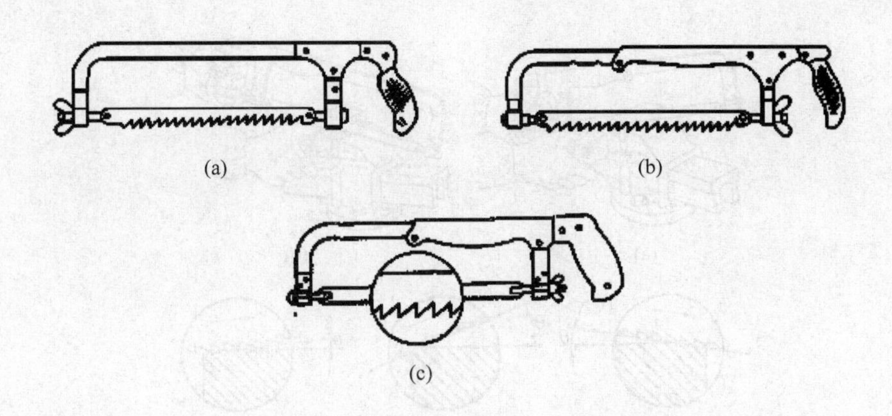

图 10－28　手锯

（a）固定式锯弓；（b）可调式锯弓；（c）锯齿的按装方向。

2. 锯条

锯条一般用碳素工具钢（如 T10、T12 等）制成，并经淬火和低温回火处理。锯条规格用锯条两端安装孔之间距离表示，常用的锯条长度为 300mm，宽为 13mm，厚为 0.6mm。锯齿齿距按 25mm 长度所含齿数分为粗齿（14 ~ 16 个齿）、中齿（18 ~ 22 个齿）、细齿（24 ~ 32 个齿）三种。粗齿锯条适用锯削软材料和截面较大的工件；细齿锯条适用于锯削硬材料和薄壁工件；中齿用于加工普通钢材、铸铁以及中等厚度工件。锯齿在制造时按一定的规律错开排列成波形，以减少锯口两侧与锯条间的摩擦。

10.4.2　锯削操作

1. 锯条安装

安装锯条时，锯齿方向必须朝前，如图 10－28（c）所示，锯条绷紧程度要适当，过松和过紧易折断锯条。

2. 握锯

一般握锯方法是右手握稳锯柄，左手轻扶弓架前端。锯削时站立位置如图 10－29 所示。

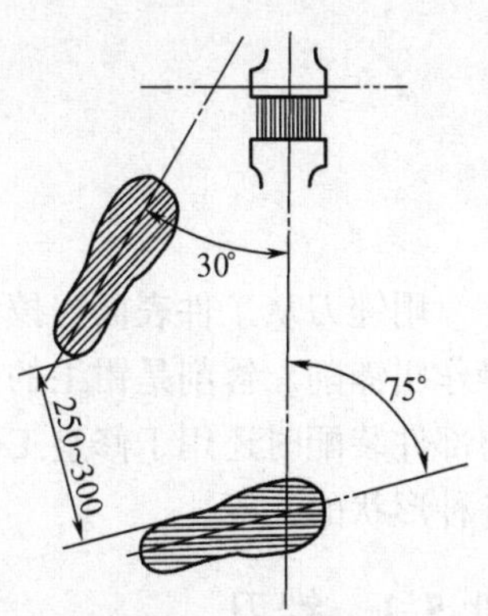

图 10－29　锯削时站立位置

3. 起锯

锯条开始切入工件时称为起锯，起锯方式有近起锯（图 10－27（a））和远起锯（图 10－30（b））两种。起锯时要用左手拇指挡住锯条，使锯条落在所需要的位置上，起锯角（锯条与工件表面的角度）约为 15°，如图 10－30（c）所示。锯弓往复行程要短，压力要轻，锯条要与零件表面垂直，当起锯到槽深 2 ~ 3mm 时，起锯可结束，应逐渐将锯弓改至水平方向进行正常锯削。

4. 锯削

锯削时的推力和压力由右手控制，左手压力不要过大，主要应配合右手扶正锯弓。锯弓向前推出时加压力，回程时不加压力，在工件上轻轻滑过。锯削往复运动速度应控制在 40 次/min 左右，最好使锯条全部长度参加切削，一般锯

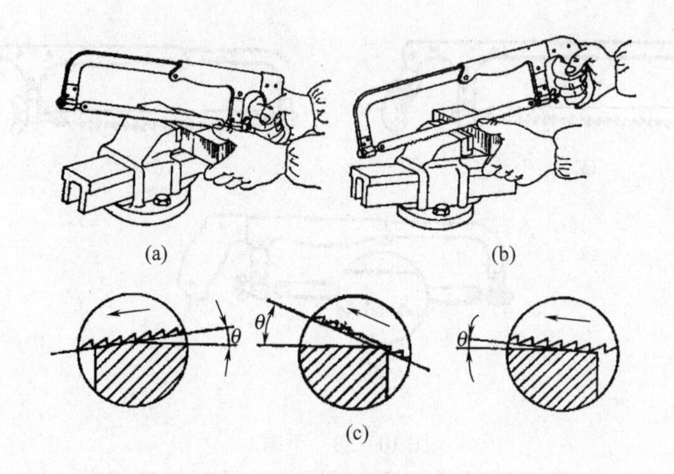

图 10－30　起锯

（a）近起锯；（b）远起锯；（c）起锯角。

弓的往返长度不应小于锯条长度的 2/3。

有时在锯特殊位置的工件时，如锯切深缝，需改变锯条与锯弓的按装的角度，以保证锯削的顺利进行，如图 10－31 所示。

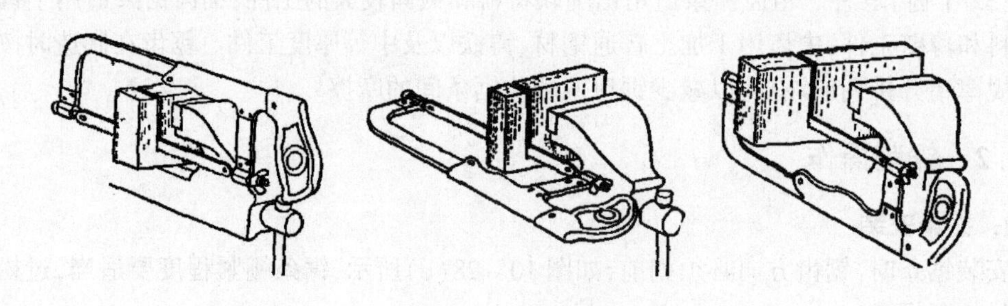

图 10－31　锯切深缝

10.5　锉　　削

用锉刀从工件表面锉掉多余的金属，使其达到图样要求的形状、尺寸和表面粗糙度的操作叫锉削。锉削是钳工的主要操作之一，常安排在机械加工、錾削或锯割之后，在机器与部件装配时还用于修整工件。锉削的加工范围包括平面、台阶面、角度面、曲面、沟槽和各种形状的孔等。

10.5.1　锉刀

锉刀是锉削的主要工具，通常用碳素工具钢（T12、T13 等）制成，并经热处理淬硬至 62HRC～67HRC。锉刀的构造及各部分名称如图 10－32 所示。

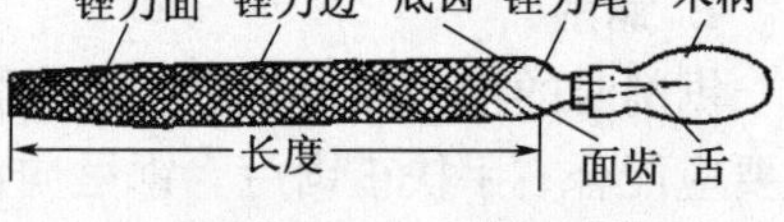

图 10－32　锉刀

锉刀分类：

（1）按每 10mm 长的锉面上齿数多少分为粗

齿锉(6~14 齿)、中齿锉(9~19 齿)、细齿锉(14~23 齿)和油光锉(21~45 齿)。

(2) 按齿纹分为单齿纹和双齿纹。单齿纹锉刀的齿纹只有一个方向,与锉刀中心线成70°,一般用于锉软金属,如铜、锡、铅等。双齿纹锉刀的齿纹有两个互相交错的排列方向,先剁上去的齿纹叫底齿纹,后剁上去的齿纹叫面齿纹。底齿纹与锉刀中心线成45°,齿纹间距较疏;面齿纹与锉刀中心线成65°,间距较密。由于底齿纹和面齿纹的角度不同,间距疏密不同,所以,锉削时锉痕不重叠,锉出来的表面平整而且光滑。

(3) 按断面形状可分成:板锉(平锉),用于锉平面、外圆面和凸圆弧面;方锉,用于锉平面和方孔;三角锉,用于锉平面、方孔及60°以上的锐角;圆锉,用于锉圆和内弧面;半圆锉,用于锉平面、内弧面和大的圆孔。普通锉刀断面形状如图10-33(a)所示。图10-33(b)所示为特种锉刀,用于加工各种工件的特殊表面。

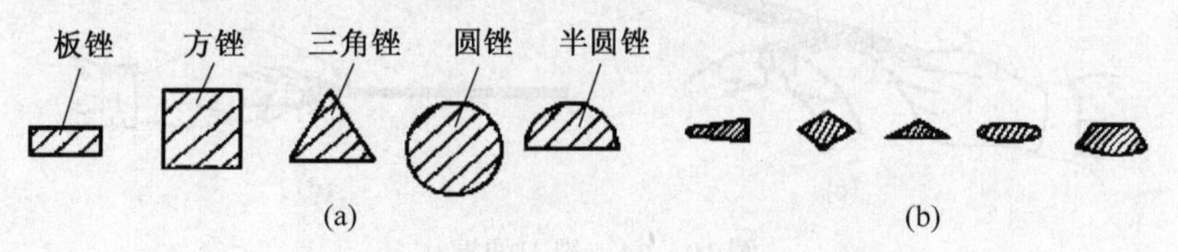

图10-33 锉刀断面形状

(a) 普通锉刀断面形状;(b) 特种锉刀断面形状。

另外,由多把各种形状的特种锉刀所组成的“什锦”锉刀,用于修锉小型零件及模具上难以机械加工的部位。普通锉刀的规格一般是用锉刀的长度、齿纹类别和锉刀断面形状表示的。

锉刀的选用原则是:按工件的形状及加工面的大小选择锉刀的形状和规格,以操作方便为宜。按工件材料的硬度、加工余量、加工精度和表面粗糙度选择锉刀齿纹的粗细:粗加工或锉削铜、铝等软金属用粗齿锉;半精加工或锉钢、铸铁等用中齿锉;细齿锉和油光锉用于表面最后修光。

10.5.2 锉削操作

1. 握锉

锉刀的种类较多,规格、大小不一,使用场合也不同,故锉刀握法也应随之改变。锉刀的握法如图10-34所示。

2. 锉削姿势

锉削操作姿势如图10-35所示。身体重心放在左脚,右膝要伸直,双脚始终站稳不移动,靠左膝的屈伸而作往复运动。随锉刀位置变化,身体前倾的程度不断变化。锉削行程结束后,把锉刀略提起一些,身体姿势恢复到起始位置。

锉削过程中,两手用力也时刻在变化。开始时,左手压力大推力小,右手压力小推力大。在推锉过程中,左手压力逐渐减小,右手压力逐渐增大。锉刀回程时不加压力,以减少锉齿的磨损。锉刀往复运动速度一般为30 ~40 次/min,推出时慢,回程时可快些。

10.5.3 锉削方法

1. 平面锉削

平面锉削是锉削中最基本的一种,常用的方法有三种:

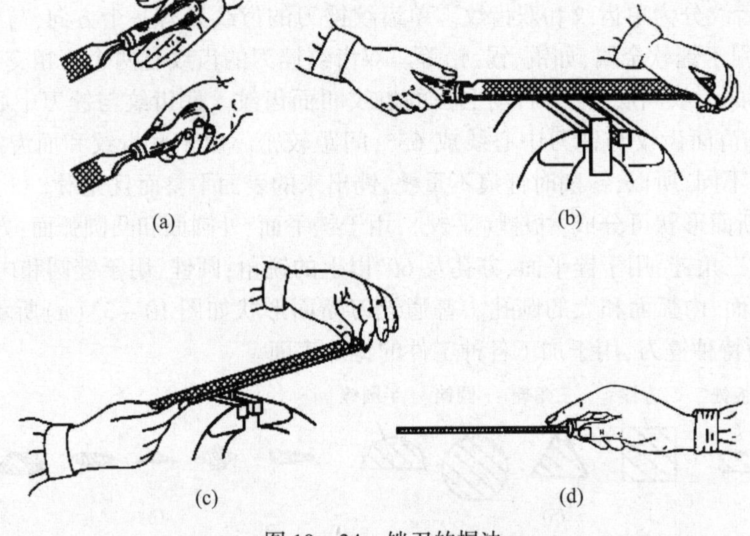

图 10－34　锉刀的握法

（a）右手握法；（b）大锉刀两手握法；（c）中锉刀两手握法；（d）小锉刀握法。

图 10－35　锉削姿势

（1）顺向锉法，如图 10－36（a）所示，锉刀始终沿着同一方向锉削，锉纹一致，整齐美观，适用于锉削小平面或最后的锉平和锉光。

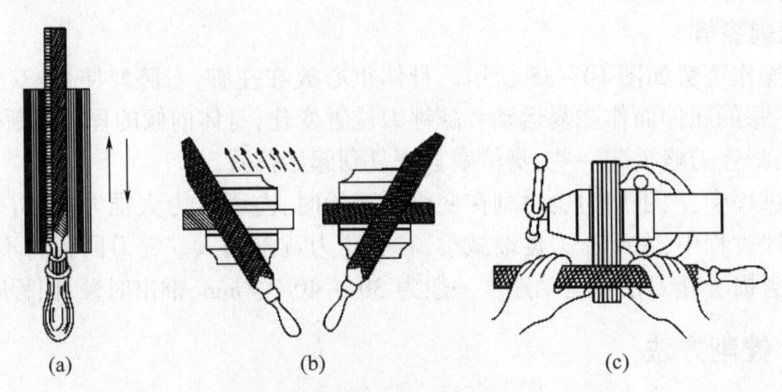

图 10－36　平面锉削方法

（a）顺向锉；（b）交叉锉；（c）推锉。

（2）交叉锉法，如图 10－36（b）所示，锉刀交叉运动，与工件接触面积大，切削效率较高，容易掌握平稳，适用于余量较大工件的锉削，交叉锉后需用顺向锉法锉光。

（3）推锉法，如图 10－36（c），两手在工件两侧对称横握住锉刀，顺着工件长度方向来回推动锉削。推锉法容易使锉刀掌握平稳，可大大提高锉削面的平面度，减小表面粗糙度值，但切削效率大大降低。当工件表面已锉平，余量很小时，为了降低工件表面粗糙度值和修正尺寸，用推锉法较好。推锉法尤其适用于较窄表面的加工。

2. 弧面锉削

外圆弧面一般可采用板锉进行锉削，常用的锉削方法有两种：顺锉法和横锉法，如图 10－37 所示。余量较小时用顺锉法；余量较大时，先用横锉法锉出棱角，再用顺锉法精锉成圆弧。

内圆弧面可采用圆锉、半圆锉或椭圆锉进行锉削，锉削时，锉刀向前运动的同时，还向左或向右移动并绕锉刀中心线转动，如图 10－38 所示。

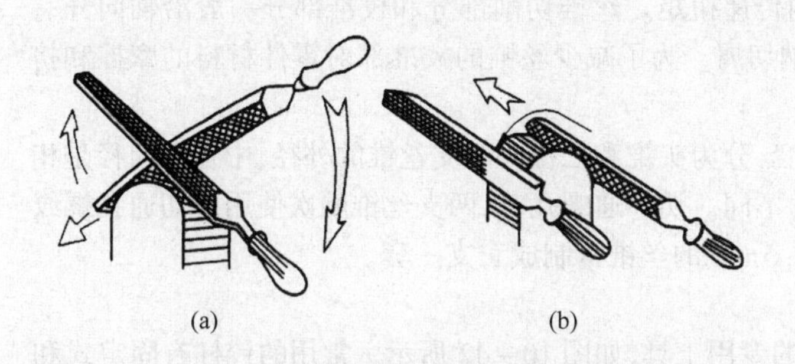

图 10－37　外圆弧面锉削方法

（a）顺锉法；（b）横锉法。

图 10－38　内圆弧面锉削方法

3. 检验工具及其使用

检验工具有刀口形直尺、90°角尺、游标角度尺等。刀口形直尺、90°角尺可检验工件的直线度、平面度及垂直度。下面介绍用刀口形直尺检验工件平面度的方法。

（1）将刀口形直尺垂直紧靠在工件表面，并在纵向、横向和对角线方向逐次检查，如图 10－39 所示。

（2）检验时，如果刀口形直尺与工件平面透光微弱而均匀，则该工件平面度合格；如果透光强弱不一，则说明该工件平面凹凸不平。可在刀口形直尺与工件紧靠处用塞尺插入，根据塞尺的厚度即可确定平面度的误差，如图 10－40 所示。

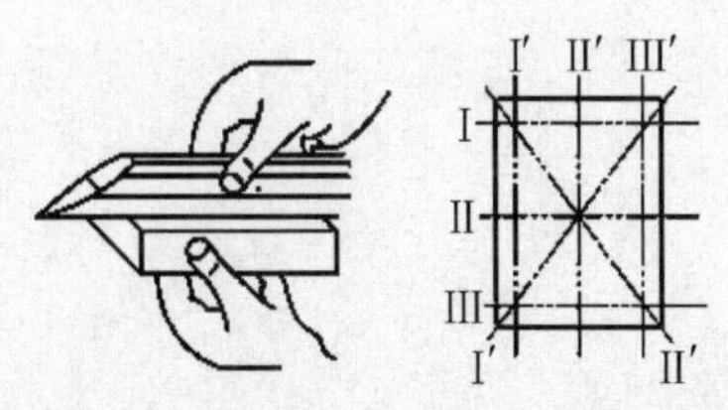

图 10－39　用刀口形直尺检验平面度

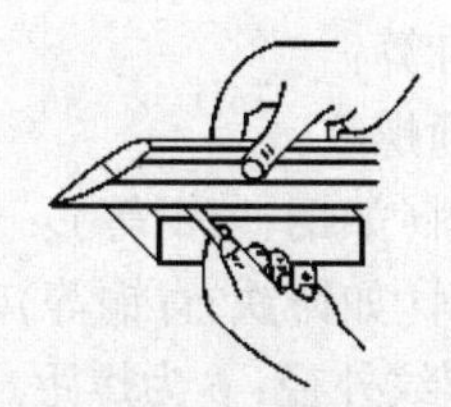

图 10－40　用塞尺测量平面度误差值

10.6 攻螺纹和套螺纹

常用的三角螺纹零件,除采用机械加工外,还可以用钳工攻螺纹和套螺纹的方法获得。

10.6.1 攻螺纹

攻螺纹是用丝锥加工出内螺纹。

1. 丝锥

丝锥是加工小直径内螺纹的成形刀具,一般用 T12A 或 9SiCr 制造。丝锥的结构如图 10-41 所示,由切削部分、校准部分和柄部组成。切削部分磨出锥角,以便将切削负荷分配在几个刀齿上,校准部分有完整的齿形,用于校准已切出的螺纹,并引导丝锥沿轴向运动。柄部有方榫,便于装在铰杠内传递扭矩。丝锥切削部分和校准部分一般沿轴向开有 3~4 条容屑槽,形成切削刃并容纳切屑。为了减少丝锥的校准部对零件材料的摩擦和挤压,它的外径、中径均有倒锥度。

手用丝锥一般有两只组成一套,分为头锥和二锥。两支丝锥的外径、中径和内径是相等的,只是切削部分的长短和锥角不同。切不通螺孔时,两支丝锥顺次使用。切通孔螺纹时,头锥能一次完成。螺距大于 2.5mm 的丝锥常制成三支一套。

2. 铰杠

铰杠是用来夹持并扳转丝锥的专用工具,如图 10-42 所示。常用的铰杠有固定式和可调节式,以便夹持各种不同尺寸的丝锥。

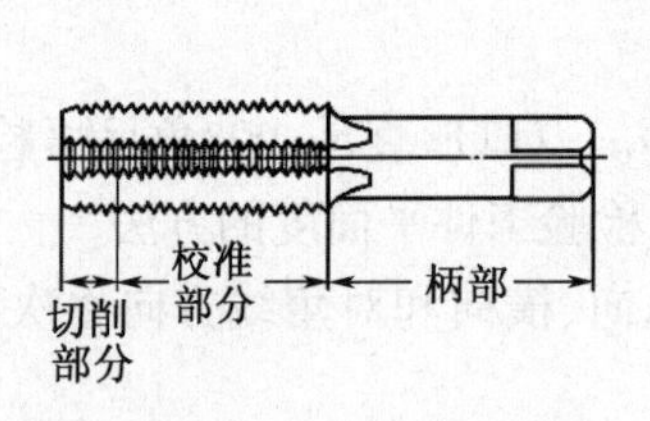

图 10-41 丝锥的构造

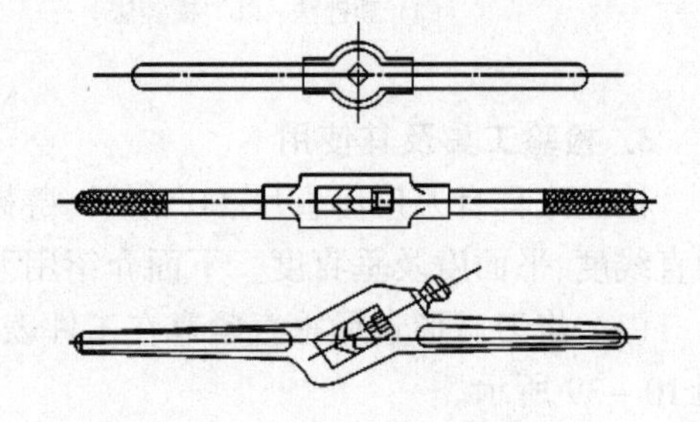

图 10-42 手用丝锥饺杠

3. 攻螺纹方法

1) 底孔直径的确定

攻螺纹前的底孔直径 d(即钻头直径)应略大于螺纹内径。底孔直径可查手册或按下列经验公式计算:

对于普通螺纹:

塑性材料(如钢、紫铜等): $d = D - p$

脆性材料(如铸铁、青铜等): $d = D - 1.1p$

式中: D 为螺纹外径; p 为螺距。

若孔为盲孔,由于丝锥不能攻到底,所以钻孔深度要大于螺纹长度,其尺寸按下式计算：

孔的深度 = 螺纹长度 + 0.7D

2）攻螺纹操作

如图 10 - 43 所示，将丝锥垂直插入孔内，双手转动铰杠，并轴向加压力，当丝锥切入零件 1 ~ 2 牙时，用 90°角尺检查丝锥是否歪斜，如丝锥歪斜，要纠正后再往下攻。当丝锥位置与螺纹底孔端面垂直后，轴向就不再加压力。两手均匀用力，为避免切屑堵塞，要经常倒转 1/2 ~ 1/4 圈，以便断屑。头锥、二锥应依次攻入。攻铸铁材料螺纹时加煤油而不加切削液，钢件材料加切削液，以保证螺孔表面的粗糙度要求。

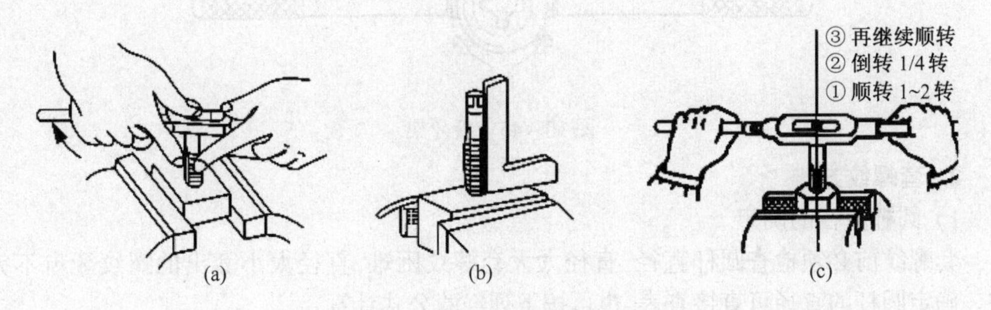

图 10 - 43　手工攻螺纹的方法

(a) 攻入孔内前的操作；(b) 检查垂直度；(c) 攻入螺纹时的方法。

10.6.2　套螺纹

套螺纹是用板牙在圆杆上加工出外螺纹。

1. 套螺纹的工具

1）圆板牙

板牙是加工外螺纹的工具。圆板牙如图 10 - 44 所示，就像一个圆螺母，不过上面钻有几个屑孔并形成切削刃。板牙两端带 2ϕ 的锥角部分是切削部分，它是铲磨出来的阿基米德螺旋面，有一定的后角。当中一段是校准部分，也是套螺纹时的导向部分。板牙一端的切削部分磨损后可调头使用。

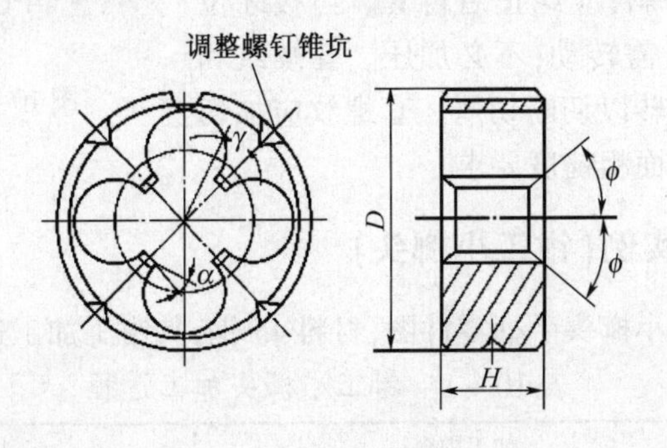

图 10 - 44　板牙

用圆板牙套螺纹的精度比较低，可加工 IT8、表面粗糙度 Ra 值为 6.3 ~ 3.2μm 的螺纹。圆板牙一般用合金工具钢 9SiCr 或高速钢 W18Cr4V 制造。

2）圆锥管螺纹板牙

圆锥管螺纹板牙的基本结构与普通圆板牙一样,因为管螺纹有锥度,所以只在单面制成切削锥。这种板牙所有切削刃都参加切削,板牙在零件上的切削长度影响管子与相配件的配合尺寸,套螺纹时要用相配件旋入管子来检查是否达到配合要求。

3）板牙架

板牙架是用于夹持板牙并带动其转动的专用工具,如图 10－45 所示。

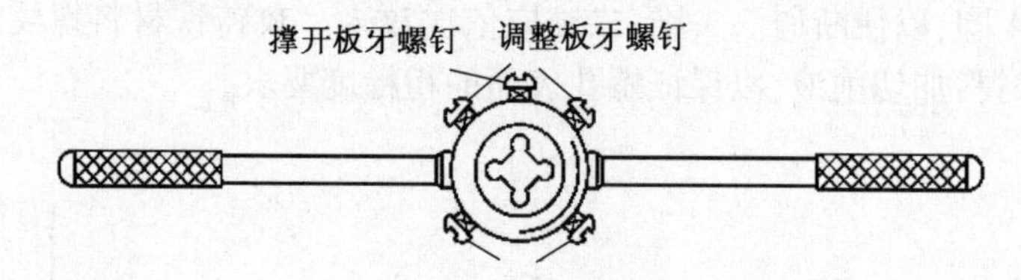

图 10－45　板牙架

2. 套螺纹方法

1）圆杆直径的确定

套螺纹前必须检查圆杆直径,直径太大套螺纹困难,直径太小套出的螺纹牙齿不完整。确定圆杆的直径可直接查表,也可按下列经验公式计算:

$$d = D - 0.13p$$

式中:d 为圆杆直径(mm);D 为螺纹外径(mm);p 为螺距(mm)。

2）圆杆端部倒角的确定

套螺纹前圆杆端部应倒角,使板牙容易对准工件中心,同时也容易切入。倒角长度应大于一个螺距,斜角为 15°～30°。

3）套螺纹操作

套螺纹的方法如图 10－46 所示,将板牙套在圆杆头部倒角处,并保持板牙与圆杆垂直。右手握住板牙架的中间部分,加适当压力,左手将板牙架的手柄顺时针方向转动,在板牙切入圆杆 2～3 牙时,应检查板牙是否歪斜,发现歪斜,应纠正后再套。当板牙位置正确后,再往下套只需转动,不必加压。套螺纹和攻螺纹一样,应经常倒转以切断切屑。套螺纹应加切削液,以保证螺纹的表面粗糙度要求。

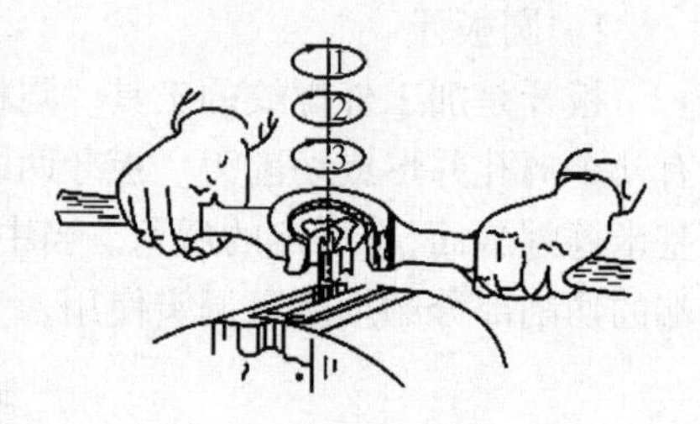

图 10－46　套螺纹方法

10.6.3　钳工加工实例(钳工小榔头)

图 10－47 为钳工小榔头手柄零件图,材料 45 钢,其钳工加工过程见表 10－1。

表 10－1　钳工小榔头加工过程

加工序号	加工内容	加工刀具、量具
1	对 16×16×90 毛坯进行划线	高度尺、钢板尺
2	对划线部分进行样冲	划针、样冲、手锤
3	对多余部分进行锯削加工	钳工桌、台虎钳、锯弓

（续）

加工序号	加工内容	加工刀具、量具
4	按样冲线段及图纸进行锉削加工	锉刀、钳工桌、台虎钳
5	按图纸进行钻孔、攻丝加工	台钻、丝锥架、丝锥
6	对制作的榔头进行检验	游标卡尺、刀规
7	对制作的榔头进行抛光处理	油光锉、砂布

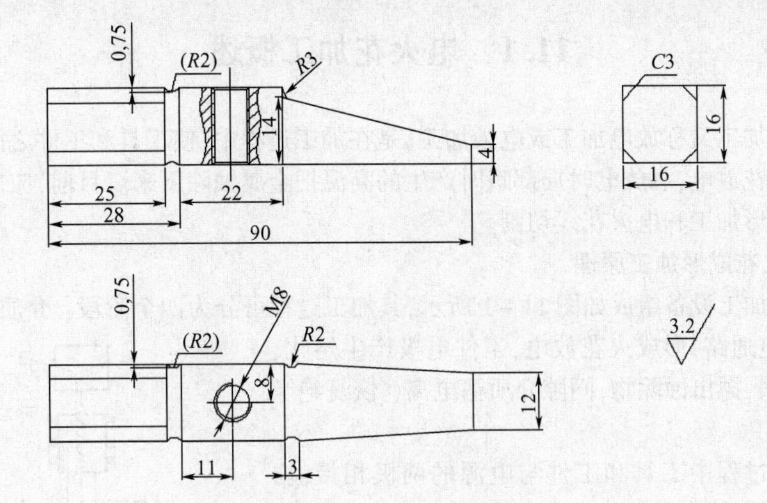

图 10-47　钳工小榔头零件

第 11 章　电火花加工

11.1　电火花加工概述

电火花加工又称放电加工或电蚀加工，是在加工过程中，使工具和工件之间不断产生脉冲性的火花放电，靠放电时局部瞬时产生的高温把金属蚀除下来。目前，应用最广泛的是电火花成形加工和电火花线切割。

1. 电火花成形加工原理

电火花加工设备组成如图 11-1 所示，其加工过程可分为四个阶段：介质电离、被击穿，形成放电通路；形成火花放电，工件电极产生熔化、气化，热膨胀；抛出蚀除物；间隙介质消电离（恢复绝缘状态）。

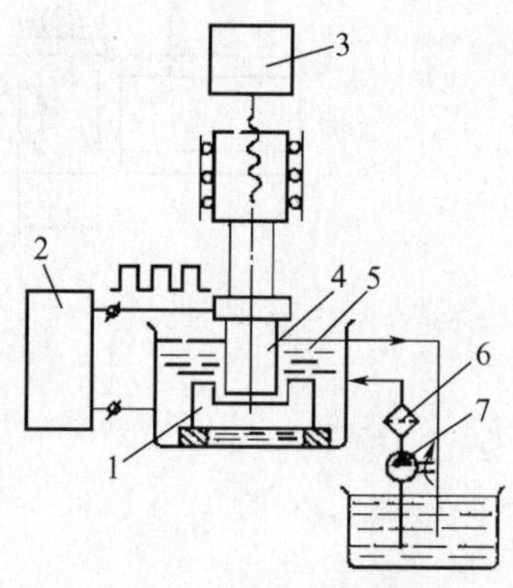

图 11-1　电火花加工设备组成

1—工件；2—脉冲电源；3—自动进给调节装置；4—工具；5—工作液；6—过滤器；7—工作液泵。

在加工过程中工具和工件与电源的两极相接，均浸在有一定绝缘度的流体介质中，脉冲电压加到两极之间，在工具电极向工件电极运动中，将极间最近点的液体介质击穿，形成火花放电。由于放电通道截面积很小，通道中的瞬时高温使材料熔化和气化。单个脉冲能使工件表面形成微小凹坑，而无数个脉冲的积累将工件上的高点逐渐熔蚀。随着工具电极不断地向工件作进给运动，工具电极的形状便被复制在工件上。加工过程中所产生的金属微粒，则被流动的工作液流带走。同时，总能量的一小部分也释放到工具电极上形成一定的工具损耗。

2. 实现电火花成形加工的条件

实现电火花加工，应具备如下条件：

（1）工具电极和工件电极之间必须维持合理的距离。若两电极距离过大，则脉冲电压不能击穿介质、不能产生火花放电；若两电极短路，则在两电极间没有脉冲能量消耗，也不可能实现电腐蚀加工。

（2）两电极之间必须充入介质。在进行材料电火花尺寸加工时，两极间为液体介质（专用工作液或工业煤油）；在进行材料电火花表面强化时，两极间为气体介质。

（3）输送到两电极间的脉冲能量密度应足够大，以使被加工材料局部熔化或汽化，从而在被加工材料表面形成一个腐蚀痕（凹坑），实现电火花加工。

（4）放电必须是短时间的脉冲放电。由于放电时间短，使放电时产生的热能来不及在被加工材料内部扩散，从而把能量作用局限在很小范围内，保持火花放电的冷极特性。

(5) 脉冲放电需重复多次进行,并且在时间上和空间上是分散的,以避免积炭现象,进而避免发生电弧和局部烧伤。

(6) 脉冲放电后的电蚀产物能及时排放至放电间隙之外,以使重复性放电顺利进行。

3. 电火花成形加工机床

电火花成形加工机床如图 11-2 所示,主要由机床主机、工作液循环过滤系统、控制柜三大部分组成。

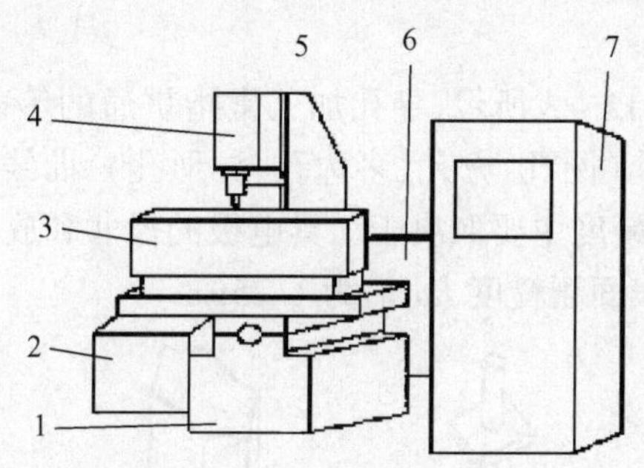

图 11-2 电火花成形机床

1—床身;2—液压油箱;3—工作液槽;4—主轴头;5—立柱;6—工作液箱;7—电源控制柜。

1) 机床主机

机床主机主要包括床身、立柱、工作台及主轴头几部分。主轴头是电火花成形机床中关键的部件,是自动调节系统中的执行机构,对加工工艺指标的影响极大。

2) 工作液循环过滤系统

工作液循环过滤系统包括工作液(煤油)箱、电动机、泵、过滤装置、工作液槽、油杯、管道、阀门以及测量仪表等。

3) 控制柜

控制柜是完成控制、加工操作的部分,是机床的中枢神经系统。现代电火花成形机床一般采用计算机进行控制。

4. 电火花成形加工特点

相对于机械切削加工而言,电火花成形加工具有以下特点:

(1) 适于传统机械加工方法难以加工的材料。因为材料的去除是靠放电热蚀作用实现的,材料的加工性主要取决于材料的热力学性质,如熔点、比热容、热导系数等,几乎与其硬度、韧性等力学性能无关。工具电极材料不必比工件硬,电极制造相对比较容易。

(2) 可加工特殊及复杂形状的工件。由于电极和工件之间没有相对切削运动,无切削力;脉冲放电时间短,材料加工表面受热影响范围比较小;可以简单地将工具电极的形状复制到工件上,因此适于低刚性、薄壁、热敏性材料及复杂形状表面的加工。

(3) 可实现加工过程自动化。加工过程中的电参数较机械量易于实现数字控制、自适应控制、智能化控制,能方便地进行粗、半精、精加工各工序,简化工艺过程。

(4) 可以改进结构设计,改善结构的工艺性。采用电火花加工后可以将拼镶、焊接结构改为整体结构,既提高了工件的可靠性,又减少了工件的体积和质量,还可缩短加工周期。

(5) 可改变零件的工艺路线。电火花加工不受材料硬度影响,可在淬火后进行加工,以避免淬火过程中产生的热处理变形。

(6) 加工速度较慢,存在电极损耗。

5. 电火花成形加工应用

电火花成形加工应用在穿孔加工、型腔加工、线切割加工、电火花磨削与镗磨加工、电火花展成加工、表面强化、非金属电火花加工或用于打印标记、刻字、跑合齿轮啮合件、取出折断在零件中的丝锥或钻头等方面。

1) 穿孔加工

电火花穿孔加工如图 11 - 3 所示,穿孔加工常指贯通的等截面或变截面的二维型孔的电火花加工,如各种型孔(圆孔、方孔、多边孔、异形孔)、曲线孔(弯孔、螺旋孔)、小孔、微孔等。穿孔加工的尺寸精度主要取决于工具电极的尺寸和放电间隙。一般电火花加工后尺寸公差可达 IT7 级,表面粗糙度 *Ra* 值为 1.25μm。

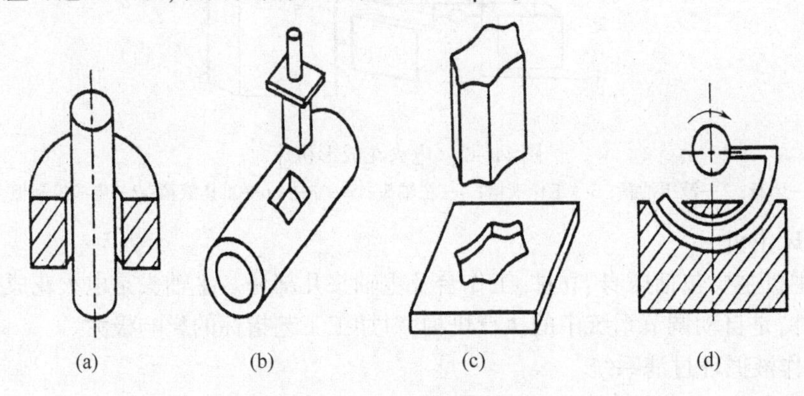

图 11 - 3 电火花穿孔加工

(a) 圆孔;(b) 方槽;(c) 异形孔;(d) 弯孔。

电火花加工较大孔时,一般先预制孔,留合适余量(单边余量为 0.5 ~ 1mm),余量太大,生产率低,电火花加工时不好定位。

直径小于 0.2mm 的孔称为细微孔。加工细微孔的效率较低,这是因为工具电极制造困难,排屑也困难,单个脉冲的放电能量须有特殊的脉冲电源控制,对伺服进给系统要求更严。电火花主要应用在直径为 0.3 ~ 3mm 的高速小孔的加工,可避免小直径钻头钻孔易折断问题。还适用于斜面和曲面上加工小孔,并可达较高尺寸精度和形状精度。

2) 型腔加工

电火花成型腔加工如图 11 - 4 所示,型腔加工一般指三维型腔和型面加工,如挤压

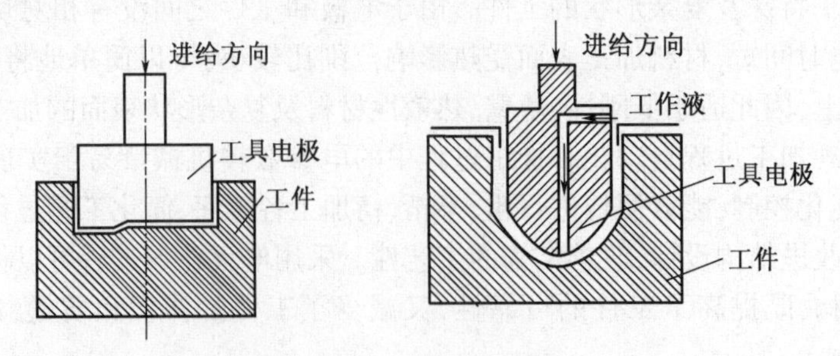

图 11 - 4 电火花型腔加工

模、压铸模、塑料模等型腔的加工及整体式叶轮、叶片等曲面零件的加工。型腔多为盲孔加工,且形状复杂,致使工作液难以循环,排出蚀除渣困难,因此比穿孔加工困难。为改善加工条件,在工具电极中间开有冲油孔,以便冷却和排出加工产物。

11.2　电火花线切割加工

1. 电火花线切割放电原理

电火花线切割加工利用钼丝与工件在脉冲电源的作用下瞬间产生放电,同时产生高温,从而把工件熔化或气化,工件在计算机的控制下按事先编好的程序运行,从而达到加工零件的目的。电火花的加工本质是放电腐蚀,放电腐蚀的微观过程是电动力、热力、电磁力、流体动力等综合作用的过程。这一过程大体分为以下相互独立又相互联系的几个阶段:电离击穿→脉冲放电→金属熔化和气化→气泡扩展→金属抛出及消电离。

(1) 微观下两极表面是粗糙的,距离最近点处液体介质被电离、击穿,形成一个微小的放电通道,单脉冲放电电痕如图 11－5 所示,多脉冲放电电痕如图 11－6 所示

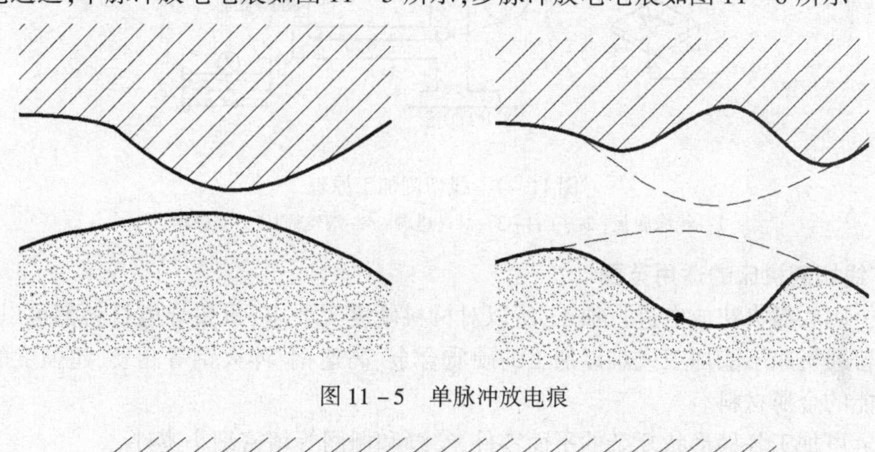

图 11－5　单脉冲放电痕

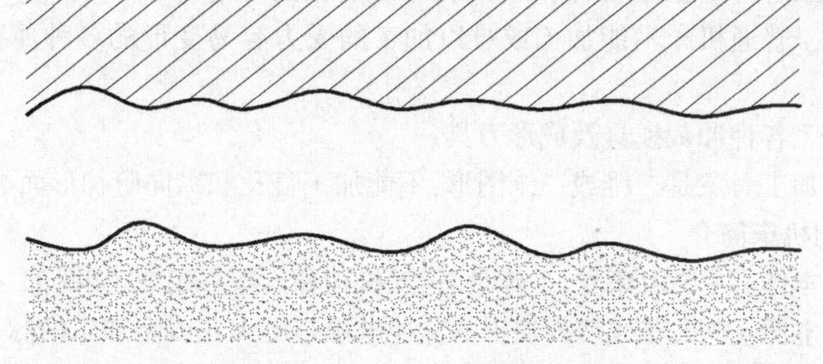

图 11－6　多脉冲放电痕

(2) 因为通道半径极小,但通道内电流密度极大,使通道内形成瞬时高温,将电极材料融化、气化,使通道产生热膨胀;膨胀到达极限时,通道爆炸使电极材料抛出。

(3) 脉冲放电结束,液体介质消除电离状态,恢复绝缘,通道消失,电极表面腐蚀出一个小凹坑。

(4) 下一个脉冲到来,放电在另一些高点上再次进行,至加工结束,就在电极表面形

成一条窄窄的切缝,在伺服系统控制下,工件与电极丝不断靠近,使放电继续进行。

2. 电火花放电条件

(1) 两极间隙保证在几微米到几十微米。

(2) 火花放电必须是瞬时的脉冲性放电,放电延续时间一般为 $10^{-7}s \sim 10^{-3}s$。

(3) 火花放电必须在有一定绝缘性能的液体介质中进行。

(4) 必须保证足够的放电强度,一般局部电流密度高达 $105 \sim 108 A/cm^2$。

3. 电火花往复走丝线切割加工概述

电火花线切割加工是采用往复移动的细金属导线(钼丝)作电极对工件进行脉冲火花放电,另一方面,装夹工件的十字工作台,由数控伺服电动机驱动,在 x、y 轴方向实现切割进给,使线电极沿加工图形的轨迹运动对工件进行放电切割加工,最后得到所需形状的工件,线切割加工原理如图 11－7 所示。

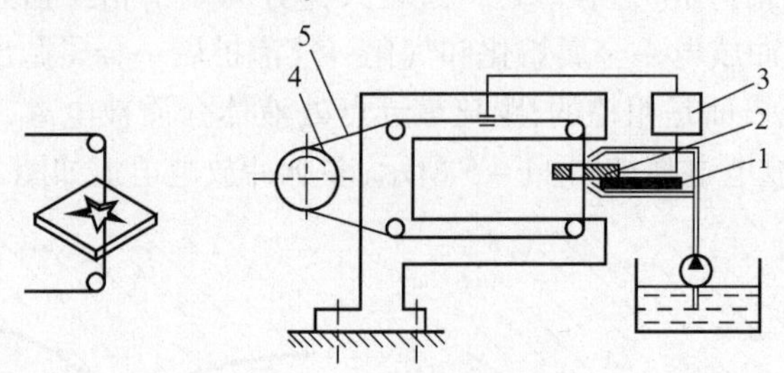

图 11－7　线切割加工原理

1—绝缘底板;2—工件;3—脉冲电源;4—滚丝筒;5—电极丝。

4. 线切割机床的适用范围

(1) 因为靠火花放电进行加工,所以对材料硬度无要求,只要导电材料都可以加工,可加工普通机床不能加工或难以加工的硬质合金、高速钢、淬火钢等超硬、超强度的具有特殊性能的金属材料。

(2) 可加工各种形状复杂的平面零件、窄缝和栅网等精密细小零件。

(3) 可加工普通机床不能加工或难以加工的受力容易变形的各种薄壁、薄片、弹性零件。

(4) 可加工各种冲裁模具及成形刀具。

(5) 主要加工对象是二维或三维图形,不能加工盲孔和纵向阶梯形面类零件。

5. 线切割机床简介

(1) 机床本体:主要由床身、工作台、运丝机构和丝架等组成,如图 11－8 所示。

(2) 脉冲电源:电火花线切割加工的脉冲电源与电火花成型加工的脉冲电源在原理上相同,不过受加工表面粗糙度和电极丝允许承载电流的限制,线切割加工脉冲电源的脉宽较窄(2～80μs),单个脉冲能量、平均电流(1～5A)一般较小,所以线切割总是采用正极性工。

(3) 数控系统的作用。

① 轨迹控制:精确地控制电极丝相对于工件的运动轨迹,使零件获得所需的形状和尺寸。

② 脉冲电源:根据放电间隙大小与放电状态控制进给速度,使之与工件材料的蚀除

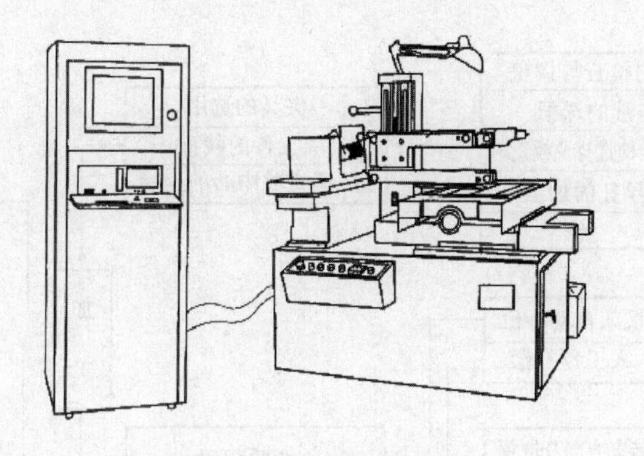

图 11－8　线切割机床主体

速度相平衡,保持正常的稳定切割加工。

(4) 工作液循环系统。

① 主要组成:工作液箱、工作液泵、流量控制阀、进液管、回液管、过滤网罩。线切割机床工作液系统如图 11－9 所示。

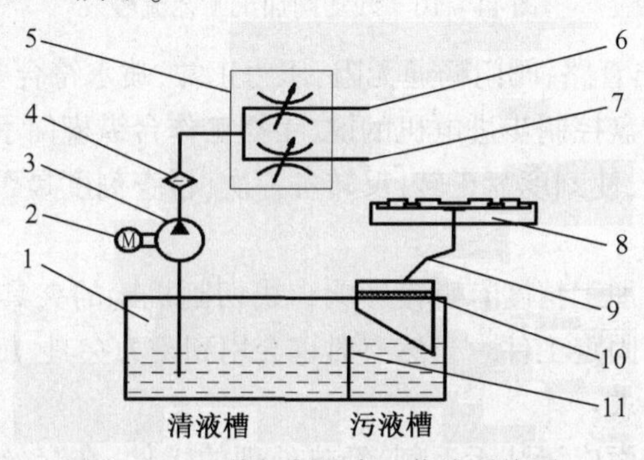

图 11－9　线切割机床工作液系统图

1—液箱; 2—电动机; 3—液泵; 4—过滤器; 5—分流器; 6—上丝架喷水嘴; 7—下丝架喷水嘴; 8—工作台; 9—回流管; 10—过滤网; 11—隔板。

② 作用:及时地从加工区域中排除电蚀产物,并连续充分供给清洁的工作液,以保证脉冲放电过程稳定而顺利地进行(一般采用专用乳化液)。

6. 线切割加工工艺流程

线切割加工工艺流程如图 11－10 所示。

1) 线切割加工准备工作

机床检查:

(1) 加工前,应仔细检查导轮的 V 形槽及导电块是否损伤,并应除去堆积在 V 形槽中及导电块周围的电蚀物。

(2) 检查极间放电线是否有污损、松脱或断裂。

(3) 在机床加工精密工件之前,须对机床进行必要的精度检查和调整。

(4) 启动电源开关,让机床空运行,观测其工作状态是否正常。

① 机床各部件运动应正常工作。

② 脉冲电源和机床电器工作正常无误。

③ 各个行程开关触点动作灵敏。

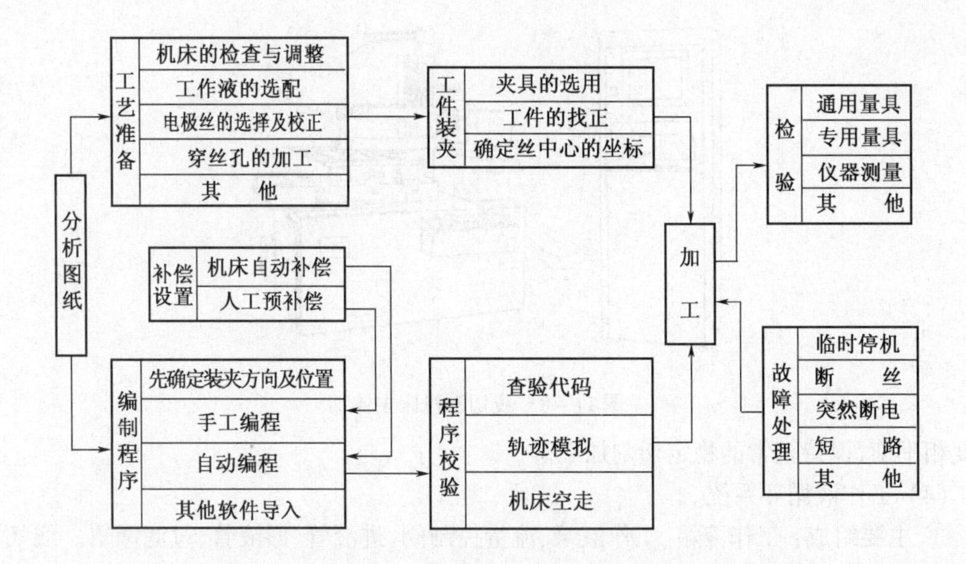

图 11－10　线切割加工工艺流程

④ 工作液各个进出管路、阀门畅通无阻，压力正常，喷水符合要求。

(5) 按下数控柜键盘控制步进电机的键，手摇工作台纵横向手轮，检查步进电机是否吸住。输入一定位移量，使刻度盘正转，反转各一次，检查刻度是否回零位。

2) 工件的装夹

工件的装夹形式对加工精度有直接影响。线切割机床的夹具比较简单，一般是在通用夹具上采用压板螺钉固定工件。当然有时也会用到磁力夹具、旋转夹具或专用夹具。

工件装夹的一般要求：

(1) 工件的基准表面应清洁无毛刺，经热处理的工件，在穿丝孔内及扩孔的台阶处，要清除热处理残物及氧化皮。

(2) 夹具应具有必要的精度，将其稳固地固定在工作台上，拧紧螺丝时用力要均匀。

(3) 工件装夹的位置应有利于工件找正，并应与机床行程相适应，工作台移动时工件不得与丝架相碰，应确保加工中电极丝不会过分靠近或误切割机床工作台。

(4) 工件的夹紧力大小要适中、均匀，不得使工件变形或翘起。

(5) 大批零件加工时，最好采用夹具，以提高生产效率。

(6) 细小、精密、薄壁的工件应固定在不易变形的辅助夹具上。

7. 支撑装夹方法

(1) 悬臂支撑方式如图 11－11(a)所示，通用性强，装夹方便。但由于工件单端压紧，另一端悬空，因此工件底部不易与工作台平行，所以易出现上仰或倾斜致使切割面与工件上下平面不垂直或达不到预定的精度。只用于要求不高或悬臂较小的情况。

(2) 两端支撑方式，如图 11－11(b)所示，其支撑稳定，平面定位精度高，工件底面与切割面垂直度好，但对于较小的零件不适用。

(3) 桥式支撑方式(如图 11－11(c)所示)，采用两块支撑垫铁架在双端夹具体上，其特点是通用性强，装夹方便，大、中、小工件装夹都比较方便。

(4) 板式支撑方式装夹，如图 11－11(d)所示，这种方式是根据常用的工件形状和尺

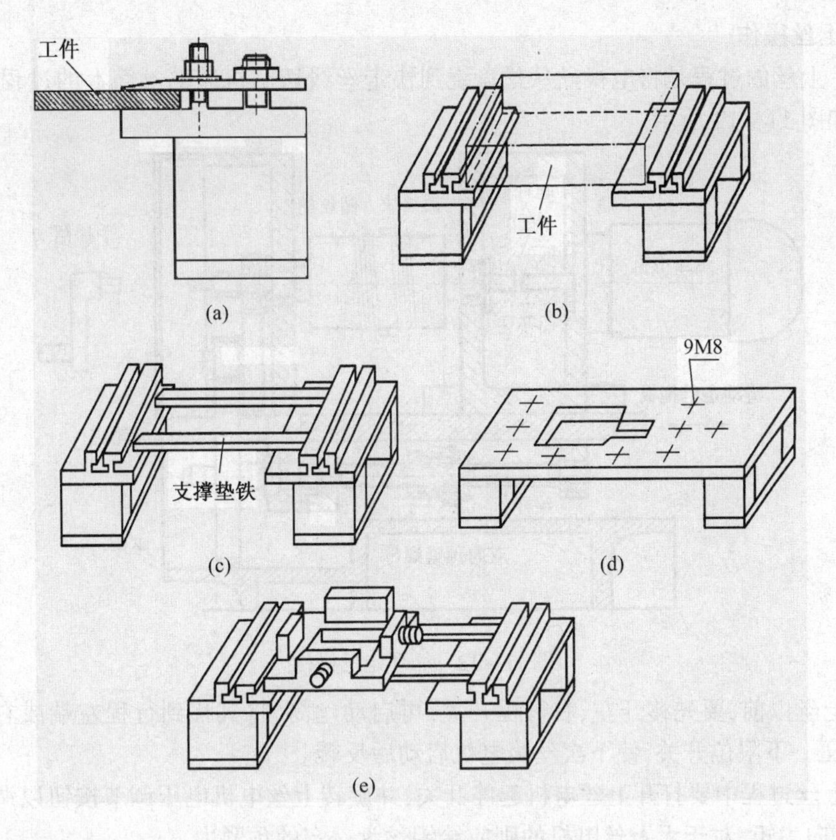

图 11－11　工件支撑装夹方式

（a）悬臂支撑方式；（b）两端支撑方式；（c）桥式支撑方式；（d）板式支撑方式；（e）复式支撑方式。

寸，采用有通孔的支撑板装夹工件，装夹精度高，但通用性差。

（5）复式支撑方式装夹，如图 11－11（e）所示，在桥式夹具上，再装上专用夹具组合而成，其装夹方便，特别适合于成批零件的加工。这种方式可节省工件找正和调整电极丝相对位置等的辅助工时，易保证工件加工的一致性。

8. 工件的找正

1）百分表找正方法

用磁力表架将百分表固定在丝架或其他位置上，百分表的测量头与工件基面接触，往复移动工作台，按百分表指示值调整工件的位置，直至百分表指针的偏摆范围达到所要求的数值。找正应在相互垂直的三个方向上进行。

2）划线法找正方法

工件的切割图形与定位基准之间的相互位置精度要求不高时，可采用划线法找正。利用固定在丝架上的划针对准工件上划出的基准线，往复移动工作台，目测划针、基准间的偏离情况，将工件调整到正确位置。

3）固定基面靠定法

利用通用或专用夹具纵、横方向的基准面，经过一次校正后，保证基准面与相应坐标方向一致。于是具有相同加工基准面的工件可以直接靠定，就保证了工件的正确加工位置。

9. 上丝操作

（1）上丝的过程是将电极丝从丝盘绕到快走丝线切割机床储丝筒上的过程，循环走丝机构如图 11－12 所示。

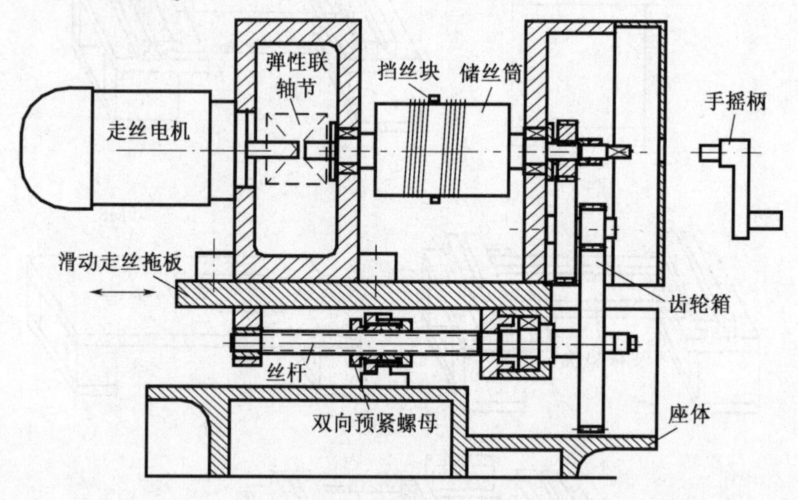

图 11－12　循环走丝机构

① 上丝以前，要先移开左、右行程开关，再启动丝筒，将其移到行程左端或右端极限位置，应压一下限位开关，使下次丝筒电机启动后反转。

② 上丝过程中要打开上丝电机起停开关，并旋转上丝电机电压调节按钮以调节上丝电机的反向力矩，对于无上丝电机的则应给钼丝盘一定的预紧力。

③ 对机床操作不熟悉时，最好是用手摇柄手动地将电极丝从丝盘上到储丝筒上。

（2）穿丝操作：

① 拉动电极丝头，按照图 11－13 所示，依次绕接各导轮、导电块、喷水嘴至储丝筒，固定在储丝筒一端的螺钉上，在操作中要注意手的力度，防止电极丝打折。

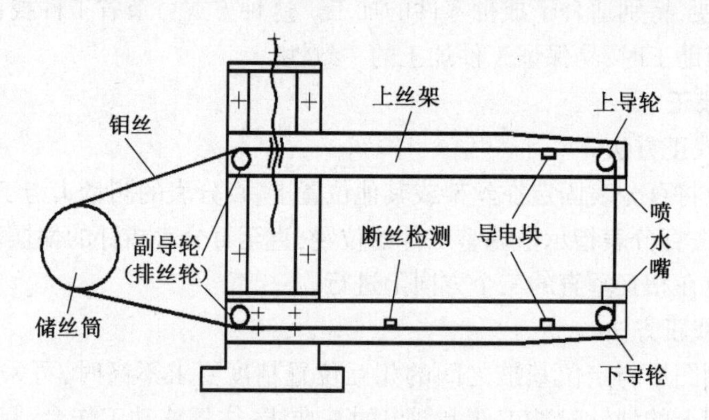

图 11－13　穿丝示意图(无张丝机构)

② 穿丝开始时，如图 11－14 所示，首先要调整好储丝筒上的电极丝与辅助导轮、张紧导轮、主导轮的位置，保证收丝与放丝之间应有 3～5mm 的间隙，防止在运丝过程中，储丝筒上的电极丝重叠，从而导致断丝。

③ 穿丝中要注意控制左右行程挡杆，使储丝筒左右往返换向时，储丝筒左右两端留

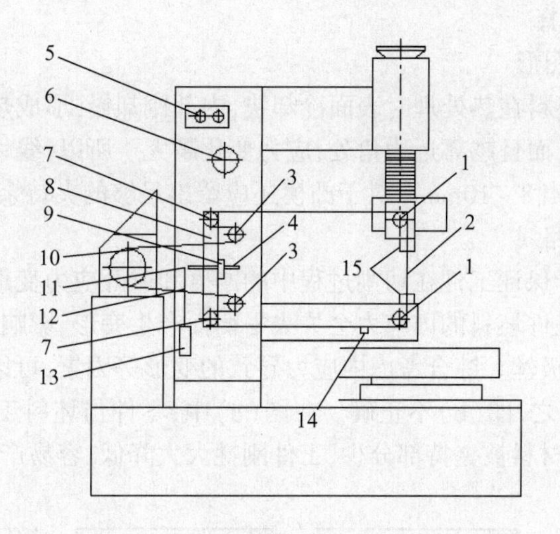

图 11－14　穿丝示意图(有张丝机构)

1—主导轮；2—电极丝；3—辅助导轮；4—直线导轨；5—工作液旋钮；6—上丝盘；7—张紧轮；8—移动板；9—导轨滑块；10—储丝筒；11—定滑轮；12—绳索；13—重锤；14—导电块；15—喷水嘴。

有 5～10mm 的余量。

④ 调节好左右行程挡杆的位置后，开启走丝电机，检查走丝情况，并注意对电极丝的预紧。

10. 调整钼丝的位置

1）目测法

对于加工要求较低的工件，在确定电极丝与工件基准间的相对位置时，可以直接利用目测或借助 2～8 倍的放大镜来进行观察。利用穿丝处划出的十字基准线，分别沿划线方向观察电极丝与基准线的相对位置，根据两者的偏离情况移动工作台，当电极丝中心分别与纵横方向基准线重合时，工作台纵、横方向上的读数就确定了电极丝中心的位置。

2）火花靠边法

移动工作台使工件的基准面逐渐靠近电极丝，在出现火花的瞬时，记下工作台的相应坐标值，再根据放电间隙推算电极丝中心的坐标。

3）自动找中心法

所谓自动找中心，就是让电极丝在工件孔的中心自动定位。此法是根据线电极与工件的短路信号来确定电极丝的中心位置。数控功能较强的线切割机床常用这种方法。如右图所示，首先让线电极在 X 轴方向移动至与孔壁接触，则此时当前点 X 座标为 $X1$，接着线电极往反方向移动与孔壁接触，此时当前点 X 座标为 $X2$，然后系统自动计算 X 方向中点坐标 $X0[X0=(X1+X2)/2]$，并使线电极到达 X 方向中点 $X0$；接着在 Y 轴方向进行上述过程，线电极到达 Y 方向中点坐标 $Y0[Y0=(Y1+Y2)/2]$。这样经过几次重复就可找到孔的中心位置。当精度达到所要求的允许值之后，就确定了孔的中心。

自动找中心法适用于圆度较好的孔或对称形状的孔状零件加工，但若孔不圆或不对称，则不宜采用，并且自动找中前应将工件表面清理干净，无锈、无油污、无毛刺等，自动找中工作时钼丝一般不运转。

11. 切割路线的选择

1）恰当安排切割图形

线切割加工用的坯料在热处理时表面冷却快，内部冷却慢，形成热处理后坯料金相组织不一致，产生内应力，而且越靠近边角处，应力变化越大。所以，线切割的图形应尽量避开坯料边角处，一般让出 8 ~ 10mm。对于凸模还应留出足够的夹持余量。

2）正确选择切割路线

切割路线应有利于保证工件在切割过程中的刚度和避开应力变形影响。

由于在线切割中工件坯料的内应力会失去平衡而产生变形，影响加工精度，严重时切缝甚至会夹住、拉断电极丝。综合考虑内应力导致的变形等因素，可以看出，图 11 – 15 中的图(c)最好，图(a)次之，图(b)不正确。在图(d)中，零件与坯料工件的主要连接部位被过早地割离，余下的材料被夹持部分少，工件刚性大大降低，容易产生变形，从而影响加工精度。

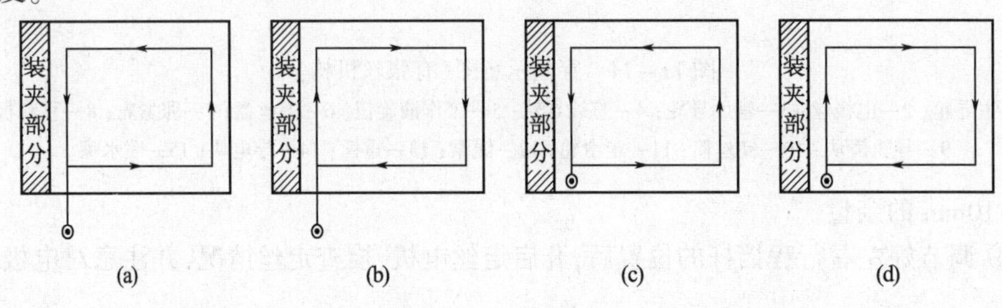

图 11 – 15　切割凸模时穿丝孔位置及切割方向比较图

12. 线切割机操作的注意事项

(1) 操作者必须熟悉机床结构和性能，经培训合格后方可上岗。严禁非线切割人员擅自动用线切割设备。严禁超性能使用线切割设备。

(2) 操作前的准备和确认工作：

① 清理干净工作台面和工作箱内的废料、杂质，搞好机床及周围的“5S”工作。

② 检查确认工作液是否足够，不足时应及时添加。

③ 检查极间放电线是否有污损、松脱或断裂，并确认移动工作台时，极间放电线是否有干涉现象。

④ 检查导电块磨损情况，磨损时应改变导电块位置，有脏污时要清洗干净。

⑤ 检查导轮运转是否平稳、电极丝的运转是否平稳，有跳动时应检查调整。

⑥ 检查电极丝是否垂直，加工前应先校直电极丝的垂直度。

⑦ 检查喷水嘴喷水是否正常。

⑧ 检查确认相关开关、按键是否灵敏有效。

⑨ 检查确认机床运作是否正常。

(3) 工件装夹的注意事项：

① 工件装夹前必须先清理干净锈渣、杂质。

② 模板、型板等切割工件的安装表面在装夹前要用油石打磨修整，防止表面凹凸不平，影响装夹精度。

③ 工件的装夹方法必须正确，确保工件平直紧固。

④ 严禁使用滑牙螺钉。螺丝钉锁入深度要在8mm以上，锁紧力要适中，不能过紧或过松。

⑤ 压块要持平装夹，保证装夹件受力均匀平衡。

⑥ 装夹过程要小心谨慎，防止工件（板材）失稳掉落。

⑦ 工件装夹的位置应有利于工件找正，并与机床行程相适应，利于编程切割。

⑧ 工件（板材）装夹好后，必须再次检查确认与机头、极间线等是否存在干涉现象。

⑨ 在避免干涉的前提下尽量缩短喷水嘴与工件的距离，喷水嘴与工件的距离一般取5～10mm，并检查电极丝张力是否合适。

（4）加工时的注意事项：

① 编程时要根据实际情况确定正确的加工工艺和加工路线，杜绝因加工位置不足或搭边强度不够而造成的工件报废或提前切断掉落。

② 线切前必须确认程序和补偿量是否正确无误。

③ 起切时应注意观察判断加工稳定性，发现不良时及时调整。

④ 加工过程中，要经常对切割工况进行检查监督，发现问题立即处理。

⑤ 加工中机床发生异常短路或异常停机时，必须查出真实原因并作出正确处理后，方可继续加工。

⑥ 加工中因断丝等原因暂停时，经过处理后必须确认没有任何干涉，方可继续加工。

⑦ 加工中严禁触摸导电块和被切割物，防止触电。

（5）其他注意事项：

① 加工完毕后要及时清理工件台面和工作箱内的杂物，搞好机床及周围的"5S"工作。

② 工装夹具和工件（板材）要注意做好防锈工作并放置在指定位置。

13. 复杂图形加工实例（以青海大学校徽为例）

1）青海大学校徽位图（图11－16）

2）设计思路

（1）将位图白色区域切除，黑色区域保留。

（2）将位图中间的黑色区域设计焊点与外部黑色区域连接。

（3）将矢量线性轮廓中的文字及字母断开的笔划在CAD中进行连接。

（4）将整个矢量线性轮廓在CAD中进行"一笔画"设计。

图11－16　青海大学校徽位图

3）位图矢量化

图11－17为青海大学校徽矢量图。

（1）通过计算机矢量化工具对位图进行矢量化并数据输出矢量图线性轮廓。

（2）在CAD中按照设计思路修改矢量图线性轮廓。

（3）将修改后的矢量线性轮廓导入YH自动编程系统，如图11－18所示。

4）利用YH自动编程系统排序功能对导入的矢量线性轮廓进行消除重复线、合并同类线段及消除断点的处理（图11－19）

图 11－17　青海大学校徽矢量图

图 11－18　YH 自动编程系统

图 11－19　除断点的处理

5）在 YH 自动编程系统中对处理好的线性轮廓进行编程并生成 G 代码加工单

6）在 YH 自动编程系统加工界面进行零件加工线切割机(图 11－20)

图 11－20　零件加工

7）成果

最后加工的实物图如图 11－21 所示。

图 11－21　加工实物图

第12章　电 子 工 艺

12.1　电子工艺实训概述及目的

电子工艺实训是自动化、机械电子工程(机电一体化)等相关专业重要的实践教学环节,主要是为了贯彻理论联系实际的教学原则,巩固和扩展已学过的电子技术的基础知识,使本专业学生初步获得电子产品生产工艺的基本知识和基本操作技能,为学科基础课和专业课程的学习建立初步的感性认识并提高学生的工程实践能力。

电子工艺实训的目的主要是培养学生的实践动手能力,通过实训使其具备以下的能力:

(1) 焊(焊接、拆焊技术)

(2) 选(元器件识别、性能简易测试、筛选)

(3) 装(电子电路和电子产品装配能力)

(4) 调(电子电路与电子小产品调试能力)

(5) 测(会正确使用电子仪器测电参数)

(6) 读(电子电路读图能力)

(7) 写(培养编写实习报告的能力)

(8) 校(电子产品质量检验能力)

(9) 绘(绘制电路原理图和印制板图的能力)

12.2　锡焊与焊接技术

12.2.1　锡焊

锡焊,简略地说,就是将铅锡焊料熔入焊件的缝隙使其连接的一种焊接方法。因焊料常为锡基合金,故称为锡焊。常用烙铁作加热工具,广泛用于电子工业中。其特征是:

(1) 焊料熔点低于焊件。

(2) 焊接时将焊件与焊料共同加热到焊接温度,焊料熔化而焊件不熔化。

(3) 连接的形式是由熔化的焊料润湿焊件的焊接面产生冶金、化学反应形成结合层而实现的。

1. 锡焊的条件

金属表面被熔融焊料润湿的特性叫可焊性,由锡焊机理很容易理解锡焊必须具备的条件。

(1) 焊件必须具有充分的可焊性。只有能被焊锡浸润的金属才具有可焊性。并非所有的金属材料都具有良好的可焊性,有些金属,如铬、钼、钨等,可焊性非常差,即使一些容易焊的金属,如紫铜、黄铜等,因为表面容易产生氧化膜,为了提高可焊性,一般须采用表面镀锡、镀银等措施。衡量材料的可焊性,有专门制定的测试标准和测试仪器。实际上,根据锡焊的机理很容易比较材料的可焊性。

(2) 焊件表面必须保持清洁。为了使焊锡和焊件达到原子间相互作用的距离,焊件表面任何污物杂质都应清除。由于长期储存或污染等原因,焊件表面有可能产生有害的氧化膜、油污等,所以,即使是可焊性良好的焊件,在实施焊接前也务必清洁表面,否则难以保证焊接质量。

(3) 使用合适的焊剂。焊剂的作用是清除焊件表面氧化膜并减小焊料熔化后的表面张力,以利浸润。不同的焊件,不同的焊接工艺,应选择不同的焊剂,如镍铬合金、不锈钢、铝等材料,不使用专用的特殊焊剂是很难实施锡焊的。

(4) 加热到适当的温度。在加热过程中应充分注意的是:不但要将焊锡加热熔化,而且要将焊件加热到熔化焊锡的温度。只有在足够的温度下,焊料才能充分浸润,并充分扩散形成合金结合层。但过高的温度是有害的。

(5) 焊接应有适当的时间。焊接时间是指在焊接的全过程中,进行物理和化学变化所需要的时间。焊接时间过长会损坏焊接部位和器件,焊接时间过短则达不到焊接要求。

(6) 材料的成分和性能要符合焊接要求。焊料性能应与被焊接金属的可焊性、焊接的温度和时间、焊点的机械强度相适应,应达到易焊和牢焊的目的。

2. 焊点的质量要求

(1) 电气性能良好。高质量的焊点应是焊料与工件金属界面形成牢固的合金层,才能保证良好的导电性能。不能简单地将焊料堆附在工件金属表面而形成虚焊,这是焊接工艺中的大忌。

(2) 焊点不应有毛刺、空隙。

3. 锡焊的机理

锡焊必须将焊料、焊件同时加热到最佳焊接温度,然后不同金属表面相互浸润、扩散,最后形成多组织的结合层。初步了解锡焊这一基本原理后,有助于理解焊接工艺的各种要求,并能尽快掌握手工焊接方法。

1) 焊料对焊件的浸润

熔融焊料在金属表面形成均匀、平滑、连续并附着牢固的焊料层叫浸润,也叫润浸。浸润程度主要取决于焊件表面的清洁程度及焊料表面张力。在焊料的表面张力小、焊件表面无油污、并涂有助焊剂这种条件下,焊料的浸润性能较好。浸润性能好坏一般用润湿角 θ 表示,θ 即指焊料外圆在焊件表面交接点处的切线与焊件面的夹角。$\theta > 90°$焊料不润湿焊件;$\theta = 90°$浸润性能不良;$\theta < 90°$时,θ 角越小浸润性能越良好,如图 12-1 所示。

2) 扩散

浸润是熔融焊料在被焊面上的扩散,伴随着这种表面扩散,并不仅限于表面,同时还发生液态和固态金属之间的相互扩散。如同水洒在海绵上而不是洒在玻璃板上。粗略地理解,可以认为扩散是由于原子间的引力,而实际上两种金属之间的相互扩散,是一个复杂的物理—化学过程,焊料与焊件扩散示意图如图 12-3 所示。例如用铅锡焊料接铜件,焊接过程中有表面扩散,也有晶界扩散和晶内扩散。Pb-Sn 焊料中 Pb 原子只参与表面

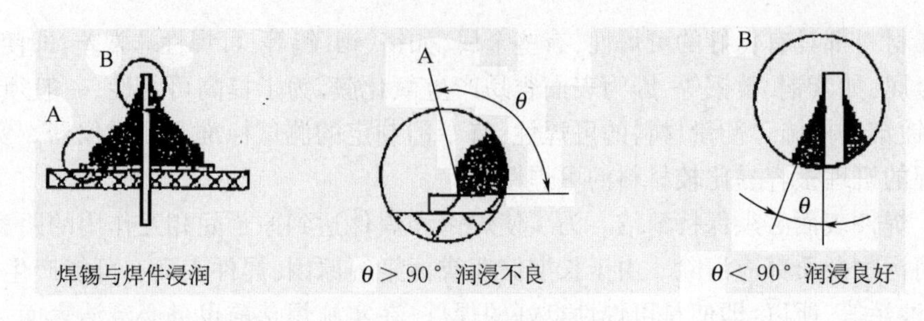

图 12－1　浸润角图

扩散,不向内部扩散;而 Sn、Cu 原子相互扩散,这是不同金属性质决定的选择扩散。正是由于这种扩散作用,形成了焊料和焊件之间的牢固结合,金属晶格点阵模型如图 12－2 所示。

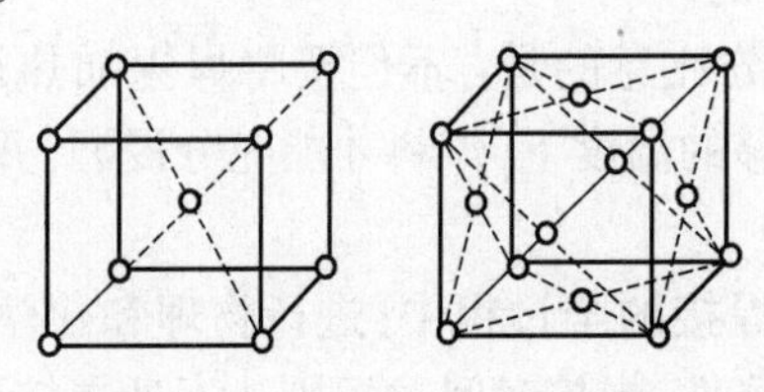

图 12－2　金属晶格点阵模型

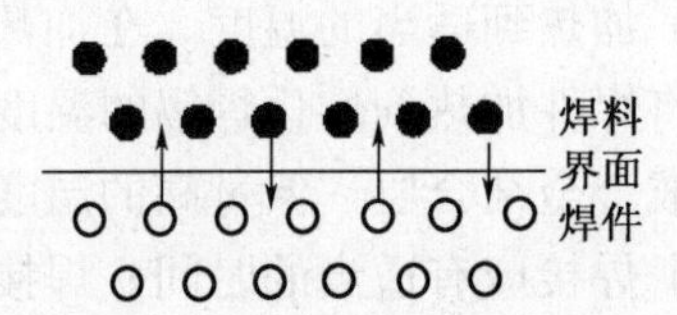

图 12－3　焊料与焊件扩散示意图

3）结合层

焊料润湿焊件的过程中,符合金属扩散的条件,所以焊料和焊件的界面有扩散现象发生,图 12－4 所示为金属扩散。使得焊料和焊件界面上形成一种新的金属合金层,称为结合层。这主要是由助焊剂中未完全挥发的树脂成分形成的薄膜覆盖在焊点表面,能防止焊点表面的氧化。如果使用了消光剂,则对焊接点的光泽不作要求。

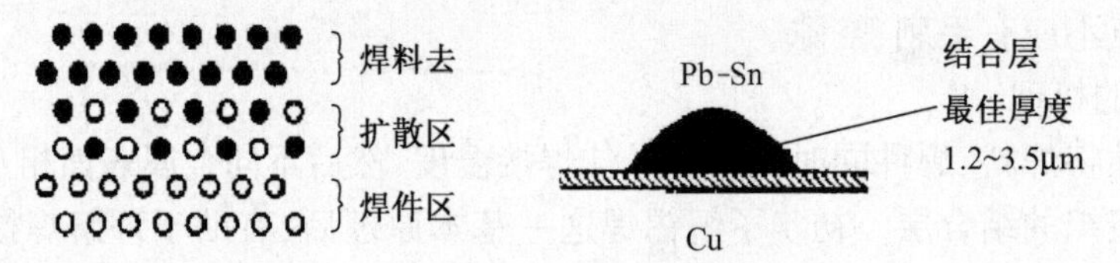

图 12－4　金属扩散

4. 锡焊焊接方法

锡焊焊接方法一般分为手工焊接和机器焊接两种。

手工焊接是采用手工操作的传统的焊接方法。根据在焊接前接点的连接方式不同,可分为:

（1）绕焊:将被焊元器件的引线或导线缠绕在接点上进行焊接。这种方法。焊接强度最高,应用最广。

（2）钩焊:将被焊接的元器件的引线或导线钩接在接点的眼孔中进行焊接。它适用于不便缠绕而又要求有一定机械强度和便于拆焊的接点中。

（3）搭焊:将被焊接的元器件的引线或导线,搭接在接点进行焊接。它适用于要求便于调整和改焊的临时焊接点上或某些要求不高的产品中。

（4）插焊:将导线插入洞孔形接点中进行焊接。它适用于插头座带孔的圆形插针、插孔,以及印制板的插接。

机器焊接根据工艺的不同,可分为:

(1) 浸焊:将装好元器件的印制板在熔化的锡锅浸锡,一次完成印制板上全部焊接点的焊接。

(2) 波峰焊:采用波峰焊机一次完成印制板上全部焊接点的焊接。

(3) 平面喷流焊:是一种长插焊机,一次完成印制板上全部焊接点的焊接。

12.2.2 焊接工具

电烙铁是手工焊接的基本工具,具有使用灵活、容易掌握、操作方便、适应性强、焊点质量易于控制、所需设备投资少等优点。选择合适的烙铁,合理地使用它,是保证焊接质基础。

1. 电烙铁的分类

由于用途、结构的不同,有各式各样的烙铁。按加热方式分,有直热式、感应式、气体燃烧式等。按烙铁的功率分,有20W、30W、…、300W等。按功能分,又有单用式、两用式、调温式等。另外还有微型烙铁、超声波烙铁、半自动送焊枪等多种类型。最常用的是单一焊接用的直热式电烙铁,它又可分为内热式和外热式两种。表12-1列出了不同功率烙铁的适用范围。

表12-1 不同功率烙铁的适用范围

烙铁功率/W	适用范围
2~50	超小型元器件,电阻,电容,电感,光敏元件,集成电路块,晶体管,晶体印制板
75	体积较大的变压器,各种类型的管座,接插件上的焊片,各类底座的焊片
100~150	电源接线柱,1.5mm以上裸铜线地线,电缆防波套,薄壁镀锡(银)零件的连接
200~300	机架地线,大回路封盖子、大电缆加工,中型,大型镀锡(银)结构件的连接

2. 烙铁头的选择

在实际焊接中,烙铁头的温度必须比焊料熔化温度高,一般以高于焊料熔点50~60℃为宜,如果使用共晶焊料,其熔点是183℃,所以适宜的焊接温度应是230~240℃。烙铁头的选择一般要注意以下方面:

(1) 烙铁头的形状要适合被焊物面的要求和产品的装配密度。烙铁头是用紫铜材料制成的,它的优点是传热快,易上锡和不易腐蚀。烙铁头的体积因电烙铁的功率而异,功率大的电烙铁,其体积也大。表12-2列出了不同形式的烙铁头及应用。

表12-2 不同形式的烙铁头及应用

形式	应用	烙铁头
圆斜面	通用	
凿式	长形焊点	
半凿式	较长焊点	

（续）

形式	应用	烙铁头
尖锥式	密集焊点	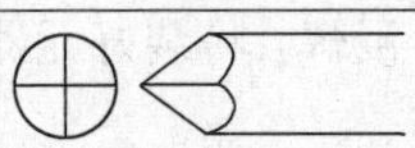
圆锥	密集焊点	
斜面复合式	通用	
弯形	大焊件	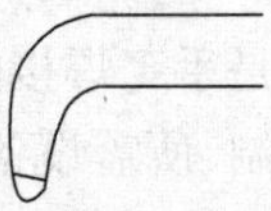

（2）烙铁头的顶端温度要适合焊料的熔点。烙铁头顶端的温度，在没有接触焊接点时，应当比焊料的熔点高出30～80℃。温度太低，焊锡不易熔化，焊接时间长，会损坏元器件，而且会使焊接点强度降低，焊点表面发暗，不光亮或形成虚焊；温度太高，既容易损坏元器件和导线绝缘，又会使烙铁头加速氧化，浪费电能，同时还会使焊料在液化时流动太快，不能暂留在烙铁头上而不好控制。通常情况下，可以用目测法判断烙铁头的温度。根据助焊剂的发烟状态判别：在烙铁头上熔化一点松香芯焊料，根据助焊剂的烟量大小判断其温度是否合适。温度低时，发烟量小，持续时间长；温度高时，烟气量大，消散快；在中等发烟状态，6～8 s消散时，温度约为300℃，这时是焊接的合适温度。

12.2.3 焊接材料

一般电子产品装配主要使用焊锡作为焊料。用焊锡作为焊料具有熔点低，流动性和附着性较好，耐腐蚀，机械强度高，使用方便，价格低等优点。

1. 焊锡的成分

焊料是易熔金属，它的熔点低于被焊金属，在熔化时能在被焊金属表面形成合金而将被焊金属连接到一起。按焊料成分，有锡铅焊料、银焊料、钢焊料等，在一般电子产品装配中主要使用锡铅焊料。

铅与锡熔化形成合金后，具有一系列铅和锡不具备的优点：

（1）熔点低。

（2）机械强度高。

（3）表面张力小。

（4）抗氧化性好。

2. 助焊剂、阻焊剂的作用与要求

助焊剂（松香）作用：

（1）帮助焊接。

（2）防止氧化。

（3）减小表面张力。

目前常用的是紫外线光固化型阻焊剂，也称为光敏阻焊剂。阻焊剂（绿油）作用：

（1）耐高温、节约焊料。

(2) 防止桥接、短路。

(3) 保护集成电路、防止氧化。

12.2.4 手工焊接基本操作

1. 焊接操作姿势

电烙铁的拿法有三种,如图 12-5 所示。为了人体安全,一般烙铁离开鼻子的距离通常以 30cm 为宜。反握法动作稳定,长时间操作不宜疲劳,适合于大功率烙铁的操作。正握法适合于中等功率烙铁或带弯头电烙铁的操作。一般在工作台上焊印制板等焊件时,多采用握笔法。

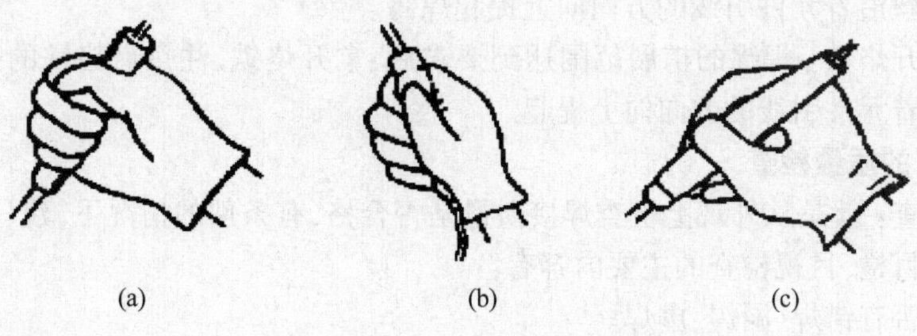

(a) (b) (c)

图 12-5 电烙铁拿法

(a) 反握法;(b) 正握法;(c) 握笔法。

焊锡丝一般有两种拿法,如图 12-6 所示。焊接时,一般左手拿焊锡,右手拿电烙铁。进行连续焊接时采用图(a)的拿法,这种拿法可以连续向前送焊锡丝。图(b)所示的拿法在只焊接几个焊点或断续焊接时适用,不适合连续焊接。

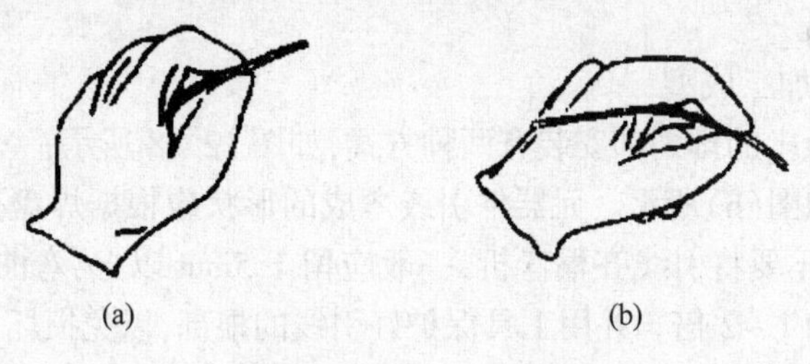

(a) (b)

图 12-6 焊锡丝的拿法

(a) 连续锡焊时焊锡丝的拿法;(b) 断续锡焊时焊锡丝的拿法。

2. 五步法训练

作为一种初学者掌握手工焊接技术的训练方法,五步法是卓有成效的,值得学习和掌握。焊接五步法如图 12-7 所示。

(1) 准备施焊:烙铁头和焊锡靠近被焊工件并认准位置,处于随时可以焊接的状态,此时保持烙铁头干净可沾上焊锡。

(2) 加热焊件:将烙铁头放在工件上进行加热,烙铁头接触热容量较大的焊件。

(3) 熔化焊锡:将焊锡丝放在工件上,熔化适量的焊锡,在送焊锡过程中,可以先将焊锡接触烙铁头,然后移动焊锡至与烙铁头相对的位置,这样有利于焊锡的熔化和热量的传导。此时注意焊锡一定要润湿被焊工件表面和整个焊盘。

(4) 移开焊锡丝:待焊锡充满焊盘后,迅速拿开焊锡丝,待焊锡用量达到要求后,应

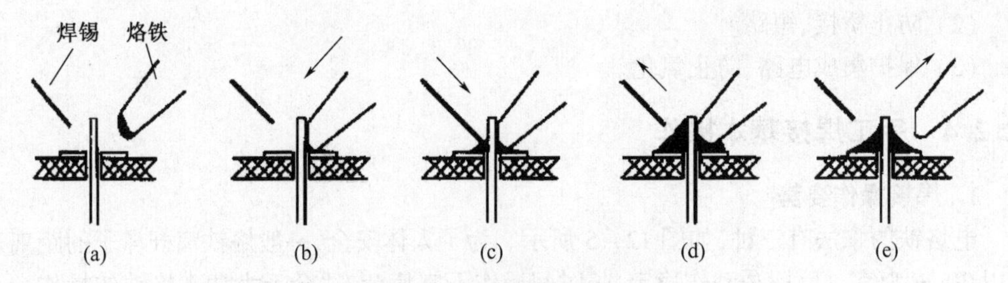

图 12－7　焊接练习五步法

（a）准备；（b）预热；（c）加焊锡；（d）去焊锡；（e）去烙铁。

立即将焊锡丝沿着元件引线的方向向上提起焊锡。

（5）移开烙铁：焊锡的扩展范围达到要求后，拿开烙铁，注意撤烙铁的速度要快，撤离方向要沿着元件引线的方向向上提起。

3. 焊点的质量检查

目视检查：就是从外观上检查焊接质量是否合格，有条件的情况下，建议用 3～10 倍放大镜进行目检，目视检查的主要内容有：

（1）是否有错焊、漏焊、虚焊。

（2）有没有连焊、焊点是否有拉尖现象。

（3）焊盘有没有脱落、焊点有没有裂纹。

（4）焊点外形润湿应良好，焊点表面是否光亮、圆润。

（5）焊点周围有无残留的焊剂。

（6）焊接部位有无热损伤和机械损伤现象。

4. 元器件安装

1）元器件引线加工成型

元器件在印制板上的排列和安装有两种方式，如图 12－8 所示，一种是立式，如图(a)所示，另一种是卧式，如图(b)所示。元器件引线弯成的形状应根据焊盘孔的距离不同而加工成形。加工时，注意不要将引线齐根弯折，一般应留 1.5mm 以上，弯曲不要成死角，圆弧半径应大于引线直径的 1～2 倍。并用工具保护好引线的根部，以免损坏元器件。同类元件要保持高度一致。各元器件的符号标志向上(卧式)或向外(立式)，以便于检查。

图 12－8　元器件引线弯曲

（a）卧式；（b）立式。

2）元器件的插装

（1）卧式插装：卧式插装是将元器件紧贴印制电路板插装，元器件与印制电路板的间距应大于 1mm。卧式插装法元件的稳定性好、比较牢固、受震动时不易脱落。

（2）立式插装：立式插装的特点是密度较大、占用印制板的面积少、拆卸方便。电容、三极管、DIP 系列集成电路多采用这种方法。印制板上元器件插装如图 12－9 所示。

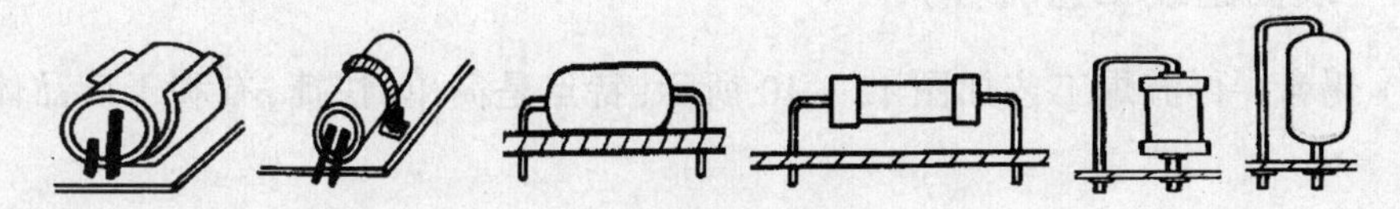

图 12－9　印制板上元器件插装

12.3　表面安装技术

表面安装技术又称表面贴装技术、表面组装技术，简称 SMT。是将电子元器件直接安装在印制电路板或其他基板导电表面的装接技术。在电子产业中，SMT 实际是包括表面安装元件(SMC)、表面安装器件(SMD)、表面安装印制电路板(SMB)、普通混装印制电路板(PCB)、点黏合剂、涂焊锡膏、元器件安装设备焊接以及测试等技术在内的一整套完整的工艺技统称。

12.3.1　SMT 的特点

SMT 的主要优点如下：

(1) 高密度 SMC、SMD 的体积只有传统元器件的 1/10～1/3，可以装在 PCB 的两面，有效利用印制板的面积，减轻了电路板的重量。一般采用 SMT 后可使电子产品的体积缩小 40%～60%，重量减轻 60%～80%。

(2) 高可靠 SMC、SMD 无引线或引线很短，重量轻，因而抗震能力强，焊点失效率可比 THT 至少降低一个数量级，大大提高产品可靠性。

(3) 高性能 SMT 密集安装减小了电磁干扰和射频干扰，尤其高频电路中减小了分布参数的影响，提高了信号传输速度，改善了高频特性，使整个产品性能提高。

(4) 高效率 SMT 更适合自动化大规模生产。采用计算机集成制造系统(CIMS)可使整个生产过程高度自动化，将生产效率提高到新的水平。

(5) 低成本 SMT 使 PCB、SMC、SMD 的成本降低，一般情况下采用 SMT 可使产品总成本下降 30% 以上。

表 12－3 列出了 THT 元器件与 SMT 元器件的对比。

表 12－3　THT 元器件与 SMT 元器件的对比

类型	THT	SMT
元器件	双列直插或 DIP，针阵列 PGA，有引线电阻、电容	SOIC，LCCC，QFP，BGA，尺寸比 DIP 小许多倍，片式电阻、电容
基板	印制板采用 2.54mm 网格设计，通孔孔径 ϕ0.8～0.9mm	印制板采用 1.27mm 网格设计，通孔孔径 ϕ0.3～0.5mm，布线密度高
焊接方法	波峰焊	再流焊
面积	大	小，缩小比约为 1:3～1:10
组装方法	穿孔插入	表面安装(贴装)
自动化程度	自动插装机	自动贴片机，生产效率高于插装机

12.3.2 表面组装工艺流程

(1) 锡膏—再流焊工艺如图 12 - 10 所示，特点是简单、快捷，有利于产品体积的减小。

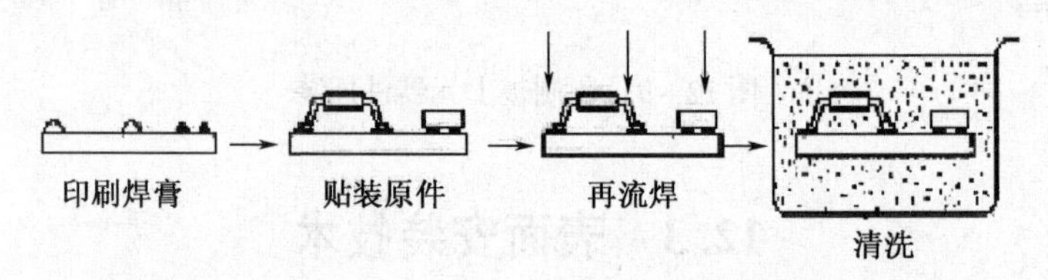

图 12 - 10 锡膏—再流焊工艺流程图

(2) 贴片—波峰焊工艺如图 12 - 11 所示。特点是利用双面板空间，电子产品的体积可以进一步减小，并部分使用通孔元件，价格低廉。但设备要求增多，波峰焊过程中缺陷较多，难以实现高密度组装。

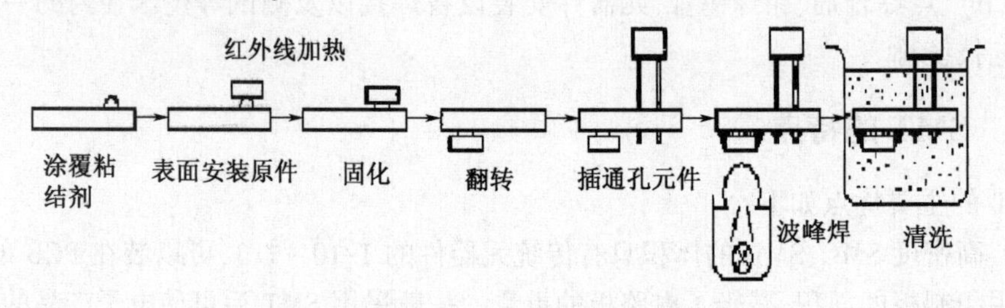

图 12 - 11 贴片—波峰焊工艺流程图

12.3.3 SMT 的元器件安装方式

1. SMT 元器件装配结构

采用 SMT 的安装方法和工艺过程完全不同于通孔插装式元器件的安装方法和工艺过程。目前，在应用 SMT 技术的电子产品中，有一些是全部都采用了 SMT 元器件的电路，但还可见到所谓的"混装工艺"，即在同一块印制电路板上，既有插装的传统 THT 元器件，又有表面安装的 SMT 元器件。这样，电路的安装结构就有很多种。

目前 SMT 表面组装组件的组装方式有三种：

(1) 第一种装配结构：全表面组装，如图 12 - 12 所示。

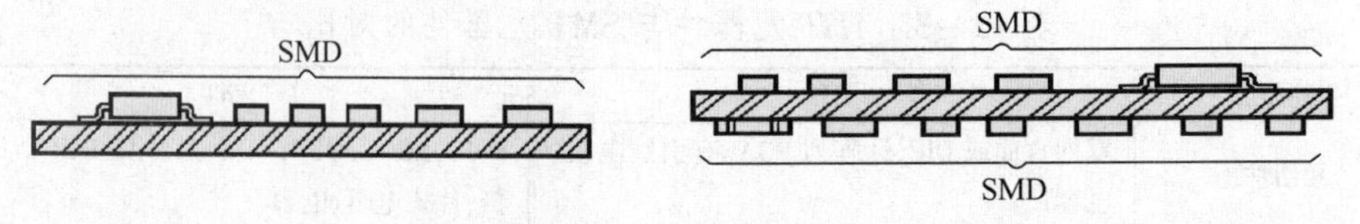

图 12 - 12 全表面组装

这种组装的特点是，印制板上没有通孔插装元器件，各种 SMD 和 SMC 被贴装在电路板的一面或两侧，这种装配结构能够充分体现出 SMT 的技术优势，这种组装方式最终将会使电路板价格最便宜、体积最小。

(2) 第二种装配结构：双面混合组装，如图 12 - 13 所示。

这种装配方式采用双面印制电路板、双波峰或再流焊工艺。不仅发挥了 SMT 贴装的优点，同时还可以解决某些元件至今不能采用表面装配形式的问题。

（3）第三种装配结构：单面混合组装，如图 12－14 所示。

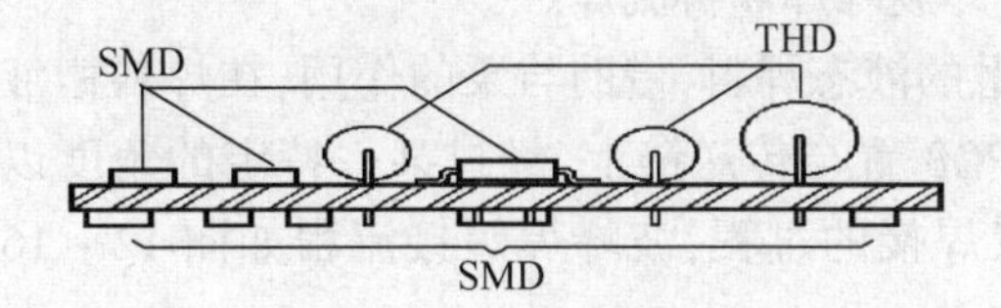

图 12－13　双面混合组装

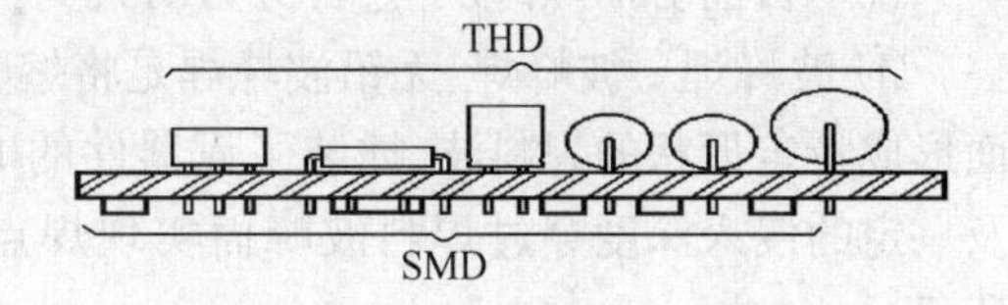

图 12－14　单面混合组装

这种装配方式是在印制板的 A 面上安装通孔插装元器件，而小型的 SMT 元器件贴装在印制板的 B 面上。该安装方式采用双波峰焊接工艺。

2. SMT 工艺流程

丝印→点胶→涂膏工艺→贴装 SMD 元件→热固化→焊接→清洗

（1）丝印，其作用是将焊膏或贴片胶漏印到 PCB 的焊盘上，为元器件的焊接做准备。所用设备为丝印机（丝网印刷机）如图 12－15 所示，位于 SMT 生产线的最前端。

（2）点胶，它是将胶水滴到 PCB 的固定位置上，其主要作用是将元器件固定到 PCB 板上。所用设备为点胶机，位于 SMT 生产线的最前端或检测设备的后面。

图 12－15　丝印机

（3）焊膏和涂膏工艺，SMT 若采用再流焊，需要进行涂焊膏。涂膏使用的材料是焊膏，焊膏通常由焊料金属粉末、助焊剂和溶剂（载体）三部分混合成糊状浆料，有松香型和水溶性两种。在装配时，焊膏涂在印制电路板的焊接点上，SMD 元器件由焊膏固定，在后道工序中进行再流焊。涂膏时要将焊膏准确地涂在焊接点上。

（4）贴装 SMD 元器件，它需要高黏度的自动化设备来进行，贴片机就是用来安装 SMD 的专用设备，其安装精度高，速度快，可靠性好，可单机操作，也可与其他设备连成自动化生产线。目前，采用贴片机贴片速度从每小时数千个至上万个不等，贴片精度在 0.15mm 左右。元件处理能力从单一类型到多个品种。

（5）热固化是在点胶、贴片之后必须进行的一项工作。胶固化后元件可具有足够的粘固强度，避免在运输、基板翻转至另一面贴装及进行焊接时元件受到震动、冲击而移位。有些焊膏也要求在再流焊之前进行固化。固化一般在专用的固化炉进行。固化炉制成隧道加热炉形式，基板放在传送带上依次进入炉体，在一定的温度、时间控制下通过炉体使胶固化。炉体的加热方式有热板加热和红外加热。根据胶的固化特性不同，有些胶要先经过紫外光固化，再进行热固化。不同的胶、不同的基板材料、元件种类及安装密度，其要求的固化温度、固化时间也不同。所以一般固化炉的加热温度和传送带的速度均是可调的。一般的固化温度在160℃左右,固化时间在5min左右。烘箱也可作固化设备,用于只需要进行热固化的胶,设备相对简陋些,固化时间也较长,一般在160℃和20min左右。胶固化之后,应满足一定强度,一般的固化强度应大于1.2 N/片。

(6) 目前SMT焊接工艺可分为两大类:即波峰焊和再流焊。

① 波峰焊　波峰焊、无铅波峰焊是将熔融的液态焊料,借助与泵的作用,在焊料槽液面形成特定形状的焊料波,插装了元器件的PCB置与传送链上,经过某一特定的角度以及一定的浸入深度穿过焊料波峰而实现焊点焊接的过程,波峰焊焊接流程如图12－16所示。

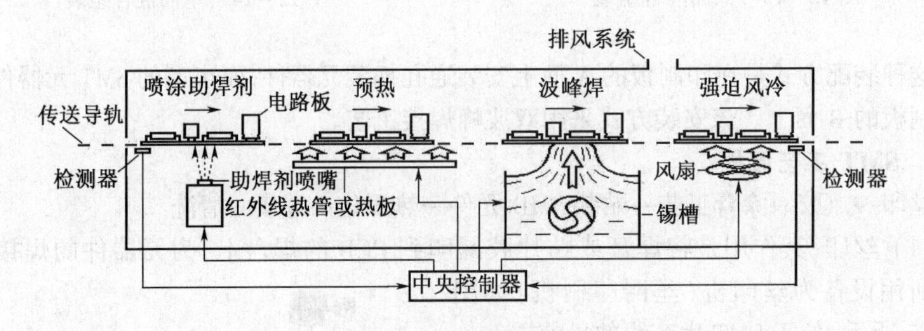

图12－16　波峰焊焊接流程

② 再流焊　SMT通常SMD元器件焊接处都已预焊上锡,印制电路板焊接点也已涂上焊膏,通过对焊接点加热,使两种工件上的焊锡重新熔化到一起,实现电气连接,所以这种焊接也称作重熔焊。常用的再流焊加热方法有热风加热、红外线加热和气相加热,其红外线加热具有操作方便、使用安全、结构简单等优点,故使用的较多,再流焊焊接曲线如图12－17所示。

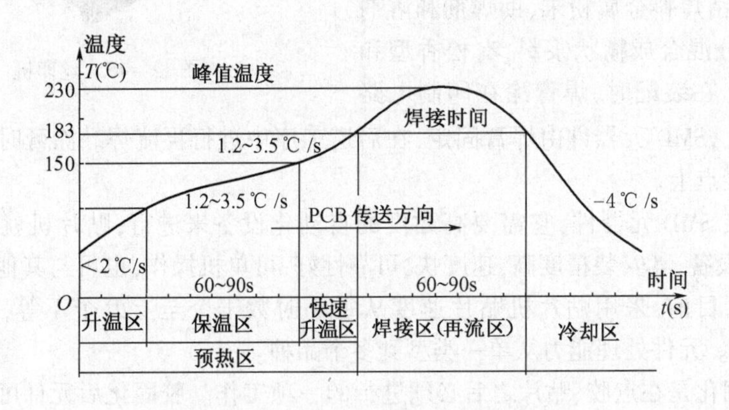

图12－17　再留焊焊接曲线

(7) 清洗其目的是为了除去焊剂残渣,尤其是使用焊膏的场合,由于焊膏的成分对印制板有腐蚀性,焊后必须进行清洗。清洗液一般采用共沸点的20多种溶剂混合物,如氟利昂113。目前比较先进的清洗设备为超声波清洗机,超声波清洗将清洗剂置于超声波区,可以保证清洗效率,消磨掉粘在表面的焊剂微粒,达到令人满意的效果。

12.4 常用元器件介绍及检测方法

12.4.1 电阻

电阻是电子电路常用元件,对交流、直流都有阻碍作用,常用于控制电路电流和电压的大小,图 12-18 列出的是常规的电阻。

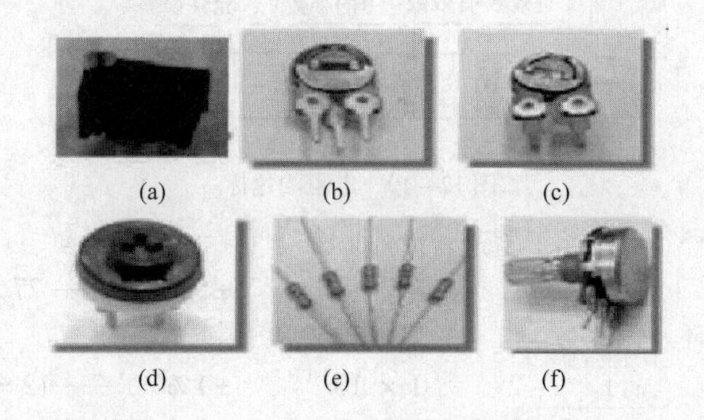

图 12-18 常规的电阻

(a) 精密可调;(b) 立式可调;(c) 卧式可调;(d) 卧式十字型;(e) 固定电阻;(f) 可调电阻。

标称阻值是电阻器的设计制造值,通常用直标法或色标法标注在电阻体上。

1. 直标法

是将电阻值和误差等级直接用数字和字母印在电阻上。识别方法简单,但安装在线路板上的电阻,其标称值可能被电阻体遮挡,造成无法在线识别,表 12-4 列出了色环的意义。

表 12-4 色环的意义

颜色	第一位数	第二位数	第三位数	倍率	允许误差
银	—	—	—	$\times10^{-2}$	±10%
金	—	—	—	$\times10^{-1}$	±5%
黑	—	0	0	$\times10^{0}$	—
棕	1	1	1	$\times10^{1}$	±1%
红	2	2	2	$\times10^{2}$	±2%
橙	3	3	3	$\times10^{3}$	—
黄	4	4	4	$\times10^{4}$	—
绿	5	5	5	$\times10^{5}$	±0.5%
兰	6	6	6	$\times10^{6}$	±0.2%
紫	7	7	7	$\times10^{7}$	±0.1%
灰	8	8	8	$\times10^{8}$	—
白	9	9	9	$\times10^{9}$	—
无色	—	—	普通电阻	—	±20%

2. 色标法

将不同颜色的色环印在电阻器上,以标明电阻器的标称阻值和允许误差。色环并排环绕在电阻体上,由左向右读取。普通电阻用两位有效数字、一位倍率和一位误差范围标注,共需四道色环;精密电阻用三位有效数字表示,需要五道色环。图 12-19 是精密电阻器的色标举例,前三道色环表示有效数字,第四道色环表示倍率,第五道色环表示允许误差。

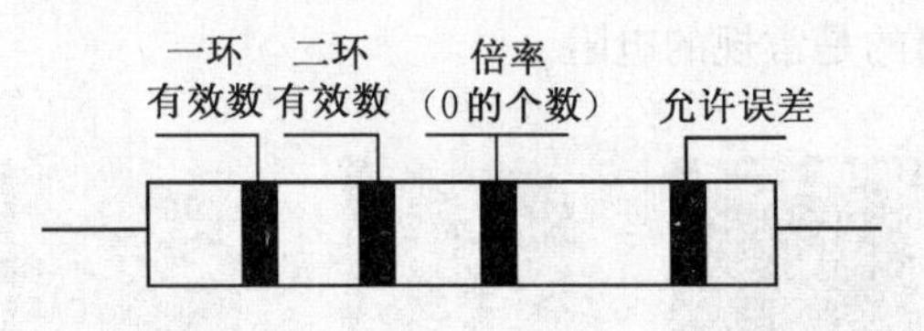

图 12-19　电阻的色标

例如:	红	紫	橙	金		
四道色环	2	7	$\times 10^3$	$\pm 5\%$		—— $27\times(1\pm5\%)\text{k}\Omega$
五道色环	棕	红	黑	金	棕	
	1	2	0	$\times 10^{-1}$	$\pm 1\%$	—— $12\times(1\pm1\%)\Omega$

用色环标志的电阻器,颜色醒目,标志清晰,从各个方向都能看清阻值和允许误差,在安装、调试和检修电子电气设备时十分方便,因此被广泛使用。

例如,若电阻的四个色环颜色依次为:

黄、紫、棕、银——表示 $470\times(1\pm10\%)\Omega$ 的电阻

棕、绿、绿、银——表示 $1.5\times(1\pm10\%)\text{M}\Omega$ 的电阻

精密电阻用五条色带表示阻值及误差

例如,若电阻上的五个色环颜色依次为:

棕、蓝、绿、黑、棕——表示 $165\times(1\pm1\%)\Omega$

红、蓝、紫、棕、棕——表示 $2.67\times(1\pm1\%)\text{k}\Omega$ 的电阻器

12.4.2　电容器

它是电子电路常用元件,在电路中起耦合、滤波、旁路、调谐、振荡等作用,图 12-20 列出了常用电容实物图。

图 12-20　常用电容实物图

1. 电容器的识别

电容器的主要参数包括标称容量、允许误差、额定直流工作电压等,对于体积较大的电容器,这些参数通常采用直标法标注在其外壳上,体积较小的电容器通常采用简化的标

注方法标注其容量,简化标注方法有以下三种:

(1) 用数字直接表示电容量,不标单位。标注为1~4位整数时,其单位为pF;标注为小数时,其单位为μF($1F = 10^6μF = 10^9nF = 10^{12}pF$)。如:330表示330pF、2200表示2200pF;0.1表示0.1μF、0.33表示0.33μF。

(2) 用三位数字表示容量的大小,默认单位为pF,前两位是有效数字,第三位是倍率(10^n),当第三位数字是9时,则对有效数字乘以0.1(10^{-1})。如:103表示10×10^3pF(0.01μF)、474表示47×10^4pF(0.47μF)、339表示33×0.1pF(3.3pF)。

(3) 色标法,标注方法和意义与电阻的色标法相似,用色标法标注的电容比较少见。

2. 电容器的检测

电容器质量检测的一般方法是用万用表电阻挡测试电容的充放电现象,两只表笔触及被测电容的两条引线时,电容器将被充电,表针偏转后返回,再将两表笔调换一次测量,表针将再次偏转并返回。用相同的量程测不同的电容器时,表针偏转幅度越大,说明容量越大。测试过程中,万用表指针偏转表示充放电正常,指针能够回到∞,说明电容没有短路,可视为电容器完好。

(1) 普通电容器的检测　普通电容器主要是指以纸、陶瓷、云母、金属膜等为介质的不可变电容器。这些种类的电容器的容量一般都比较小,需要使用万用表的高电阻挡观察被测电容器的充放电现象。

(2) 电解电容器的检测　电解电容器一般容量比较大,用万用表电阻挡检测,可以清楚地看到指针在充放电过程中的偏转。需要指出的是,被测电容在几十微法以上时,如用较高电阻挡R×100、R×1k测试,表针摆动幅度能达到满刻度,无法比较电容大小,这时可降低电阻挡位,用R×10挡。1000μF以上的电容器甚至可用R×1挡来测试,根据电解电容器正接时漏电电流小,反接时漏电电流大的特点,可以判别其极性。当某电容器标注不明时,一般用R×100或R×1k挡,先测一下该电容器的漏电阻值,再将两表笔对调一下,测出漏电阻值,两次测量中,漏电阻值大的那次黑表笔所接的一端即为电容器的正极。

(3) 可变电容器的检测　可变电容器有单连、双连、四连等多种结构,容量从几皮法到几百皮法变化,用万用表测量常常看不出指针偏转,只能判别是否有短路(特别是空气介质可变电容器易碰片)。将两只表笔分别接在可变电容器的动片和静片引出线上,万用表置R×100或R×1k挡,旋转电容器动片,观察万用表指针,如发现表针有偏转至零的现象,则说明动片与定片之间有碰片处。旋转动片时速度要慢,以免漏过短路点。

12.4.3　二极管

1. 晶体二极管

晶体二极管是电子电路中经常使用的元件,除常用的整流、检波二极管外,还有稳压、发光、光电、变容、开关二极管等,如图12-21所示。晶体二极管由一个PN结组成,它具有单向导电的特性,其正向电阻较小,反向电阻大。用万用表R×100或R×1k挡测量二极管的正、反向电阻,可以检测二极管的好坏,判断二极管的极性。

1) 检测二极管质量的好坏

测得的反向电阻和正向电阻之比值在100以上,表明二极管性能良好;反向电阻与正

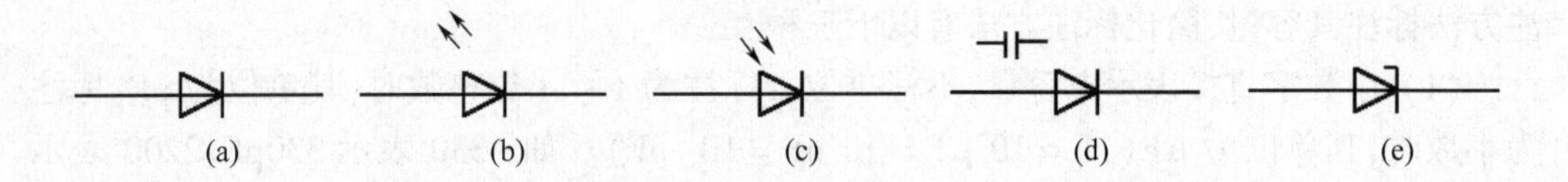

图 12 - 21　常见二极管

（a）普通二极管；（b）发光二极管；（c）光电二极管；（d）变容二极管；（e）稳压二极管。

向电阻之比为几十、甚至仅几倍,表明二极管单向导电性不佳,不宜使用;正、反向电阻均无限大,表明二极管断路;正、反向电阻均接近零值,表明二极管短路。

2）管脚极性的判别

将万用表拨到 R×100 或 R×1k 挡,把二极管的两只管脚分别接到万用表的两只表笔上,如图 12 - 22 所示。当测出的电阻值较小时(约几百欧),二极管正向导通,则与万用表黑表笔(表内电源的正极)相接的一端是二极管的 P 极,另一端就是 N 极。相反,如果测出的电阻较大(约几千欧),则应调换表笔,重测阻值,再判断二极管的极性。

3）用数字万用表检测二极管

利用数字万用表的二极管挡也可判定二极管的极性,与指针式万用表不同,数字表的红表笔(插在"V·Ω"插孔)为表内电源的正极,黑表笔(插在 COM 插孔)为负极。用两支表笔分别接触二极管两个电极,若显示值在 1V 以下,说明管子处于正向导通状态,红表笔接的是 P 极,黑表笔接的是 N 极。若显示溢出符号"1",表明管子处于反向截止状态,黑表笔接的是 P 极,红表笔接的是 N 极。

为进一步确定管子质量,应当交换表笔再测量一次。若两次测量均显示"000",说明管子已击穿或短路。两次测量均显示溢出符号"1",说明管子内部开路。

4）硅管和锗管的鉴别

用不同材料制成的二极管正向导通时压降不同,硅管为 0.7V 左右,锗管为 0.3V 左右,可使用数字万用表的二极管挡直接进行测试判断。数字万用表的二极管挡工作原理是:用 +2.8V 基准电压源向被测二极管提供大约 1mA 的正向电流,管子的正向压降就是仪表的显示值。如果被测管是硅管,数字万用表应显示 0.550 ~ 0.700V;若被测管是锗管,应显示 0.150 ~ 0.300V。根据正向压降的差异,即可区分出硅管、锗管。

2. 晶体三极管

晶体三极管具有电流放大能力,是放大电路的基本元件,三极管的结构如图 12 - 23 所示。

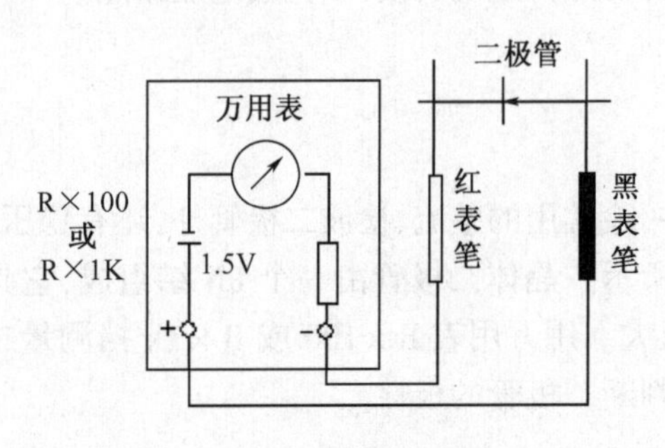

图 12 - 22　判断二极管极性

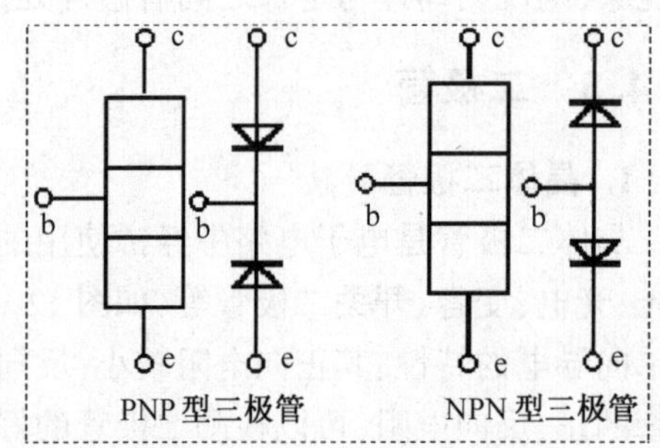

图 12 - 23　三极管的结构

三极管一般也用万用表的"R×100"或"R×1k"挡进行检测。

1）三极管的管型和基极的判别

三极管内部有二个PN结，集电结和发射结；三个引脚，集电极、基极和发射极。对于基极的判别，可利用PN结的单向导电性，用万用表电阻挡进行判别。例如测NPN型三极管，当黑表笔接基极B，红表笔分别搭试其他两个电极时，如图12－24（a）所示，测得电阻均较小，几百欧～几千欧（对PNP管，则测得电阻均较大）；若将黑、红表笔位置对调，测得阻值均较大，约几百千欧以上（对PNP管应均较小），既可确定黑表笔所接引脚为基极。

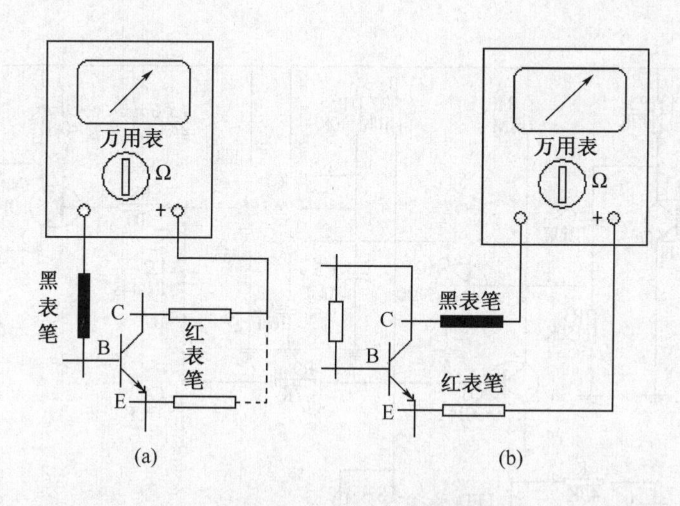

图12－24　三极管引脚判别

（a）基极的判别；（b）集电极和发射极的判别。

在判别未知管型和电极的三极管时，先任意假设基极进行测试，当其符合上述测试结果时，则可判定假设的基极是正确的；若不符合，则需换一个管脚假设为基极，重复以上测试，直到判别出管型和基极为止。

2）集电极和发射极的判别

在判定管型和基极基础上，对另外两个管脚，任意假设一个为集电极，则另一个就视为发射极，用手指搭接在C极和B极之间，手指相当于基极偏置电阻R_B，万用表两表笔分别与C、E连接，如图12－24（b）所示，连接极性需视管型而定，图中NPN管型，黑表笔与假设C极相接，红表笔与E极相接，然后观察指针偏转角度，再假设另一管脚为C极，重复测一次，比较两次指针偏转的程度，大的一次，表明I_C大，管子是处于放大状态工作，则这次假设的C、E是正确的。

当判别出C、E极后，将搭接在C、B之间的手指松开，使基极开路，此时表上的指示可以反映三极管穿透电流的大小，测得C、E间电阻越大，表明穿透电流越小。

3）三极管质量的判断

在测试过程中，如果测得发射结或集电结正反向电阻均很小或均趋向无穷大，则说明此结短路或断路了；若测得集、射极间电阻不能达到几百千欧，说明此管穿透电流较大，性能不良。

12.5 电子工艺实训产品设计(机器猫)

1. 工作条件

图 12－25 所示为机器猫的电路图,它是声控、光控、磁控机电一体化电动玩具。主要工作原理:利用 555 构成的单稳态触发器,在三种不同的控制方法下,均给以低电平触发,促使电机转动,从而达到了机器猫停走的目的。即:拍手即走、光照即走、磁铁靠近即走,但都只是持续一段时间后就停会下,再满足其中一条件时将继续行走。

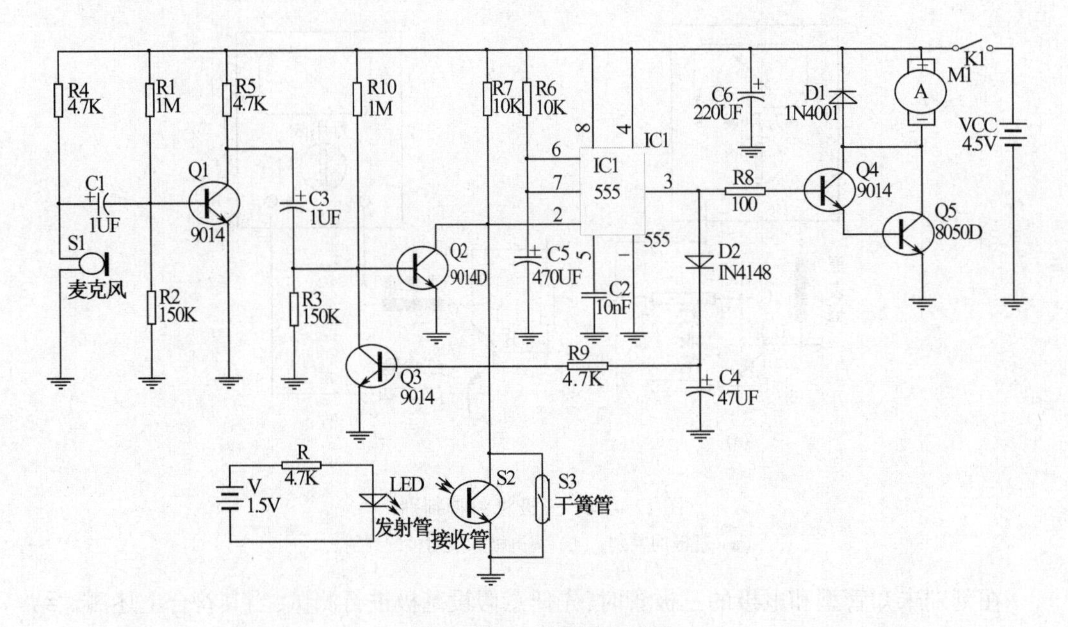

图 12－25 机器猫电路图

通过制作本产品完成 EDA 实践的全程训练过程。由学生完成从电路原理仿真验证、印制电路板设计制造直到元器件检测、焊接、安装、调试的产品设计制造全过程,达到培养同学们工程实践能力的目的。

2. 555 构成的单稳态触发电路的工作原理

555 定时器的功能主要由两个比较器 C_1 和 C_2 决定,比较器的参考电压由分压器提供,在电源和地之间加 V_{CC} 电压,并让 V_M 悬空时,上比较器 C_1 的参考电压为 $2/3V_{CC}$,下比较器 C_2 为 $1/3V_{CC}$。其结构图如图 12－26 所示。

3. 机器猫工作原理

该装置主要由声控检测电路、光控检测电路、磁控检测电路、触发电路、单稳态电路、开关组成。声敏元件麦克风 V_1 与电阻 R_1、R_2,组成声敏取样电路,主要是将声信号转变为电信号,为单稳态电路提供触发信号。光敏三极管、干簧管可以将光信号、磁场信号转变为电信号,为单稳态电路提供触发信号。

1)声控工作原理

平时,声敏元件麦克风 V_1 没有声音激发时,其导电率很低,且呈高阻抗,使得 Q_1 反偏

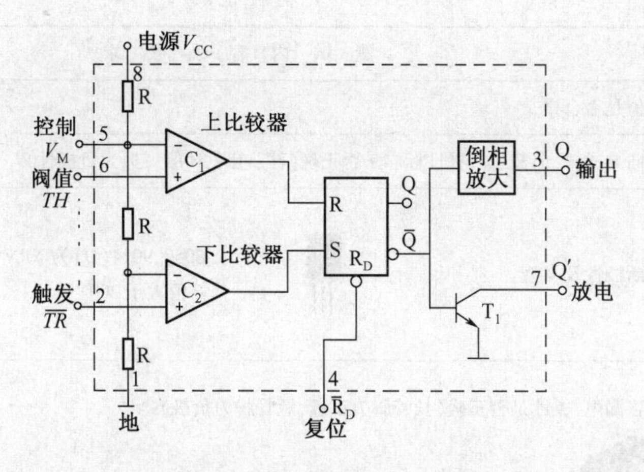

图 12－26　555 定时器结构框

截止，电源通过 R_{10} 加在 Q_2 的基极上 Q_2 截至，I_{C_1} 的 2 脚输入高电平，处于复位状态，3 脚输出低电平，M_1 关断，则电机没有工作，机器猫保持静止状态。

当声敏元件麦克风 V_1 处在一定的声波之中时，其内部会产生一系列电子密度的变化，因而麦克风 V_1 电阻变得很小。这时，声波检测信号通过 C_1 直接耦合到 Q_1 的基极上而导通，并且反向，再通过 C_3 直接耦合到 Q_2 的基极，与通过 R_{10} 的电压叠加变成高电平，Q_2 导通，使得 I_{C_1} 等元件组成的单稳态电路 2 脚输入从高电平跳变为低电平，I_{C_1} 被触发翻转，3 脚输出高电平，M_1 开通，电动机开始工作，机器猫便开始行走了，同时行走的时间将延长到单稳态触发器的延时时间。

当 I_{C_1} 的 3 脚输出高电平可以带动电机工作的同时，D_2 被导通，将直接加到 Q_3 的基极上，Q_3 被导通，进而 Q_2 被截止，I_{C_1} 的 2 脚输入由低电平跳为高电平。I_{C_1} 处于复位状态。

由于声波的延续，使得声敏元件麦克风 V1 连续不断地受到声波的作用，则 I_{C_1} 的 2 脚会不断得到触发，3 脚持续输出高电平，这时该电路将一直驱动电机 M_1 工作，机器猫会持续行走，直到声波消失。

2）光控、磁控工作原理

当光敏三极管或干簧管被激发时，它们可以直接将光信号、磁信号转变为电信号，使得 I_{C_1} 等元件组成的单稳态电路 2 脚由高电平跳变为低电平，从而 I_{C_1} 被触发翻转，3 脚输出高电平，M_1 开通，电动机开始工作，机器猫便开始行走了，同时行走的时间将延长到单稳态触发器的延时时间。

当 I_{C_1} 的 3 脚输出高电平可以带动电机工作的同时，D_2 被导通，将直接加到 Q_3 的基极上，Q_3 被导通，进而 Q_2 被截止，I_{C_1} 的 2 脚输入由低电平跳为高电平。I_{C_1} 处于复位状态。由于光信号、磁信号的延续，使得光敏接收管和干簧管连续不断地受到光信号、磁信号的作用，则 I_{C_1} 的 2 脚会不断得到触发，且 3 脚持续输出高电平，这时该电路将一直驱动电机 M1 工作，机器猫会持续行走，直到光信号或磁信号消失为止。

4. 机器猫焊接流程

1）元器件检测

全部元器件安装前必须进行测试，见表 12－5。

表 12－5　元器件检测

元器件名称	测试内容及要求
电阻	阻值是否合格
二极管	正向导通，反向截至。极性标志是否正确（注：有色环的一边为负极性）
三极管	判断极性及类型：8050、9014（D）为 NPN 型  β 值大于 200
电解电容	是否漏电，极性是否正确（长管脚为正极，短管脚为负极） 
光敏三极管 （红外接收管）	由两个 PN 结组成，它的发射极具有光敏特性。它的集电极则与普通晶体管一样，可以获得电流增益，但基极一般没有引线。光敏三极管有放大作用，如右图所示。当遇到光照时，C、E 两极导通。测量时红表笔接 C 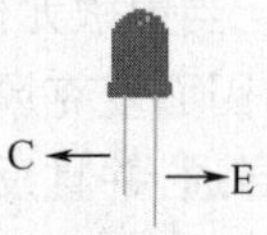 C　E 光敏三极管
干簧管 （舌簧开关）	由一对磁性材料制造的弹性舌簧组成，密封于玻璃管中，舌簧端面互叠留有一条细间隙，触点镀有一层贵金属，使开关具有稳定的特性和延长使用寿命。当恒磁铁或线圈产生的磁场施加于开关上时，开关两个舌簧磁化，若生成的磁场吸引力克服了舌簧的弹性产生的阻力，舌簧被吸引力作用接触导通，即电路闭合。一旦磁场力消除，舌簧因弹力作用又重新分开，即电路断开，所用的干簧管属常开型 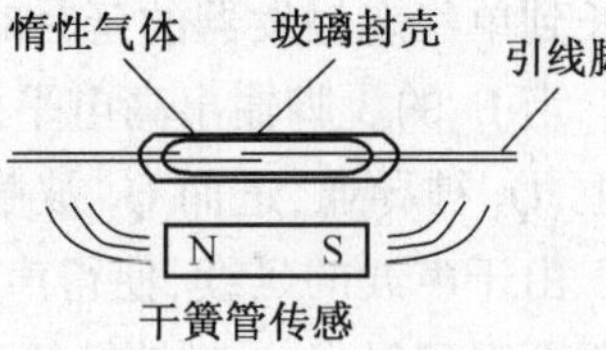 惰性气体　玻璃封壳　引线脚 N　S 干簧管传感
麦克风 （声敏传感器）	是将感应到的声音或振动转化为电信号传感器，用万用表电阻挡黑表笔接麦克风正极，红表笔接麦克风负极，吹一吹麦克风，电阻应有明显变化，反接则电阻变化很小。连接驻极体话筒可以使用双股电线，但使用屏蔽线有效地减小噪声。 用屏蔽线焊接  麦克风

2）印制板焊接

将元器件全部卧式焊接参见图 12－27，注意二极管、三极管及电解电容的极性。

5. 整机装配与调试

在连线之前，应将机壳拆开，避免烫伤及其他损害，并保存好机壳和螺钉。注意：电机不可拆，按下列步骤进行连线，表 12－6 列出了各元器件及代表字符。

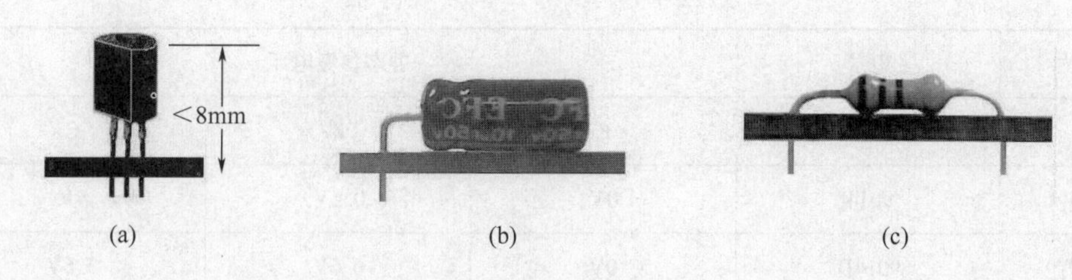

图 12－27　卧式焊接

(a) 三极管；(b) 电解电容；(c) 二极管、电阻。

表 12－6　各元器件及代表字符

名 称	代表字符	名 称	代表字符	名 称	代表字符
电动机	M	麦克风(声控)	S	红外接收(光控)	I
电源	V	干簧管(磁控)	R		

1) 电动机

打开机壳,电动机(黑色)已固定在机壳底部。电动机负极与电池负极有一根连线,改装电路,将连在电池负极的一端焊下来,改接至线路板的“电动机－”(M－),由电动机正端引一根线 J1 到印制板上的“电动机＋”(M＋)。音乐芯片连接在电池负极的那一端改接至电动机的负极,使其在猫行走的时候才发出叫声。

2) 电源

由电池负极引一根线 J2 到印制板上的“电源－”(V－)。“电源＋”(V＋)与“电机＋”(M＋)相连,不用单独再接。

3) 磁控

由印制板上的“磁控＋、－”(R＋、R－)引两根线 J3、J4,分别搭焊在干簧管(磁敏传感器)两腿,放在猫后部,应贴紧机壳,便于控制。干簧管没有极性。

4) 红外接收管(白色)

由印制板上的“光控＋、－”(I＋、I－)引两根线 J5、J6 搭焊到红外接收管的两个管腿上,其中一条管腿套上热缩管,以免短路,导致打开开关后猫一直走个不停。红外接收管放在猫眼睛的一侧并固定住。应注意的是：红外接收管的长腿应接在“I－”上。

5) 声控部分

屏蔽线两头脱线,一端分正负(中间为正,外围为负)焊到印制板上的 S＋、S－;另一端分别贴焊在麦克风(声敏传感器)的两个焊点上,但要注意极性,且麦克易损坏,焊接时间不要过长。焊接完后麦克风安在猫前胸。

6) 通电前的检查

通电前检查元器件焊接及连线是否有误,以免造成短路,烧毁电机发生危险。尤其注意在装入电池前测量“电源－”(V－)。“电源＋”间是否短路,并注意电池极性。

7) 静态工作点参考值

静态工作点参考值如表 12－7 所列。

表 12－7　静态工作点参考值

代号	型号	静态参考电压		
		E	B	C
Q_1	9014	0V	0.5V	4V
Q_2	9014D	0V	0.6V	3.6V
Q_3	9014	0V	0.4V	0.5V
Q_4	9014	0V	0V	4.5V
Q_5	8050D	0V	0V	4.5V
IC1	555	1 管脚 0V	2 管脚 3.8V	3 管脚 0V
		4 管脚 4.5V	5 管脚 3V	6 管脚 0V
		7 管脚 0V	8 管脚 4.5V	

8）组装

简单测试完成后再组装机壳，注意螺钉不宜拧得过紧，以免塑料外壳损坏。装好后，分别进行声控、光控、磁控测试，均有“走——停”过程即算合格。

6. 机器猫印制板尺寸及 PCB 参考图

机器猫印制板外形：82mm * 55mm，无定位孔，线宽 12 ~ 30mil，焊盘外径 62 ~ 80mil。用 Protel dxp 画的 PCB 参考图，如图 12－28 所示。

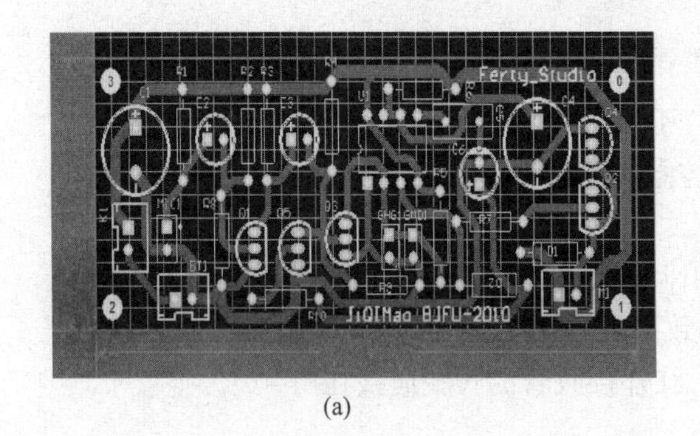

(a)

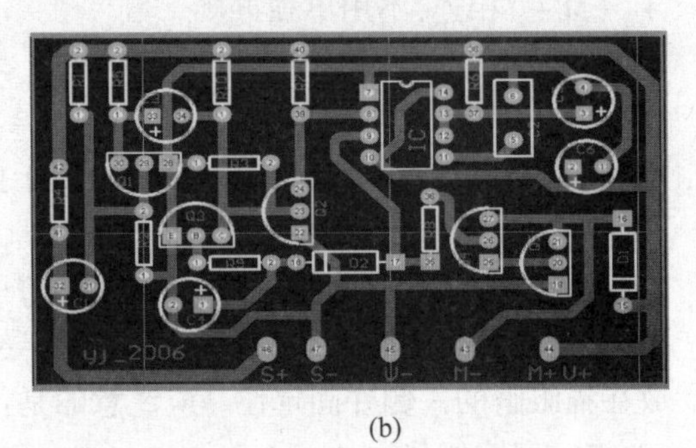

(b)

图 12－28　机器猫 PCB

7. 印制电路板制作

印制板制造工艺技术在不断进步，不同条件、不同规模的制造厂采用的工艺技术不尽相同。但前使用最广泛的是铜箔蚀刻法，即将设计好的图形转移在覆铜板上形成防蚀图形，然后用化学蚀刻出去不需要的铜箔，从而获得导电图形。印制板制作流程如图 12－29 所示。

8. 制作的机器猫成品图

制作的机器猫成品图如图 12－30 所示。

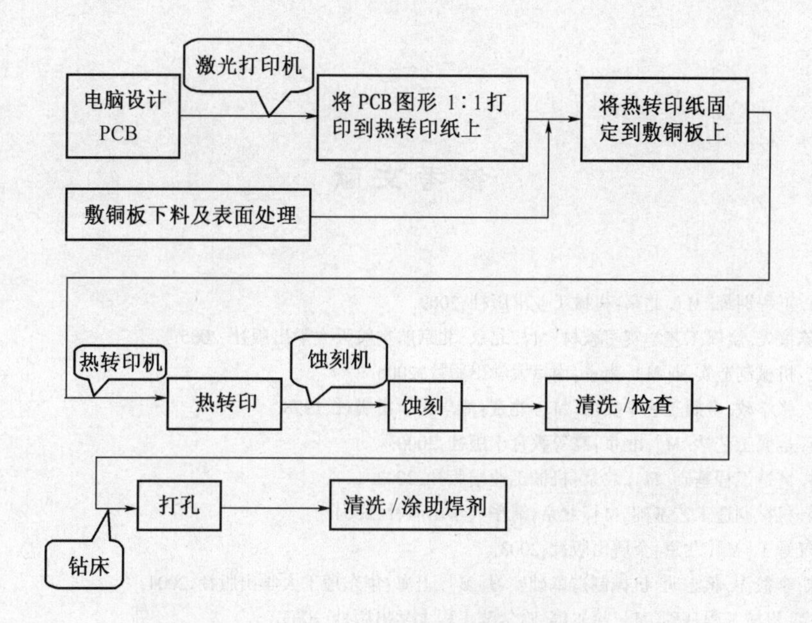

图 12-29　印制板制作流程

图 12-30　机器猫成品图

参考文献

[1] 郑红梅.工程训练[M].北京:机械工业出版社,2009.
[2] 郑晓,陈仪先.金属工艺学实习教材[M].北京:北京航空航天大学出版社,2005.
[3] 刘亚文.机械制造实习[M].南京:南京大学出版社,2008.
[4] 严绍华,张学政.金属工艺学实习[M].北京:清华大学出版社,1998.
[5] 邓文英.金属工艺学[M].北京:高等教育出版社,2000.
[6] 魏华胜.铸造工程基础[M].北京:机械工业出版社,2002.
[7] 傅水根.机械制造工艺基础[M].北京:清华大学出版社,2004.
[8] 刘森.气焊工[M].北京:金盾出版社,2003.
[9] 陈琴珠,李筱涛,蒋志明.机械制造基础实习[M].上海:华东理工大学出版社,2004.
[10] 朱世范.机械工程基础[M].哈尔滨:哈尔滨工程大学出版社,2003.
[11] 王永章,杜君文,等.数控技术[M].北京:高等教育出版社,2001.
[12] 赵玉刚,宋现春.数控技术[M].北京:机械工业出版社,2003.
[13] 王彪,张兰.数控加工技术[M].北京:中国林业出版社,2006.
[14] FANUC Series 0i-MODEL D 加工中心系统用户手册,2008.
[15] 韩鸿鸾,荣维芝.数控机床加工程序的编制[M].北京:机械工业出版社,2002.
[16] 刘晋春.特种加工[M].北京:机械工业出版社,1994.
[17] 陆剑中,孙家宁.金属切削原理与刀具[M].北京:机械工业出版社,2011.
[18] 冯俊,周郴知.工程训练基础教程[M].北京:北京理工大学出版社,2005.
[19] 邱建忠.CAXA 线切割 XP 实例教程[M].北京:北京航空航天大学出版社,2005.
[20] 孙大涌.先进制造技术[M].北京:机械工业出版社,2000.
[21] 凤仪.金属材料学[M].北京:国防工业出版社,2008.
[22] 张美麟.机械创新设计[M].北京:化学工业出版社,2005.
[23] 佟锐.数控电火花加工实用技术[M].北京:电子工业出版社,2006.
[24] 杨家军.机械系统创新设计[M].武汉:华中理工大学出版社,2000.
[25] 潘玉良,孟爱华,等.机械工程基础[M].北京:科学出版社,2009.
[26] 机械工业职业技能鉴定指导中心.中级钳工技术[M].北京:机械工业出版社,2003.
[27] 宋昭祥.机械制造基础[M].北京:机械工业出版社,1998.
[28] 何红媛.材料成形技术基础[M].南京:东南大学出版社,2000.
[29] 郭永环,江银芳.金工实习[M].北京:中国林业出版社,2006.
[30] 马保吉.机械制造工程实践[M].西安:西北工业大学出版社,2003.

课后习题

工程训练基础知识：

1. 生产中常用的量具有________、________、________和________________等。

2. 下图所示的千分尺的读数分别为：(a)：________，(b)：________。

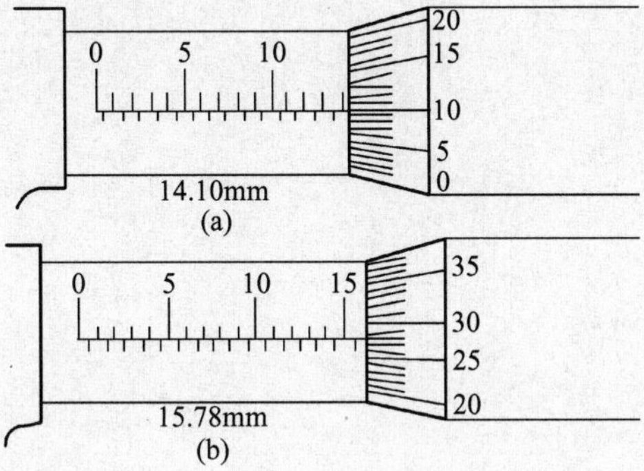

14.10mm
(a)

15.78mm
(b)

3. 工业上把金属材料分为________________和________________两大部分。

4. 材料的性能包括________________和________________。采用的刀具材料必须具备________、________、________、________、________和________性能。

铸造：

1. 浇注系统通常由________、________、________和________等四部分组成。

2. 型砂由________、________、________及________组成。

3. 配制好的型砂具备________________、________、________、________、________性能。

4. 铸造一般有________________、________________两类。

5. 合金的铸造性能有________________。

6. 在设计、制造模样和芯盒时要注意：________，________，________，________，________，________。

7. 合金的流动性常采用浇注螺旋形试样的方法来衡量，流动性不好的合金容易产生________、________、气孔、夹渣等缺陷。

8. 灰口铸铁、可锻铸铁和球墨铸铁在力学性能上有较大差别，主要是因为它们的________________不同。

9. 根据模样特征的不同，手工造型可分为________、________、________、________、________、________、刮板造型等。

10. 当铸件的最大截面在中间时，应采用________________造型。

锻压：

1. 锻压是指在一定________作用下，利用金属的________使金属材料产生变形，从而获得具有一定________和________的毛坯或零件的加工方法。它是________和________的总称，主要用于加工________材料制件，也可用于加工某些________材料以及复合材料等。

2. 冲压又称________，它是利用冲模在压力机上对金属或非金属板料施加压力使其________或________，从而得到一定形状，并且满足一定使用要求零件的加工方法，由于通常是在常温________下进行的，所以又称为冷冲压。

3. 金属毛坯锻前加热的目的是提高________、降低________，使之易于________成形并获得良好的锻后________。

4. 金属在加热过程中可能产生的缺陷有：________、________、________、________和________等。

5. 锻件在切削加工前一般都要进行热处理，其目的是________、________、________、________、改善________、为最________做准备。

6. 自由锻基本工序主要是用来改变毛坯的形状和尺寸以获得锻件，包括________、________、________、________、________、________、________、________、________、________等。

焊接：

1. 焊条由____________和____________________部分组成，焊条药皮的组成主要有________、________、________、脱氧剂、合金剂、粘接剂和增塑剂等。

2. 根据其熔渣酸碱性又分为________焊条和________焊条。

3. 实际生产中焊接位置主要有________、________、________、________。

4. 常用的焊接接头形式有________、________、________和________四种。

5. 常见的焊接变形可归纳为________、________、________、________和弯曲变形五种基本形式。

6. 焊缝内部缺陷有________、________、________、________、________。

7. 焊接接头包括________、________、________________。其中________和________是焊接接头最容易破坏区域。

8. 常用的电焊机有________焊机和________焊机。

9. 焊接质量主要与________、________、________、焊接冷却速度、电流极性选择等主要因素有关。

10. 多层焊焊接金属的力学性能比单层焊________。

钢的热处理：

1. 钢的普通热处理工艺主要包括________、________、________和________。

2. 要获得表面硬度高、心部有足够韧性的中碳钢齿轮，可采用________热处理方法。

3. 常用化学热处理有________、________、________和________________等。渗氮能使钢件获得比渗碳更高的________、________、________和________性能。

车削加工：

1. 指出下列示意图中普通车床各部分的名称及作用

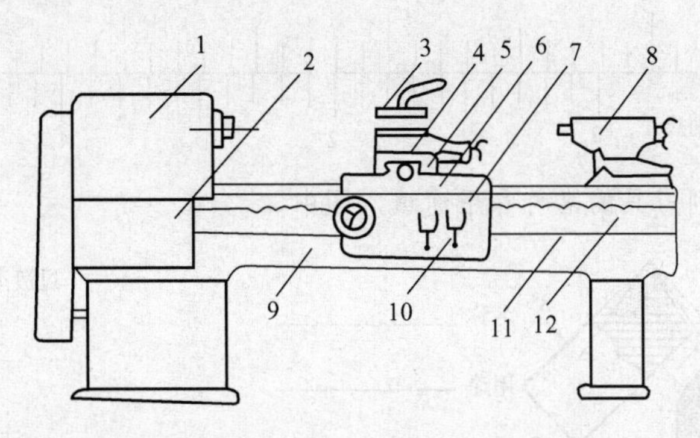

(1) ____________________

(2) ____________________

(3) ____________________

(4) ____________________

(5) ____________________

(6) ____________________

(7) ____________________

(8) ____________________

(9) ____________________

(10) ____________________

(11) ____________________

(12) ____________________

2. 切削用量三要素是指________、________、________。

3. 零件由切削加工保证的四种精度是________、________、________和________。

4. 试举出切削加工中常用的量具：________、________、________、________、________等。

5. 常用的刀具材料有________________。

6. 切削加工对刀具材料的要求是________、________、________。YG表示类硬质合金，适宜于加工________材料，粗加工用________牌号，精加工用________牌号。

7. 车削加工的主运动为________________，进给运动为________________。

8. 已知车削工件直径为40mm，主轴转速为$n=765\mathrm{r/min}$，则切削速度是________。

9. 车削用量是指________、________、________，其相应的符号和单位分别是________、________、________。

10. 用高速钢车刀车削________材料时，应加冷却液；车削________材料时，可不加冷却液，用硬质合金车刀切削时________________。

11. 填图题。

（1）读出下图精度为0.02mm游标卡尺的读数：________。

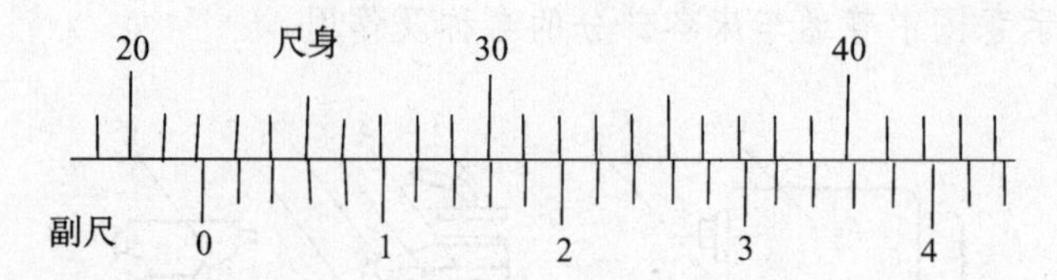

（2）分别将下列刀具的名称和用途填入图中。

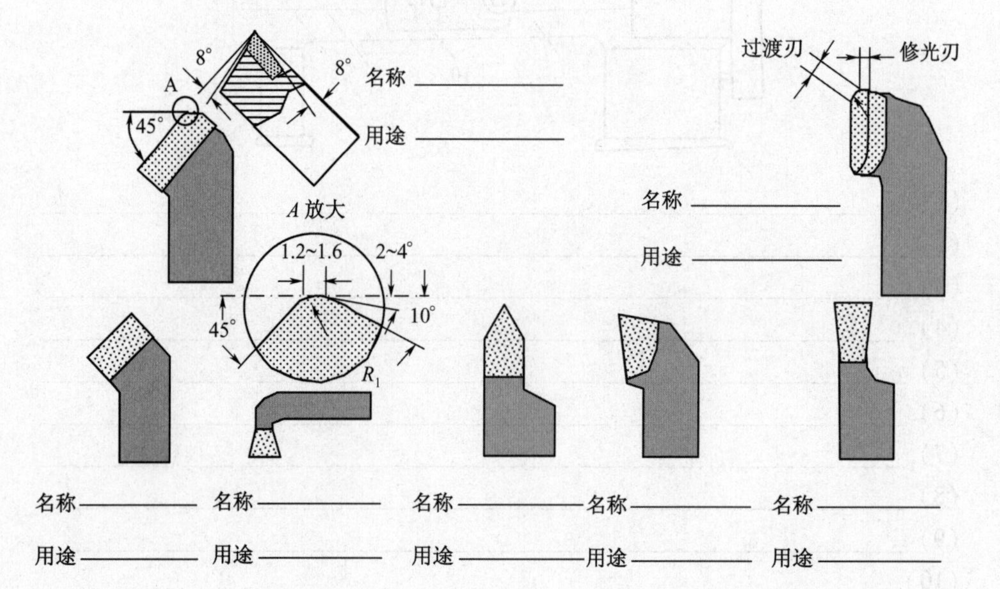

铣削、刨削加工：

1. 铣削加工的主运动为________旋转运动，进给运动为________________移动。

2. 铣削加工的尺寸公差等级一般为________________，表面粗糙度 *Ra* 值一般为________。

3. 铣床可进行孔加工的方法有________、________、________和________。

4. 万能铣头能使________代替________。

5. 锯片铣刀主要用作________________________工件。

6. 齿轮齿形的加工有________和________两大基本类型。

7. 常用的铣刀刀齿材料有________和________两种。

8. 指出下列各图示铣削的加工名称、所用的机床种类和铣刀名称。

铣削加工					
加工名称					
铣刀名称					
机床种类					

9. 刨削加工的尺寸公差等级一般为________________，表面粗糙度 *Ra* 值一般为________。

10. 牛头刨床主运动是________往复运动，进给运动是________移动；龙门刨主运动是________________往复运动。

11. 刨床可以加工________、________、________、________和________________等。

12. 牛头刨床通常采用________、________和________装夹工件；龙门刨床通常采用装夹工件。

13. 拉削加工适合________________________类批量生产。

磨削加工：

1. 磨削加工的尺寸公差等级一般为________，表面粗糙度 *Ra* 值一般为________。低粗糙度的镜面磨削可使 *Ra* 值小于________________。

2. 外圆磨削加工主运动是________的________运动，进给运动有三种，包括________、________、________。

3. 平面磨床上工件的安装方法常用________、________和________等。

4. 外圆磨床上工件的安装方法常用________、________和________等。

5. 内圆磨床上工件的安装方法常用________、________、________________及________等夹具。

6. 磨削加工图示零件标注粗糙度符号的表面，选择机床类型并在图上标出装夹方法。

零件简图	0.8	0.8	0.8
加工方法	磨削小轴外圆	磨削垫块平面	磨削钢套内孔
机床类型			
装夹方法			

数控加工:

1. 世界上第一台数控机床诞生于________________。

2. 数控机床综合应用了________、________、________、________与________等方面的技术成果。

3. CNC 系统中的 PLC 是________________。

4. 数控机床的伺服系统由________________和________________组成。

5. 现代数控机床的进给工作电机一般都采用________________,步进电机一般用于控制系统。

6. 卧式加工中心是指主轴轴线________设置的加工中心,其比较常见的坐标运动方式是________________________。

7. 数控机床中常用的回转工作台有________________和________________。

8. 数控回转工作台的特点是____。

9. 机床的辅助动作,如刀具的更换和切削液的启停等是用________进行控制的。

10. 检测元件在数控机床中的作用是检测位移和速度,发送________信号,构成闭环控制。

11. CNC 系统一般可用几种方式得到工件加工程序,其中 MDI 是________________________________。

12. 程序段号的正确表达方式是________________。

13. 数控机床有着不同的运动方式,编写加工程序时,总是一律假定工件不动刀具运动,并规定________________________为正。

14. 直线插补代码是________________。

15. 在 *XY* 坐标平面内进行加工的坐标指令是________________。

16. 圆弧插补编程时,半径的取值与________________有关。

17. FANUC 系统调用子程序指令为________________________。

18. 在轮廓控制中,为了保证一定的精度和编程方便,通常需要有刀具________和补偿功能。

19. 子程序结束的程序代码是________________。

20. 如下加工程序的含义是:

(1) N10 G90 G01 X100 Y100 F80;

____

(2) N10 G90 G17 G02 X48 Y32 R19.7 F80;

____

(3) N10 G90 G00 X100 Y100;

____

(4) N10 G90 G17 G02 X48 Y32 I8 J-18 F80;

____

电火花加工：

1. 电火花加工原理是基于________________________________,来蚀除多余的金属,以达到对零件的尺寸、形状和表面质量等预定的加工要求。

2. 电火花加工的自动进给调节系统主要由以下几部分组成：________、________、放大驱动环节、________、调节对象。

3. 电火花成形加工的自动进给调节系统,主要包含________和________。

4. 线切割加工是利用________、________、________和工件之间的脉冲放电所产生的电腐蚀作用,对工件加工的一种工艺方法。

5. 快走丝线切割机床的工作液广泛采用的是________,其注入方式为________。

6. 线切割机床走丝机构的作用：____。

7. 线切割控制系统作用主要是：________________________________；________________________。

8. 一般情况下，加工精度与效率成________,钼丝直径与效率成________。

9. 一般情况下，加工精度与效率成________,钼丝直径与效率成________。

10. 交频电源直接影响加工件质量,其脉宽的单位是________,简单定义是________,脉间的单位是________,其简单定义是________________________。

钳工：

1. 工件的几何形状是由____、____和____构成的。

2. 量具的种类很多，根据其用途和特点，可分为____、____和____三种。

3. 钳工常用设备有____、____、____、____、____、____、____等。

4. 基本的锉削方法有____、____、____三种。

5. 常用的千分尺有外径千分尺、内径千分尺、________千分尺。

6. 千分尺的测量精度一般为________ mm。

7. 锉刀分________锉、________锉和________锉三类。

8. 重复定位对工件的________精度有影响，一般是不允许的。

9. 螺纹按旋转方向分________旋螺纹和________旋螺纹。

10. 立体划线要选择________划线基准。

11. 划线时 V 形块是用来安放________________工件。

12. 使用千斤顶支承工件划线时，一般________为一组。

13. 只有________________的材料才有可能进行矫正。

14. 用压板夹持工件钻孔时，垫铁应比工件________。

15. 丝锥由工作部分和________两部分组成。

16. 攻不通孔螺纹时，底孔深度要________所需的螺孔深度。

17. 标准圆锥销的锥度为________________。

18. 夹紧力的方向应尽量________于工件的主要定位基准面。

19. 定位点少于应该限制的自由度数称为________定位。

20. 钳工大多使用手工工具并经常在________上进行手工操作的一个工种。

21. 钳工的主要任务是________、________、________和________。

22. 钳工必须掌握的基本技能有____、____、____、____、钻孔、扩孔、锪孔、绞孔、攻螺纹、套螺纹、刮削、研磨、矫正与弯曲、铆接与连接、装配等。

23. 台虎钳是用来夹装工件的通用夹具，常用的有________和________两种。

24. 台虎钳的规格以________表示，有 100mm、120mm、150mm 等。

25. 台虎钳在前台上安装时，必须使固定钳身的工作面处于________以外，以保证夹持工件时工件的下端不受阻碍。

26. 用锤子打击錾子对金属工件进行________的方法称为錾削。

27. 錾子由________、________及________三部分组成。

28. 常用的錾子有________、________、________三种。

29. 挥锤的方法有________、________、________三种。

30. 錾削前，工件必须夹紧，伸出钳口高度一般以________为宜，对于较大的工件夹紧时，为防止工件在受力时产生松动现象，可在工件下加上________。

31. 錾削直槽时，开始第一遍錾削时的錾削量一般不超过________ mm，以后根据槽深的不同錾削量一般为________ mm，最后一遍的休整量一般控制在________ mm 之内。

电子工艺：

1. 电容器的国际单位是________，其中 1F = ____ pF，电阻器的国际单位是________，其中 1MΩ = ________，电感器的国际单位是________，其中 1mH = ____ H。

2. 在色环电阻的色环顺序表中，代表“5”读数的颜色是____。

3. 五步焊接操作法可归纳为如下过程：__________，__________，__________，__________，__________。

4. 电烙铁的握法一般有________、________、________三种。

5. 电烙铁的种类有________热式、________热式、恒温式、吸焊式、感应式等。

6. 焊料一般有________、________、________等，在一般电子产品装配中主要使用________。

7. 通孔安装是________引线的元器件安装，表面组装是________引线的元器件安装。

8. 锡焊必须将________、________同时加热到最佳焊接温度，然后不同金属表面相互________、________，最后形成多组织的结合层。

9. SMT 电路板的组装工艺有两类最基本的工艺流程，一类是锡膏________工艺，另一类是贴片________工艺。在实际生产中，应根据所用元器件和生产设备的类型及产品的需求，选择单独进行或者重复、混合使用。

10. 表面安装技术 SMT 又称________或________技术，它是一种无须对 PCB（印制电路板）钻插装孔而直接将表面贴装元器件（无引脚或短引脚的元器件）贴焊到 PCB 表面________上的装接技术。